管理叢書
Human Resource Management Diagnosis
人力資源管理診斷
丁志達◎著

國家圖書館出版品預行編目（CIP）資料

人力資源管理診斷 / 丁志達著. -- 初版. -- 新北市：揚智文化, 2012.04

面； 公分. --（管理叢書；12）

ISBN 978-986-298-037-8(平裝)

1.人力資源管理

494.3 101005400

管理叢書 12

人力資源管理診斷

作　　者 / 丁志達
出 版 者 / 揚智文化事業股份有限公司
發 行 人 / 葉忠賢
總 編 輯 / 閻富萍
特約執編 / 鄭美珠
地　　址 / 22204 新北市深坑區北深路三段 260 號 8 樓
電　　話 / (02)8662-6826
傳　　真 / (02)2664-7633
網　　址 / http://www.ycrc.com.tw
E-mail / service@ycrc.com.tw
ISBN / 978-986-298-037-8
初版二刷 / 2016 年 6 月
定　　價 / 新台幣 550 元

序

書之有序，所以明作書之旨也，非以為觀美也。

《文史通義・匡謬篇》・章實齋

國學大師胡適在〈治學方法論：國學季刊發刊宣言〉中提到，古人說：「鴛鴦繡取從君看，不把金針度與人。」單把繡成的鴛鴦給人看，而不肯把金針教人，那是不大度的行爲。然而天下的人不是人人都能學繡鴛鴦的；多數人只愛看鴛鴦，而不想自己動手去學繡，而本人應該是屬於喜歡「動手去學繡鴛鴦」的人。

2000年，本人正式離開了「朝九暮五」的職場生活後，適逢台灣電力公司委託精策管理顧問公司從事「台電人力合理化專案」的研究，承蒙王總經理遐昌先生的提攜，擔任此一專案的顧問團隊成員之一，在個人的職涯發展上，開始「轉軌」步入了「顧問服務業」，先後參與了數十項人資管理制度的「大案」，很榮幸有機會與目前兩岸人力資源管理界大師級的顧問：常昭鳴先生、徐振芳先生、方翊倫先生、吳萬吉先生共事，在其耳染目濡下，受益匪淺，本書有些精闢的論點，就是擷取這些顧問的智慧精華而來。

中國生產力中心每年定期舉辦「經營管理顧問師訓練講座」，自2007年起，個人榮幸受邀擔任「人力資源管理診斷實務」講座；2009年起，又接受共好管理顧問集團吳總裁正興先生的邀約，定期前往重慶擔任「人力資源總監班」課程講師，這二個班別的講授內容都屬於人力資源管理策略性的課程，在教學上，屢獲歷屆受訓學員好評，在教學相長下，本人乃不揣譾陋，決意撰寫本書，藉資貢獻。

自1996年起，個人編著了《人力資源管理》、《招募管理》、《培訓管理》、《績效管理》、《薪酬管理》、《勞資關係》、《裁員風暴：企業與員工的保命聖經》、《大陸台商人力資源管理》、《大陸勞動人事管理手冊》等九部書。作家賀姆（F. F. Hulme）說：「最甜美的葡萄吊掛在最高的樹梢上」（The sweetest grapes hang the highest.），這本《人力資源管理診斷》可說是上述九本書本中尚未深根探討的專題作一番更充分的解析，以期協助有關人士在決定人力資源管理策略與制度的運用上，能獲得事半功倍之效。

本書共分十三章，從宏觀面的願景領導與企業文化（第一章）論述起，再切入人力資源管理策略（第二章）、人力確保管理（第三章）、人力開發管理（第四章）、人力報償管理（第五章）、人力維持管理（第六章）、人力資源量化管理（第七章）、變革管理（第八章）、人力資源風險管理（第九章）、人事管理制度（第十章）、人力資源管理診斷實務（第十一章）、國際人力資源管理（第十二章），並以向標竿企業學習（第十三章）作爲總結，具體理順了人力資源管理診斷的來龍去脈。

本書體系完整，敘述詳明，並提供豐富的圖、表、範例、附錄，這些資料皆可現學現用。個人深信本書的參考應用價值頗高，堪爲企業界人力資源管理人士難得一見的一本工具書，亦適合於大專院校商學院各系所採用爲相關課程的教科書，效益必鉅。

本書承蒙揚智文化事業公司慨允協助出版，在本書付梓之際，謹向葉總經理忠賢先生、閻總編輯富萍小姐暨全體工作同仁敬致衷心的謝忱。又，台南應用科技大學應用英語系助理教授王志峯博士、丁經岳律師、內人林專女士、詹宜穎小姐、丁經芸小姐等人對本書資料的蒐集與整理，提供協助，亦在此一併致謝。

由於本人學識與經驗的侷限，本書疏誤之處，在所難免，尙請方家不吝賜教是幸。

丁志達 謹識

目 錄

圖目錄

表目錄

範例目錄

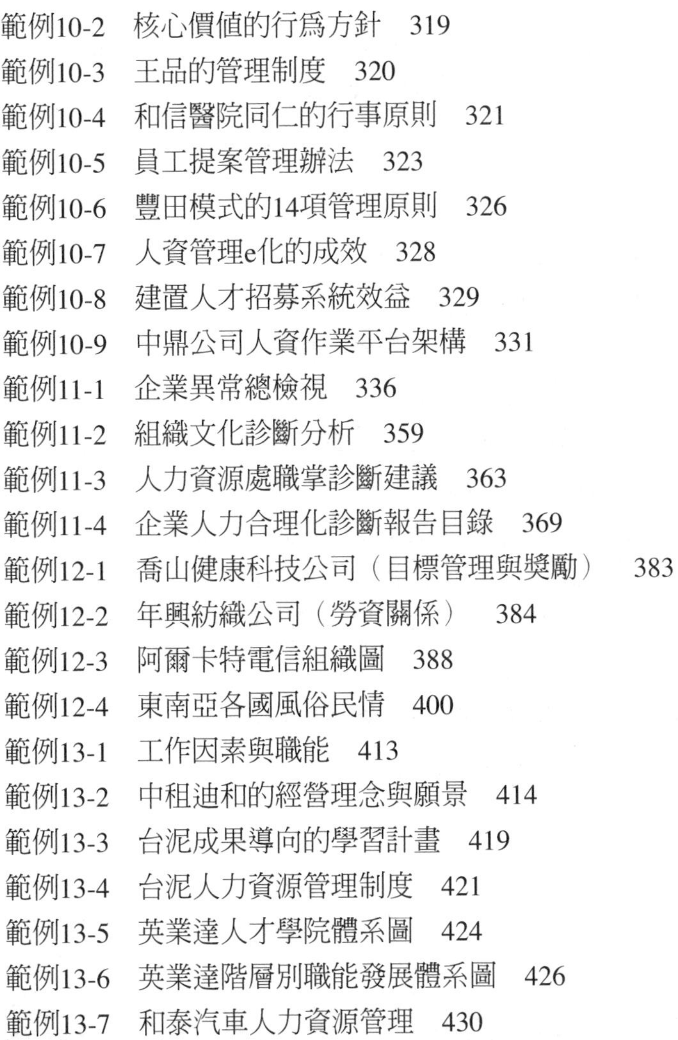

附錄目錄

第一章

願景領導與企業文化

- 使命宣言
- 願景領導
- 經營理念
- 企業文化
- 社會和環境責任
- 結　語

沒有能力執行的願景，就是幻影。

——美國線上（America Online）前董事長凱斯（Steve M. Case）

泰倫斯．狄爾（Terrence Deal）和艾倫．甘迺迪（Allan A. Kennedy）合著的《企業文化》（*Corporate Cultures*）乙書中明示：「企業文化是公司員工上下一致共同遵循的行為準則，一套做事情的方式。」而企業使命、願景、經營理念及核心價值，是在期許員工對組織方向與目標有一整體的概念，以利凝聚全體成員對企業的向心力與忠誠度，促使團隊成員朝共同永續經營的目標努力，並建立員工工作價值觀，同時亦讓投資大眾（股東）瞭解企業未來發展方向。

使命宣言

不論是生物的、機械的或是組織的系統，所有的系統都有一個基本使命或存在的理由，例如，一棵樹的使命是尋找陽光和水；而一個組織也為了一個基本使命而存在，譬如，迪士尼樂園（Disneyland Park）的使命是「教人開心」；明尼蘇達礦業製造公司（3M）的口號是：「用創新的方法解決不能解決的問題。」；耐吉（Nike）的使命則和它Just do it的廣告作風一致：「經驗競爭的激動，不但要贏而且要將對手打得一敗塗地。」；可口可樂公司（Coca-Cola Company）的使命是「讓世界耳目一新」；美國太空總署（National Aeronautics and Space Administration）的使命是「增進人類探索天堂的能力」；直銷業者玫琳凱化妝品公司（Mary Kay）的信條是：「將無限的機會給予女性。」以上這些使命宣言（Mission Statement）的上品傑作，它很清楚地說明了各企業所代表的是什麼（David Hutchens著，劉兆岩譯，2006：74）。

使命宣言指的是一個組織的意圖（目的）和存在原因（宗旨）。有效的使命宣言，基本上要回答一個問題：「我們在這項業務上，打算怎麼贏過別人？」給予員工和其他利益相關者明確的方向感，走向獲利，也

使命、願景、經營理念、核心價值

使命	以卓越長青企業開創大地生機
願景	成為大中華地區肥料化工業的領先者
經營理念	培元、固本、創新、永續
核心價值（TAIFER）	誠信（Trust）、主動（Active）、創新（Innovation）、前瞻（Foresight）、有效（Efficiency）、負責（Responsibility）

資料來源：陳羿璇（2010）。〈你不能不知台肥公司的使命、願景、經營理念、核心價值〉。《台肥季刊》，第51卷，第1期（2010/01-03），頁8。

能激勵人心，覺得自己參與了一份重責大任。

在戰略管理理論和實踐中，使命宣言作爲一種戰略工具，旨在將企業使命清晰化，從而爲企業的戰略決策指明方向和提供依據。

範例1-2

拜耳集團的使命宣言

拜耳集團（Bayer AG）是一家全球性企業，核心競爭力在於醫療保健、作物科學及高科技材料，以產品及服務造福人類，改善生活品質；同時，經由技術創新、成長及改善獲利能力，創造更多的價值。拜耳集團以「拜耳：科技優化生活」為使命宣言，道出該企業的願景、策略與價值觀。

使命宣言強調拜耳協助建構未來的願景，屬研發型企業的拜耳，將致力於研發造福人群的創新產品，尤其是拜耳活性物質研究所研發出來的新產品、消費者保健事業、亞洲市場的成長以及生物科技與奈米科技等新領域，至為重要。

資料來源：台灣拜耳公司網址（http://www.bayer.com.tw/tc/human-resources.asp）。

一、使命宣言的要素

使命宣言又稱任務陳述，其概念來源於彼得・杜拉克（Peter F. Drucker）二十世紀七〇年代中期的管理理論。他指出，一個企業不是由它的名字、章程和公司條例來定義的，而是由它的使命來定義的。例如沃爾瑪（Wal-Mart）的使命表述爲：「給一般老百姓有機會買有錢人能買的東西。」顯然沃爾瑪是透過提供等價商品爲顧客而存在。

使命宣言中最應包含的九項重點要素，分別爲顧客、產品和服務、地理區域、社會責任、價值觀、對員工的關心、自我認知、對盈利增長的關注、以及核心技術所在。企業在制定使命宣言時應著重強調這九項重點要素（**表1-1**）。

表1-1　使命宣言的九項要素

要素	內容
目標用戶和市場（customers and markets）	公司的用戶是誰？
產品或服務（products or services）	公司的主要產品和服務項目是什麼？
地理區域（geographic domain）	公司在哪些區域進行競爭？
核心技術（core technology）	公司的技術是否是最新的？
對生存、增長和盈利的關注（concern for survival, growth and profitability）	公司是否努力去實現業務的增長和健康的財務狀況？
觀念（company philosophy）	公司的基本信念、價值觀、志向和道德傾向是什麼？
自我認知（self-concept）	公司最獨特的競爭優勢是什麼？
期望的公衆形象（firm's desired public image）	公司是否對社會、社區和環境負責任？
對員工的關心（concern for employees）	公司是否視員工為寶貴的資產？

資料來源：Pearce和David在1987年最早進行了實證性研究／引自：鄧路、符正平（2007）。〈全球500強企業使命宣言的實證研究〉。全刊雜誌賞析網（qkzz.net），網址：http://qkzz.net/article/30056703-92c7-45db-ae3e-57e56cd6e3e3.htm。

二、使命宣言的商定

制定企業使命是企業策略規劃的第一個步驟，它勾勒並控制企業的經營範疇。因此，企業使命宣言不宜太過空泛或限定於特定產品、服務。前者會讓資源分散，經營失去重心；後者則會限制企業未來的發展（黃福瑞，2006：25）。

《基業長青》（*Built To Last*）作者詹姆．柯林斯（Jim Collins）寫了一篇談論「新世紀新企業」的文章，提到一家企業如果要很清楚地讓別人知道其特點，一定要釐清以下五點：

1.能讓公司全體員工共同打拚的凝聚力在哪裡？
2.一百年後，這個特點是否仍然有效？
3.有什麼事是你可以做，但沒有做的？
4.什麼是你絕不會做的事？
5.當你宣稱公司代表的是什麼，事實上就是什麼。言而有信，不能言行不一致（EMBA世界經理文摘編輯部，1997：8-9）。

範例1-3

和信醫院使命

- 尊重病人生命，以癌症為專長的教學醫院。
- 提供國內癌症病人世界先進水準的醫療照顧。
- 培訓卓越的專科醫師與醫事行政人員。
- 專注於癌症臨床、基礎及相關科學的研究。
- 提升國內的醫療品質。

資料來源：黃達夫（2000）。《用心聆聽：黃達夫改寫醫病關係》。天下文化出版，頁121。

制定使命宣言是高階經理人的責任。除了最終必須負起責任的人，使命無法下授給任何人。隨著戰略管理理論的成熟和發展，使命宣言已經作爲一種公認的最常使用的戰略工具，成爲企業確定經營重點、制定戰略計畫和分配工作的基礎，同時也是設計管理工作崗位及設計組織結構的起點。一個設計良好的使命宣言對形成、推動和評估商業戰略是至關重要的。

產業和行業因素會影響企業使命宣言的完善性和內容要素偏好。企業應當針對自身所處行業的特點，選擇特定的內容要素進行闡述，從而形成具有本行業特色的使命宣言，以指導長期目標的制定和戰略決策的選擇。

範例1-4

人力資源管理的使命

類別	使命
對管理當局	我們的承諾是： ・作為一個策略性的工作夥伴，提供具有競爭性的人事政策和人員發展的新作為以吸引優秀人才。 ・提供快速和有效的解決問題的方案。 ・在管理當局和員工之間作一個有效的溝通者。 ・用專業、可靠、穩健和公正的態度處理所有事務。
對於員工	我們的承諾是： ・提供個人發展和進修的機會。 ・提供高品質的建議、指導和服務。 ・表達關切，尊重和信任並鼓勵創新。
對於台灣拜耳公司	我們的承諾是： ・提供專業的服務。 ・作為一個有效的溝通者和合作者。 ・執行並調適總公司的人事政策。 ・作為其他拜耳分公司人力資源管理的典範。

資料來源：台灣拜耳公司網址（http://www.bayer.com.tw/tc/human-resources.asp）。

願景領導

詹姆・柯林斯在1994年出版的《基業長青》一書中，討論居世界前列的十八家高瞻遠矚公司（visionary company）基業長青的理由，得出的結論是：那些能夠長期維持競爭優勢的企業，都有一個基本的經營理念，它是這些公司發展史的最重要的成分。這種核心理念，柯林斯將它定義爲「願景」（vision）；彼得・聖吉（Peter Senge）的《第五項修練：學習型組織的藝術與實務》（*The Fifth Discipline: The Art and Practice of the Learning Organization*）書中也強調「塑造共同願景」（building shared vision）；《願景》作者葛瑞・胡佛（Gray Hoover）說：「偉大的企業之所以成功，是因爲企業的領袖能夠看到別人所看不到的東西，提出別人所提不出的問題，然後制定自己的方針，將洞察力與策略相結合，描繪出具有鮮明特點的企業藍圖，那就是願景。」

一、企業願景描述

願景，是指企業對企業前景和發展方向一個高度概括的描述，由企業核心理念和對未來的展望（未來十年至三十年的遠大目標和對目標的生動描述）構成，它是企業全體員工及利害關係人（stakeholders）長期努力追求的共同理想。企業願景最好能具體描繪未來景象、有挑戰性、有道德及意義，並能鼓舞人心，如此方能有助於凝聚內部向心力。例如馬來西亞（Malaysia）有個「宏願2020」（Vision 2020），從字面上看，這是該國西元2020目標，事實上還隱含一個意義，是左右眼視力2.0，也就是目光遠大的意義（**表1-2**）。

許多傑出的企業大多具有一個特點，就是強調企業願景的重要性，因爲唯有借重願景，才能有效的培育與鼓舞組織內部所有人，激發個人潛能，激勵員工竭盡所能，增加組織生產力，達到顧客滿意的目標。如果一個企業有願景，員工就會追隨它，而且員工也不會迷失方向（**表1-3**）。

表1-2　企業願景描述

企業名稱	願景描述
波音公司	在民用飛機領域中成為舉足輕重的角色，把世界帶入噴氣式時代（1950年）。
蘋果電腦公司	讓每人擁有一台電腦。
迪士尼公司	成為全球的超級娛樂公司。
日本萬代玩具公司	我們公司存在的目的就是要實現全世界小孩的夢想。
海爾集團	創中國的世界名牌，為民族爭光。
柯達公司	只要是圖片都是我們的業務。
信義房屋仲介公司	服務新典範，信義新成長。
喬山健康技術公司	成為全球最好最大的健身器材集團。
勝典科技公司	學習、分享、成長。
財團法人保險事業發展中心	保險專業智庫與區域性保險教育中心。
台塑企業	我們希望，未來無論是石化或是電子產業領域，都能達到世界性規模，居於產業的全球領導地位，以強化企業的競爭力，達到永續經營之目的。
鴻海集團	透過提供全球最具競爭力的「全方位成本優勢」，使全人類皆能有享用3C產品所帶來的便利環保生活。

資料來源：丁志達（2012）。「人事管理制度規章設計」講義。中華民國勞資關係協進會編印。

表1-3　使命與願景的重要區別

使命	願景
回答這個問題，「我為何而存在？」 鼓勵探索的過程；隨著時間揭開並逐步展現出你的生命狀態。 是持久的；在你的生命中維持不變的東西。	回答這個問題，「我想要創造什麼？」 觸發行動，一種想像、發現及設計的過程；是你選擇讓它存在的一件事。 是變動的，你可以在你生命的課題中追求許多不同的願景。

資料來源：大衛・哈欽斯（David Hutchens）著，劉兆岩譯（2006）。《旅鼠的困境：與目標共處，以願景領導》。天下遠見出版，頁73。

二、企業願景的支柱

願景是公司對未來的想法，指出公司希望達到的最高境界。支持公司願景的支柱爲大膽的目標、未來的圖像和核心價值。

(一)大膽的目標（瞭解你是誰）

目標，是指企業所期望達到的成果與變成的狀態。目標在本質上反映出一種現實和期望之間的落差。將目標具體化的方式，包括量化（例如，全球最大零售商沃爾瑪公司2011年的營業額要突破四千億美元）、設定標竿對象（例如，史丹福大學要成爲美國西岸的哈佛大學）。又如，一直在製造軍用飛機的波音公司，在1956年大膽投資公司資本四分之一的淨值，製造出第一家大型商用噴射客機707，帶領全世界走入噴射客機的年代，之前商用飛機市場都是由製造螺旋槳飛機的麥克唐納·道格拉斯公司（McDonnell Douglas）獨霸。

(二)未來的圖像（正往哪裡前進）

公司的願景要能具體呈現（成功的樣貌爲何？未來的圖像如何？）而且鼓舞人心。例如，迪士尼樂園的未來圖像描述在公司章程中，要求每個員工「要讓每個離開樂園的人，臉上洋溢著與剛進樂園時一樣的笑容」。他們不在乎遊客在樂園裡待了兩個小時還是十個小時，但希望他們在這個歡樂世界裡能永遠綻放笑容，因爲他們經營的是「創造幸福的產業」（Ken Blanchard著，蔡卓芬、李靜瑤、吳亞穎譯，2008：52）。

(三)核心價值（指引你前進的價值）

美國管理協會（American Management Association, AMA）於2002年對千餘家公司做過「核心價值觀」的調查結果顯示，在二十餘項「核心價值觀」中排名前三名的是：客戶滿意、誠信與當責（accountability）。價值觀代表公司的信仰，是引導公司達成願景的方法，界定何種行爲是公司允許的。全球最大的電力和自動化技術公司之一的阿西布朗勃法瑞集團（ABB Group）執行副總裁林道說：「員工不是對某位老闆效忠，甚至也不是對公司效忠，而是對他們相信的一套價值效忠。」（Christopher A. Bartlett、Sumantra Choshal著，呂錦珍譯，1999：181）

價值觀是企業文化的磐石，是公司追求成功的精神真髓，它爲全體員工提供共同努力的方向，以及日常行爲的準繩。例如，全天候二十四小時的新聞頻道CNN（Cable News Network）所處的行業是新聞產業，而不是娛樂產業，所以其價值觀是：「提供正確、負責任的新聞，爲全球民衆觀看新聞的需求負責。」當記者或製作人需要當場決定新聞報導的取捨時，這些價值觀會提供他們判斷的依據。同時，組織的價值觀，最好能與組織內部成員的個人價值觀產生共鳴，成爲人人眞心選擇的工作準則（Ken Blanchard著，蔡卓芬、李靜瑤、吳亞穎譯，2008：53-54）。

企業存在目的則是像蒼穹中的北極星，無時無刻不在提醒企業自問：除了賺錢以外，企業存在的眞正理由是什麼？企業一旦注重「共有的」價值觀，往往會從中獲得驚人的力量。員工若明白公司的立場，若知道公司要求的標準，他們就會做出維護這些標準的決定與行徑，他們也易於領悟自己是公司不可或缺的一環。正因爲在選擇的環境裡工作是有意義的，他們也就更勤奮，在此基礎上，可以招聘與企業價值觀一致的人進入企業，這可以減少離職率。

三、願景的制定

創造願景的過程與訴說願景同等重要。與其把高階經理人全部聚集在某個地方共同討論出願景後再向其他人宣布，不如鼓勵大家對話，談論什麼是大家認爲的願景。所以，企業願景制定的步驟有：

1.公司高階主管先取得願景共識，訂出公司發展的方向大綱。
2.由高階主管分配願景大綱，選擇各部門成員，組成跨部門小組，針對該大綱開始討論。
3.在公司裡舉辦幾次有關願景的演講會，讓員工對願景認知，並取得大多數員工共識。
4.舉辦公司重要成員願景會議，各小組報告願景內容，再次聽取大家意見，最後定稿願景內容。
5.向員工、合作夥伴和社會大衆公布。

台積電（TSMC）總裁張忠謀說：「願景要隨時間改變，更要靠領導人不斷推銷。例如面對強烈競爭，企業必須從事各種改革，做客戶的『虛擬晶圓廠』，並嚴格要求各層主管，希望成爲台積電的企業文化。」（天

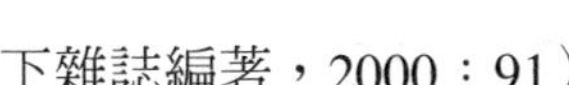

下雜誌編著，2000：91）

企業應該每隔五年制定一次公司願景，之後每年應至少檢視一次，做必要的修正。當企業遭遇重大事件或重大挫敗時，員工充滿不安定感，組織開始出現鬆動現象，此時討論公司願景，將可穩定人心，並再一次檢視企業的核心競爭力，讓員工對公司產生信心（何春盛，2010：43）。

範例1-5

日本企業的遠景

企業名稱	企業經營理念、方針、目標或遠景
佳能	1.製造世界最好的產品，為提升文化而貢獻。 2.建設理想的社會，促進永久的繁榮。
華歌爾	藉由幫助世界上的女性更加美麗，從而貢獻社會。
普利司通	以最高品質貢獻社會。
明治乳業	站在提供「飲食」與「健康」的立場上，為貢獻人類的健康，創造生活文化而努力。
三洋電機	我們希望成為世界人人不可或缺的企業。
養樂多	為建設一個健康、富足、民生樂利的社會而貢獻。
嬌聯	1.本公司一向以「創造第一流商品，不斷擴充日本國內外市場」為職責，藉此實現「滿足人類富足生活，貢獻社會」的理想。 2.本公司針對「企業的成長發展，員工的幸福以及善盡社會責任」三個目標加以一元化，並堅持正派經營。 3.本公司重視獨立自主精神，不斷提升五大精神，以誠實、和諧為目標，進而使全體員工的辛勤開花結果。
不二家	灌注愛、誠心與感謝，成為顧客所喜愛的不二家。
吉野家	快速、好吃、便宜。
日本航空	安全與真心的服務，創造富裕的生活文化。
三菱電機	經由優良的技術與創造力，致力於實現有活力又富足的人類社會。
東芝	站在尊重人性的立場，創造新的價值，努力塑造富裕與健康的生活環境，藉此貢獻人類社會的進步與發展，並將其視作經營理念。
郡是	1.努力提供優良商品，貢獻社會。 2.誠心誠意，拓展信賴範圍。 3.活用青春與創意，追求世界一流水準。
先鋒	為更多人提供更好的聲音。

企業名稱	企業經營理念、方針、目標或遠景
美津濃	「藉由優良的運動用品與運動風氣的提倡，貢獻社會」，將此事當作企業理念；並希望貢獻運動的發展與國際親善，藉由服務，塑造健康而明朗的社會。
卡西歐	創新與貢獻。
森永	提供「美味、愉快、健康」。
味之素	在日本傳統的風土與文化上，藉由商品與資訊，全心全意為全世界顧客，提供健康與幸福。建立一個包括食品、氨基酸、醫藥及精密化學的「生活企業」是本公司的目標。
月桂冠	以經營三百五十年來所釀造的酒為核心，建立一個創造日本新文化的綜合食品企業，貢獻社會。
NEC	藉由C（電腦）& C（通訊），加深世界人類的相互理解，充分發揮天賦潛能，以實現理想富裕的社會。

資料來源：《日本企業的骨氣——170大企業的經營理念與定位》。台灣英文雜誌社出版／引自：何玉美，〈構築遠景，創造未來〉，《管理雜誌》，第273期（1997/03），頁33。

台灣拜耳公司人力資源管理工作的推動所依據的基本精神乃是它的四個基本的價值觀：專業、尊重、信任、個人的發展，在這四個基本價值觀作爲指導原則之下，人力資源管理工作的願景是：提供全體員工最適當的機會來增進自己的知識和能力，並進而達成個人成長的最高目標。所以，彼得‧聖吉在《第五項修練：學習型組織的藝術與實務》一書中一再強調，一個企業能夠形成一個共同的願景（shared vision），才能夠激發員工發自內心的工作意願，而這絕不是靠外在的規範或是賞罰制度可以做得到的。

經營理念

「經營」一詞在我國最早見於《尚書》，《尚書‧周書‧召誥篇》說：「惟太保先周公相宅；越若來三月，惟丙午朏，越三日戊申，太保朝至于洛，卜宅。厥既得卜，則經營。越三日庚戌，太保乃以庶殷，攻位于洛汭。」〔譯文：周成王決定建造洛邑，成王於二月二十一日（乙未）早晨，自鎬京來到豐後，太保召公在周公之前，先行到洛（今洛陽）勘探了那裡的環境，至下個月初三丙午新月初現，又過三天即戊申日時，太保召公又於清晨來到洛，先占卜築城的具體位置，結果一卜得吉，於是立即開始了測量營建洛邑的工作，且選擇在河流限曲的「汭位」。〕，其原意係指「測量方位，卜吉營作」之意；而「經營」之英文爲「management」，其意義比較側重在營運績效（operating performance）。

一、經營理念的眞諦

企業文化的形成，可以說是經由經營理念（除了賺錢以外存在價値的語言表述）長期孕育而成。經營理念（theory of business），是指企業經營者應有之基本信念，亦即經營者以其崇高之人生觀和道德觀作爲基礎，所賴以建立的一套健全之思想體系，它不能違反法律政策、倫理道德。日本松下電器產業株氏會社（Matsushita）創辦人松下幸之助對經營理念的詮釋爲：「以崇高之人生哲學及道德規範作爲基礎之經營思想體系，也就是指經營者對於企業設立宗旨、經營使命以及管理方法應具有之明確的基本認識」（伊藤肇著，周君銓編譯，1981：268-269）。

經營理念形成了企業經營目標，也成爲全體員工的行動指針，是企業精神所在，亦是企業文化的最高指導理念。事實證明，一套明確的、始終如一的、精確的經營理念，可以在組織中發揮極大的效能，例如日本山葉（YAMAHA）公司社訓爲：「在公司服務的員工要時刻注意學習修養，以親切至誠的態度對待事物，愛好職務，敏捷行動，規範協調，並以不屈不撓的精神，持續改善，爲國家社會作貢獻，成爲有用人才。」

二、經營理念的組成

德國哲學家尼采（Friedrich W. Nietzsche）曾說：「知道自己爲何而活，將可忍受一切折磨。」換言之，理解行動背後的原因與價値，並能認同理念與願景，就能堅韌地忍受歷程中的種種艱辛。不論是革命陣營的領導人，或是企業組織的經營者，都要營造理念與願景，才能號召具有相同夢想的追隨者，共同逐夢。例如夏普（SHARP）公司始終堅持產品

範例1-6

年度經營目標、方針與策略

經營目標：

營業額：288億

利潤額：34億

經營方針及經營策略：

任務	目標	策略
1.以愛心和關懷成為全球化的標竿企業	1.全球各地市場占有率領先的食品公司。 2.最受尊崇企業調查中食品業界之領導企業。	1.擴大產品市場占有率，提升／鞏固品牌地位。 2.積極與國際性廠商進行策略聯盟取得國際化經營優勢。 3.積極拓展海外事業，增加全球業績收入來源。 4.確實做好廠區及工作環境的安全與環保問題。 5.有效運用財務槓桿，提升現金流量，創造財務利潤。 6.強化事業經營及投資組合績效。
2.發揮網路成效，創造競爭優勢	達成各部門人效、財效、業績、利潤等財務性目標。	1.加強運用資訊科技以提升工作效率降低營運成本。 2.提升員工生產力。 3.推動outsourcing減少overhead之投資。 4.持續上下游電子化作業流程之系革。 5.善用集團優勢創造綜效（synergy）。
3.顧客滿意，永遠保持領先	1.顧客滿意度調查中顧客最滿意的食品企業。 2.對主要客戶貢獻度最高的食品企業。	1.落實精緻化經營。 2.落實客戶／消費者導向以強化客戶滿意以及符合消費者需求。 3.加強策略性品牌管理。 4.持續推動有效率的顧客回應（Efficient Consumer Response, ECR）。
4.重視企業核心價值的傳承與維護	1.員工對企業文化與經營理念認同度最高的食品企業。 2.主要員工流動率在同業市場中最為穩定的公司。	1.建立與績效結合的策略性管理制度。 2.培育優質人力、營造員工士氣與向心力。 3.推動知識管理。
5.經營人才當地化，經營團隊國際化	1.晉用當地人才比率最高的食品企業。 2.經營團隊國際化人才比率最高的食品企業。	1.有系統的培育及建立國際建廠、研發、行銷及管理人才與制度。 2.推動e-learning。
6.以策略和品質為先的營運管理體系	1.達成各部門之策略性目標。 2.達成各總廠產品良率之品質目標。	1.落實公司策略管理制度的PDCA。 2.強化產品品質競爭力。 3.提高生產效益。 4.建立營建管理制度強化工程品質。

資料來源：《統一月刊》，第28卷，第1期（2001年1月號）。

和技術創新，爲人類創造美好生活；豐田汽車（Toyota Motor）要創造世界上最舒適、安全和節能的汽車；山葉公司要透過引擎和音樂讓社會變得更美好。

一般的企業經營理念，包括三個部分：

第一個部分是對組織環境的基本認識，包括社會及其結構、市場、顧客及科技情況的預見。

第二個部分是對組織特殊使命的基本認識。

第三部分是對完成組織使命的核心競爭力的基本認識。

經營理念形成是經過日積月累的思考、努力及實踐才能形成和做到的。

三、確立經營理念

1870年代，岩崎彌太郎創立「三菱商事株式會社」（Mitsubishi），他秉持一套明確的新經營理念，在短短十年內，該公司就發展成爲世界最有影響的大企業，二十年後，一躍成爲日本最早的幾家跨國企業之一。企業要確立其經營理念，應從下列幾項著手：

1.去瞭解並分析既存的經營理念構成要素，如企業使命、經營理念、行爲準則、企業文化、視覺系統、經營方針等內容。
2.清楚把握經營人士的意圖（到底要成爲怎樣的企業？）。
3.分析時代潮流的趨勢。
4.瞭解社會、一般消費者、顧客、媒體、廠商對於自己公司的認識、評估與期待。
5.瞭解企業內部對於企業的要求，前途的希望（意識滲透）。
6.澈底瞭解企業的長處、短處（弱點）、需要加強的地方，並引進企業沒有的技術、工作方法（Know How）或知識。
7.整理、歸納、決定。
8.理念共有化。

範例1-7

聯強國際公司的經營理念

經營理念	內容
我們追求對客戶提供卓越的服務	聯強將從事於能以卓越服務獲取利潤的商業機會，並投入數量足以建立實質規模的潛在市場。我們將洞察客戶的需求；開發相關的服務特色，並經由服務執行品質的標準化及客戶的滿意度，來衡量我們的績效。期以此卓越服務提供客戶超值的利益，來獲得客戶長期的信賴。
聯強的經營管理是以顧客為中心的管理	我們將以策略為前導，注重分析，持之以恆，來建立卓越的服務績效。我們必須創新以建立堅實的競爭優勢，並經由高市場占有率，與客戶分享經濟規模的效益。同時，我們也必須定期確實地衡量競爭者的表現，以作為全公司人員的參考。
唯有卓越的團隊，才能達成卓越的目標	我們深知唯有在員工瞭解並認同公司的經營理念、價值觀及企業文化，並配合高水準、專業化的經營團隊，始能達成公司的目標。 我們人力規劃的理念植基於深信員工是渴望努力工作追求高標準的成就。我們將協助員工發揮潛能並激勵員工追求卓越，且經由員工共同參與執行公司卓越服務的理念，來達成服務客戶的目標。 我們也深信創造一個高度職業保障與激勵環境，並讓員工感受參與和分享公司利益，是引導員工全力奉獻於公司目標的最佳方法。

資料來源：聯強國際公司經營理念／引自：聯強e城市網站（http://www.synnex.com.tw/asp/emba/synnex_principle.aspx）。

企業文化

美國《財星雜誌》（*Fortune*）每年都做「最受歡迎」企業大調查。前些年，他們在調查完成後，曾經整理出一項結論是，越來越多的企業更加關注的是：企業不能只靠數字而活，有一件事讓這些頂級企業在大調查中脫穎而出的是他們堅韌的「企業文化」。

範例1-8

獨創一格的企業文化傳統

幾年前，一家公司的老闆開玩笑地跟員工打賭，認為公司無法一年成長20%，達到六億美元的營業額。他自信滿滿地放話說，如果真的達成六億美元的業績，他就跳進公司門前的小池塘裡。

一年後，他可後悔當初的大話。在公司狂賀達成六億美元的業績時，他當著全體員工的面，二話不說，咬牙跳進冰冷的池子裡。

從那天起，落水成了公司的傳統，表現優異的高階經理、業務員及其他的員工跟著老闆一起落水，接受眾人的年度表揚。

資料來源：編輯部（1999）。〈比獎金更有效的獎勵方式〉。《EMBA世界經理文摘》，157期（1999/09），頁136。

一、企業文化的內涵

企業文化（corporate culture），是指企業的精神文化，也就是在長期的生產經營活動中所形成的理想、共同持有的信念、價值觀、行爲準則和道德規範，以及體現這些企業精神的人際關係、規章制度、廠房、產品與服務等制度和物質因素的總合。所以，企業文化是一個企業的獨特「性格」，對員工行爲的要求。亞馬遜（Amazon.com）網路書店創辦人傑夫・貝佐斯（Jeff Bezos）認爲，企業家在創立公司時，就知道他想要創立什麼樣的文化，而後早期的員工將是傳承文化火炬的關鍵。他估計最終的企業文化是「一種混合的形式，30%是你當初所想要的，30%則端賴早期員工是什麼樣的人，而有40%是在發展中隨機形成的。隨機發展的壞處就是一旦成形，就無法挽回。沒有任何方法可以改變企業文化」（張志偉，1999：140-141）。

美國人崇尚挑戰，敢於冒險和追求個人的發展；德國人冷酷、理智又反覆無常；法國人浪漫、幽默又好吵；日本人則富有團隊精神、愛模仿；中國人勤勞、勇敢但缺乏創造性，這就是各國的文化觀。

就中國而言，中國大陸北方與南方的文化就有明顯不同，比如從方位感上，我們可以明顯的看到，北方人是以在宇宙中的座標定位的，而南方人則是以人自身所處的位置定位的。外地人問路，南方人給的是「左與右、前與後」的概念，而北方人則是「東西南北」的概念。這種不同的地域文化，同樣會影響企業文化的建構（劉茂財，2001：32）。

在全球化的浪潮下，資訊、創意、人才、資本與其他生產要素都正以一種前所未有的速度迅速流通，策略可以被複製、資產可以被交易收購、人才也會流動，凡一切可操作的東西都是可以被複製的，成功的策略很容易被模仿，如沃爾瑪的低價策略，西南航空（Southwest Airlines）的廉價航空旅遊方案等，早就不是商業機密，但企業文化是很難模仿的。

附錄1-1　企業文化問卷

對待員工

1.公司對員工的整體待遇如何？（公平？不公平？是否對某部門特別優待？是否反覆無常？）

2.和類似的公司相比較，本公司的薪水與福利如何？

3.工作狀況如何？（上班時數？有無加班費？工作壓力大不大？環境如何？辦公室是否現代化？氣氛是否愉快？）

4.晉升機會如何？獎勵方式多否？

5.公司對於在職訓練的態度如何？（公司是否負擔費用？有無附設員工圖書館？拔擢人才時的基本考慮因素爲何？）

6.公司對少數民族的態度如何？對女性員工如何？他們是否有機會成爲主管？

7.公司對於什麼樣的表現最爲激賞？（銷售量？減少成本？領導才華？）

8.公司對員工參加公司外的活動採何種態度？（鼓勵與否？漠不關心？有些鼓勵，有些則否？）

9.哪一些屬於個人的行爲與態度，最受公司賞識？（義工？家世？昂貴的

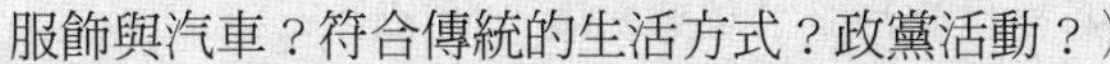

服飾與汽車？符合傳統的生活方式？政黨活動？）

10.哪一些屬於個人的行爲與態度，最不受公司賞識？（工會？性別歧視？非傳統的政治觀與個人價值觀？）

11.公司的人事流動率如何？（高？低？中等？）

公司形象

12.公司在外名聲如何？

13.公司的「自我形象」與在外名聲是否相符？

14.公司督導工作的方式如何？（希望員工完全瞭解自己的工作性質？還是充斥非常笨拙和不高明的方式？）

15.公司評鑑員工的方式如何？（公正？不公正？極少這麼做？有時這麼做？經常地在做？）

16.員工批評公司時，公司反應如何？（隱忍？不能忍受？有反應？毫無反應？）

17.外界批評公司時，公司反應如何？（外人包括新聞界、股份持有人、顧客及工會等）

18.公司對競爭對手的看法如何？

19.競爭對手對公司的看法如何？

20.在辦公室內「搞政治」（人事傾軋、阿黨營私）的人，是否影響決策？

21.公司如何與員工溝通重要政策？（經由主管？集體會議？由高層主管寫一份通告？經由口耳相傳的方式？或是從報上得知？）

22.公司如何與外界溝通其重要政策？是否有效？運用的是什麼樣的手法？（廣告與公關？秘密外交、障眼法，或是決策者忙著做個人秀？）

公司目標

23.什麼是公司的遠程目標？（居於所在產業的領導地位？購併活動？家族企業？）

24.公司欲達成遠程目標的作爲如何？有效嗎？

25.公司如何傳達其遠程目標的觀念？是否有效？（利用員工的認同感？運用公司出版的刊物？利用展示會？）

26.公司會以哪些人爲模範？會師法哪些公司？爲什麼？

27.什麼方法最能保證你必步步高升？（功勞？或其他東西？）
28.公司最強的優勢爲何？
29.公司怎麼運用這些優勢來賺錢？
30.公司最大的弱點是什麼？
31.公司補救這些弱點的措施是什麼？
32.公司最足以傲人者爲何？（高利潤？創新的產品？對顧客的服務？股息高、紅利多？薪水高？高層主管的青雲直上？）
33.你以在這個公司服務爲榮嗎？還是想跳槽？爲什麼？

資料來源：麥凱（Harvey Mackay）著，鄭懷超譯（1991）。《談笑用兵：洞悉商場策略》（*Beware the Naked Man Who Offers You His Shirt*）。天下文化出版，頁82-85。

二、企業文化的形成

文化，根據《韋氏大辭典》（*Webster's New Collegiate Dictionary*）的定義：「結構配合得宜的人類行爲的模式，包括了思想、話語、行動和人工製品；藉著人的能力學習並傳達知識給未來的世世代代。」《管理的意志》（*The Will to Manage: Corporate Success Through Programmed*）一書作者馬文．鮑爾（Marvin Bower）把企業文化形容爲：「我們在這兒的一切行事的方向」。凡能夠利用塑造價值觀（values）、製造英雄事蹟（heroes）、立下儀式與典禮（the rites and rituals）、認可文化網路（the cultural network）的存在，瞭解文化的重要性（the importance of understanding culture），則樹立獨特風範的公司會比別的公司占優勢（Terrence Deal等著，鄭傑光譯，1992：4-20）（**表1-4**）。

表1-4　企業文化的要素

要素	說明
企業環境	每家公司因產品、競爭者、顧客、技術以及政府的影響等等的不同，而在市場上面臨不同的情況。公司的營運環境決定這家公司應選擇哪一種特長才能成功，並因而牽動了公司整體的企業文化。企業環境是塑造企業文化的首要因素。
價值觀	價值觀以具體的字眼向員工說明「成功」的定義——「假如我這樣做，我也會成功」，因而在公司裡面立下了成就的標準。
英雄人物	由英雄人物所透露出的價值觀，會為其他員工樹立具體的楷模。基本上，英雄人物對員工的意義是：「只要如此這般，你也可以在此出人頭地」。
儀式與典禮	這些是公司日常生活中固定的例行活動（朝會、定期會議、尾牙）。主管會利用這個機會向員工灌輸公司的教條（信念），並用明顯有力的例子向員工昭示其中的宗旨與意義。
文化網路	這雖然不是一個機構中的正式組織，但卻是機構裡主要的溝通與傳播樞紐（溝通平台），公司的價值觀和英雄事蹟也都靠這條管道來傳播。例如定期刊物、早會主題內容等。

資料來源：泰倫斯・迪爾（Terrence Deal）、艾倫・甘迺迪（Allan A. Kennedy）著，江玲譯（1987）。《塑造企業文化：企業傑出的動力》（*Corporate Cultures*）。經濟與生活出版，頁18-20。

三、企業文化主要來源

松下電器株式會社的商學院培訓，每天清晨全員面向故鄉，遙拜父母並默念一段《孝經》；早餐之前全體正襟危坐，雙手合十，口誦「五觀之偈」；開設「商業道德」課程，透過學習《大學》、《論語》等中國古代典籍強化商業道德；傍晚則有「茶道」時間煮茶品茗，自由溝通。所以，文化是一種「道德洗腦」，讓員工心悅誠服地依照公司規定做事，但多數企業領導人都沒有決心和耐心塑造文化，因爲企業文化是長期累積而來，主要來自兩方面：

(一)由上而下

企業文化由上而下（top down）的形成，主要從企業創辦人開始，將其個人的價值觀、人生觀、處世哲學貫徹到組織裡，形成人與人相處的模式。例如台塑創辦人王永慶將勤勞樸實、追根究柢的人生觀，貫徹到台塑企業裡。

(二)由下而上

企業文化由下而上（bottom up）的形成，主要是因員工都認同這項的行爲準則，也符合大多數員工的期望值，組織上下便會形成共識，文化於焉形成。例如：廣達電腦創辦人之一溫世仁提出「眞善美」的企業文化，到了第二代，由於員工平均年齡都在四十歲以下，當時就便採納員工所提出「健康、快樂、希望」的價值觀，在這充滿情緒意涵的字裡行間，充分展現年輕一代不再追求物質生活，而是追求心靈成長，與原來的文化並不相違背，但又比較接近大部分員工的期望（李宜萍，2008：33-34）。

四、企業文化的結構

企業文化沒有人力資源政策以及各項公司規章制度來支持，注定要落空的。從人員的選拔與聘用、崗位的設置、工作安排、績效考核、薪酬發放、人員流動到人力資源管理的每一個環節都體現著企業的眞實文化。如果公司文化規定要「創新」，人力資源政策卻是犯錯就扣錢，就批評降職；公司文化提倡「顧客第一」，績效考核的時候卻只考核銷售量不考核顧客投訴，這是政策和文化在打架；聘用人員的時候能力爲先，工作安排和薪酬發放卻資歷第一，這是政策和政策的衝突，企業只要存在類似的不一致，公司提倡的企業文化就不會成功（張俊，2010）。

《組織文化和領導》（*Organizational Culture and Leadership*）一書的作者愛德格．施恩（Edgar H. Schein）提出一個著名的文化三個層次的睡蓮模型（waterlily model）：水面上的花和葉是文化的外顯形式，包括組織的架構和各種制度、程序、公司的建築、裝潢等設施，以及產品的外觀、包裝、廣告等；中間是睡蓮的枝和梗，是各種公開倡導的價值觀，包括使命、目的、公司的人力資源政策、規章制度和員工行爲規範等；最下面是睡蓮的根，是各種視爲當然的、下意識的信念、觀念和知覺，包括企業精神、戰略願景、經營哲學等。

企業文化的核心是尊重員工，滿足人的多重需求。運用共同價值

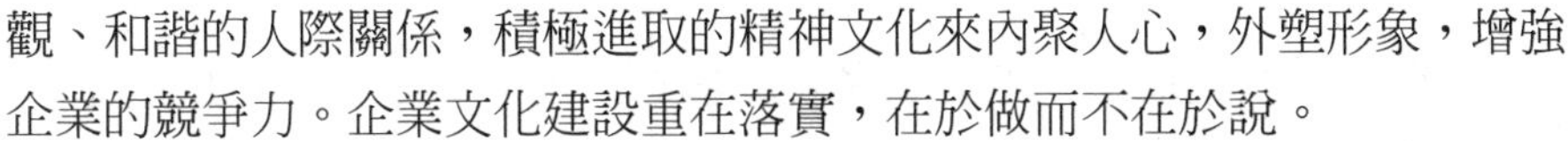

觀、和諧的人際關係，積極進取的精神文化來內聚人心，外塑形象，增強企業的競爭力。企業文化建設重在落實，在於做而不在於說。

附錄1-2　「HI-SPEED」公司

一、總裁給全體同仁的一封信

親愛的同事們：

阿爾卡特—阿爾斯通集團是一家具有世界規模的企業，它有能力透過各所在國樹立其形象而獲益。然而，儘管其遍及全球的機構，除了傳統客户之外，阿爾卡特—阿爾斯通集團的知名度十分有限。在市場發生根本變化，新的競爭挑戰接踵而至的時刻，我們應該積極迅速地行動起來，適應這一現實。

我希望能在你們廣泛的支持之下，為阿爾卡特—阿爾斯通集團在內外信息交換方面注入新的動力。在尋求如何更好體現集團的科技水準和精神面貌的嘗試中，我在去（1997）年十二月向集團管理層提出了使阿爾卡特—阿爾斯通集團成為「HI-SPEED COMPANY」的設想。隨後，此設想得到了眾多的積極響應。為此，我提議編寫這本宣傳手冊來介紹今後幾週將要採取的行動。我期待著各位的支持。讓我們在集團總部的全力支持下，使我們的客户、合作者和競爭者很快目睹本集團「HI-SPEED COMPANY」的風采。

Serge Tchuruk

1997年6月

二、「HI-SPEED」公司的作法

阿爾卡特—阿爾斯通集團最近重新確立了其在世界領導企業的地位。爲了增強正在形成的活力，獲得完全的成功，集團必須確保總的發展方向，採取體現這一戰略構思的新態勢。

阿爾卡特—阿爾斯通集團「HI-SPEED COMPANY」

我們堅信，「HI-SPEED COMPANY」將在未來的幾年內爲我們奠定成功的基礎。今天，這一概念已爲集團帶來了無可置疑的潛力和許多商業

與技術方面的成就。這體現在海底和太空技術、到家光纖、日常能源及城市間網路等許多方面。

「HI-SPEED DRIVEN」的概念不僅是一種狀態，它還是集團的目標。

從集團的歷史沿革、規模和工作方法來看，我們與「HI-SPEED COMPANY」的要求，的確都還存在著一定的差距。

爲什麼阿爾卡特－阿爾斯通集團需要HI-SPEED？

它體現了二十一世紀的觀念。這將是一個建築在各種能夠不斷加快信息傳遞速度的技術之上信息社會。

高速度的概念也同樣符合市場的發展和客戶的需求。

成爲「HI-SPEED COMPANY」不僅指強調速度，爭分奪秒地工作和生產，也指樹立產品質量觀念，提高工藝水準，更好地掌握科技、行政與商業技巧。

「講究速度，意味著一次成功」

在向社會宣傳集團新的形象之前，向「HI-SPEED」目標進軍也意味著集團內部文化的深刻變化。

事實上，如果說高速度是集團的工作重點，它還應該是確立敬業精神，即在企業內部實現「HI-SPEED DRIVEN」目標的中心環節。

這本手冊旨在回答每個職工就新的集團形象所提出的每一個問題，並初步介紹「HI-SPEED DRIVEN」的要點。

實現「HI-SPEED」的目標，這意味著什麼？

經過了深刻的組織調整之後，本集團正在進行的改革爲我們每名員工實現「HI-SPEED」的目標提供了條件。實現「HI-SPEED」目標既是領導部門的責任，也應該是我們每個人的機會，成爲人人應達到的共同目標。

管理部門的承諾

目前正在進行的變革應使我們：

- 根據專業進行組織，以最大程度地發揮集團內部的互助作用。
- 眞正根據面向客戶的要求重組公司的機構。今天集團的大客戶，無論它在什麼國家，提出什麼樣的要求，都一定能在阿爾卡特－阿爾斯通集團找到一名對口服務的專職人員。

・採取切實措施，發展必要的企業文化，特別是提高爲顧客服務的速度。這些行動建築在新的工作方法和靈活的組織模式上，以適應新環境的要求。爲此，整個集團領導層都在致力於推廣新的管理方法，以提高集團效率和互助能力。

・每個人都可以做出的選擇。

這是每個人在與同事和外界的交往中，都可採取的一種態度。其特徵是：

・對問題做出迅速決策和反應。

・與領導和同事保持更爲樸實和無拘束的關係。

・縮短產品在開發，推向市場和交貨方面的週期。

・在與客戶的交往中，做到事先計畫，隨叫隨到。

這一工作態度將爲每名員工創造個人的優勢。它不僅能在日常工作中能提高效率，能省大量時間，而且能促使我們提出和接受創新建議，更充分地發揮個人的才智。

這種工作態度將使阿爾卡特－阿爾斯通集團成爲世界服務企業的典範，確立其「HI-SPEED COMPANY」的地位。

集團的目標

「HI-SPEED DRIVEN」精神體現了集團完成既定目標的手段。

實際上：

・這是占領未來市場的唯一手段。在這些市場上，除了我們的傳統競爭者外，還必須面對新興的、具有強大活力及創造力的企業。

・這是滿足市場和客戶需求的唯一手段。客戶的需求體現在：可立即實施的解決方案，遍及世界的服務網點以及提高設備投資的回收速度等方面。

這還是能將大集團的高科技與「HI-SPEED COMPANY」高效率相結合的唯一手段。

HI-SPEED COMPANY

信息交流活動

成爲「HI-SPEED COMPANY」是本集團的首要目標。爲此，我們正在落實各種信息交流活動。

在阿爾卡特－阿爾斯通集團內達到「HI-SPEED DRIVEN」的要求是我們的共同目標。這項活動不僅將在全集團展開，也是我們的國際戰略。為此，我們不再對「HI-SPEED」、「HI-SPEED DRIVEN」和「HI-SPEED COMPANY」加以翻譯。這些術語仍採用集團共同語言——英語。並使用企業內部的信息交流計畫。

- 在整個集團內部建立共同的Intranet網絡。
- 在集團內部的刊物中，建立「HI-SPEED DRIVEN」的定期欄目及「HI-SPEED DIARY」日誌。
- 在集團內部組織評選，向最優秀的「HI-SPEED DRIVEN」創新項目頒「HI-SPEED AWARDS」獎。
- 在企業內部進行張貼宣傳。

新的集團Intranet網絡為：Alcatel Intranet

今天，Web是交流HI-SPEED工作經驗的最普通的手段。Intranet既是內部的信息交流工具，又是新的工作方法。我們可採用它來交換和使用集團所擁有的各種電子信息，避免重複勞動，在職工中建立橫向和縱向的聯繫。

Intranet也是項目管理的有效工具。它能使有關人員分享集團信息庫的信息，透過電子信箱交流和傳輸文件。今天，在集團內部存在許多Intranet網點，但彼此之間缺乏聯繫與總體協調。為此，集團信息交流部將從6月1日起建立一套面向所有部門的網絡。有關阿爾卡特Intranet的詳細資料可向本部索取。

HI-SPEED DIARY 日誌

它以新的專欄形式登載在集團的所有刊物上。

其目標是報導HI-SPEED DRIVEN在集團各部門和工種的經驗（縮短交貨時間、採用更有效的工作方式等）。HI-SPEED日誌將刊載大家的體會，以論壇的形式，幫助每一名職工從HI-SPEED DRIVEN的創新經驗中獲得啓示，改善自己的業務環境。

怎樣透過HI-SPEED DRIVEN日誌交流自己的體會？方法是填寫Intranet上的登記表，或向本公司的信息交流部索取此類表格，把經驗發送給我們。

HI-SPEED獎

每年集團都將確定一個HI-SPEED DRIVEN的特別獎項。以便具有先進經驗的班組競爭。你們將很快收到一份1997年HI-SPEED獎的評獎資料，介紹參賽規則。

內部招貼宣傳

集團的所有企業都將很快收到在HI-SPEED活動中的先進班組或「1997 HI-SPEED」獲獎班組的宣傳招貼。並實施外部信息交流計畫。

在產品的信息交流中

- 逐步在所有宣傳媒體中採用「HI-SPEED COMPANY」的提法。爲了更好地體現這一概念，目前某些宣傳上已開始出現了「HI-SPEED」的字樣（例如"One Touch"GSM移動電話的宣傳廣告等）。

在集團的對外交流中

- 必要時，在集團內部推廣HI-SPEED概念的基礎上，建立制度化的交流，特別是在國際上展開有關的宣傳。
- 在國際上進行有影響的贊助活動：如Prost一次方程式汽車大賽等能把科技與HI-SPEED主旨相結合的體育活動。

如需瞭解詳情，請立即與下列部門聯繫：

- 上級主管機構
- 本公司的信息交流部
- 在巴黎的集團信息交流部

巴黎的地址傳眞如下：

傳眞：

E-mail：

Intranet：

我最初三項

HI-SPEED DRIVEN 建議 ______________________________

____

____

____

資料來源：阿爾卡特—阿爾斯通集團。

五、贏在企業文化

富士康集團總裁郭台銘認為，企業文化就是生活在一起的一群人所共同擁有的價值觀。富士康集團不是憑藉模具開發技術、雄厚的資金、製造和研發的能力和供應鏈管理，這都是富士康成功的「果」而不是「因」，富士康最強的核心競爭力應該是「贏在企業文化」。

富士康的企業文化有下列四個特徵：

第一是辛勤的工作，每個人都要腳踏實地辛勤工作。

第二是負責任的文化，工作交給你，你就應該把事情做好。

第三是團結合作並且資源共享的文化，就是員工工作時團結合作，但又彼此分享資源。

第四是有貢獻就有所得，也就是一分耕耘一分收穫的企業文化（徐明天，2007：244-245）。

社會和環境責任

社會和環境責任（Social and Environmental Responsibility, SER），是指企業或其他形式的組織在尋求更多利益的同時應該承擔的社會和環境責任。

二十世紀八〇年代到九〇年代，社會和環境責任理念被已開發國家逐漸接受。消費者的關注點由單一關注產品品質轉向關心環境、職業健康及勞工權益等多個方面。在「血汗工廠運動」的壓力下及自身管理需要下很多跨國性企業紛紛制訂「行為規範」。1997年，社會責任國際組織聯合歐美企業和其他國際組織制定了社會責任的SA8000。

一、《全球協約》的內容

2002年，聯合國正式宣示《全球協約》十項原則，它可以概括為以下四個方面的內容：

1.尊重人權。企業應支持和尊重國際社會做出的維護人權的宣言，不袒護侵犯人權的行爲。
2.勞動標準。企業應消除任何形式的強迫勞動及童工，杜絕在用工和職業方面的歧視，爲員工提供合理的報酬及安全事宜的工作環境，保證員工有集會和自由結社的權利等。
3.環保。企業應承擔環境保護和維護自然和諧的責任，並推動環保技術的開發與普及。
4.反腐敗。企業應積極採取措施，反對任何形式的腐敗行爲。

二、人力資源管理的新領域

無論大、中、小企業，人力資源管理都會涉及到人力資源規劃、招聘管理、人事信息管理、員工關係管理、培訓管理、考勤管理、績效管理、人員異動管理、薪酬管理等內容。而社會和環境責任規範的「行爲守則」，一般包括禁止強迫勞動、禁止就業歧視、禁止不合法的懲戒措施、工作時間、工資福利、組織工會、工作場所的健康與安全、環境保護方面的內容。基本上，所有社會和環境責任的行爲守則都與人力資源管理息息相關。對人力資源工作者來說，應積極主動瞭解最新的社會和環境責任資訊，爲企業制定社會和環境責任政策並貫徹實施，發現問題應及時採取補救措施（黎宇恆，2011：34-37）。

結　語

使命和願景一旦整合，就會發揮無比的威力，會讓決策更爲清晰，正確的途徑似乎會自然顯現，而企業文化的最大挑戰不是定義及形成文化，而是持續不斷地調整文化。企業文化建設重在落實，在於做而不在於說。「蓬生麻中，不扶而直」，員工置身於良好的企業文化，自然能養成良好習性，建立良好的價值觀與行爲模式，帶動著企業邁向康莊的經營成長之路。

第二章

人力資源管理策略

- 策略規劃
- 人力資源管理策略
- 策略性人力資源管理
- 人力創新作法
- 人力資源管理者的角色
- 人力資源管理者功能
- 結　語

> 經濟資本存在銀行中，人力資本存在腦袋中，其概念更對人力資源管理理論與實務帶來深遠的影響與衝擊。
>
> ——麥可‧波特（Michael E. Porter）

從傳統的凡事照著來的「人事管理」（personnel management）模式，轉化成爲「人力資源管理」（Human Resource Management, HRM），再演變至今的「人力資本」（human capital）、「人力資產」（human asset）的觀念，在人事管理演變的過程，說明了不同的時代背景對人的管理也會有不同的認知與對待，當人才被當成資產時，人的潛能（capability）就會被激發出來，勞資對立的關係也會相對降低，人力資產所受到重視的程度，已成爲組織競爭力的關鍵因素（**表2-1**）。

表2-1　人資認知進化論

類別	功能	特色	觀念認知	代表公司
Version 1.0 人事管理	扮演監督管理行政的角色，按規章制度行事，主要處理人事問題糾紛。	被動。通常其他部門提出需求，人事部門才處理。	認為人事主要的職責在監督員工，避免員工違反公司規範。	約有50％的公司，實質上還停留在此階段。
Version 2.0 人力資源管理	已經有策略思維，人是生產過程中重要的關鍵，公司運用人力資源創造價值。	重視人力競爭力提升，希望創造價值、產生結果。	把人當成石油般的資源來用，會希望用最少資源創造最大價值，一旦獲利未見提升，就開始裁員、縮編。	全球主流。
Version 3.0 人力資本	資本是創造愈多價值愈好，本益比愈高愈好，所以人才是為了創造價值。	認為人才值多少錢，企業就付出多少，甚至更高，但相對預期人才能創造更多價值。	把人才當成資本，人與人的關係只建立在經濟價值上，人才為了創造價值，可以放棄生活、家庭。	如恩隆公司（Enron）就是極端例子，執行長為了創造高績效假象，製造假交易，以創造股票市值。

（續）表2-1　人資認知進化論

類別	功能	特色	觀念認知	代表公司
Version4.0 人力資產	資產廣義的概念包含資本、資源，有經濟價值與非經濟價值，可以分有形與無形資產。	知識經濟時代，知識資源更重要，關鍵人才是公司重要的資產。	資產除了可以為公司創造價值外，資產本身還會增值。	谷歌（google）、微軟（Microsoft）。

資料來源：李瑞華／引自：李宜萍（2008）。〈台灣首位變革人資長李瑞華：從行政專家變成策略夥伴〉。《管理雜誌》，410期（2008/08），頁82。

策略規劃

加拿大麥基爾大學（McGill University）管理研究教授亨利．閔茲伯格（Henry Mintzberg）說：「企業之所以需要擬定和規劃策略，在於策略可以設定組織的方向，促進組織成員的努力和協調，並且能夠減少不確定性，集中資源以提升效率（efficiency）。規模再大，執行力再強的企業，如果在關鍵時刻選錯策略、踏錯步伐，也會損失慘重。」因而，日本知名趨勢專家大前研一就指出：「如果船頭朝著錯誤的方向，划得再辛苦也毫無用處。」

一、策略定義

策略（strategy）最早源自古希臘字「strategos」，意思爲將軍的藝術（The art of the General），而在《韋氏字典》中，則將「策略」定義爲「規劃並指導大規模軍事行動的科學」（The science of planning and directing the large scale military operations），二者均指出「策略」爲軍事上的用語。而「策略」在企業經營上的意義爲「組織要達到目標、完成使命的方法與手段」。它是指與競爭者採取不同的商業模式（一個組織應該如何做，才能爲相關人士創造價值），或是以不同的方式從事類似的商業模式，滿足企業的目標，最有效益。所以，策略涵義，係指下列事項而言：

1.策略代表重點的選擇。
2.策略界定了企業在環境的生存空間。
3.策略指導功能性政策的制訂。
4.策略以相對競爭優勢爲基礎，目的亦在建立長期的競爭優勢。
5.策略是對資源與行動的長期承諾。
6.策略雄心與落實執行是必要的條件。

範例2-1

策略是什麼？

我在波士頓的住家附近，查爾市街兩邊的街區，各有一家小商店，收銀機整天響個不停，神情滿意的顧客川流不息。其中一家叫「上皮披薩」（Upper Crust Pizza），它的店面十分狹窄，一點裝飾也沒有，而且嘈雜喧鬧，使用的是自助式紙盤，飲料的選擇也很有限。顧客可以站著吃，或是坐在一張長條凳般的大桌旁用餐。服務人員的態度稱不上粗魯，但也是一派無所謂的樣子。在收銀機前面點了餐之後，收銀員往往冷淡地丟給你一句：「隨便啦！」

但是他們家的比薩好吃得要命；光是描述醬料的味道，你可能就饞涎欲滴，餅皮更是讓你垂涎三尺。投資銀行家、藝術家、警察早上十一點就開始排隊，一邊看著門口貼出的「今日特製」告示。午餐和晚餐時間甚至會出現多達二十個人的長龍。一群送貨員馬不停蹄地忙到打烊。

「上皮披薩」的策略，就是產品。

資料來源：傑克．威爾許（Jack Welch）、蘇西．威爾許（Suzy Welch）著，羅耀宗譯（2005），〈策略，做就對了！〉，《致勝：威爾許給經理人的二十個建言》。天下遠見出版，頁191。

二、策略地圖

1990年代初期，美國管理學者傑恩・巴尼（Jay B. Barney）提出的「資源基礎論」（resource-based theory）認爲，企業能以有價值、稀有且競爭者難以模仿的資源爲基礎，形成策略，才能具備持久的競爭優勢。例如，在企業競爭的大環境下，有些企業的競爭策略是：大力發展人力資源部門，希望從重視人才的延攬、培育上出奇制勝（**圖2-1**）。

營運效率（efficient operation），是指相同的商業活動，可以較低的成本推出。營運效率的提升可以透過流程改善、運用高科技、激勵員工等來達成，然而不斷的營運效率提升，僅能是達成高獲利的必要條件，並非充分條件。因爲競爭者的模仿能力相當快，若是企業以提升營運效率來與

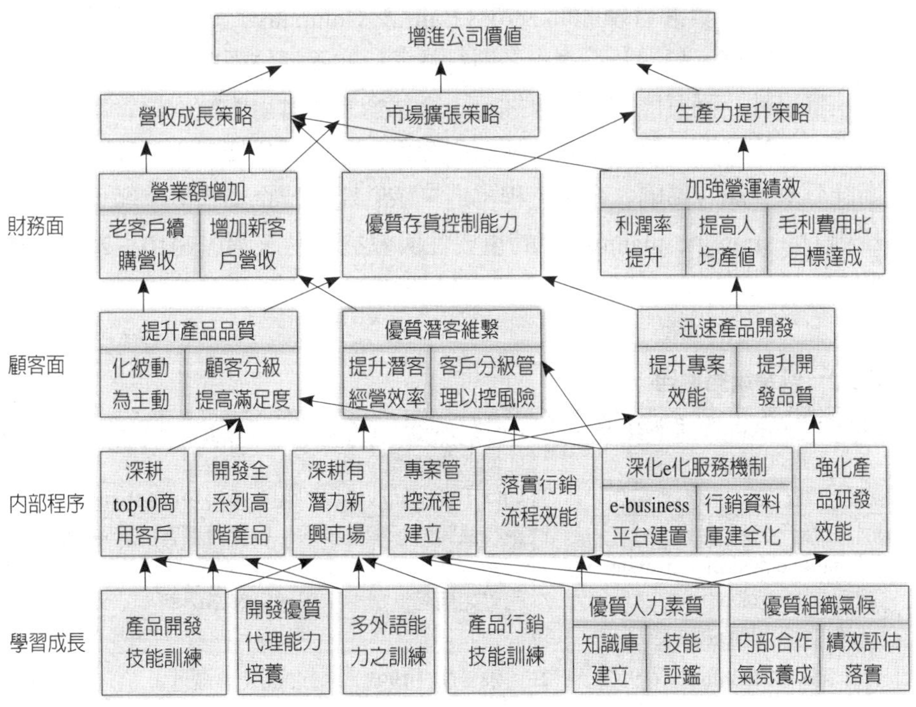

圖2-1　策略地圖

資料來源：某大運動器材製造公司。

對手競爭，到頭來只是互相毀滅的商業活動而已。所以，在商業模式之後，則要進一步思考策略。例如，和很多大型折扣商店一樣，沃爾瑪的創辦人山姆·沃爾頓（Sam Walton），也是以低價、貨品齊全來吸引顧客，但是他針對的是和別人不同的顧客。當時大多數大型折扣店都瞄準都會區顧客，沃爾頓本人卻選擇人口五千到二萬五千的郊區小鎮作爲目標。他的商業模式和凱瑪（Kmart）百貨一樣，但是他的策略不同，因爲小鎮居民開車到其他大城相當不方便，沃爾瑪的出現，讓他們可以就近購物，再加上這些小鎮市場規模有限，無法容納第二家大賣場，形成了新進者的進入障礙，這不就是典型的「鄉村包圍城市」的競爭策略嗎？（EMBA世界經理文摘編輯部，2002：98）（**表2-2**）

三、策略規劃

2009年，貝恩管理顧問公司（Bain & Company）針對全球五大洲、七十多個國家、超過九百六十名執行長進行的管理技術與管理工具使用趨勢、實用性及滿意度調查結果顯示，全球企業最常用的前十項管理工具分別爲：標竿學習、策略規劃、使命與願景、顧客關係管理、委外服務、平衡計分卡、顧客區隔、企業流程再造、核心能力及企業購併。顯見「策略規劃」（strategic planning）的重要性與效益（呂玉娟，2010：20）（**表2-3**）。

表2-2　競爭策略項目

類別	說明
效率策略（speed strategy）	如何改善作業流程，提高工作效率。
創新策略（innovation）	如何不斷創新改進，以因應環境快速的變化。
品質提升策略（quality enhancement strategy）	重視品質的管理與要求，以提升顧客的滿意程度。
降低成本策略（cost reduction strategy）	思考如何降低成本，以提升競爭優勢。

資料來源：Muchinsky (1997)／引自：張裕隆（1998）。〈360度回饋（七）〉。《國魂月刊》（1998/05），頁72。

表2-3　制定策略的目的

‧為企業闡明未來發展方向，可以稱之為願景、企圖、目的、使命或展望，它清楚說明企業對未來的觀點，這個觀點代表該企業在更廣泛的企業環境（包括顧客、管制、技術變革及投資人）中的定位。 ‧配置資源。組織的資源可能專注各種不同目的，例如降低成本、顧客服務、改善品質等等，由於組織很難有足夠資源為所有利害關係人做所有事，因此必須有效地配置資源。策略說明反映了經過辯論後所排定的優先要務及資源分配。 ‧策略說明代表了經過策略制訂討論後所做的承諾，承諾的對象包含多重利害關係人。對員工的承諾是有關工作機會、管理行動或組織治理；對顧客的承諾是有關產品、服務市場或價值創造；對投資人的承諾是有關獲利能力、績效或股東價值。

資料來源：戴維‧尤瑞奇（Dave Ulrich）著，李芳齡譯（2002）。《人力資源最佳實務》。商周出版，頁228。

四、有效策略考慮因素

擬定企業策略時，應注意如何使資源在市場上達到最大效用。例如迪士尼樂園（Disneyland Park），因爲品牌悠久又老少咸宜，因而迪士尼經營者就把優勢延伸到旅館業、零售業和出版業。如果不這樣做多角化經營，就會引來很多不友善的併吞者。因而有效策略擬定時，要有下列幾項考慮因素：

1.考量資源的限制，也就是如何少用資源。

2.思考自我的弱點，爲使自己在競爭環境中存活，盡量少暴露自己的弱點或採取策略聯盟。

3.重點突破，若不將之突破，往後將事倍功半。

五、策略的本質

策略有個最重要的特質，它是抓著願景不放的，它有許多戰術，最終是達到願景。所以，策略規劃是企業設定目標，並擬定達成目標的方法（手段）的過程，透過「釐清使命目標、分析內外狀況、形成策略、計畫和評估」四步驟，讓企業各階層對企業未來發展及工作優先順序達成一致的共識（**圖2-2**）。

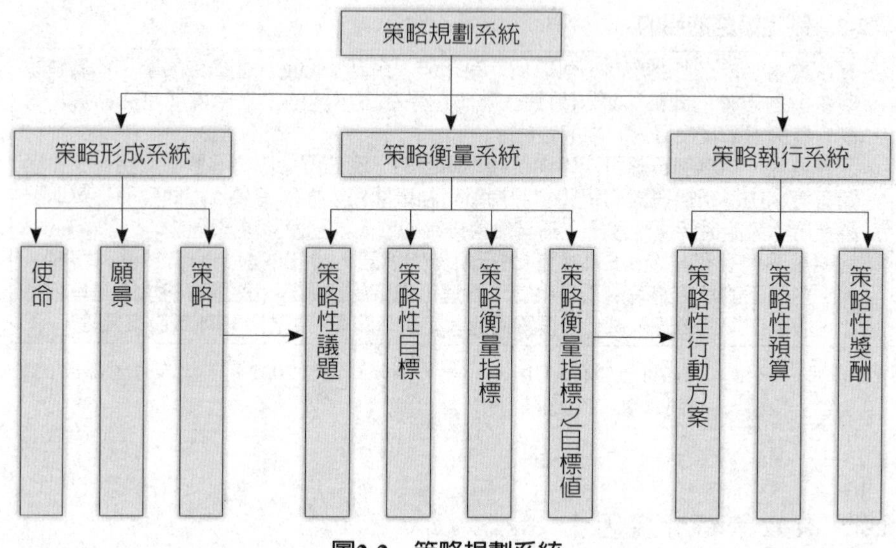

圖2-2　策略規劃系統

資料來源：吳安妮（2003）。〈平衡計分卡之精髓、範圍及整合〉／引自：張玉山、游子慶（2010）。〈國營企業經營績效獎金制度之興革與前瞻〉。《人事月刊》，總第297期（第50卷第5期，2010/05/16），頁47。

策略規劃的本質上是一種取捨，並不是把每個人的想法，一一條列、照單全做就叫做策略，而是一種優先順序的抉擇，以調整組織的戰力，其主要目的，在於制定「企業總體策略」、「事業單位策略」以及「各部門／功能策略」（如人力資源策略、製造及採購策略、行銷及業務策略）等，它讓組織全體成員能夠共同朝同一個方向前進。有了策略規劃，企業與管理者如虎添翼，可以將全力投入領導、企業使命與願景上，帶領企業駛向未來（**表2-4**）。

六、策略規劃的著眼點

在策略規劃的過程中，策略的起點來自於企業的使命和目標。使命和目標提供了企業成長和發展的方向，缺乏了成長和發展的方向，策略就會變成「不知爲何而戰」，所以，彼得・杜拉克說，策略規劃就是問三個問題：「我要去哪裡？我在哪裡？以及怎麼去？」、「公司的使命與目標

表2-4　策略的本質（策略九說）

學說	主要論點
價值說	．聯結價值活動，創造或增加顧客認知的價值
效率說	．配合生產與技術特性，追求規模經濟及範疇經濟，以降低營運成本 ．發揮學習曲線效果，獲取成本優勢
資源說	．經營是持久執著的努力 ．創造、累積並有效運用不可替代的核心資源，以形成策略優勢
結構說	．獨占力量愈大，績效愈好 ．掌握有利位置與關鍵資源，以提高談判力量 ．有效運用結構獨占力，以擴大利潤來源
競局說	．經營是一個既競爭又合作的競賽過程 ．聯合次要敵人，打擊主要敵人
統治說	．企業組織是一個取代市場的資源統治機制 ．和所有的事業夥伴建構最適當的關係，以降低交易成本
互賴說	．企業組織是一個相互依賴的事業共同體，彼此間應建構適當的網路關係 ．事業共同體應共同爭取環境資源，以維繫共同體的生存
風險說	．維持核心科技的安定，促使效率發揮 ．追求適當的投資組合，以降低經營風險 ．提高策略彈性，增加轉型機會
生態說	．環境資源主宰企業組織的存續，應採行適當的生命繁衍策略 ．建構適當的利基寬度，靠山吃山，靠水吃水 ．盡量調整本身狀況和環境同形

資料來源：吳思華（1999）。《策略九說：策略思考的本質》。臉譜出版，頁48。

到底是什麼？」及「方向在哪裡？」，因而，策略必須涵蓋未來發展的重要議題、長期目標以及實踐長期目標的整合計畫。

傳統上，策略規劃可分為兩階段：制訂策略及執行。在執行過程中不斷地將目標轉化為具體行動，在每個細節上建立衡量的標準，建立起可隨時檢視策略與營運計畫成果的機制，並進行成果管理（呂玉娟，2010：21）。

七、策略規劃內容

在詭譎多變的動態環境裡，有效策略是使企業取得競爭優勢，並能持續成長的必要條件。策略規劃則是藉以發展有效策略的一套決策與行動，其內容有：願景與使命描述、環境分析（包括內部、顧客與競爭對手的分析）、成長策略與目標、單位層級的目標與策略，以及策略的執行（重點目標及其行動計畫）。例如：德國拜耳公司（Bayer AG）爲整個拜耳集團擬定了共同價值、目標與策略，旗下所屬三家子集團與三家服務公司均獨立經營，由管理控股公司負責領導，企業中心則負責支援集團管理董事會執行策略領導任務（**表2-5**）。

表2-5　如何擬定策略計畫書？

一、願景描述	簡潔、清楚地表述未來希望將公司經營成什麼樣的企業，並指出企業的獨特性。
二、使命描述 1.產品線或所提供之服務 2.經營理念	描述未來的發展重點，包括公司事業與資源的本質，以及公司的理念和核心價值，以為公司發展提出一個具體的輪廓。
三、企業及其環境 1.總體環境的特徵 2.產業環境與競爭 3.公司地點描述	針對企業的經營環境做一個廣泛的瀏覽和探討，以瞭解影響公司經營的各種動態關鍵因素（如經濟發展、產業趨勢、科技突破等等）。
四、獨特能耐	分析公司的資源和能力，及其相對於競爭者的優劣勢所在。找出公司的獨特能耐，就能找出相關機會，並作為策略發展的主軸。
五、成長策略與目標 1.公司層級的策略 2.公司目標 ・總體目標 ・近期目標	這部分更詳細指出公司實際的發展方向和原則，同時也把焦點集中在更具體的預期結果。
六、單位層級目標與策略 1.行銷 ・目標市場 ・產品組合策略 ・定價策略 ・推廣與銷售策略 ・配銷策略	各單位的目標必須和公司目標互相配合、互相彌補和銜接，以支持整體目標的達成。單位目標確定之後，接著就是擬出達成這些目標的單位策略。此時必須要從行銷、生產作業、人力資源和財務這四個領域，分別訂出該努力的方向，以連結到整體的策略。

（續）表2-5　如何擬定策略計畫書？

2.生產作業 ・設施 ・自製或外購 ・供應廠商 3.人力資源 ・僱用 ・晉升 ・薪資福利 4.財務 ・融資權益策略 ・資金來源 ・財務預測	
七、重點目標與即期行動計畫	對員工而言，策略必須化為行動才有意義。擬出具體的目標和行動計畫（如增加服務訓練時數等等），可提供其日常工作的指引。

資料來源：《新事業及新貴事業的策略規劃》，中衛發展中心／引自：鄭君仲（2006）。〈一次就學會：策略規劃四步驟〉。《經理人月刊》，總第21期（2006/08），頁39。

八、競爭策略議題

自從麥可・波特（Michael E. Porter）在上世紀八○年代初期，提出他著名的競爭優勢（competitive advantage）的理論架構後，在現實狀況中，企業往往會受到許多內外在因素的影響，例如法令的改變、競爭者的出現、內部技術研發的突破等等。所以，多數策略管理的學者都建議可以利用SWOT分析的方式，來幫助策略的研擬和選擇（**表2-6**）。

擬定競爭策略時，必須分析整個產業的外部機會（opportunities）與威脅（threats），瞭解內在自身組織的優勢（strengths）或弱點（weaknesses）後，再轉化成爲企業的競爭策略，也就是將企業內、外部所發現的有利因素和不利因素做一個綜和性的評量（**表2-7**）。

表2-6 策略類型

類型	說明
市場滲透策略	在原有的「產品市場」範疇中，擴大「業務範圍」。
產品發展策略	在「產品市場」構面中，增加新的產品線。
市場發展策略	在「產品市場」構面中，增加新的市場區隔。
垂直整合策略	在「活動組合」構面中，增加上游或下游的價值活動。
投資水準策略	配合產業發展趨勢與生產技術習性擴大維持或縮小（收穫）業務規模。
多角化策略	在「產品市場」構面中，尋找新的「產品市場」範疇；其中相關多角化策略，則是有效運用既有的核心資源，發展新的業務範疇。
水平購併策略	透過和「同業關係」的改變，擴大「業務規模」。
全球策略	在「地理構形」上，盡量依比較利益法則將價值活動分散到全世界各地。
策略聯盟	在「事業網路」構面中，尋找適當的夥伴，建立新的網路關係。
異業合作策略	在「事業網路」構面中，透過和適當的異業形成良好的合作關係，以增加對顧客之服務內容或降低成本，提高競爭優勢。
低成本、差異化策略	在「核心資源」構面中，建立獨特的資產或能力，使其和同業間形成低成本或差異化等不敗的競爭優勢。
資源統治策略	在「事業網路」構面中，企業和資源（技術、原材料、資金、人才、通路等）供應商間建立適當的網路關係，以最有效率的方式取得必要的資源。

資料來源：吳思華（1999）。《策略九說：策略思考的本質》。臉譜出版，頁44-45。

表2-7 如何舉辦策略規劃會議

藉著策略規劃會議這個儀式，讓高階主管參與策略與目標的規劃，在未來一年實際執行時，他們才會有背書的感覺，認為這個目標是當初我參與訂定的，所以會有擁有權，才會願意負起責任。過去的做法是，老闆下令，大家去執行，主管總覺得是在為別人做事。

策略規劃會議最好由第三者（顧問或大學教授）來帶領會議。顧問在策略規劃的過程中，只是扮演導引的角色（facilitator），真正最瞭解企業的還是企業內部的員工。所以，企業負責人事前必須與顧問溝通，讓顧問瞭解企業期望的方向，是在鼓勵組織聚焦於新的創意思考議題，並能提出新的見解。

策略規劃的流程

策略規劃流程是讓主管做好對未來變數的準備，或是提供大家為公司發展方向腦力激盪的焦點，它包括事前準備、事中報告與事後追蹤。

事前準備

事前準備就是搜集相關資料，以利高階主管討論，包括資料蒐集與訓練。策略規劃可以引用許多重要的管理理論，將這些理論濃縮成一個一個模組，讓它可以實際操作與運用，例如運用波特的五力分析，進行企業的競爭分析。在會議召開至少一週前，就發送相關文件，以免到時會議時間都浪費在翻閱文件上。

（續）表2-7　如何舉辦策略規劃會議

事中報告
將參與的人員進行分組，人員平均分成四到五組，每組實力相當。每組可以視為一個小公司，因為每組成員都包含一名業務、行銷、生產與技術。每組進行討論，討論公司目前與未來的價值主張是什麼？討論供應商與消費者的價值鏈是什麼？討論完之後再上台報告。如此一來，高階主管比較會站在公司的立場思考問題。根據各組的報告，每組再給予嚴厲的批判。最後再由導引者做一個總結。因此，事中的過程就是解說、分組討論、報告與總結。
事後追蹤
成功的策略規劃會議，最後都能歸納出具體可行的方案，會議紀錄經彙整後，應分送給與會者。會議結論也應貫徹至其他重要的企業流程中。讓企業一步一步達成策略目標。舉例來說，近期的財務目標應該和公司策略裡的長期財務目標相結合，人才的要求標準和人力資源檢討的結論一致，以及管理階層的薪資應以是否成功達成策略目標作為給予標準。策略規劃的好處是，幫助企業領導人做決定，因為大家已經取得共識。大多數的公司都以一年的週期進行策略規劃與檢討，而以向董事會提出報告作為收場。

資料來源：張德明主答，楊琇閔採訪整理（2002）。〈策略規劃會議怎麼開〉。《EMBA世界經理文摘》，186期（2002/02），頁137-143。

九、外在環境分析

外在環境分析，是協助企業瞭解其身處動態環境中，有哪些機會可以掌握，有何種威脅（現在與潛在）必須消除或迴避，它包括總體環境分析與產業環境分析。由企業的角度來考量，外在環境因素變遷（政治、經濟、市場、社會、顧客、供應商、潛在競爭者、產業、替代品、文化、法律、科技、道德等）會直接或間接影響到企業的經營與發展。就人力資源的角度來考量，人口結構發展趨勢、勞動市場供需變動情況，和勞動法規的訂定與調整等外在因素，自然而然構成企業人力資源策略規劃的基礎。因此，為求企業的永續發展，就要隨時針對外在環境因素進行掃瞄，分析中、長期可能產生的機會與威脅，並將結果作為企業策略規劃的基礎。

當外在的環境愈來愈詭譎多變、競爭態勢愈來愈激烈複雜時，唯有善用策略思考，懂得規劃策略的人資人員，方能掌握方向，長勝不敗（王盈勛，2006：35）。

十、內在條件分析

內在條件分析的目的，是在協助企業評析其自身的優劣點（強弱點）、面對的困擾與所受的限制等。威斯康辛大學麥迪遜分校（University of Wisconsin-Madison）商學院教授羅傑·佛米沙諾（Roger A. Formisano）認爲內在環境條件分析的層面可以包含「結構」、「資源」、「文化」這三個部分。

(一)結構

策略規劃者必須對組織的結構瞭若指掌，所以必須要仔細檢視企業的組織形態、活動、流程等。

(二)資源

它是指組織有形或無形的資產、技術或知識，包括有形的設備、財務（現金）、人力、技術，以及無形的資訊、品牌與產品的設計。透過對這些資源的分析，可以瞭解企業的優勢所在。

(三)文化

它主要是指對營運方式的共識、創業的精神、管理風格、對風險的容忍度。這些因素在從事新事業或進行購併等策略時，就會造成影響（鄭君仲，2006：37）。

有了策略規劃，企業與管理者從此如虎添翼，可以全力投入領導、企業使命與企業願景上，帶領企業駛向未來。例如，台灣鹽業公司在面臨本業的萎縮時，決定多角化經營，並推出「綠迷雅」保養品，這個正確的策略判斷，讓台鹽「大賺一筆」，也就是說，做了策略之後，也可能是大好，也有可能是大壞，關鍵就在於「找對時機下決策」與「用對人執行決策」是策略的成功關鍵。

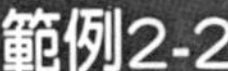

沃爾瑪（Wal-Mart）的SWOT分析

項目	內容
優勢（S）	著名的零售業品牌，它以物美價廉、貨物繁多和一站式購物而聞名。銷售額在近年內有明顯增長，並且在全球化的範圍內進行擴張。
劣勢（W）	建立了世界上最大的食品零售帝國，儘管它在資訊技術上擁有優勢，但因為其巨大的業務拓展，這可能導致對某些領域的控制力不夠強。
機會（O）	採取收購、合併或者戰略聯盟的方式與其他國際零售商合作，專注於歐洲或者大中華區等特定市場。並可以透過新的商場地點和商場形式來獲得市場開發的機會。
威脅（T）	沃爾瑪在零售業的領頭羊地位使其成為所有競爭對手的目標。而沃爾瑪的全球化戰略使其可能在業務國家遇到政治上的問題。此外，惡性價格競爭也是一個威脅。

資料來源：流川美加、師瑞德（2010）。《進入社會的30堂行銷課》。易富文化出版，頁83。

範例2-3

台灣休閒產業的PEST分析

台灣休閒產業

P 政治環境（Political）
－中央政府和地方政府致力發展台灣觀光產業
－開放大陸人士觀光政策鬆綁

E 經濟環境（Economic）
－現代家庭在育樂方面的支出逐漸增加
－青少年族群消費能力提升

S 社會環境（Sociological）
－週休二日實施，休閒時間增多
－注意生活品質的風氣日盛

T 科技環境（Technological）
－新式遊樂設施有更炫的娛樂效果，有助吸引消費者
－透過網路等新興媒體，可增加行銷的多樣性

資料來源：《休閒產業行銷策略之研究：以劍湖山世界爲例》，2005台灣行銷研討會／引自：鄭君仲（2006）。〈善用五大工具解決策略難題：PEST分析〉。《經理人月刊》，總第21期（2006/08），頁76。

人力資源管理策略

美國人力資源管理學者舒勒（Randall S. Schuler）和沃克（James E. Walker）認爲，人力資源策略是程序和活動的集合，它透過人力資源部門和直接管理部門的努力來實現企業的策略目標，並以此來提高企業目前和未來的績效及維持企業競爭優勢（**圖2-3**）。

企業在制定人力資源策略時，必須先考慮其參與經營策略制定的層次。如果人力資源管理的功能是在反應經營者策略的需要，支持經營策略目標達成的話，這種單向連結或稱「順流策略」（downstream strategy），只能稱「策略性人力資源管理」。人力資源主管如果能協助經營策略的擬定，將經營策略與人力資源的策略性意涵雙向整合，這樣的「溯流策略」（upstream strategy）才能使人力資源管理被視爲「策略夥

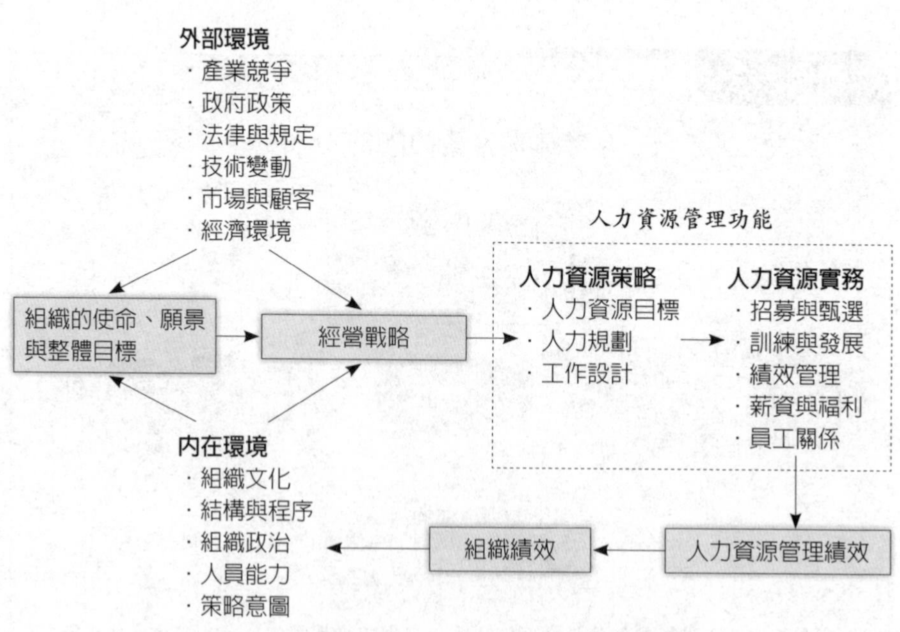

圖2-3　經營策略與人力資源管理功能的運作

資料來源：溫金豐等著（2007）。《人力資源管理：理論與實務》。華泰文化出版，頁81。

件」。這種將經營策略與人力資源的策略性意涵作爲雙向整合的觀念，即爲「人力資源策略」的基礎（李漢雄，1999）。

一、策略性人力資源vs.人力資源策略

企業資源（enterprise resource），乃指能爲企業所控制，並改善績效與執行策略的元素。企業致勝的關鍵，決定於企業所握有之有形與無形的資源。無形資產主要可分爲資產（智慧財產權、合約、商譽、網路與商業秘密等）與技能（員工、通路、供應商的運作方法及企業文化等）兩部分。

策略終究會被模仿，唯一持久的競爭優勢就是「人」，它就能將同樣的策略做得比別人更好。所以，「人力資源」一向被認爲是企業內部組織優勢的來源之一。

人力資源策略，乃是透過人力資源對諸多企業所面臨之問題進行反應，以達成組織人力運用的目標，並維持或創造企業的持續競爭優勢的政策方針。它是在組織策略開始形成時，以「前瞻性、宏觀性」的格局與觀察對於未來組織人力資源的需求、運用、布局做全盤的考量與思考。人力資源是策略規劃開始所必須納入衡量與判斷，作爲思考策略可行與否的重要因素之一，是主動導向的作爲，也可以稱之爲攻擊型的人力資源管理。

在企業人力資源管理的功能轉換上，美國密西根大學羅斯商學院（Michigan Ross School of Business）教授、人力資源領域的管理大師戴維・尤瑞奇（Dave Ulrich）認爲，策略性人力資源（Strategic Human Resource, SHR）在將事業策略轉化成組織能耐，並落實在人力資源管理的運作上；而人力資源策略（Human Resource Strategy, HRS）則在營造策略、組織與行動方案去提升人力資源管理的效能（effectiveness，做正確的事）與效率（efficiency，以正確的方式做事）。尤瑞奇同時認爲，策略性人力資源是直線主管的工作，而人力資源策略則爲人力資源部門的任務（李漢雄，2000：402）（**圖2-4**）。

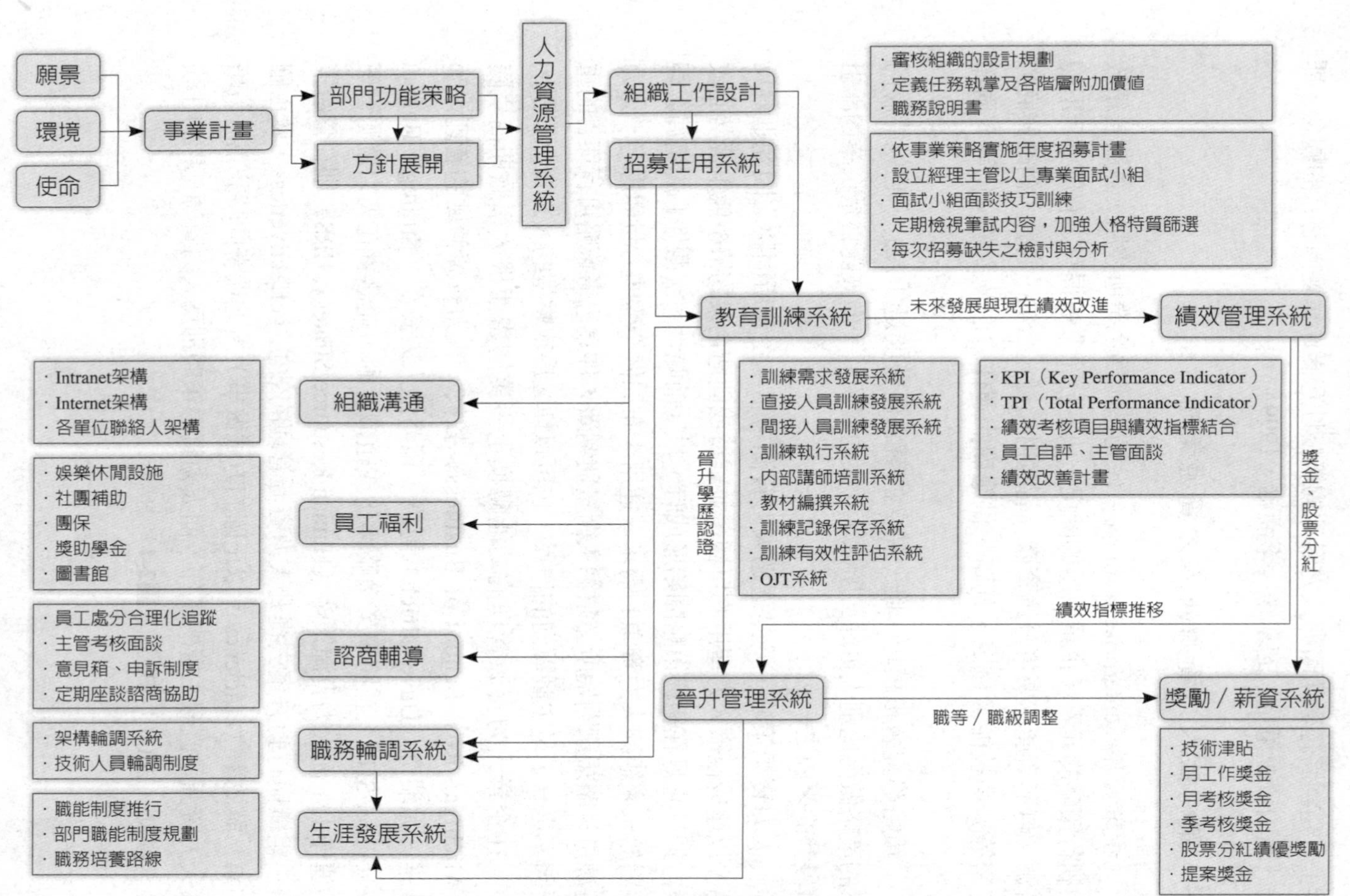

圖2-4　人力資源管理與發展

資料來源：某大科技公司。

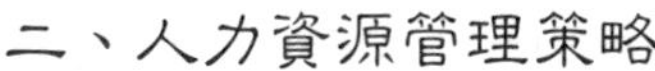

二、人力資源管理策略

美國康乃爾大學（Cornell University）的研究指示，人力資源管理策略可分爲三大類：(1)吸引策略（inducement strategy）；(2)投資策略（investment strategy）；(3)參與策略（involvement strategy）（**表2-8**）。

(一)吸引策略

使用吸引策略的企業，其競爭策略常以廉價取勝（cost competitiveness）。企業組織結構多爲中央集權，而生產技術一般較爲穩定。因此，企業要創造和培養員工的可靠和穩定性，工作通常是高度分工和嚴格控制，少有創新。

表2-8　人力資源管理策略和作業的關係

人力資源策略			吸引策略	投資策略	參與策略
企業競爭策略			價廉競爭	創新性產品	高品質產品
企業文化			官僚式文化	發展式文化	家族式文化
人力資源管理作業	招聘	員工來源	外在勞動市場	外在勞動市場	兩者兼用
		晉升階梯	狹窄、不易轉換	廣泛、靈活	狹窄、不易轉換
		工作描述	詳盡、明確	廣泛	詳盡、明確
	培訓	內容	應用範圍侷限的知識和技巧	應用範圍廣泛的知識和技巧	應用範圍適中的知識和技巧
	績效評估	時間性觀念	短	長	短
		行為／結果導向	結果導向	行為與結果	結果導向
		個人／小組導向	個人導向	小組導向	兩者
	薪酬	公平原則	對外公平	對內公平	對內公平
		基本薪酬	低	高	中
		歸屬感	低	高	高
		僱用保障	低	高	高

資料來源：何永福、楊國安著（1995）。《人力資源策略管理》。三民書局出版，頁44。

採用吸引策略的企業，主要依靠薪酬制度的運用，其中包括獎勵制度、企業利潤分享、員工績效獎金及其他績效薪酬制度。由於工作的高度分工，員工招募和甄選都較爲簡單，培訓費用亦很低，企業與員工的關係純粹是直接和簡單的利益交換關係。

(二)投資策略

採用投資策略的企業，其企業的內在環境與吸引策略爲主的企業大不相同。其競爭策略通常是以創新性產品取勝，而其生產技術（製程）一般較爲複雜。企業的核心競爭力要具備獨特性、稀有性、難以模仿，以及因果模糊性，也就是不讓競爭對手知道實際的運作，例如從事專業晶圓代工的台積電（TSMC）的製造流程就在業界具有絕對的優勢（李宜萍，2008：78）。

爲了配合及創新這個企業環境，採用投資策略的企業，通常都聘用較多的員工，以提高企業彈性和儲備多樣專業技能。此外，員工的訓練、開發和員工關係尤爲重視。管理人員在這些方面擔任重要角色，以確保員工得到所需的資源、訓練和支援。企業與員工通常是建立於長期工作關係，員工工作保障高，故此員工關係變得十分重要，企業視員工爲主要投資對象，工會很少在這些企業產生。

(三)參與策略

採用參與策略的企業，其特點在於將很多企業決策權力下放至基層，使大多數員工能參與決策，及對他們所做的決策有歸屬感，從而提高員工的參與性、主動性和創新性。這些員工的行爲和信念，皆有助於企業的高品質提升策略（quality enhancement strategy）。日本的豐田汽車公司（Toyota）採用此人力資源管理策略（**表2-9**）。

參與策略的重點在於工作設計，以求員工有更多參與決策的機會。企業訓練內容重視員工之間的溝通技巧、解決問題方法和小組的帶領等（何永福、楊國安著，1995：41-43）（**圖2-5**）。

表2-9　人力資源策略管理的類型

類型	說明
累積型（accumulation）的策略	即用長遠觀點看待人力資源管理，注重人才的培訓，透過甄選來獲取合適的人才。以終身僱傭為原則，以公平原則來對待員工，員工晉升速度慢；薪酬是以職務及年資為標準，高層管理者與新進員工工資差距不大。
效用型（utilization）的策略	即用短期的觀點來看待人力資源管理，較少提供培訓。企業職位一有空缺隨時進行填補，非終身僱傭制，員工晉升速度快，採用以個人為基礎的薪酬。
協助型（facilitation）的策略	即介於累積型和效用型策略之間，個人不僅需要具備技術性的能力，同時在同事間要有良好的人際關係。在培訓方面，員工個人負有學習的責任，公司只是提供協助。
說明：當企業將人力資源視為一項資產時，就會提供較多的培訓，如累積型策略；而當企業將人力資源視為企業的成本時，則會提供較少的培訓以節約成本，如效用型策略。	

資料來源：舒勒（1989）／引自：諶新民（2005）。《員工招聘成本收益分析》。廣東經濟出版社，頁18。

由於策略應涵蓋的功能領域包括人力管理功能，所以，人力資源策略應與組織策略可同步發展的。組織在規劃人力資源策略時，必須考慮到長期性的人力配置，而人力配置除受組織外部的社會、政治、經濟狀況、科技、產業結構與市場規模等因素的影響外，亦受到組織內部的管理哲學、組織文化與價值、技術、工作任務特性等影響。

策略性人力資源管理

1980年代起，企業人力資源管理一改過去人力行政理論的觀念，進入「策略性人力資源管理」（Strategic Human Resource Management, SHRM）的時代，它是在策略形成或確定之後，人力資源必須結合企業的願景、策略之發展所延續的工作，在軍事用語上稱作「戰術」（tactics），因此就有所謂的策略性招募與遴選、策略性人員訓練與發展、策略性薪酬福利、策略性績效管理的手段與行動產生等，這些作爲的目的，都是未來支援策略目標達成的人力資源作爲，它是被動導向的作爲，也可以稱之爲防禦型的人力資源管理。

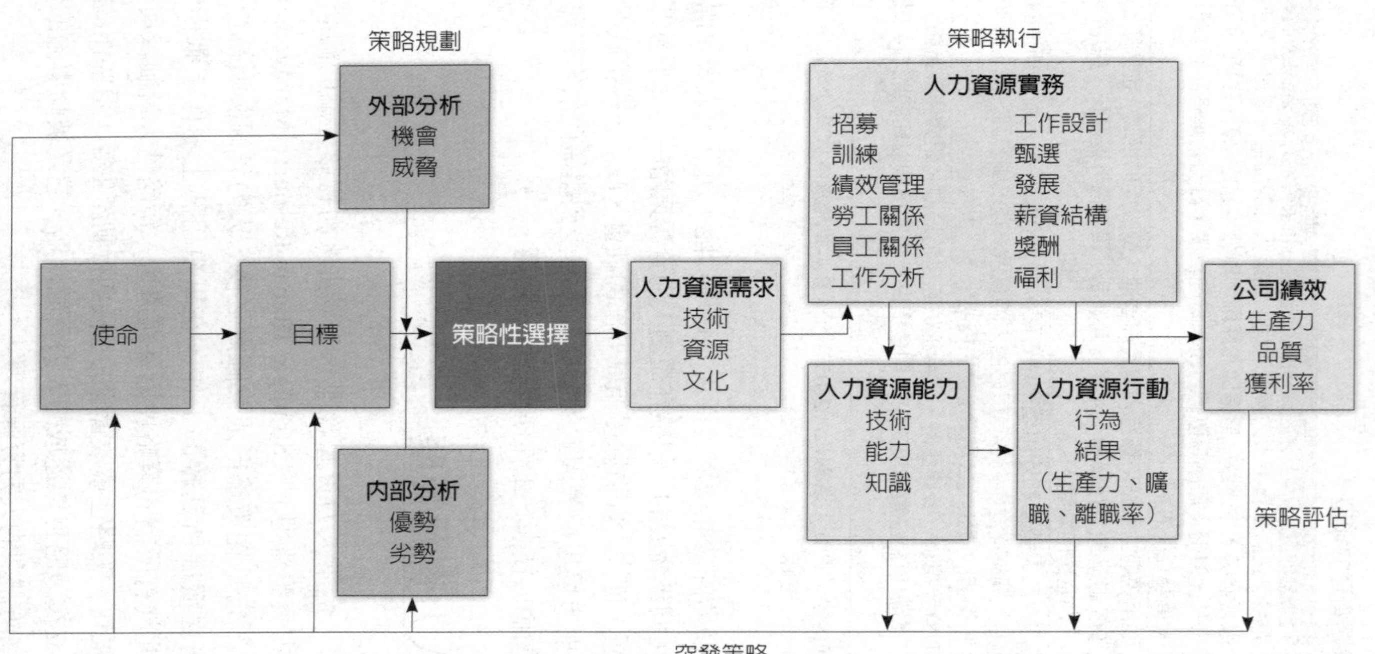

圖2-5　策略管理流程的模型

資料來源：Raymond A. Noe、John R. Hollenbeck、Barry Gerhart、Patrick M. Wright著，周瑛琪編譯（2007）。《人力資源管理》。美商麥格羅．希爾出版，頁48。

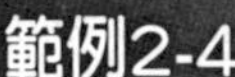

範例2-4

紐科鋼鐵與惠普科技的人力資源策略比較

類別	紐科（Nucor）鋼鐵公司	惠普（HP）科技公司
人才類型	非常重視職業道德，認為其他都可以透過培訓。	精明、富於創造性的人才，本質上正直、值得信賴。
招聘	主要聘用剛入行者，也聘用一些有經驗的人才從事管理。	只招聘入門水平的員工，完全是內部晉升。
培訓	很少或沒有正式的培訓。	在不同級別進行大量技術和管理培訓。
目標	每個人都與所在小組有共同目標（如各個工廠的管理人員均負責工廠的資產回報率）。	每個員工都有8-10個目標，並與經營單位策略緊密聯繫。
考查	很好或沒有正式的評估措施。	經常從經理人員取得回饋意見，每年就11個「業績因素」進行正式的考查。
評估	根據小組業績和經理評價對員工進行硬性排名。	根據個人業績和能力對員工進行硬性排名。
獎勵	根據完成同一目標程度給予高度平衡的薪酬（根據公司的股東回報給予工廠經理高達三倍底薪的現金和股票作為獎勵）。	無現金或股票獎勵，加薪也不多，真正的動力是成就感和同事之間的壓力。

資料來源：諶新民（2005）。《員工招聘成本收益分析》。廣東經濟出版社，頁28。

過去，員工的選、訓、育、用、留是人力資源部門的職責，現在，人力資源部門要提升到「策略夥伴」的層級，制定「人力資源策略」，因而，策略性人力資源管理的工作，則由直線主管負責其每位部屬的選、訓、育、用、留的工作，扮演教練的角色，例如培養部屬專業技術能力、工作技巧，讓員工在做中學，主管對部屬的選、育、用、留都會被列入績效考核的評比（**圖2-6**）。

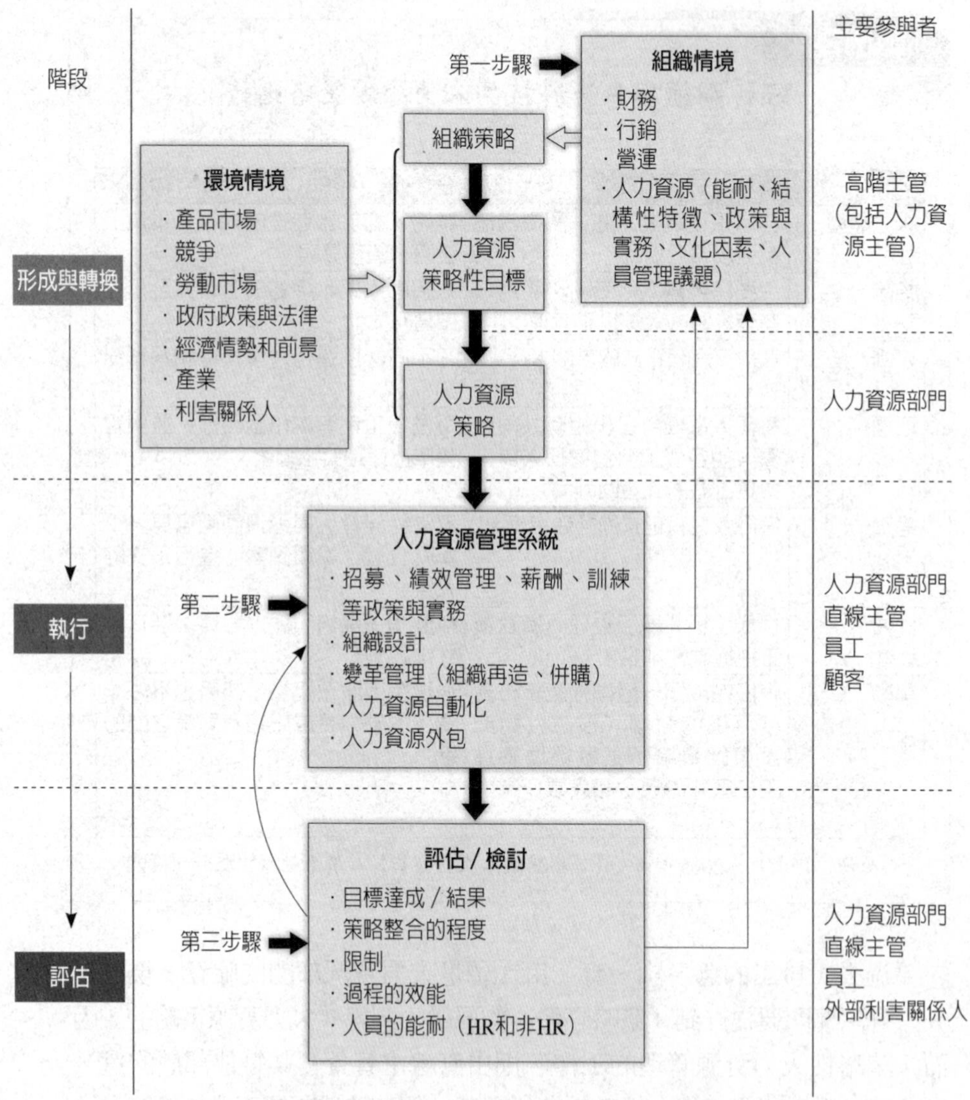

圖2-6　策略性人力資源管理的三步驟過程

資料來源：Krishnan, S. and Singh, M. (2006). Strategic Human Resource Management: Three-Stage Process and Influencing Organizational Factors. Available at: http://www.iimahd.ernet.in/publications/data/2004-06-04manjari.pdf.p. 34／引自：蘇品潔（2009）。〈人力資源活動對人力資源效能及組織效能之影響——以台灣千大企業爲例〉。國立中央大學人力資源管理研究所碩士論文，頁10。

人力創新作法

二十一世紀是一個詭譎多變，神龍見首不見尾難以捉摸的競爭年代，也是個追求創新的時代，跨國界的全球競爭、資訊科技的進步，以及產業結構的改變，從過去勞力密集、技術密集，步入了人力創新，促使企業無不亟思創新與改變之道。這對人力資源工作者而言，必須用智慧來判斷整個大環境未來變遷的方向，舊思維也許是過去成功的法典，但不保證未來使用同一法典做事會成功的，唯有求新、求變，活化人力資本，並且開創組織發展的契機，才能挑起企業最昂貴的資產：「人」的重責大任（**表2-10**）。

表2-10　人力資源管理的發展過程

時期	主要考量	雇主的認知	所需技術
1900以前	生產技術	員工需求並不重要	紀律制度
1900～10	員工福祉	員工需要工作安全	安全方案、英語課程、激勵方案
1910～20	工作效率	高生產力、高收入	時間動作研究
1920～30	個別差異	員工個別差異應予考量	心理測驗、員工諮商
1930～40	工會化 生產力	員工與雇主對立 團體績效影響生產力	員工溝通方案 反工會技巧 改善團體的條件
1940～50	經濟安全	員工需要經濟保障	員工年金計畫 健康計畫、福利
1950～60	人際關係	員工需要主管關懷	主管訓練（角色扮演、敏感訓練）
1960～70	參與 勞動法令	員工參與任務決策 不同群體員工應公平對待	參與管理技巧 肯定行動 公平就業機會
1970～80	任務挑戰 工作生活品質	員工需要與能力相符、且具挑戰性的工作	工作豐富化 整合的工作團隊
1980～90	員工解職	國際競爭、技術變遷及經濟衰退使員工喪失工作，員工需要就業	外部安插就業 再訓練 全面品質 顧客導向
1990～2000	生產力 品質 調適能力	員工需要工作與不工作之間的平衡，並對企業有所貢獻	結合企業的需求 訓練、全球化 倫理多元化 工作場所的調適

資料來源：黃同圳（1999）。〈人力資源管理策略——企業競爭優勢之新器〉。摘自李誠主編，《人力資源管理的12堂課》。天下遠見出版，頁28。

自2005年起，行政院勞工委員會爲了倡導人才投資風氣及鼓勵人力資源工作者，每年特舉辦「國家人力創新獎」的申請、審核、實地執行之驗證（決審），對特別重視人力資源領域發展及創新的企業團體與個人給於精神上、物質上的支持及鼓勵，以帶動國內企業人才投資新潮與學習風氣。

一、大型企業機構創新作法

綜合歷屆得獎的大型企業機構的人力創新具體作法（實績）有：

1.與學術單位合作，將公司過去曾經發生的失敗經營案例寫成個案（case）教材，以提供學術單位及科技廠商參考。（中鼎工程公司）

2.推動退休同仁撰寫傳承技術報告及舉辦退休傳承論壇，落實知識管理與經驗傳承。（中鼎工程公司）

3.結合公司經營策略，對於不同階層類別的員工有完善的學習地圖，並有明確之績效指標。（信義房屋公司）

4.提供多元的接班人培訓計畫及方式，並透過接班人才之個人發展計畫，結合成長與行爲改變的追蹤工具，以提供改善培訓之依據。（信義房屋公司）

5.創新應用混成培訓計畫快速複製成功經驗到各事業體，與組織快速成長的策略同步連結。（喬山健康科技公司）

6.創新發展連結式學習（connected learning）模式，經由數位學習（e-learning 2.0）互動社群，展延數位學習及職能評鑑系統的力量，傳承產業關鍵知識及提升其核心競爭力。（喬山健康科技公司）

7.依公司經營願景，制定鼓勵學習、主動學習與多元學習三項政策，再發展技能與管理相關訓練，以提升培訓品質。（特力屋公司）

8.培養關鍵管理人才，建立人才庫。（特力屋公司）

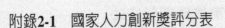

附錄2-1 國家人力創新獎評分表

評分項目及指標 （相關證明文件或事蹟證據）		配分	自評	評審委員評分
一、人力資源培訓及發展之具體創新事項	(一)對人才培訓課程配當、成效追蹤，提出創新執行之機制，且具實體績效者。 (二)有具體的成果評估及改善結論，並提出創新意見付諸執行，且具實體績效者。 (三)領導、塑造或促成制度革新、文化轉型與組織變革的創新方案及行動，並提高組織競爭力。 (四)其他於人力資源培訓與發展之推廣及創新方面特殊貢獻，具代表性之突破或特色，可供示範、分享、學習及推廣運用之具體實績者。 (五)對抗經濟不景氣或金融風暴之人力資源培訓及發展計畫。	35		
二、人力資源培訓及發展之體系運作	(一)有明確且有系統的人力資源培訓與發展之體系及計畫，並與經營理念、策略目標、員工／學員之職能、職等及職類相結合。 (二)有訓練服務之甄選標準，且有訓練及目標需求結合之設計。 (三)以實際行動鼓勵員工／學員進修或參訓。 (四)有適當的訓練設備、輔助教學器具及場地。 (五)通過臺灣訓練品質系統（TTQS）、英國人力培訓品質認證標準系統制度（IIP）或其他與人力資源培訓及發展相關之品質認證評核。	25		
三、人力資源培訓及發展之執行績效	(一)有效改善員工／學員之工作職能及營運表現，且有完整之訓練成果評估。 (二)人才培訓計畫能夠與薪酬、考核或升遷等人力資源發展相結合，且訓練內涵按計畫執行。 (三)具定期分析及監控處理機制。 (四)足以作為業界學習楷模的人力資源培訓及發展之行動方案。 (五)具體展現對社會責任之成效，如綠色人力資源管理或根留台灣之成效等。	25		
四、高階主管、其他部門主管與內部員工／學員之重視及參與	(一)高階主管對人力資源培訓與發展之支持度及參與度，例如決策機制高、訓練預算占營業額比例高等。 (二)高階主管與內部員工／學員滿意人資部門之專業能力及主動服務態度。 (三)其他部門主管之支持度及參與程度。	15		
總分		100		

評審委員簽名：________評審日期：____年____月____日

資料來源：行政院勞工委員會。

二、中小型企業機構創新作法

綜合歷屆得獎的中小型企業機構的人力創新具體作法（實績）有：

1.導入e-HR作業系統、e-learning學習平台，使集團內的海內、外員工隨時隨地學習新產品知識與提升管理職能。（德淵企業公司）
2.依據各階層及職能別，結合「全民E勞網」及「中小企業網路大學」教材，善用政府資源大量使用政府及快速引進免費優質教材，提升員工管理能力及通識職能。（德淵企業公司）
3.定期辦理員工士氣或滿意度調查；建立員工抱怨與申訴管道及溝通機制；啓發員工智慧的改善提案與獎勵；公費進修全額補助及競賽獎勵制度等。（華普飛機引擎科技公司）
4.人力資源系統與制度建立。建立職等職級系統，建立工作說明書、核心職能系統等，連結績效考核，確實掌握員工職能狀況，提供妥善的訓練計畫、職涯發展計畫，以提升其技能並提高員工素質。（中華機械公司）
5.建立多元學習平台，整合教育訓練資源，建立企業大學（Corporate University），結合事業策略目標，提供多元面向的訓練課程。（中華機械公司）
6.全面導入國際專案「管理師制度」（PMP）之工作流程、管理系統與人才培訓計畫，進行內部組織變革，專案管理流程改善，建立知識管理中心、人才培訓與證照取得，逐步完善專案管理流程與數位學習核心技術（know-how）及最佳專案實務經驗（best practice）之累積。（勝典科技公司）

爲達到組織與部門的經營績效，人力資源專業人員所需的專業職能，必須從「選、訓、育、用、留」規劃與執行能力，轉化到人資策略的規劃，及引導組織變革等策略夥伴角色。

範例2-5

企業總裁對人力資源的期許

企業名稱	總裁對人力資源的期許
花旗（台灣）商業銀行	建立世界一流金融團隊是花旗營運策略目標，也是對人力資源最終的期許。 花旗所以能居金融界領先地位，除了我們擁有標竿品牌、提供客戶強有力的產品與服務，背後最重要的就是我們擁有金融產業界最專業、有熱忱且具備榮譽感的團隊，而這一切都需要人力資源部門與各部門密切的合作，吸引一流人才加入，我們提供人才最優秀的訓練發展，並建立平台給優秀人才一展長才的機會。積極且創新的培育人才，是維持花旗競爭優勢的主要來源，透過策略性的國際化人才培育系統，花旗致力投資培養台灣金融專業人才。
信義房屋仲介公司	信義房屋秉持著「以人為本」、「人才政策引領業務政策」的理念，並以人才、品質、績效支撐信義房屋成長，及據以作為考核的重要評量因素，深信有質量兼具的優秀人才與管理團隊，才能提供客戶感動的服務，進而創造出色的績效。
特力屋公司	人才是特力屋成長的一個策略重點，也是持續發展最重要的資產。所有人才「選、用、育、留」雖然是由人力資源同仁主導策劃，但我認為這不單是人資部門的責任，應該是所有管理人員都必須一起支持及貢獻的工作。 特力屋正在資源整合、業務創新的轉型期，需要更多優秀人才一同攜手奮鬥、開拓新局，期許人力資源部門在面對公司整合創新的關鍵時刻，成為整體組織變革工作中最強而有力的推手。
喬山健康科技公司	人資單位在喬山集團一直是服務單位。人資的使命是「將對的人放在對的位置」，唯有不斷的人才輩出，創新突破，公司才能永續經營。對人資的期許： 1.透過職能架構吸引、培訓、發展人才，以多元的訓練方式強化員工的技術專長，提供優質的工作環境，讓同仁和公司共同成長。 2.整合集團資源，縮短組織現況與未來需求發展的差距，以創新思維引領組織推動變革，讓集團的人力資本價值產生綜效，提升喬山整體的競爭力。
創意電子公司	人力資源不應只局限於一般性的訓練課程或事務性的管理，而是主動積極做好對公司業務或營運發展必須具備的能力提升，及關鍵性、策略性領導人才的養成。人力資源對公司營運業務的瞭解愈廣泛，專業知識愈深厚，就愈能延展出符合公司業務營運需求的人力資源方案。
勝典科技公司	公司除依循計畫、設計、執行、查核、成果（PDDRO）的流程進行訓練的規劃與執行，個人認為「帶人要帶心」，所以，應在公司資源許可的情況下，透過各類員工團體活動與創意訓練課程的舉辦，凝聚員工向心力與奮鬥力，以便由上而下落實策略之執行，並再由下而上傳達員工的想法與心聲，好讓管理團隊可以進而再擬訂下一階段的營運策略，並讓全體員工在一致的認同中，共同達成公司經營的目標與使命。

資料來源：〈CEO對於人力資源的期許〉。《人資創新——企業起飛：第五屆人力創新獎案例專刊》（2009/12），頁7、11、15、23、27、31。（http://hr.chinatimes.com/download/2009sample.pdf）。

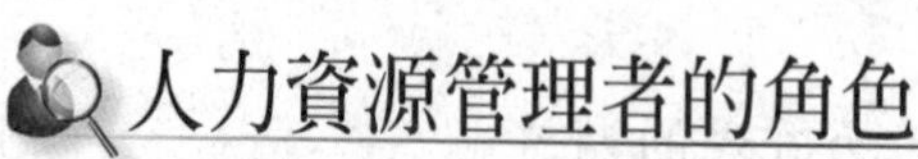

人力資源管理者的角色

日趨激烈的競爭、不斷變化的勞動力人口，及勞動型態向知識基礎性的轉化，都要求企業比以往更加不斷重視勞動力生產效率的改進和提

範例2-6

人力資源部門的重要性

（多倫多一名銀行經理）問：
閣下經常強調人力資源部門的重要性，但在我的公司，人力資源部門根本不瞭解我們在做什麼，因為這涉及到許多複雜的金融商品，所以我們何必讓他們參與實務？

（威爾許）答：

首先，人力資源部門要有好的成員才會有好的表現，如果貴公司人資部門全是一些作風官僚的人，或淪為「濫好人」的冷凍庫，當然發揮不了作用。

人資部門的功用不只於此，它可以協助主管尋找並評估人才。企業和運動比賽一樣，陣容最堅強的隊伍才能獲勝，如果你經營英格蘭曼徹斯特聯隊或波士頓紅襪隊，你會讓會計人員或人事主管閒著沒事幹嗎？

多數企業執行長把財務長視為唯一的左右手，無異是見樹不見林，人資部門也是執行長得力的助手，該部門應該積極參與人才的招募、培訓、績效評比、人事升遷與淘汰。

不過，人資部門要發揮應有功能，得先有優秀的成員，這些成員可能來自人力資源領域，但也有許多是向外網羅，工廠主管或產品部門領導人，都是很合適的人資部門主管。基本上，你需要的是深入瞭解人性與所處產業，且性格果斷的人。

最好的人資人員擁有一種罕見的人格特質，我們稱之為「牧師－家長」，他們能扮演牧師的角色，耐心傾聽、安慰並指引同仁，也懂得守口如瓶，贏得公司上下的敬重。同時他們也能扮演家長的角色，會適時扶你一把，還會勸善規過。

坦白說，你描述的狀況是很常見的問題。你可以試著問一群經理人：「你們有多少人自認是擅長人事管理工作？」我向你保證，九成九的人都認為自己行，他們不覺得需要人資部門協助，但除非他們本身具有「牧師－家長」的特質，不然根本做不來。如果人資部門能擁有優秀成員，並且獲得足夠的奧援，企業的表現將會更上層樓。

總之，人資部門可協助企業找到並培養最好的人才，使企業能夠出奇致勝，還有什麼比這點更重要？

資料來源：郭瑋瑋編譯。〈威爾許談致勝：不願遵守企業價值　請他走路〉。《聯合報》（2005/12/12，A12版）。

高。同時，企業也要求人力資源部門能夠超越低成本的行政管理服務，進而提供幫助企業利用人力資本創造眞正具有市場競爭力的專業技能。面對這些挑戰，許多人力資源部門已經開始積極尋求改進，以便能更有效地提供業務發展所需的戰略性洞察力（深入事物或解決問題的能力）（**表2-11**）。

表2-11　策略性人力資源、人力資源策略及人力資源組織三者間的差異

向度	策略性人力資源	人力資源策略	人力資源組織
目的	將營運策略轉化為組織能力，再轉化為人力資源實務。	建立相關策略、組織及行動計畫，提高人力資源工作或部門成效。	設計與改進人力資源部門，以提供人力資源服務。
主事者	部門經理人。	人力資源主管。	人力資源主管。
評量	運用人力資源實務達成的事業成果。	人力資源實務的成效與效率。	人力資源部門的成效與效率。
關係人	・為達成事業成果而運用人力資源實務的經理人。 ・受到人力資源實務影響的員工。 ・因為組織成效提高而獲益的顧客。 ・因為組織能力提高而獲利的投資人。	・設計與執行人力資源實務的人力資源專業人員。 ・運用人力資源實務的部門經理人。	・在人力資源部門工作的人力資源專業人員。
角色	・扮演主事者的部門經理人。 ・扮演促進者的人力資源專業人員。	・扮演投資者的部門經理人。 ・扮演創造者的人力資源專業人員。	・扮演投資者的部門經理人。 ・扮演領導者的人力資源主管。

資料來源：戴維・尤瑞奇（Dave Ulrich）著，李芳齡譯（2003）。《人力資源最佳實務》（*Human Resource Champions: The Next Agenda for Adding Value and Delivering Results*）。商周出版，頁226。

人力資源管理者功能

1997年戴維·尤瑞奇的著作《人力資源最佳實務》（*Human Resource Champions*）開啓了人力資源（human resources）的角色必須提升爲企業夥伴的新思潮。他以矩陣圖法（matrix diagram）將人力資源的角色分成：策略夥伴（strategic partner）、變革推動者（change agent）、員工協助者（employee champion）與行政專家（administrative expert），而書中也將每種角色所應該扮演的職責與工作，都做了很詳細的說明（**表2-12**）。

一、策略夥伴

人力資源管理者必須參與企業策略擬定，並進行協助企業經營策略的執行，以有效地使組織完成策略目標，也就是要發展獨特的、稀有的、不可模仿的人才競爭態勢。同時，人力資源團隊也要用直線主管的經營語言和他們溝通，並且扮演人力資源策略顧問的角色，結合企業策略與人力資源實務，協助企業得以在多變環境下達成目標。例如，中鼎工程公司人力資源政策的擬定，爲建構在公司整體策略需要及發展上，而制定了「人力政策白皮書」（用人政策）、「潛力領導人養成計畫」（人才發展政策），以確保公司用人與育才的彈性。

二、變革推動者

人力資源管理者要塑造鼓勵創新的文化，配合變革的推動，設計好的人力資源管理制度（例如人才文化的建立、職能模型建立、360度評量工具發展、接班人制度規劃與執行），有時候也得當創新的示範者。例如，中鼎工程公司人資單位爲因應公司國際化及集團的全球布局的組織架構下，許多制度與系統運作都朝著集中化（centralization）及在地化（localization）並存的現象，以集中化的需求而言，主要建構在資源共享及便利人力資源流動的基礎上，此部分的變革，將會對現有集團各公司之間「異中求同」，如資格、職位體系的一致化；而爲因應當地法令及在地

表2-12　人力資源管理人員職能與角色

職能		角色			
編號	勝任素質	策略夥伴	變革推動者	員工協助者	行政專家
1	瞭解所在組織的使命和戰略目標	☆			
2	瞭解業務程序，能實施變革以提高效率和效果	☆	☆		
3	瞭解客戶和企業（組織）文化	☆	☆		
4	瞭解公立組織的運作環境	☆	☆		
5	瞭解團隊行為	☆	☆	☆	
6	具有良好的溝通能力	☆	☆	☆	
7	具有創新能力，創造可冒風險的內部環境	☆			
8	平衡相互競爭的價值		☆	☆	
9	具有運用組織建設原理的能力	☆			
10	理解整體性業務系統思維	☆	☆		
11	在人力資源管理中運用信息技術		☆		
12	具有分析能力，可進行戰略性和創造性思維	☆	☆	☆	
13	有能力設計並貫徹變革進程		☆		
14	能運用諮詢和談判技巧，有解決爭端的能力		☆	☆	
15	具有建立信任關係的能力	☆	☆		
16	具有營銷及代表能力		☆		
17	具有建造共識和同盟的能力		☆	☆	
18	熟悉人力資源法規、政策及人事管理流程與方法				☆
19	將人力資源管理與組織使命和業務績效掛鉤	☆			
20	展示為客戶服務的趨向		☆		
21	理解、重視並促進員工的多元化			☆	
22	提倡正直品質、遵守符合職業道德的行為			☆	
	勝任素質的角色分配	12種	15種	8種	1種

資料來源：美國國際人力資源管理協會（International Public Management Association for Human Resources, IPMA-HR）／引自：徐繼軍（2006）。〈盤點，HR的年終一關——企業人力資源盤點的思路與方法〉。《人力資源》，總第240期（2006/11），頁51。

特殊性，並考量人力資源市場的差異，如薪酬水平，則朝「同中容異」的方向發展。

三、員工協助者

人力資源管理者要關心協助員工，讓員工的能力得以發揮使其績效更好。例如，中鼎工程公司人資單位建立新進員工及每季的同仁座談會，藉由面對面溝通發掘員工的需求，並協助解決問題；在促進員工信心及組織架構承諾下，建立了「績效與發展管理體系」，以績效透明化的方式，將員工的「績效」與「主管的期待」兩者之間的差距拉近。

四、行政專家

人力資源管理者須設計與實行有效的人力資源管理流程，且不斷地檢視及改進。例如，中鼎工程公司人資單位隨著公司全球化的發展，建構了「人力資源資訊系統」（Human Resources Information System, HRIS），將傳統的人力資源管理的相關招募、任用、訓練與發展、薪資管理之業務移轉至電腦系統去執行，並結合資料庫管理，產出分析報表，提供主管進行決策建議（謝鄭忠，2010：14-15）。

人資人員要稱職的扮演好上述這四個角色，必須具備「非型」、「爪型」、「π型」、「T型」、「I型」的人，除了人資專業知識與專業技能外，對公司策略、產業、核心專業技術層面也要涉入，瞭解產業環境的多變趨勢，規劃企業前景及個人的生涯發展計畫，同時加強自己領導的深度、廣度與企業經營的專業知識，需要精通許多本事（多才多藝），要能主動地、不斷地學習和調適，以及具有國際化的眼光及心胸，如此才能提升自己的專業視野，做什麼像什麼，成爲領導團隊的策略夥伴（顧問）（**圖2-7**）。

總而言之，人力資源管理者乃是人力資源的開發者，功能別的專家、策略性的夥伴以及領導者，所以需要統合扮演上述四種角色所需具備的領導力與跨部門的溝通協調，以確保企業組織在不同階段時期所需的各

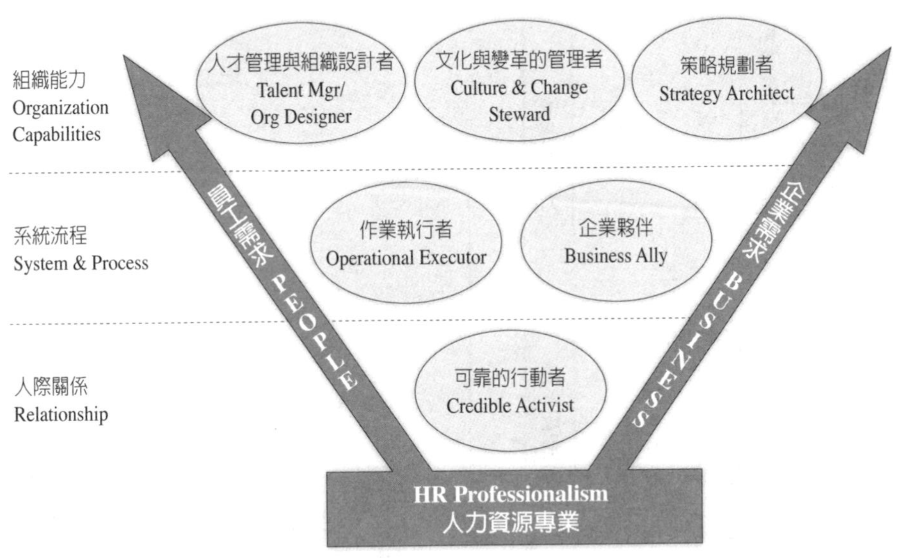

圖2-7　人力資源角色模型

資料來源：戴維・尤瑞奇（Dave Ulrich）。HR Competencies／引自：吳昭德（2010）。〈打造人力資源儀表板〉。《能力雜誌》，總第651期（2010/05），頁55。

種規範及流程（曾元立，2010：12）（**圖2-8**）。

策略性人力資源工作，係指根據企業規劃排定人力資源服務優先要務的流程，其主要工作是組織診斷；人力資源管理策略，則是爲人力資源部門創造使命、願景以及組織。戴維・尤瑞奇認爲，要爲人力資源部門制定全新的職能和定位，讓它不再把重心放在員工招聘或薪資福利的傳統活動上，而是把重心放在績效上，也就是說，人力資源部門的意義不在於做了多少事情，而在於給企業帶來什麼成果（幫助企業創造多少價值），爲客戶、投資者和員工提供多少增加值。人力資源部門的新使命，要求人力資源工作者澈底改變自己的思維模式和行爲方式，而不只是部門名稱的改變而已。同時，新使命還要求高階主管改變對人力資源部門的期望及與其溝通的方式。高階主管應當向人力資源部門提出更高要求，把人力資源部門當作一項業務來投資（Dave Ulrich著，李芳齡譯，2002：134）（**表2-13**）。

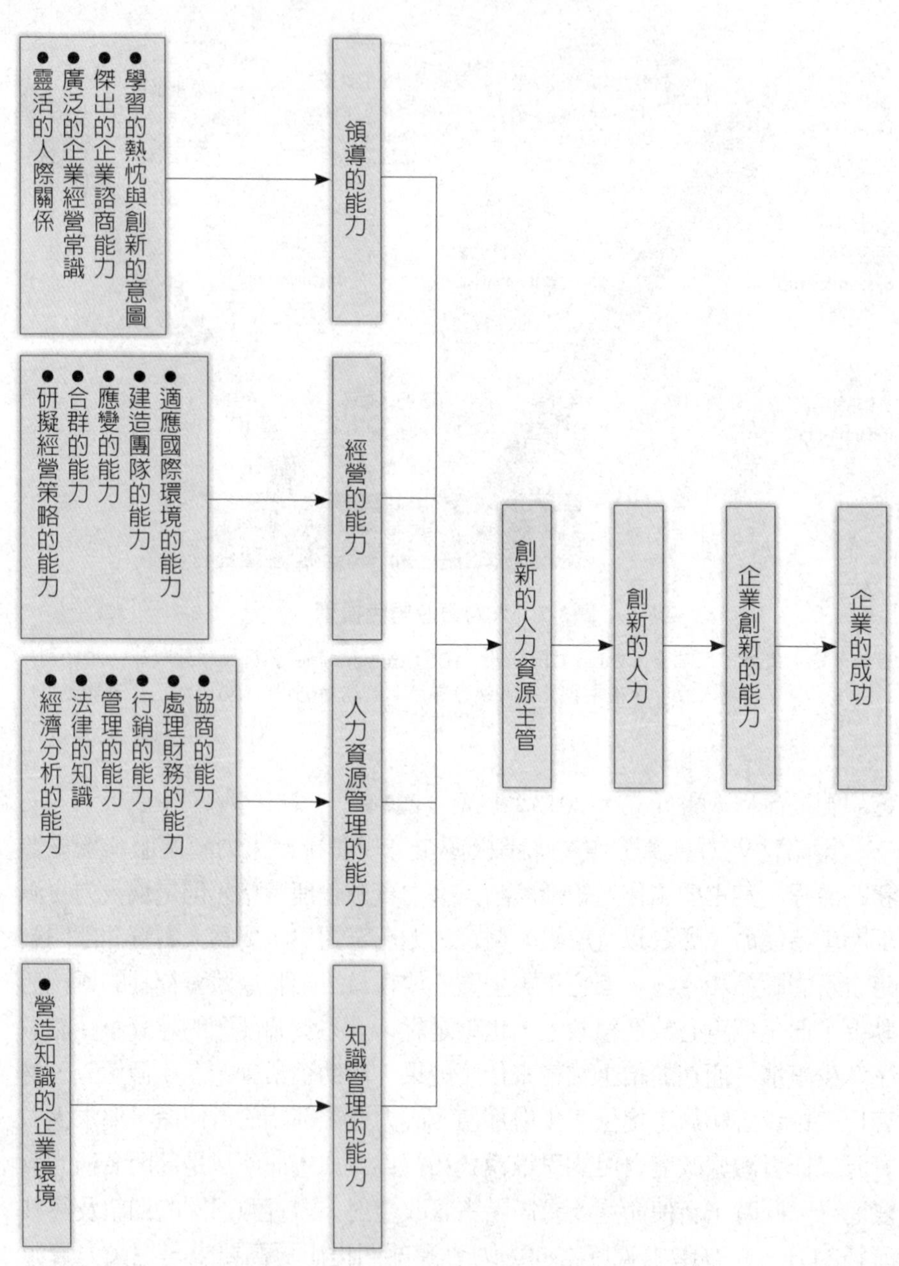

圖2-8　未來人力資源主管必備的條件

資料來源：李誠主編（2006）。〈如何成爲一個稱職的人力資源主管〉，《人力資源管理的12堂課》。天下遠見出版，頁332。

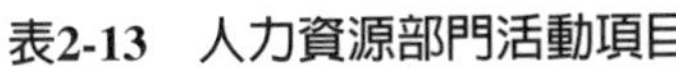

表2-13　人力資源部門活動項目

活動項目	活動細節
招募與僱用管理	包含招募、面談篩選、新人測驗及臨時勞力協調
訓練及發展管理	包含新人訓練、績效管理能力訓練及生產力提升
薪資管理	包含工資及薪資行政作業、職務說明、高階主管薪資、獎金制度及職務評價
福利管理	包含員工保險 、員工旅遊、退休規劃、利潤分享及股份發放等
員工服務管理	包含員工協助方案、調職管理及離職人員引薦等
員工及社群關係管理	包含意向調查、員工關係、對外刊物、勞動法律遵從及紀律等
人事紀錄管理	包含個人資料及歷史紀錄等，主要以資訊系統管理
健康與安全管理	包含工安檢查、毒品測試及健康檢查等
策略規劃管理	包含HR的國際化管理、購併的HR管理及人員需求及規劃

資料來源：Noe et al., (2009) / 引自：楊登惠（2010）。〈人力資源部門權力之實證研究〉，國立中山大學人力資源管理研究所碩士論文，頁24。

結　語

隨著全球化、國際化的趨勢，人力資源管理者必須精煉專業能力，迅速自我提升，順應組織需求進行調整與轉型，以便協助企業在競爭的複雜環境中脫穎而出，拔得頭籌，贏得全面的勝利。

第三章

人力確保管理

- 人力規劃
- 人力盤點
- 工作分析
- 人才管理
- 人力委外管理
- 結　語

> 當一家公司成長速度一直高過於延攬人才的速度時，就不可能成為一家卓越的公司。
>
> ——普克定律（Packard's Law）

2002年獲頒美國總統布希（George W. Bush）授予的「總統自由勳章」的彼得・杜拉克（Peter F. Drucker）說：「企業中的商業機密和隱藏性知識，並不存在組織裡，而是存在員工的腦中。」人力資源涵蓋了組織之人力的確保（或獲得）、開發（或發展）、報償（或激勵）以及維持（或留用）。就此而言，人力資源管理系統乃可分爲人力的確保管理（acquisition management）、開發管理（development management）、報償管理（compensation management）與維持管理（maintenance management）等四項（黃英忠、吳復新、趙必孝，2008：16）（**圖3-1**）。

人力確保管理，是爲了達成組織目標去網羅合適人力的有效過程。在這個管理體系中，主要涉及的有人力規劃、人力盤點、工作分析（工作研究）、人才管理和人力委外管理等項目。

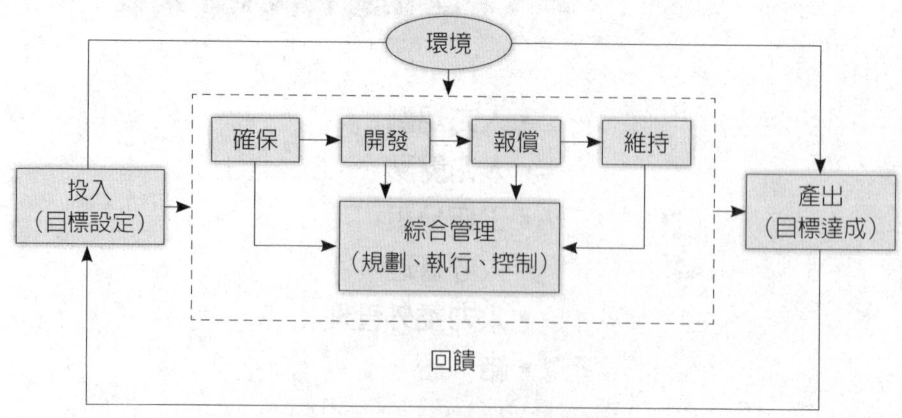

圖3-1　人力資源管理系統模型

資料來源：黃英忠（2003）。《人力資源管理》（二版）。高雄：作者自印，頁29。

人力規劃

雖然說「人」是組織中最珍貴的資源，但若規劃運用不當，也可能會變成企業最難承受的負債。人力資源規劃（Human Resource Planning, HRP）是根據企業的發展願景，透過企業未來的人力資源需求與供給狀況預測與分析，對職務編制、崗位設置、人員配備、教育培訓、人力資源管理政策、招聘和遴選等人力資源管理工作編制的職能規劃。這些規劃不僅涉及到所有的人力資源管理，而且還涉及到企業其他管理工作，它是一項複雜的系統工程，需要有一整套科學的、嚴格的程序和制定技術（陳京民、韓松編著，2006：1）。

一、人力規劃種類

因為人具有人性，也擁有人權，唯有將人力規劃與企業未來的策略發展緊密結合，才能有效地調節企業的人力供給，避免產生人才不足或冗員過多的問題（諸承明，1997：96）。

人力規劃種類，可以按時間、性質和範圍進行不同的分類。

(一)依時間劃分

根據時間的長短不同，人力規劃可分為長期規劃、中期規劃、年度規劃和短期規劃四種。

1.長期規劃：指的是五年以上的規劃，稱之為策略性人力規劃（strategic workforce planning），也是擬定人力策略（workforce strategy）的第一步，適合於大型企業。

2.中期規劃：一般的期限是二至五年，適合於大、中型企業。

3.年度規劃：每年進行一次，常常和企業的年度發展計畫相互搭配，適合於所有的企業。

4.短期規劃：是一種應急計畫，適用於短期內企業人力資源變動加劇的情況。

(二)依性質劃分

管理學上，一般較多地按性質來劃分各類人力規劃。按這種劃分方法，企業人力規劃可分為：

1.戰略規劃：它係研究社會與法律環境可能的變動，對企業人力資源管理的影響等問題。
2.戰術規劃：它係對組織未來面臨的人力供需形勢進行預測，包括：對組織未來員工的需求量，組織內部和外部供給狀況的詳細預測。
3.管理規劃：它係根據人力供需預測的結果制定的具體行動方案，包括：招聘、辭退、晉升、培訓與發展、工作輪調、薪酬政策和組織變革等。

(三)依範圍劃分

按範圍劃分，企業人力規劃可分為下列三種：

1.整體規劃：它包括企業的人員招募、培訓、考核、激勵等，這些活動都有各自的內容，但它們又互相聯繫，互相影響，互相制約。
2.部門規劃：它包括各種職能部門制定的職能計畫，例如技術部門的人員補充計畫、銷售人員的培訓計畫等。
3.專案（項目）規劃：它是某種具體任務的計畫，是為某種特定任務而制定的。

人力規劃與企業發展規劃密切相關，它是達成企業發展目標的一個重要部分，企業的人力規劃不能與企業的發展計畫相背離。

二、人力規劃制定原則

企業人力規劃工作，必須在企業戰略管理和人力資源管理原則的指導下，從企業內、外部環境的實際情況出發，根據企業和社會發展的需要，以求達到企業各類人力資源需求的平衡（陳京民、韓松編著，2006：14）。

在制定人力規劃時，要注意以下幾項原則：

(一)充分考慮內、外部環境的變化

人力規劃只有充分的考慮了內、外部環境的變化，才能眞正的做到爲企業發展目標服務。內部變化，主要是指銷售的變化、開發的變化，或者企業發展戰略的變化，還有公司員工流動的變化等；外部變化，係指社會消費市場的變化、政府有關人力資源政策的變化、人才市場的供需矛盾的變化等。爲了能夠更好的適應這些變化，在人力規劃中應該對可能出現的情況做出預測和風險分析，最好能有面對風險的應變策略。

(二)確保企業的人力資源保障

企業的人力資源保障問題是人力規劃中應解決的核心問題，包括人員的流入預測（新進人數）、流出預測（離職人數）、人員的內部流動預測（輪調、晉升）、就業市場人力供給狀況分析、人員流動的損益分析等。只有有效的保證了對企業的人力供給，才可能去進行更深層次的人力資源管理與開發。

(三)使企業和員工都得到長期的利益

人力規劃不僅是面向企業的計畫，也是面向員工的計畫。企業的發展和員工的發展是互相依托、互相督促的關係。如果只考慮了企業的發展需要，而忽視了員工的發展，則會有損企業發展目標的達成。優秀的人力計畫，一定是能夠使企業和員工得到長期利益的計畫，一定是能夠使企業和員工共同發展的計畫（**圖3-2**）。

三、人力預測種類

預測乃是在事物未發生之前就用各種方法做出推測或測定。人力預測可分爲「人力資源需求預測」和「人力資源供給預測」。

(一)人力資源需求預測

人力資源需求預測（demand forecasting of human resources），是指企業爲實現既定目標而對未來所需員工數量和種類的估算，常用的方法有經

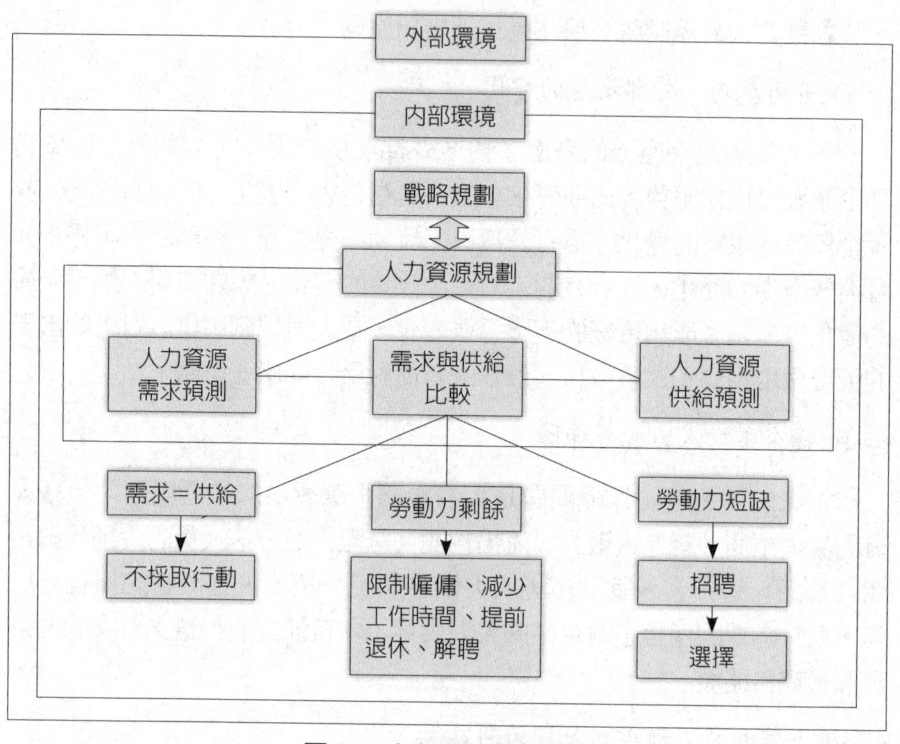

圖3-2　人力資源規劃模型

資料來源：付亞和主編（2005）。《工作分析》。復旦大學出版，頁81。

驗預測法、總體預測法、現狀規劃法、模型法、專家討論法、定員法和自下而上法。這些方法適用於不同的人力預測類型（**表3-1**）。

人力資源需求預測是由企業的經營目標和發展戰略所決定的。大多數情況下，以組織總目標和基於此進行的營業規模預測作爲主要依據，來確定組織的人力需要狀況。因此，人力規劃必須與其他策略、經營、財務規劃協調一致。

人力資源需求預測可分爲現實人力資源需求預測、未來人力資源需求預測和未來流失人力需求預測三部分。

表3-1　人力資源預測方法

預測方法	說明
經驗預測法	它是用以往的經驗來推測未來的人員需求，是人力資源預測中最簡單的方法，適合於較穩定的小型企業。 它開始於企業產品的需求，並對政府法令規定、市場機制一併加以考慮，進而預估未來產品的需求。有了整個需求數字，再就每項產品的差異加以預估。按其特性、所需技術、行政支援，可就產品別、技術別或部門別訂定工作預算，有了這個預算就反映出每個類別的工作量，再按此數量比例轉換為人力需求。 不同的管理者的預測可能有所偏差，可以透過多人綜合預測或查閱歷史紀錄等方法提高預測的準確度。 要注意的是，經驗預測法只適合於一定時期內企業的發展狀況沒有發生方向性變化的情況，對於新的職務，或者工作的方式發生了大的變化的職務，不適合使用經驗預測法（何永福、楊國安，1995：68）。
總體預測法	定量分析預測法是利用數學和統計學的方法進行分析預測，常用的方法之一是總體預測法（aggregated forecasting model）。這個模式同時計算了內在和外在因素的影響，其公式如下： En＝〔（Lagg＋G）〕×（1÷X）〕÷Y En：代表N年後預測勞動力的數值 L：代表目前企業活動的總值 G：代表企業活動在N年後的成長總值 X：代表N年後勞動力的增加比例（假如增加5%，X＝1.05） Y：代表企業目前活動對人力資源轉換的總值 agg：代表總體的數字 這個模式有下列幾個特點： 1.未來的企業活動和成長與僱用人數成正比例的關係。 2.生產效率因素X，可以改變僱用人數，改變的方向端視生產效率是否增加或降低。 3.當前企業活動的轉換數值，代表企業一貫用人政策和工作安排，所以一旦用人政策或工作設計更改，轉換數值就可能發生變化。 舉例而言，一家電容器工廠現年銷售額（L）60,000,000元，預計五年成長是80,000,000元，即增加（G）20,000,000元，而預估每年生產效率提高1%，五年即可提高5%（X＝1.05）。至於轉移數值按過去經驗和當前工作設計，60,000,000元的銷售額用60人，即每1,000,000元的銷售額需要1位員工（Y＝1,000,000），依此推算，則五年後的員工數額將是77人。 五年後需用人數＝〔（60,000,000＋20,000,000）〕×（1÷1.05）〕÷1,000,000＝76.19≒77（葛玉輝主編，2006：95-96）

（續）表3-1　人力資源預測方法

預測方法	說明
現狀規劃法	它係假定當前的職務設置和人員配置是恰當的，並且沒有職務空缺，所以不存在人員總數的擴充，人員的需求完全取決於人員的退休、離職等情況的發生，適合於中、短期的人力資源預測。人員的退休是可以準確預測的；人員的離職包括人員的辭職、辭退、重病（無法工作）等情況，所以人員離職是較難準確預測的。只有透過對歷史資料的統計和比例分析，較能準確的預測離職的人數。
模型法	它是透過數學模型對真實情況進行實驗的一種方法。首先要根據企業自身和同行業其他企業的相關歷史資料，透過資料分析建立起數學模型，根據模型去確定銷售額增長率和人員數量增長率之間的關係，這樣就可以透過企業未來的計畫銷售增長率來預測人員數量增長。模型法適合於大、中型企業的長期或中期人力資源預測。
專家討論法	它適合於技術型企業的長期人力資源預測。現代社會技術更新非常迅速，用傳統的人力資源預測方法很難準確的預計未來的技術人員的需求。相關領域的技術專家由於把握技術發展的趨勢，所以能更加容易的對該領域的技術人員狀況做出預測。為了增加預測的可信度，可以採取二次討論法。在第一次討論中，各專家獨立拿出自己對技術發展的預測方案，管理人員將這些方案進行整理，編寫成企業的技術發展方案。第二次討論主要是根據企業的技術發展方案來進行人力資源預測。
定員法	它適用於大型企業和歷史久遠的傳統企業。由於企業的技術更新比較緩慢，企業發展思路非常穩定，所以每個職務和人員編制也相對確定。這類企業的人力資源預測可以根據企業人力資源現狀來類推出未來的人力資源狀況。在實際應用中，有設備定員法、崗位定員法、比例定員法和效率定員法等幾種方式。
自下而上法	它就是從企業組織結構的底層開始的逐步進行預測的方法。具體方法是，先確定企業組織結構中最底層的人員預測，然後將各個部門的預測層層向上匯總，最後訂出企業人力資源總體預測。由於組織結構最底層的員工很難把握企業的發展戰略和經營規劃等，所以他們無法制定出中、長期的人力資源預測。這種自下而上的方法適合於短期人力資源預測。

資料來源：丁志達（2011）。「人力規劃與薪酬管理」講義。重慶共好管理顧問公司編印。

(二)人力資源供給預測

人力資源供給預測（supply forecasting of human resources），是確定企業是否能夠保證員工具有必要能力，以及員工來自何處的過程。企業在進行人力資源供給預測時，要仔細地評估企業內部現有人員的狀態和他們的運作模式，即離職率、調動率和晉升率。人力資源供給預測分為內部供給預測和外部供給預測兩部分。

人力規劃的產出是人力資源政策和「選、訓、育、用、留」的指引，更是組織發展與變革診斷工具，需要高階主管與用人主管的高度參與，並當作總體預算編列的一環。人力資源管理者應扮演策略夥伴的角色，提供人力規劃手冊（workforce planning guide），協助用人單位將人力規劃做好，並搭配適合的職涯管理計畫（career management program）和員工協助方案（Employee Assistance Programs, EAPs），創造勞資雙贏的局面。因此，有不少專家認為，人力資源管理者最重要的工作就是人力規劃，更是人力資源管理者是否變成策略夥伴的關鍵。

四、人力資源規劃方案

一個完整的人力資源規劃方案通常包括：人員補充規劃、分配規劃、提升規劃、教育培訓規劃、薪資規劃、保險福利規劃、勞動關係規劃和退職規劃等。在員工過剩的情況下，企業需要制定一系列的人員裁減計畫；在員工短缺的情況下，則需要在外部進行招聘。如果外部勞動力市場不能進行有效地供給，企業則需要考慮在內部透過調動補缺、培訓和工作輪換等方式增加勞動力（胡麗紅，2006：43）（**表3-2**）。

表3-2　人力資源計畫編寫步驟

步驟	說明
制定職務編制計畫	根據企業發展規劃，結合職務分析報告的內容，來制定職務編制計畫。職務編制計畫闡述了企業的組織結構、職務設置、職務描述和職務資格要求等內容。制定職務編制計畫的目的是描述企業未來的組織職能規模和模式。
制定人員配置計畫	根據企業發展規劃，結合企業人力資源盤點報告，來制定人員配置計畫。人員配置計畫闡述了企業每個職務的人員數量、人員的職務變動、職務人員空缺數量等。制定人員配置計畫的目的是描述企業未來的人員數量和素質構成。

（續）表3-2　人力資源計畫編寫步驟

步驟	說明
預測人員需求	根據職務編制計畫和人員配置計畫，使用預測方法，來預測人員需求預測。人員需求中應闡明需求的職務名稱、人員數量、希望到職時間等。最好形成一個標明有員工數量、招聘成本、技能要求、工作類別，及為完成組織目標所需的管理人員數量和層次的分列表。實際上，預測人員需求是整個人力資源規劃中最困難和最重要的部分。因為它要求以富有創造性、高度參與的方法處理未來經營和技術上的不確定性問題。
確定人員供給計畫	人員供給計畫是人員需求的對策性計畫。主要闡述了人員供給的方式（外部招聘、內部招聘等）、人員內部流動政策、人員外部流動政策、人員獲取途徑和獲取實施計畫等。透過分析勞動力過去的人數、組織結構和構成，以及人員流動、年齡變化和錄用等資料，就可以預測出未來某個特定時刻的供給情況。預測結果勾畫出了組織現有人力資源狀況以及未來在流動、退休、淘汰、升職及其他相關方面的發展變化情況。
制定培訓計畫	它包括了培訓政策、培訓需求、培訓內容、培訓形式、培訓考核等內容。
編寫人力資源費用預算	它包括招聘費用、培訓費用、調配費用、獎勵費用以及其他非員工直接待遇但與人力資源開發利用有關的費用。
制定人力資源管理政策調整計畫	它應明確計畫期內的人力資源政策的調整原因、調整步驟和調整範圍等。其中包括招聘政策、績效考評政策、薪酬與福利政策、激勵政策、職業生涯規劃政策、員工管理政策等。
關鍵任務的風險分析及對策	每家企業在人力資源管理中都可能遇到風險，如招聘失敗、新政策引起員工不滿等等，這些事件很可能會影響公司的正常運轉，甚至會對公司造成致命的打擊。風險分析就是透過風險識別、風險估計、風險駕馭、風險監控等一系列活動來防範風險的發生。

資料來源：諶新民、唐東方編著（2002）。《人力資源規劃》。廣東經濟出版社，頁240-244。

人力盤點

企業在經營管理過程上常會出現的困難，就是所用人員在經過一段時間後會覺得似乎不太合用或不再勝任，其實這種問題之關鍵在於經營者沒有實施人力盤點之故。但人力盤點一向是人力資源管理實務中最困難的任務之一，其中牽涉的變數頗多，除了企業本身之人力資源管理制度系統外，也與組織整體之策略及發展方向息息相關（**圖3-3**）。

一、人力盤點方法

一般而言，人力盤點的方法，大致可分爲以下三類：

(一)以「人爲核心」之人力盤點方法

它包括人力盤點（總體）、管理控制幅度精算法（總體）、工時調查（個體）及人才評量（個體）等。

(二)以「工作爲核心」之人力盤點方法

它包括部門職掌調查（總體）、組織目標及價值鏈之交叉分析（總體）、標準工時調查（總體）、樣本單位對照法（總體）、作業流程改善與分析（個體）、動作時間研究（個體）等。

(三)以「資料爲核心」之人力盤點方法

它包括檢核點人力預測法（總體）、以財務資料爲根據之損益兩平

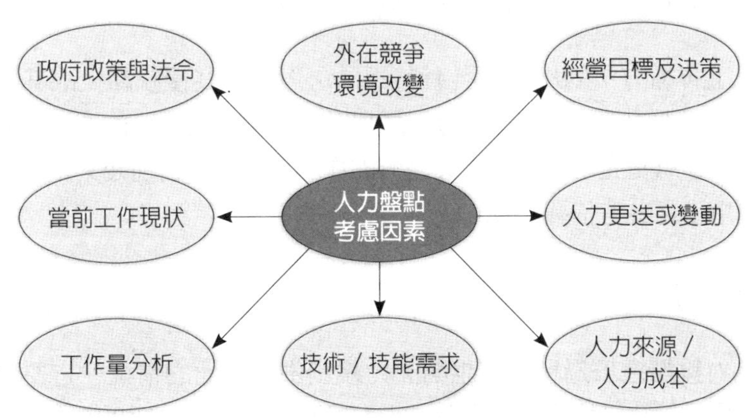

圖3-3　人力盤點時考慮的因素

資料來源：袁明仁（2008）。〈藉人力盤點發掘優質人力〉。《大陸台商簡訊》，第192期（2008/12/15）。

範例3-1

2012年行政部員額規劃統計表

填表日期：　　年　　月　　日

職稱	2011年12月底員額	2012年員額規劃											
		1月	2月	3月	4月	5月	6月	7月	8月	9月	10月	11月	12月
經理	1	1	1	1	1	1	1	1	1	1	1	1	1
主任	2	2	2	2	2	2	2	2	2	2	2	2	2
專員	5	5	5	5	5	5	5	5	4	4	4	4	4
辦事員	12	12	12	12	12	12	12	12	11	11	10	10	10
警衛員	10	10	10	10	10	10	10	0	0	0	0	0	0
合計	30	30	30	30	30	30	30	20	18	18	17	17	17
說明	1.警衛工作預定在2012年7月外包，負責督導警衛工作專員可減少1人。 2.預定e-HR系統在2012年4月完成，6月啓用，辦事員可減少2人。												

部門主管簽字：　　　　製表：

資料來源：丁志達（2011）。「人力資源管理實務研習班」講義。中國生產力中心編印。

分析法（總體）、價值鏈分析法（總體）、迴歸模型人數預測法（個體）、參數模型人工智慧預測法（個體）等。

以上各種方法的施行，各有其不同之考量及其優缺點。故其工具的採用，應視不同情境而有所調整。採用多元（混合使用）的方法，較能為企業提供一思緒完整且周延之人力盤點作法，以供其目前及未來在人力配置與運用上之參考依據（**表3-3**）。

二、人力盤點的步驟

人力盤點這項過程，在說明人力規劃供給方面的情況。它要求確定現職人員，以及可能的接班人選。人力盤點的步驟，包括以下六個步驟：

(一)成立人力盤點工作小組

人力資源盤點工作小組由總經理和各部門主管、人力規劃專職人員

表3-3　人力盤點方法

類別	說明
問卷調查法	透過問卷的設計，瞭解各單位的工作負荷狀況、公司背景及人力相關問題。
人員訪談法	透過訪談，瞭解工作負荷及目標達成率，以決定組織員額。
現場觀察法	透過現場觀察，瞭解各單位的工作負荷狀況。
相關文獻與歷史事件法	對組織內一般文獻紀錄與重大事件進行有系統的整理，以發覺組織從過去到現在，在特定問題上的徵候，以供預測與判斷之用。
組織氣氛調查法	在進行組織診斷時，判斷問題的嚴重性，及未來政策推行的可行性，能提供管理者一個客觀的問題焦點。
財務損益兩平法	運用損益兩平的概念，從支付能力判斷人事費用的適切程度，在獲利或成本效益考量的前提下，推估最適人力水準。
組織標竿比較法	選定特定之人力相關指標，將組織本身在此項相關指標上之表現，與其他同業、競爭者、異業之典範在此項指標上之表現相較。反推，若欲取得優勢地位之人力指標水準為何，進而推算最適之人力水準。
管理控制幅度表	藉由管理者所直接管轄或監督的部屬人數，計算合理的管控幅度。
數量模型法	過濾、篩選出各項影響組織員額配置之因子，再補以迴歸、時間序列及人工智慧等方法，正確地描述各項探討因子之關係，最後再以模式推演預測出可能的最適員額配置幅度。
功能流程評估	根據各功能指標達成狀況，以決定組織員額。
組織目標推衍法	根據完成目標推衍所需的人力。
工作分析與部門職掌調查表	瞭解各單位之職掌及工時，推估各單位所需之人力。
標準工時推算法	對於組織內各項業務加以切割，組合成各種不同的作業流程或工作項目，經過合理的評估與檢討，建立其標準作業。
潛能評鑑法	衡量部門內人員潛能及工作量之關係，以決定組織員額。

資料來源：常昭鳴、共好知識編輯群編著（2010）。《PMR企業人力再造實戰兵法》。臉譜出版，頁269-270。

組成。在進行人力盤點工作之前，應對全體員工進行培訓，說明人力盤點工作的意義和重要性，要求各部門員工積極配合，客觀、詳實地提供相關資料。

(二)制定人力盤點計畫

人力盤點是對公司人力現狀的認識與分析，是做好人力資源管理工作的基礎。爲保證人力盤點工作及時、順利地進行，要制訂預算制度。在確保盤點工作品質的前提下，應考慮以低成本、高效率來完成人力盤點工作。

(三)制定人力盤點適用的表格

人力盤點之前必須設計人力盤點所需使用到的表格，以確保所需蒐集的資訊能夠很方便的在表單上呈現。表單塡寫時，應簡化塡寫所需的時間，使人力盤點標準化，確保統計結果有意義、有效性。

(四)蒐集、整理人力資源盤點資料

在進行正式的人力資源盤點前，必須全面蒐集、整理相關的資料，力求全面瞭解公司人力資源現狀。資料可以透過查閱現有的檔案資料、發放調查問卷、訪談等途徑取得。

(五)統計分析相關人力資源盤點資料

人力資源部門負責對所蒐集的資料進行分析，並且將上述取得的資料整理成電腦檔（EXCEL資料）、圖表或其他電子資料庫形式，以利直接、清楚的描述公司人力使用狀況。

(六)撰寫人力盤點分析報告

在蒐集、整理所有資料之後，人力資源部門應安排專職人員對上述資料進行統計分析，製作「年度公司人力盤點統計分析報告」，由公司人力資源審核小組完成報告的審核工作，並報請總經理審核批准。

「人力盤點統計分析報告」作爲人力資源供給、需求預測的基礎，在製作時應該根據需要，分別採用表格、趨勢圖、結構圖、分類等形式輔助説明，同時應對相關的資料或圖表進行解釋（袁明仁，2008）。

三、實施人力盤點注意事項

企業在決定實施人力盤點時，應注意以下幾個重點：

1.確定負責執行推動單位握有實權及層峰的支持。

2.進行人力盤點前須先釐清評估目的。

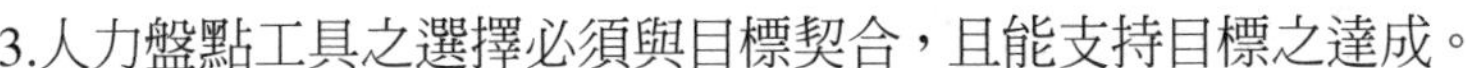

3.人力盤點工具之選擇必須與目標契合，且能支持目標之達成。

4.對於「量」的人力盤點，務求其科學性與精確性。

5.對於「質」的人力盤點，務求採取工具的多元化，以避免過度主觀。

6.進行人力盤點之參與人員務須進行充分訓練。

7.人力盤點工具選擇，應衡量所付出之成本及對組織氣氛的衝擊。

8.人力盤點需邀請當事人及相關權責單位參與，以求結果公信力之提升。

9.進行人力盤點，對評估結果需有因應之對策或改善之措施（**表3-4**）。

10.進行盤點時之方法、工具與程序，務求公開、透明，並接納各方提供意見。

表3-4　人力盤點項目檢視

□此一工作是否確屬必需？
□是否有合理數目的人在做此工作？
□現在人員是否具備必備的才識？
□未來投資（或擴充產能）對生產力和勞動成本之影響？
□企業內勞動生產力變化情形與產業技術發展趨勢如何？
□多少人已達技能標準等級？
□各技能等級還缺多少人？
□多少人可用內訓來補足人力缺口？
□多少人需要從公司外聘用？
□什麼時候需要聘用哪些技能等級的人？
□何處尋找這類具有適合公司需要的技術等級人才？
□多少是需要有足夠經驗可立即上線工作的人？
□多少是需要有些經驗的人聘進公司再訓練？
□公司現有此類技術的人員流動率如何？
□各職務現在工作項目與職務說明書所訂項目是否相符？
□各職務之工作量是否足夠？
□各職位是否有明確之工作權責？
□工作分配是否合理適當，有無勞逸不均現象？
□有無不適任現職人員？
□各職務之職稱、職等及人數之配置是否與業務性質、業務量消長及職責程度相當？
□各單位人力配置是否與業務量相當？

資料來源：丁志達（2011）。「經營管理顧問師訓練講座：人力資源管理診斷實務班」講義。中國生產力中心編印。

在組織愈趨網路型發展的方向上，「人」的角色及其提供的智價將益形重要。故每一組織若能定期實施人力盤點，定能有助於組織之長期發展及整體運作績效的提升（常昭鳴、共好知識編輯群編著，2010：272）

過去的企業常只是本著用人，而不知去育才或評估績效，導致資深的人力老化或本位主義的現象發生，影響了企業的發展及產生企業成長過程中的瓶頸。企業經過人力盤點後，應協助員工補強欠缺的能力，才能讓員工及公司更具競爭力。

範例3-2

福特汽車人力盤點成效

1980年代初期，福特汽車公司仔細檢視旗下五百人的出納部門。福特公司很快就發現，每個出納人員大部分時間都在追蹤訂購單、送貨收據及貨款發票之間錯帳的地方。福特汽車於是決定再造整個零件採購部門。

福特汽車採取下列幾個步驟：

- 在網路上建立一個採購單資料庫，採購人員一下訂單，這筆資料就會列入資料庫。
- 貨物抵達收貨點簽收時，會有人核對資料庫，如果貨物與採購單相符，就會簽收，如果不符就無法簽收。因此，採購單資料就不可能和實際簽收的貨物之間有任何誤差。
- 貨物簽收之後，資料庫立即更新，並且自動開出支票，在適當時間交給賣方。

福特汽車流程再造計畫最後獲得的成效是，出納部門人數從五百人減為一百二十五人，同時提升工作效率。

資料來源：李田樹譯。〈重組流程，再造企業〉。《大師輕鬆讀》，第135期（2005/07/07-07/03），頁45-46。

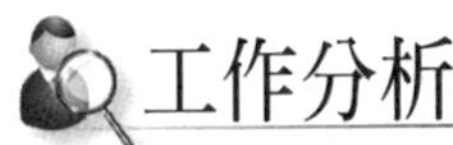

工作分析

企業目標的達成必須透過組織運作，所以，組織規劃與設計是企業遂行各項企業活動的第一項要務。組織規劃與設計後呈現出結構性的組織架構，在組織架構中，無論是功能分工、地區分工，抑或是矩陣式結構型態，必然產生各別職位，而每一職位的設置，其工作職掌、工作內容，甚至於工作條件就必須加以規範。此項規範，在專業領域的工作程序就包含了工作設計（job design）與工作分析（job analysis）。

一、工作設計

二十世紀初期，在泰勒（Frederick Winslow Taylor）的科學管理學派（scientific management）的影響下，許多製造業都對生產流程進行任務分析，希望能設計出最有效的工作安排。隨著企業經營環境與觀念的改變，工作設計當然不限於生產流程而已。事實上，這些年所流行的賦權（empowerment）、企業瘦身（downsizing）、企業流程再造（business process reengineering）、組織扁平化（horizontal organization）等管理理論的推動，都必須重新進行系統性的工作分析與設計。

工作設計的主要意義在分析現有工作並加以重新設計。它有三種不同的方法，即機械式方法（mechanistic approach）、人因方法（human factors approach）及動機方法（motivational approach）。

(一)機械式方法

它源自科學化管理，其所設計的工作通常都屬於勞力密集工作。主要理念是把工作詳細分析切割成各個單純的任務，每項任務都有標準動作與規則，工作人員可以因而很容易地被教育訓練，也可以很容易被替換。

(二)人因方法

它是在設法設計機器設備，使之能符合人體工學（ergonomics）的需求，例如辦公家具或辦公室設計，可以增加員工生產力，也可以降低員工的職業災害。

(三)動機方法

它是針對員工的心理需求來設計工作，以提高員工認同工作的意義，進而提升員工的工作動機、滿意度以及出勤率。在動機方法的工作設計下，企業經常用工作輪調（job rotation）、工作擴大化（job enlargement）及工作豐富化（job enrichment）來提高員工的工作滿意度，以及提升員工的素質（中山大學企業管理學系著，2005：254-255）。

二、工作分析的重要性

工作分析思想，最早緣起於古希臘時期著名的哲學家蘇格拉底（Socrates）在對「理想社會的設想」中指出：社會的需求是多種多樣的，每個人只有透過社會分工的方法從事自己力所能及的工作，才能爲社會做出較大的貢獻。所以說，工作分析是分析者採用科學的手段和技術，對每個職位的主要職責、工作內容、在組織內的報告與隸屬關係、與組織內其他部門的互動關係等，進行分解、比較和綜合，確定職位工作要素特點、性質與要求的過程。

工作分析的重要性有：

1.闡明在公司內誰應該負責什麼工作。
2.系統化的方式來看工作內容。
3.確認每一個工作的主要職責。
4.將每一項工作職責相對比較。
5.有助於在職者瞭解該職位的責任與期望値。
6.幫助管理階層分析並改進公司的組織結構。
7.作爲工作說明書、職位評價、薪資調查以及建立薪資結構的參考依據。

工作分析的最終目的並不只是爲了完成「工作說明書」（job description），而是對組織中某個特定崗位的工作內容和職務規範的描述和研究過程，是制定工作說明和工作規範（job specification）的系統過程。

範例3-3

汽車製造業的工序

亨利・福特一世（Henry Ford I）不僅是一位家族老闆，而且是企業工作分析的行家與始祖。他的傳記《我的生活和工作》（*My Life and Work*）中詳細地敘述了T型轎車8,000多道工序。對工人的要求：

- 949道工序需要強壯、靈活、身體各方面都非常好的成年男子。
- 3,338道工序需要普通身體的男工。

剩下工序可由女工或年紀稍大的兒童承擔，其中：

- 50道工序由沒有腿的人來完成。
- 2,637道工序由一條腿的人來完成。
- 2道工序由沒有手的人完成。
- 715道工序由一隻手的人完成。
- 10道工序由失明的人完成。

這從一個側面說明福特一世對企業的工作流程瞭若指掌，對降低成本、管理企業、避免人力資源浪費無疑有巨大的意義與作用。

資料來源：楊生斌。「工作分析與職位評價」講義。

三、工作分析手段

工作分析作爲一項管理工具，它是在美國工程師泰勒的科學管理研究基礎上發展而來的。早期的工作分析側重於對工作信息的定性描述，隨著統計科學、心理測量理論等相關學科的發展，以及人們對工作分析結果要求的提高，結構化、定量化的工作分析方法不斷湧現，各種工作分析系統紛紛建立，工作分析方法趨於多樣化、系統化。最常用的工作分析方法，包括觀察法、問卷調查法、訪談法、典型事例法、工作日誌分析法等（段磊，2009：40）（**表3-5**）。

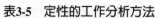

表3-5 定性的工作分析方法

方法	說明
觀察法	它是指工作分析者透過對任職者現場工作直接或間接的觀察、記錄、瞭解任職者工作內容，蒐集有關工作信息的方法。
問卷調查法	它是一種採用問卷法進行工作分析，透過任職者或相關人員所填寫的「制式」問卷，來蒐集工作分析所需信息的方法。
訪談法	它係指工作分析人員透過訪談的方式獲取需要蒐集的信息。
典型事例法	它係指對實際工作中之工作者，特別有效或者無效的行為進行簡短的描述。透過累積、匯總和分類，得到實際工作對員工的要求。
工作日誌分析法	它是要求任職者在一段時間內記錄自己每天所做的工作，按工作日的時間順序記錄下自己工作的實際內容，形成某一工作職位一段時間以來發生的工作活動的全景描述，使工作者能根據工作日誌的內容對工作進行分析。

資料來源：丁志達（2011）。「薪酬規劃與管理實務班」講義。台灣科學工業園區科學工業同業公會編印。

透過工作分析程序所得到的資料結果，可作成兩種書面紀錄，一爲工作說明書，一爲工作規範。前者說明了工作之性質、職責及資格條件等，後者則是由工作說明書衍生而來，著重在工作所需的個人特性，包含工作所需之技能、體力及能力等條件，這些皆是人力資源管理的基礎。

四、工作說明書

工作說明書（或稱職位說明書）是企業人力資源管理的基礎性文件，也是人力資源管理的重要信息來源。它是把工作分析的結果，做綜合性的整理，以界定特定或代表性職位的工作內容，如報告關係、工作總目的、主要職責、任務等。理論上，工作說明書雖源自於工作設計以及工作分析，但一般實務多省略工作設計，並以工作分析調查問卷等簡易方式來取代工作設計與工作分析等複雜過程。然而從人力資源運用的策略考量，工作說明書是不可或缺的必要製作過程，凡是講求制度化管理的企業，大都設置工作說明書，也由於工作說明書的設置，其對人才的晉用、績效的考核、升遷的考量、薪資的核定等，方能具有客觀的標準與規範，而此項所謂客觀的標準與規範也就是所謂的制度了。

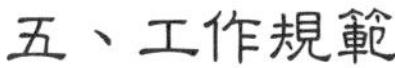

五、工作規範

工作規範是工作人員爲完成工作，所需具備的最低資格條件。例如最低的教育水準、專業知識、專業技能及所應具備的最低的訓練、經驗水準以及面臨的工作環境、心力、體力等要求。工作說明書是在描述工作，而工作規範則是在描述工作所需的人員資歷，記載該項工作要求員工應具備的資格條件，主要是用以指導如何招聘和錄用人員。

有些公司是採用將工作說明書與工作規範分開的寫法，但更多的公司是把兩者混合起來，即在工作說明書中既記載工作情況，又記載工作所需求的資格條件，包含了一個人完成某項工作所必備的基本素質和條件（僱用什麼樣的人來從事這一工作）。

工作說明書和工作規範並不是一成不變的，隨著公司生產技術的變化、組織機構的調整、員工素質的提高，其工作內容、責任和權限、任用條件等均可能因內、外環境改變而需加以修改，因此，工作說明書應適時更新、修訂始具有參考和運用之價值，否則辛苦一場，所得只是一堆無用的文件（**圖3-4**）。

人才管理

在全球化、資訊化的時代裡，如何管理知識工作者，使其發揮潛力與工作效率，是企業經營成功的重要關鍵。因而「人才管理」已成爲近年來企業人力資源管理最重要的課題之一。

全球最知名的企管顧問公司之一的波士頓顧問集團（The Boston Consulting Group, BCG），於2008年向全球八十三個國家的4,741位高階人力資源主管調查，找出全球最重要，且必須立即採取行動的人力資源管理實務有八項，依其重要性與急迫性，分別是人才管理、領導發展、人資策略夥伴、工作生活均衡管理、變革與文化轉型、老年化員工管理、學習型組織以及全球化管理（林文政，2010：28）。

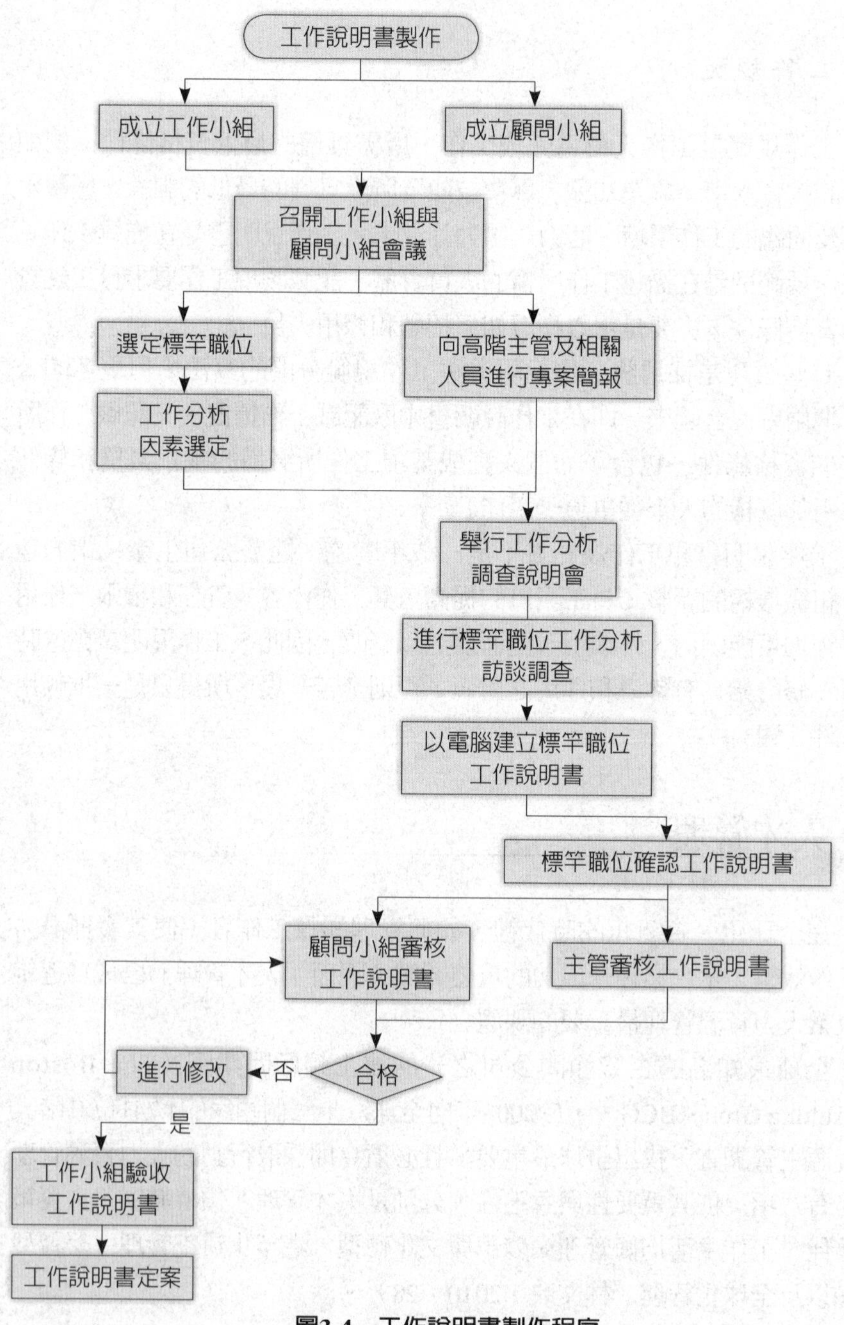

圖3-4　工作說明書製作程序

資料來源：精策管理顧問公司。

一、人才管理定義

人才管理（talent management），是指一系列的組織流程設計，來吸引、管理、發展與留住關鍵人才，主要功能包括職能管理、人才評量與接班人計畫等。而關鍵人才指的是對自己工作使命資源很清楚的人；溝通能力佳；具有想要贏，積極的心態；可以在挑戰有壓力的環境中發揮工作能力，並且願意承擔合理的風險，以及完成所交代的使命的人（**表3-6**）。

德國名將馮．曼斯坦（Erich von Manstein）認爲，軍官有四種，第一種既聰明又努力，要重用他們做更多的事，因爲他們審愼且事必躬親；第二種是聰明但不努力，要晉升他們至更高階的職位，因爲他們能夠抓對方向又會授權；第三種是既不聰明又不努力，這種人不用急著處理，因爲無害；第四種是不聰明但很努力，則要立刻解僱，因爲他們會製造許多錯誤的工作目標和工作方式，搞得人仰馬翻，既無效率亦無價值。

二、職能管理

1920年代，美國普林斯頓大學（Princeton University）布林漢姆（Carl C. Brigham）教授主張員工工作成效的好壞，主要是由於工作者先天智力高低來決定。導致當時的許多企業在甄選員工時，係利用智力測驗成績的高低來作爲選拔或晉升人才的標準，但是卻出現了嚴重的問題，智商（Intelligence Quotient, IQ）的分數與個人在工作中成績表現產生了落差。

表3-6　招募策略

類別	創業期	產品轉型期	多角化經營期	全球競爭期	用人原則
招募策略	精簡為主。不必過於強調專業知識，重視可塑性。	所需人才多，以外部取得為主，從同業中挖角。	行業技術特點鮮明，分公司重要人員一般從內部提拔，一般人員傾向於當地化。	世界範圍內網羅人才，高階人員必須具備跨文化行為能力。	最適合於特定崗位的人，就是最優秀的人。

資料來源：修改自諶新民（2005）。《員工招聘成本收益分析》。廣東經濟出版社，頁7。

哈佛大學（Harvard University）大衛·麥克利蘭（David McClelland）教授對卓越的工作者做一研究，發現智力並不是決定工作績效的唯一條件。他找出一些因素，例如態度、認知及個人特質等，稱之爲「職能」（competency），與卓越的工作績效之間具有高度的因果關係。

「職能」，係指工作上所需的技術與知識、工作動機與個人特質所表現出來的行爲。職能管理的目的，在於找出並確認導致工作上卓越績效所需的能力及行爲表現，以協助組織或個人提升工作績效（張寶誠，2010：10）。

在衆多非經濟性模式工具中，以職能評估最普遍，藉由分析個人技巧、能力、經驗與個人特質，供企業精確評斷該應徵者能否勝任待聘工作。然而，職能的評估項目會依據不同的職務型態與層級而有所差異，在不同的職務類型與層級中，如何確認各職能項目，則爲職能評估有效與否的關鍵。職能模式的建立不僅能有效進行人才的甄選，更能瞭解每個關鍵人才未來的發展性（周瑛琪，2010：34）。

三、人才管理制度建立的範疇

在知識經濟下，最重要的資產是人才。軟、硬體基本上已經沒有差異化了，最大的差異到最後是人的品質，人背後所帶來的專業知識能轉化成爲客戶有效的價值，問題在於當人是最重要的資產時，你有沒有給他同樣的尊重，有沒有給他工具，讓這些人隨時能發揮優勢（台灣IBM公司許朱勝總經理·天下標竿領袖論壇系列）。

人才管理制度建立的範疇，應包括下列數項：

1.人力規劃：人才市場供需分析、關鍵人才能力預測與培養、人才需求分析。

2.人才吸引與招募：社會新鮮人、有經驗的工作者、現有員工（**表3-7**）。

3.人才發展：專業能力發展、評鑑中心、核心能力。

4.領導才能發展：短期／特別任務指派、高階指導、跨功能／部門輪調、跨國海外派遣機會、快速晉升管道。

表3-7　人才測評工具

人才測評工具	說明
紙筆測評	它要求被測試者根據項目的內容，把答案寫在紙上，以瞭解被測試者心理活動的一種方法。紙筆測評在員工招聘中有很大的作用，尤其是在大規模的員工招聘中。
量表法	它是一種比紙筆測評更嚴格的測量工具。一般由一個或幾個量表組成，建構程序更嚴格，客觀化程度更高，往往有常模可以參照。
投射測評	有些心理特徵很難直接觀察和測量，例如人們的欲望、動機、需要等，這就需要用投射的測量方法。所謂投射法，就是讓被測試者透過一定的媒介，建立自己的想像世界，在無拘束的情景中，不自覺地表露出個性特徵。
儀器測量法	它指透過科學的儀器對被測試者進行測試，以瞭解被測試者心理活動的一種科學方法。
無領導小組討論	它將數名被評價者集中起來組成小組，就某一問題開展自由討論，評價者透過觀察討論者的言語及非言語行為來作出評價。
文件筐作業	它將實際工作中可能會碰到的各類信件、便箋、文件等放在一個文件筐中，要求被試者在一定時間內處理這些文件，作出決定、撰寫回信和報告、制訂計畫、組織和安排工作。考察被試者的敏感性、工作獨立性、組織與規劃能力、合作精神、控制能力、分析能力、判斷力和決策能力等。
遊戲	以遊戲或共同完成某種任務的方式，考察小組內每個被試者的管理技巧、合作能力、團隊精神。
評價中心技術	是一種針對高級管理人員的有效測評方法。對個人的評價是在團體中進行的，通常需要兩三天的時間。最大特點是注重情景模擬，是多種測評方法的有機結合。具有較高的信度和效度，得出的結論質量較高，但與其他測評方法比較，評價中心需投入很大的人力、物力，且時間較長，操作難度大，對測試者的要求很高。
結構化面試	首先根據工作分析來確定面試的測評要素，在每一個測評的維度上預先編制好面試題目及評分標準，對被試者的表現進行量化分析。
非結構化面試	沒有固定的面談程序，評價者提問的內容和順序都取決於測試者的興趣和被試者的現場回答。

資料來源：胡倕（2006）。〈測評方法小辭典〉。《人力資源》，總第225期（2006/07上半月），頁23。

5.績效管理：才能管理與發展、高挑戰績效目標設定與績效回饋、特別回饋機制。

6.人才激勵與留置：整體獎酬與特別獎金。

7.組織文化：企業價值觀、彈性的工作環境、多樣化活動、內部溝通管道與機制（張玲娟，2004）。

人才是企業成長的活水，人才提供了企業前進源源不斷的動能，優秀人才絕對是企業贏得競爭、創造差異的關鍵利器，厚植人才的競爭力，是企業競爭力最重要的策略之一。不論商場環境怎麼改變，優秀人才永遠「缺貨」，企業永遠求才「若渴」。優秀人才是就業市場炙手可熱的人物，而且這些人也心知肚明自己的優勢，企業該怎麼留住人才？這是個刻不容緩的問題，一定要未雨綢繆，及早因應。

人力委外管理

美國著名管理學家湯姆·彼得斯（Tom Peters）曾說：「做你最拿手的業務，其餘的都委外。」愈來愈多的企業，將周邊業務及日常事務外包，只保留最精簡的核心能力（core competencies）及核心競爭力，來創造最高的員工附加價值。但外包也有可能使企業冒著管理失控、品質不穩定的風險。管理顧問威廉·布里吉斯（William Bridges）在《新工作潮》（*Job Shift*）一書中預測，隨著回歸核心競爭力，外尋資源的趨勢興起，企業之間橫向整合愈加興起，凌駕企業內部的垂直整合。一些傳統上屬於企業內部的工作，開始交由外面的人處理。精簡人事、增加人力調度彈性，是企業業務外包的一個重要原因（彭漣漪，1999：156）。

一、外包的定義

《哈佛商業評論》（*Harvard Business Review*）將委外列爲二十世紀非常重要的新管理概念和實務操作。著名學者及商業預測家、達特茅斯大學（Dartmouth College）榮譽教授昆恩（James Brian Quinn）稱委外是「二十一世紀最大的組織和產業架構變革之一」。

在1980年代以後，企業在僱傭、就業狀況產生很大的變化，一時間，組織再造（restructuring）、外包（outsourcing）、精簡（downsizing）等企業轉型策略如春火燎原般的展開。到了九○年代，「勞動彈性化管理」

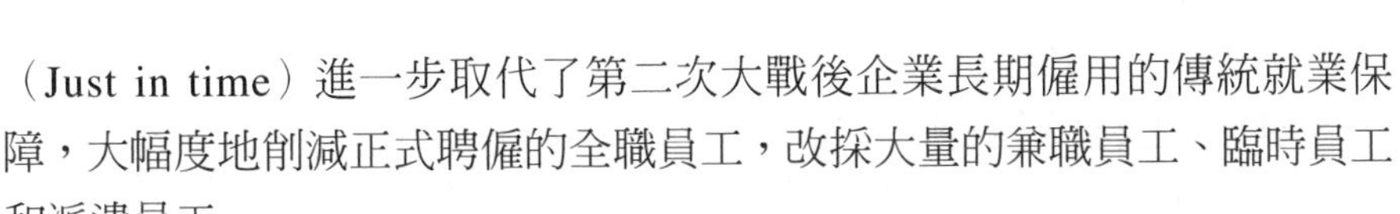

（Just in time）進一步取代了第二次大戰後企業長期僱用的傳統就業保障，大幅度地削減正式聘僱的全職員工，改採大量的兼職員工、臨時員工和派遣員工。

外包，指的是公司把部分服務或生產工作交給另一方去完成，這一方可以是另一家公司，也可以是在公司內部。外包是一種降低企業成本的戰略。例如八○年代末葉，克萊斯勒汽車公司（Chrysler）幾乎走上歇業的命運，所幸美國政府的資助及李・艾科卡（Lee Iacocca）帶領公司安然度過倒閉的危機，到了1997年，克萊斯勒成爲汽車產業中成本最低的製造商，創造單部汽車最高利潤，並由《富比士》雜誌（*Forbes*）評選爲年度最佳企業。克萊斯勒如何榮登汽車產業龍頭？克萊斯勒利用委外，以提升其非核心業務，同時全心全意將企業的內部資源投注於一組逐漸形成的核心能力（Michael F. Corbett著，杜雯蓉譯，2006：37）。

隨著全球化的發展，許多公司把外包的目光投向海外，於是就出現了離岸外包（offshore outsourcing）。離岸外包逐漸地以業務流程外包（Business Process Outsourcing, BPO）的形式出現，公司將某個業務流程整個地外包給海外的某個服務提供企業或者公司在海外的子公司。例如，呼叫中心（call center）就是一種業務流程外包的形式。它就是指公司接聽客戶電話，接收顧客電郵、傳眞、信函的辦公室。這種客戶服務可以外包給另外一家企業，例如QUICK財務軟體公司把客戶服務工作交給一家印度企業來完成，以求降低成本。又如，後勤辦公室（back office）顧名思義，就是爲公司日常運作提供後勤服務的部門，通常是指資訊技術、會計、人力資源等部門，這些後勤服務的外包也是經常所見。

英國政治經濟學家大衛・李嘉圖（David Ricardo）的比較優勢理論（Theory of Comparative Advantage）解釋了爲什麼要進行外包。外包的實質意義，是購買具有比較優勢的地方所提供的服務，以此降低企業的成本，並最終使消費者受益。外包的益處除了降低企業成本之外，還可以發揮規模經濟的效益、幫助具備高素質勞動力且勞動力成本低的那些國家發揮自己的優勢（張曉通，2004）。

二、非典型聘僱種類

在競爭激烈的今日，許多企業選擇使用非典型聘僱的模式來支應臨時性的人力需求。凡由派遣公司將自己僱用的員工指派到客戶公司提供勞務之員工，就是「派遣員工」。

非典型聘僱種類繁多，主要分為以定期性契約，外包工作者、部分工時（臨時工）及派遣勞動等四種。相對於傳統的聘僱模式，非典型聘僱的成本較低，雇主負擔較低的薪資、福利成本而達到使企業勞動成本降低的效果，因此使用非典型聘僱的比率逐漸增加（高珮萱，2009：II）。例如：美國阿拉巴馬州（State of Alabama）的房屋公司（Home Corp.）專門從事公寓出租與管理，擁有的出租公寓遍布十個州，全公司五百名員工都是向佛羅里達州（State of Florida）的快速派員（Action Staffing）公司租借的，無論在因應各州法令規章方面，或爭取優惠團體保險費率，快速派員公司都做得比他們更好（William Bridges著，張美惠譯，1995：21）。

外包員工和企業之間是一種新關係，不再是僱用關係，而是承攬關係。派遣員工、用人單位、派遣公司的三角組織關係為：

1.派遣員工的工作時間、工作地點要先與派遣公司洽談。
2.派遣員工的每日工作指示、加班要聽從派遣公司直接主管的指揮。
3.派遣員工必須早退或遲到時，先向直屬主管報告，再與人力派遣公司聯絡。
4.派遣員工不管有任何的問題，必須先與人才派遣公司討論。

勞務外包需要面對業務機密外露曝光的風險。例如：和泰汽車公司的宣傳品貼名條和寄送的業務都委託給民間郵局負責，有一年，和泰汽車卻連續二次發生客戶名單外流的意外，使得和泰汽車最後還要派人到外包商作業現場監督。

在湯馬斯・佛里曼（Thomas L. Friendman）著的《世界是平的——把握這個趨勢，在21世紀才有競爭力》（*The World is Flat: A Brief History of the Twenty-first Century*）書中提到，抹平世界的其中一項就是「外包」，

推平世界的推土機中占了兩個部分在說明外包（第五輛推土機）及內包（第八輛推土機）的重要性，所謂全球化，有部分就是因爲委外的崛起（**表3-8**）。

表3-8　抹平世界的十輛推土機

第1輛推土機：1989/11/ 9圍牆倒下，視窗開啓
第2輛推土機：1995/8/9網景上市
第3輛推土機：工作流軟體
第4輛推土機：開放資源碼
第5輛推土機：外包
第6輛推土機：岸外生產
第7輛推土機：供應鏈
第8輛推土機：內包
第9輛推土機：資訊搜尋
第10輛推土機：輕科技「類固醇」

資料來源：湯馬斯・佛里曼（Thomas L. Friedman）著，楊振富、潘勛譯（2005）。《世界是平的——把握這個趨勢，在21世紀才有競爭力》（*The World Is Flat: A Brief History of the Twenty-first Century*）。雅言文化出版，目錄第2章標題。

結　語

管理不是修理東西，管理眞正的功能是在創造環境，讓員工有效地完成工作目標與任務；管理就是爲部屬提供激勵、指引、教導，並且建立一些制度，讓員工能夠彼此學習（Werner Ketelhonn撰，姜雪影譯，1999：211-212）。

第四章

人力開發管理

- 知識管理
- 培訓管理
- 訓練品質系統
- 學習型組織
- 前程發展
- 人事異動管理
- 績效管理
- 360度績效評量制度
- 結　語

> 花光口袋中的錢，換得腦中的知識，沒有人能將知識奪去。
> ——班傑明・富蘭克林（Benjamin Franklin）

訓練發展是一個提供員工資訊，俾以促進員工對公司及其目標瞭解的過程。而人力開發管理（development management），則是為了將確保的人力作最大的發揮，以提高組織效率的過程，主要的工作內容包括：知識管理、培訓管理、訓練品質系統、學習型組織、前程發展、人事異動管理、績效管理與360度績效評量制度等項。

範例4-1

人力發展策略

策略	說明
活化策略	為孕育具競爭力的人才，建構盛餘學習中心、活化人力運用、培養內部講師、推動全面生產保養（Total Productive Maintenance, TPM）六大系統課程、內部技能士認證制度、培養多能工、進行設備保養移轉訓練、培育現場保養工。
激勵策略	設立獎勵金制度，為了激勵同仁學習的意願，特別設立獎勵金制度，凡通過六大系統測驗即發給每人3,000元作為獎勵。並且年度績效考核亦有對訓練學習的評量項目（包含對專業知能、創意思考與學習力的評核）。將學習意願、學習能力的強度與工作上所需專業知能的熟練與活用程度及績效做結合。並鼓勵員工思考鮮活，能提出具體、有創意、能確實執行的建議。以期將對工作上所須知悉的知識及技術能充分瞭解，以進一步使工作能更順利推展執行。
發展策略	建構教育訓練體系及全面生產保養（TPM）訓練體系，發展職能架構、進行能力盤點、展開七項能力的訓練，使訓練與工作及經營目標結合。
溝通策略	人力資源處擔任《盛餘季刊》的編輯與發行工作，《盛餘季刊》除了將公司重要事項做報導之外，並將公司的願景、各項政策與活動做宣導，同時還有一個「人力資源頻道」的篇幅與園地，將重要的訓練活動做報導。《盛餘季刊》每季發行後均郵寄至每位員工及客戶家裡，作為公司與員工家屬及客戶之間的溝通橋樑。

資料來源：盛餘集團／引自：行政院勞工委員會職業訓練局編印（2008）。《97年度協助企業人力資源提升個別型計畫——成功案例分享》，頁78-79。

知識管理

二十世紀，企業最有價值的資產是它的生產設備；但在環境多變的二十一世紀，企業最有價值的資產是知識工作者和其生產力。知識管理（knowledge management）是為了達成組織目標，而對知識的產生、傳播與運用加以管理的程序與機制，其主要目的在於使組織成員分享所創造的知識並加以運用，以提升組織競爭力並創造利潤（**表4-1**）。

一、知識管理概念

資訊科技可以協助知識的建構並加速知識管理的流程，在未來的組織環境中，企業必須先蒐集與業務相關的資料（data，定量顯示事實），並將資料轉化為資訊（information，有目的地整理來傳達意念），以協助

表4-1 建置知識管理系統各階段的工作重點

步驟	工作重點
1.認知階段	建立全公司上下員工對知識管理重要性的認知，可透過教育訓練以及對企業知識現況的診斷，讓員工瞭解知識管理的重要性、凸顯企業內部知識累積之不足，並向員工說明如何利用知識管理整合公司的資源，以提升競爭力。
2.策略階段	明確釐清公司對於知識管理的基本目的，提高員工對知識管理的實踐力和能力。同時區分出公司內部的社群（community of practice），以及各社群內重要的知識內容與其對公司的價值，而後擬定導入知識管理的整體計畫與優先次序。
3.設計階段	擬定出重要的知識項目及內容，決定企業內知識分類體系、知識項目屬性，並規劃相關之技術應用、流程架構與變革促動的方法。
4.開發與測試階段	創造出有助於實行知識管理的社群，並促進各社群之學習，以測試知識管理的可行性。
5.導入階段	全面實施知識管理，創造新的企業文化與企業價值。
6.評估與維護階段	不斷地反覆前面五項知識管理的步驟，使知識管理達到預期的定性與定量效果。

資料來源：張雲梅、柯全恆（2001）。〈台灣應材的知識管理〉。摘自李誠等著，《高科技產業人力資源管理》。天下遠見出版，頁287。

決策的制定。資訊經轉化後即成知識（knowledge，開創價値的直接材料），若此知識與競爭者有相當大的區隔，且具有稀少、有價、獨特與無法替代等特性時亦可稱爲「核心職能」（core competence），當知識大量的累積後，即可轉化爲智慧（intelligent，透過行動，運用來「創造價値」），智慧將可協助企業建立競爭優勢。因此，企業如何運用組織學習的策略，將堆積如山的資訊轉換成有用的知識，並進而形成企業競爭優勢，已成爲現代企業管理的重點（莊文傑，1999：7）（**圖4-1**）。

二、顯性知識與隱性知識

一般而言，知識內涵由於本質上的差異，可區分爲「顯性」與「隱性」兩種類型。因此企業對於知識管理的策略，也可以區分爲「顯性策略」與「隱性策略」兩大類。

顯性知識（explicit knowledge）可以被準確地加以描述，並可以法典化（codification）於組織的程序、政策、手冊和計畫之中，因此使用顯性知識，不需與創作者接觸就可以產生知識移轉的學習效果。由此可見，顯性知識無論在擴散速度與學習效率均相對較高。當然如何將知識經由整

圖4-1 DIKI的概念

資料來源：何文堂（2007）。〈組織的成功密碼——知識管理與知識社群經營〉。摘自詹中原等著，《變革管理》。國立中正紀念堂管理處出版，頁218。

理、歸納、分類、儲存等手段而達到顯性的程度，並且能夠十分方便的一再使用，必然將是未來企業在知識管理活動中的重點工作，而資訊科技與網際網路的興起，更有助於顯性知識的形成與提升其管理效率。

隱性知識（tacit knowledge）來源於個人處事待人的經驗、信念、秘訣、觀點和價值，存在於專家的技能之中和員工的腦海裡，被廣泛接受但卻不能法典化的組織實踐之中，當個人離開組織的時候，一些知識也會隨之而去，因此，知識的界定與配置需要一種有效的策略，凡採行隱性知識管理策略的企業，其管理重點，就是如何將隱性知識的創造過程加以效率化，其可運用的策略手段包括：形成一致性的企業文化與共識、開放性的組織氣氛、運用多媒體網路來增加人際溝通的效率、專案型的團隊管理、良好的教育訓練與學習機制、更完善的周邊配套等（劉常勇，〈知識管理的策略〉）。

不過，「顯性知識」與「隱性知識」二者之間並無明確區分，在一定條件下還可實現相互轉化。尤其是在一些高科技行業，顯性知識向隱性知識的轉化已經成爲企業的一項兩難選擇（戚永紅、竇貢敏，2003：5）。

知識管理不是一個「專案」，而是一個「流程」。如何讓企業員工願意花時間投入知識管理工作，甚至演變成企業作業流程的一部分或變成一種作業習慣，可視爲企業推動知識管理的一項指標或里程碑（李誠主編，2001：302）。

附錄4-1　知識產權基本管理分類表

	項目	項目內容說明
情報管理制度	研發與技術管理制度	(1)工作記錄簿的審查 (2)研發會議記錄管理 (3)研發部門進出記錄 (4)資料、專利檢索與運用 (5)著作權設置控管制度 (6)實驗室參觀與路線規劃

	項目	項目內容說明
	文件標示管理制度	(1)機密文件的定義與標示 (2)機密文件的借閱與傳閱流程 (3)機密資料的銷毀 (4)文件回收的管理
	資訊公開管理制度	(1)對外發表、演講的管理 (2)廣告形態的製作發送 (3)新產品、技術的展示管理與知識產權義務的調查 (4)參觀訪問（路線安排和資料準備）
	技術交流管理制度	(1)談判代表的權益 (2)契約的管理、執行 (3)機密資料的提供、參閱 (4)保密契約的簽訂 (5)知識產權的評估 (6)技術互動文件的保管 (7)違約的懲處與損害賠償
	電腦軟體管理制度	(1)軟硬體需求調查與採購 (2)定期、不定期軟體稽核 (3)建檔管理軟硬體使用資料 (4)建立Internet管理辦法 (5)建立E-mail管理制度的制定 (6)建立電腦安全管理系統 (7)Web-site知識產權管理
	安全管理制度	(1)門衛管理 (2)設備管理（影印／FAX／電話／電腦／網路……） (3)廢棄物管理（機密資料銷毀／文件報廢／回收）
資產管理制度	知識產權權利化審核制度	(1)專利申請評估（國別） (2)專利檢索（技術文獻搜集與運用） (3)商標命名／查名分析／申請 (4)著作權的存證登記申請
	知識產權管理制度	(1)建立知識產權資料庫 (2)建立知識產權管理資料庫 (3)著作權原件的保管 (4)知識產權的維護（年費／延展） (5)權益變動的登記與保護 (6)強化知識產權經濟運用 (7)知識產權的內部稽核

	項目	項目內容說明
	知識產權會計管理制度	(1)技術研發的成本記錄 (2)技術研發的成本管理 (3)研發報酬的會計管理 (4)知識產權的融資及證券化的相關內部管理 (5)授權的會計處理
人事管理制度	員工管理制度	(1)擬定聘僱契約 (2)對可能聘用人員出示聘僱契約與工作規劃 (3)新進員工先前技能與知識產權義務的調查 (4)知識產權教育培訓（新生／在職） (5)告知員工知識產權管理辦法、義務 (6)離職面試（宣示知識產權義務） (7)通知離職員工的新東家其知識產權義務
	提案與獎勵制度	(1)提案獎勵制度與辦法 (2)不申請專利的處理制度
知識產權管理制度	知識產權諮詢制度	(1)審核契約中知識產權相關條約 (2)調查企業經營的知識產權問題與對應 (3)知識產權糾紛的應對措施 (4)商標命名與查名諮詢 (5)商標使用注意事項 (6)諮詢窗口與流程的設置
	定期教育培訓制度	(1)營業秘密法觀念宣傳（全企業） (2)專利、著作權為主的知識產權教育訓練（技術部） (3)商標為主的知識產權教育培訓（行銷企劃部） (4)知識產權整體的教育訓練（法務部） (5)其他知識產權的教育

資料來源：呂瑋卿（1999）／引自：唐海燕、原口俊道、黃一修主編（2006）。《經濟全球化與企業戰略》。立信會計出版社，頁184-185。

培訓管理

完整的培訓管理，包括訓練需求分析、訓練規劃、訓練實施、訓練評估及訓練移轉，並運用計畫（Plan）、執行（Do）、查核（Check）、行動（Active）（簡稱PDCA）規劃技巧，分析製作企業訓練之年度計畫（**圖4-2**）。

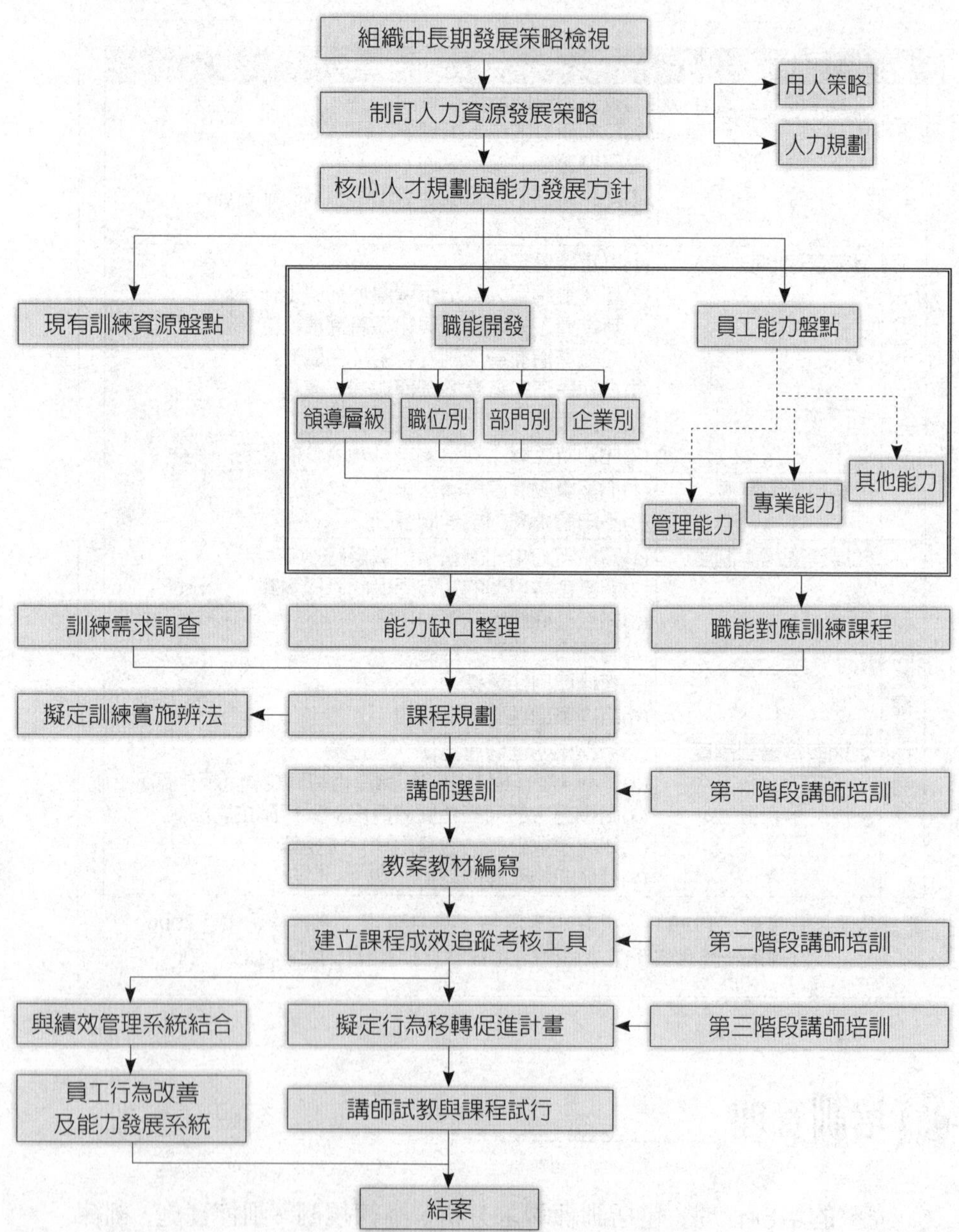

圖4-2　建立完整教育訓練體系的進行程序

資料來源：台灣某大航勤公司。「人力資源管理制度建立專案結案報告」。精策管理顧問公司，頁179。

1.訓練需求：由組織、工作、個人三方面需求彙整，擬定職能別與階層別之訓練計畫。

2.訓練規劃：依據訓練需求分析評估所需之可行性及必要性，進行年度課程的擬定。

3.訓練實施：按照年度訓練規劃後，人力資源開發部門開始辦理各項內部課程，提供各項訓練資訊給受訓員工，並協助、支援各部門辦理內部訓練課程。

4.訓練評估：課程結訓後依照課程的類別，評估參加學員的回應、學習、應用、結果不同層次之訓練效益（**表4-2**）。

5.訓練移轉：課程規劃實施後，企業唯有重視訓練後的成果高效轉化，讓組織績效提升，這才能改變訓練是一項投資而不是單純的費用支出（**表4-3**）。

表4-2　評估訓練後的成效（基本問卷調查）

□課程目標是否清楚傳達？
□課程目標是否達成？
□課程能否幫助我在工作上有更好的表現？
□課程資料是否清楚、有系統？
□課程上使用的視聽資料及器材，是否發揮功能？
□課程上使用的練習活動等，是否發揮功能？
□課程是否適當平衡了理論及實務？
□課程是否容易操作使用（僅限於線上學習課程）？

資料來源：NCR科技（俄亥俄州）／引自：編輯部（2002）。〈評估訓練後的成效〉。《EMBA世界經理文摘》，第191期（2002/07），頁129。

表4-3　訓練課程設計報告書格式

- 訓練名稱
- 訓練目的
- 訓練時間
- 受訓者的資格要求
- 訓練的限制（讓相關人員瞭解，為何訓練的某些方面無法做到最理想，例如，何以訓練課程無法更長些）
- 內容／學習活動大綱（這個部分是文件的主要重點，應該從頭到尾詳述訓練課程內容）
- 將學習落實到工作的方法
- 評估訓練成果的方法
- 訓練內容的來源（公司目前有哪些資料、公司需要從外界獲取哪些資料）

資料來源：美國Fordham大學教育研究所教授邱哈（Frank Troha）／引自：編輯部（2002）。〈評估訓練後的成效〉。《EMBA世界經理文摘》，第191期（2002/07），頁130。

訓練品質系統

有鑑於人力資源發展對企業的全球化、創新技術更新、人力資源貢獻，以及組織能力的提升扮演的角色之重要性，行政院勞工委員會職業訓練局參考瑞士ISO10015與英國人才投資方案（Investor in People, IIP）提出我國的訓練品質系統（Taiwan TrainQuali System, TTQS），以協助事業單位、訓練機構及勞工團體邁入系統化訓練流程，建立自主提升訓練品質之機制，以促進訓練計畫規劃與執行，使組織及個人職涯發展目標緊密結合，提升組織績效，並增進員工就業能力。

一、ISO10015系統的核心觀念

一般企業常犯的錯誤之一是，尚未分析造成績效問題的眞正原因之前，就直接假設把員工送去訓練就可以解決問題。事實上，績效差距（performance gap）可能來自各種原因，而訓練只是解決能力問題的方法之一而已。舉例來說，產品銷售不佳的原因很多種，可能是銷售員的問題，但也有可能是產品品質不良等其他原因。若確定是銷售員的問題，還需要再進一步分析是否獎金制度不良？領導不當？還是銷售人員的推銷能力不佳？若原因來自員工的知識、技能不足，可以僱用具有此能力的新員工，也可以訓練現有員工，或是採用其他解決方案（**圖4-3**）。

二、訓練品質系統

企業藉著推動訓練品質系統，依計畫（Plan）、設計（Design）、執行（Do）、查核（Review）、成果（Outcome）評量流程循環（PDDRO），來解決所有訓練規劃時會遇到的問題，建立一套完整且系統化的策略性訓練體系。

1.計畫：協助企業整合營運目標與教育訓練的計畫，關注訓練計畫與企業營運發展目標之關連性，以及訓練體系之操作能力。

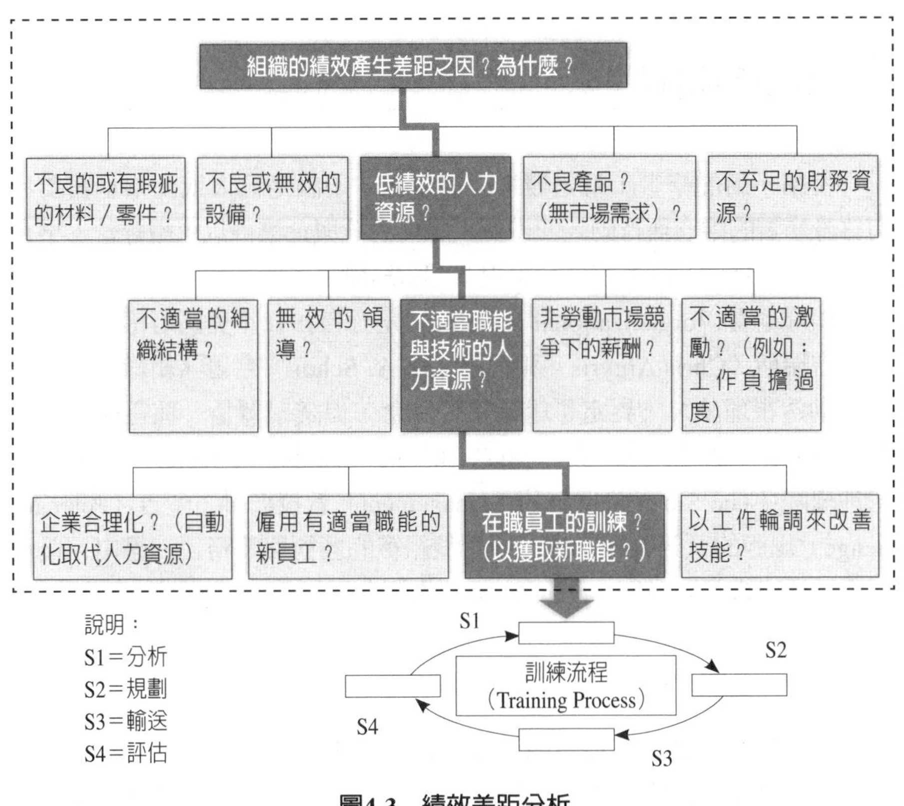

圖4-3　績效差距分析

資料來源：行政院勞工委員會職業訓練局。

2.設計：著重訓練方案的系統化與規格化的設計（含利益關係人之參與和需求之結合度、遴選課程標準、採購標準程序等）。

3.執行：落實訓練過程紀錄、管理及系統化的執行程度。

4.查核：著重訓練的定期性執行分析、全程監控與異常處理過程的查核。

5.成果：針對訓練內容進行檢核，藉以瞭解應改進項目的成果。

藉由TTQS系統的導入，能協助企業確立組織目標，並有效整理、運用既有資料，讓訓練課程的規劃能真正滿足員工需求，提升組織效益，進而協助企業邁向永續經營的目標。

學習型組織

持續不斷的學習，就是競爭力的泉源。不論是個人或企業都需要具有終身學習的觀念與行動，使得個人職場生涯與企業得以永續經營。早在上世紀八○年代，許多學者就提倡學習型組織之概念。

組織學習（organizational learning）是源自1978年美國哈佛大學教授的阿吉瑞斯（Chris Argyris）和舍恩（D. A. Schon）合著《組織學習：一種行動透視理論》，界定了組織學習概念，倡議學習是一種組織進化過程。1990年，麻省理工學院（Massachusetts Institute of Technology）史隆管理學院（The Sloan School of Management）教授彼得．聖吉（Peter M. Senge）出版的《第五項修練：學習型組織的藝術與實務》一書中，普及了學習型組織（learning organization）的觀念。

一、學習型組織的特徵

學習型組織就是一種精簡、富彈性、能夠不斷學習、不斷改革及創造未來的組織。組織學習專注於過程，即知識發展的過程和熟練。學習型組織則強調結果，即組織中之特徵、原則與系統是透過共同地產生與學習，主要特徵包括：開放的溝通、共同的目標與願景、系統思考、支援和學習、團隊學習、進修的風氣，以及知識管理獎勵（**表4-4**）。

學習型組織的重點在於個人、團體與組織階層之持續學習，其特徵如下：

1.資訊與知識的創作、獲得與轉換。

2.分享願景、價值與目標。

3.增加組織成員學習的能力。

4.個人學習者的授權賦能。

5.創造與創新。

6.整合工作與學習。

表4-4　學習型組織的模式

模式	說明
Senge模式	1.自我超越，確保個人的學習動機。 2.心智模式，建立開放心胸接納錯誤的觀念。 3.共同願景，建立人與人之間的長期承諾。 4.團隊學習，促進團隊的技能，如合作、交流等。 5.系統思考，整合其他四項修練。 組織得以發展上述五個核心修練的執行策略，此策略可處理各種組織變因，包括組織氣候、領導、管理、人力資源措施、組織任務、工作態度、組織文化與組織結構。
Watkins and Marsick模式	1.持續學習，個人不斷地創造學習的機會。 2.對話與詢問，個人透過不斷促成與他人的對話及詢問以利學習的進行。 3.團隊學習，透過小組合作關係進行小組或團隊的學習。 4.系統嵌入，組織建構一個合適的學習系統，並使此系統盡量與工作連結促進學習資源的共享，以利組織的學習活動達成組織學習分享的成效。 5.授權賦能，組織充分授權以利共享願景的建置，促進組織學習的動力。 6.系統連結，整體的組織學習系統要能有效的與外在環境連結。
Marquardt模式	1.學習子系統，是指學習的層級與學習的類型。 2.組織子系統，四個關鍵要素是目標、文化、策略和結構。 3.人員子系統，包括員工、主管、客戶、業務合作夥伴與社群團體。 4.知識子系統，是指知識的獲取、建立、儲存、轉換及運用。 5.科技子系統，是支援、整合技術網路及資訊的工具，允許交換資訊和學習。 每個子系統有自己的構面、原則和策略，但是這些子系統互相關連，並且彼此連結而強烈地建構學習型組織。
Cummings and Worley模式	1.架構，組織架構強調促進知識共享、系統思考和授權賦能的團隊合作及網絡聯繫。 2.資訊系統，這些系統主要提供組織學習的基礎設施，促進知識獲取、處理與共享。 3.組織文化，組織須有強烈的學習文化，以鼓勵所有員工學習、處理及共享資訊。 4.領導，領導人必須主動參與學習型組織的願景溝通、支援提供及學習方向。

資料來源：徐秀燕（2009）。〈研發環境中策略性人力資源發展理念與實施之探討——以學習型組織爲例〉。《訓練與研發》，總第7號（2009/12），頁80-81。

7.提升生產力與改進績效（徐秀燕，2009：79-80）。

二、學習地圖

「學習地圖」是一種「記憶圖」，其概念係指學習者將所學的東西，在經過融會貫通的整理過後，將關鍵資訊歸納整理成圖，以掌握訊息重點，其用處是幫助我們只要記住關鍵用詞，有利日後複習與記憶。

學者柯林・羅斯（Colin Rose）及麥爾孔・尼可（Malcolm J. Nicholl）指出：「學習地圖」的學習方式和人腦的運作方式完全相符，因爲人腦的思維過程是文字、圖畫、情節、顏色、聲音、樂曲的複雜組合，因此，利用學習地圖來呈現和捕捉課程內容的過程，相當符合人腦思考的自然運作。爲了讓學習者都能按著學習地圖理論的學習計畫一步一步用心學習，學會使用學習地圖，他們採用「MASTER」加速學習法的六個基本步驟，教導學習者們如何發揮潛力，更有把握地達成學習目標（**表4-5**）。

表4-5　「MASTER」加速學習法的步驟

步驟	說明
進入正確的心智狀態（getting in the right state of Mind）	Mind代表心智狀況，即是說，正確的學習態度是學習任何課題的首要前提，學習者必須真的想要學習新知或新技能，必須對自己的學習能力有信心，而且確信所學的東西將對自己的一生有正面的意義，以動機、自信從容、意志力、報酬激發學習的意願，進入正確的心智狀態。
吸收資訊（Acquiring the information）	Acquiring代表吸收知識的方法。學習者必須按照最適合自己的學習方式，來吸收所學習科目的基本知識，並從認識自己個人的視覺（靠肉眼閱讀文字資料或看各類型的影像）、聽覺（靠雙耳去聽以獲得知識）和動覺（靠肢體勞動去獲得知識）的感覺特性，運用宏觀瞭解、核心理念、將所知的做筆記、一次一小步、測驗、視、聽、動覺總出擊，使自己更容易而有效地吸收資訊。
找出意義（Searching out the meaning）	Searching代表找尋資料的意義。為了將所學的知識永久記住，學習者必須澈底探索其涵義及重要性，思考所學的課題，並整理其中的意義，運用語言的（閱讀、寫作、文字溝通）、邏輯數學的（推理、計算、分析）、自然觀察的、音樂的（音樂表演、創作、欣賞）、人際的（與別人合作，瞭解、認識別人）、內省的（自我瞭解、反省、檢討，為自己定目標）、空間的、肢體的八種知能，探索和解釋事實轉化成意義。

（續）表4-5　「MASTER」加速學習法的步驟

步驟	說明
啓動記憶（Triggering the memory）	Triggering代表啓動記憶。學習者必須將每一個學習課題的訊息鎖入長期記憶庫當中，有效地使用背景、複習週期、技巧、睡眠、編故事等記憶方法，啓動記憶將能真正學會這一課題。
展示所知（Exhibiting what you know）	Exhibiting代表展示所知，即是你向自己證實自己對學習內容全明白。學習者可以經由測驗自己、練習、自我評量、使用它、取得支援、分析錯誤的過程，和學員（學伴）共享所學到的東西，因為當學習者能將所學到的東西傳授別人，展示所知的時候才是真正的瞭解。
反省學習過程（Reflecting on how you have learned）	Reflecting代表反省自己的學習過程（如何學習）。學習者必須審察自己的學習過程，透過問、個人的進度規劃、報酬、控制學習和思考過程來反省檢討自己的學習經驗——學習進行得如何、如何加以改進、這樣做對我有何意義，反省學習過程可以幫助自己將絆腳石改成踏腳石。

資料來源：陳木金（2000）。〈學習地圖理論對有效學習策略的啓示〉。《台北縣小班教學刊物》（2000/11），網址：www3.nccu.edu.tw/~mujinc/newsletter/mindmap1.pdf。

在全球化、企業併購、組織變革、資訊化等商業經營生態丕變下，無不一牽動著企業人力資源管理的議題，例如全球化之人力資源任用與布局；企業變革之後的組織文化調和與組織結構重新調整問題；面對經濟蕭條與景氣緊縮時，該如何進行大量裁員與組織瘦身？以及在資訊化工具導入之後，如何調整與提升內部人力素質等？這都是人力資源管理者必須面對與學習的新課題（丁惠民，2003：15）。

前程發展

前程發展（career development），係基於員工個人職業前程與企業組織目標達成的原則下，相互結合，彼此互惠，不斷地進步與發展，以實現其理想的過程。

前程發展概念萌芽於二十世紀的前半葉，而企業重視員工職涯發展則晚至二十世紀後半葉。初期單純地用於協助員工認識自己的興趣與特長，進而順利達成他們在企業內部的目標，後來才演變成顧及企業整體性需求，又尊重員工個別的意願，亦即職涯發展結合企業願景，共同發揮動能，達到勞資雙贏的理想。

一、雙梯階晉升路徑

企業為了避免人才損失，實現員工與企業長期共同成長，在上世紀五〇年代中期，美國的一些企業就開發了雙梯階晉升路徑（a dual career ladder），它是為了給組織中的專業技術人員提供與管理人員平等的地位、報酬和更多的職業發展機會，而設計的一種職業生涯路徑系統和激勵機制。雙梯階激勵就在於形成兩條平行的職業生涯路徑，一條是管理職業生涯路徑，即管理梯階（managerial ladder），一條是技術職業生涯路徑，即技術梯階（technical ladder）。雙梯階晉升路徑滿足了不同類型員工的前程發展需求，同時，也是更好保護了專業技術人員，保障他們在技術梯階上進行晉升，充分發揮自己的專業特長，在專業上做更大的價值。

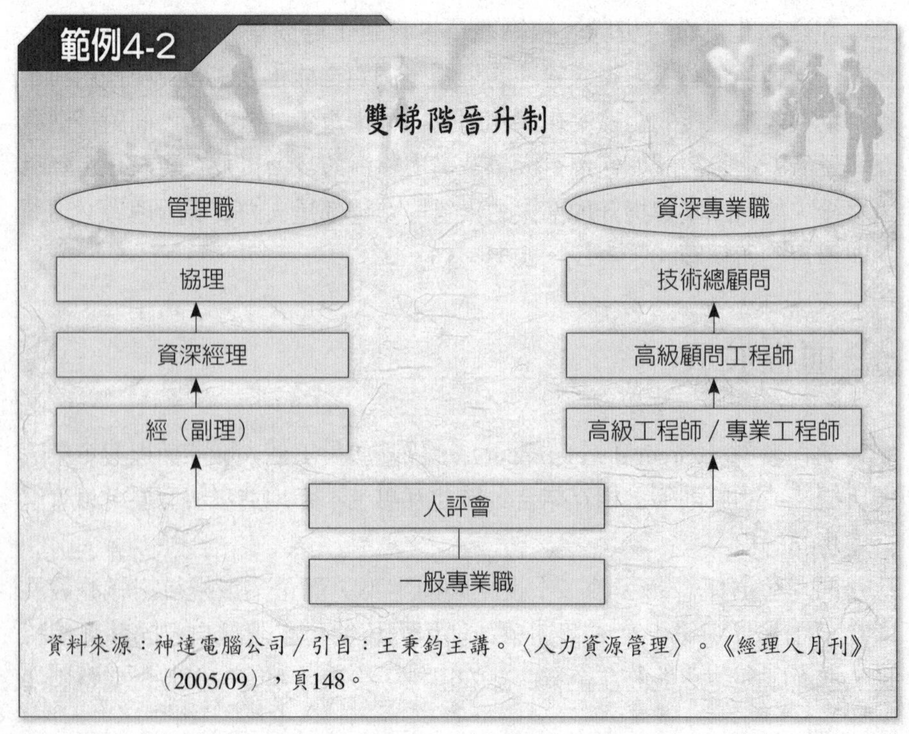

資料來源：神達電腦公司／引自：王秉鈞主講。〈人力資源管理〉。《經理人月刊》（2005/09），頁148。

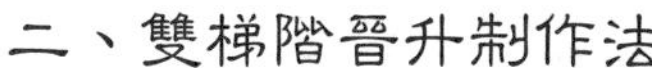

二、雙梯階晉升制作法

管理人員沿著管理梯階的提升，意味著員工有更多的制定決策的權力，同時要承擔更多的責任。技術人員沿著技術梯階的提升，意味著員工具有更強的獨立性，同時擁有更多的從事專業活動的資源。在兩條路徑的平行層級結構中，相同級別的人員具有同樣的地位、報酬和獎勵。譬如著名的明尼蘇達礦業製造公司（Minnesota Mining and Manufacturing Co., 3M）從上世紀五〇年代中期就開始應用雙梯階晉升機制，再如英代爾公司（Intel）、蘋果電腦公司（Apple Computer Inc.）、昇陽公司（Sun Microsystems）、微軟公司（Microsoft Corporation）和美國西南航空公司（Southwest Airlines），以及惠普公司（Hewlett-Packard Co.）、波音公司（BOEING）、法國的貝爾—阿爾卡特公司（Alcatel Bell）等都採用了雙梯階機制（**表4-6**）。

三、職涯管理的效益

生涯發展是一種正式的，由組織來進行以確保在必要時有合格及具經驗的員工可供運用的方法，所以，職涯管理（career management）必須重視其效益。

1.透過生涯規劃發展員工，使其適合短期或長期工作的調動。
2.發展及協助員工實現其潛能。
3.激勵員工訂定自己的生涯目標、事業目標並使之實現。
4.增進管理階層瞭解企業中的可用之才。
5.幫助員工滿足升遷、賞識及成就感等需求，提升工作動機與士氣，並增強對組織的認同與工作滿意度。
6.幫助吸引員工留任，降低缺勤率及流動率。
7.幫助企業作長期的規劃準備，追求「策略成功和機會」並避免威脅。
8.將個人目標、興趣、利益和組織目標、工作相結合，由協助個人成長發展中，來推動組織的成長和發展。

表4-6　實施雙梯階晉升路徑的優點

1.提高僱用成功率
對於那些無管理興趣和管理能力的專業人員來說，技術梯階是一個極具吸引力的僱用工具。
2.降低僱用成本
技術梯階可以吸引大量專業人才競聘，形成專業人才蓄水池（pool of technical talent）。
3.降低員工更替率
採用雙梯階機制後，沿技術梯階發展的優秀專業人才可獲得更大的工作滿足，提高了專業人才的地位，降低了專業人才的離職率。
4.降低人才培訓和開發的成本
傳統的培訓和開發重點是使專業人才成為既懂管理又懂技術的全能員工。在雙梯階機制下，人才培訓和開發的重點是提高專業人才的專業技能和能力，而無需將90%的時間浪費在提高管理能力上。
5.降低管理成本
專業人才的專業技能不斷提高，使管理者花費在他們身上的溝通、協調、組織、控制的時間減少，降低了對管理人員的需求。
6.提高技術生產率
專業技術人員擁有和管理人員對等的地位、報酬和獎勵，這將對他們產生極大的激勵作用，從而大大提高生產率。

企業要判斷一個組織內是否適用雙梯階機制，應有以下兩條標準：

1.某一技術領域或職業在整個職業生涯中是否具有足夠好的發展前景，並且這一領域的知識和技能是否具有足夠大的發展空間可以使專業人員穩步發展？
2.吸引、保持和開發這些技術專家對組織的成功是至關重要的嗎？

如果對上述兩個問題的回答都是肯定的，雙梯階機制對組織而言就可能是適用的；如果回答是否定的，雙梯階機制就可能不適用。

資料來源：布萊德利・希爾／引自：〈雙梯階激勵機制〉，南方人力資源網，網址：http://www.southhr.com/HRmanage/goad/20060929/12300.html。

9.整合人力資源規劃與績效評估、升遷制度等，提升人力效能。
10.維繫並創造和諧的勞資關係。

職涯管理對組織及員工雙方均有其益處，因爲合宜發展的員工具有提升組織價值的能力。

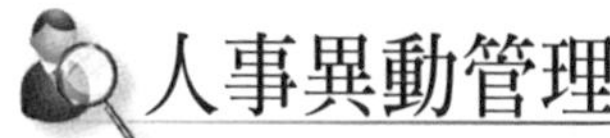

人事異動管理

廣義的人事異動（personnel adjustment）包括輪調、升遷、解僱、降級、資遣、離職、退休、留職停薪和在職亡故。狹義的人事異動通常是指輪調和升遷兩種。

職務輪調（job rotation），是指定期給員工分配完全不同的一套工作活動，即從一個部門（職務）調到另一部門（職務），以增廣對企業各部門或職務的瞭解。所以，工作輪換是培養員工多種技能的一種有效的方法，既使組織受益，又激發了員工更大的工作興趣，創造了更多的前途選擇。

晉升（promotion），是將員工安置於組織架構中較高的職位，通常均含較重的責任、較顯著的地位、較多的自由、較大的權力、較優厚的待遇，以及較穩固的保障。

一、推行輪調制度的原則

職務輪調係工作再設計的方法之一。企業在執行員工內部工作輪調作業時，有下列幾項原則可以遵行：

1.部門因為外在環境改變或業務緊縮，人員有超編現象，應將剩餘人員由業務萎縮的單位調動到人手不足的單位，以最大程度發揮人力資源運用，避免人力的閒置。

2.部分員工在同一崗位上已經工作好幾年，對於每天之工作瞭若指掌，缺乏熱情與創新者，應給予調動，讓他們有機會在新的工作領域學習。

3.公司有些新設置部門，是屬於新的業務領域或業務模式，不容易由外界引進人才，應優先由公司現有表現優秀之人才調動，除了解決企業之缺人問題外，更能提供人才新領域的挑戰與歷練機會，是最具建設性之輪調安排。

4.具有發展潛力之人才，應給予特別之輪調，讓他們有機會歷練各項重要職位，發展不同崗位之技能，以儲備企業未來之管理或技術專業職位需求。

二、員工對輪調制度的抗拒原因

一般人都不喜歡變化，因爲變化會產生不安全感，員工一般也會排斥甚至抗拒工作輪調，究其原因，有如下幾項：

(一)害怕新的職務不能勝任

公司應該有輪調管理制度，並公告員工知悉，明確告訴員工輪調制度之正面意義，並對於成功之輪調個案，對員工廣爲宣傳，形成輪調之企業文化。應該賦予主管對於輪調之員工的管理責任，人力資源管理部門也應主動追蹤輪調之員工在新職位上之適應情況，適時的給予協助，讓輪調員工有足夠的信心在新的職位上任職。

(二)不願意冒險，不願意承擔責任

有些員工根本上排斥輪調，是他們不想接受挑戰，只想安逸的做目前很熟悉的工作，他們也不想再學習新的事物，更不願意承擔更多的責任，針對這類的員工，也不必要勉強加以輪調，只要他們能夠每天將指定的工作做好，對公司還是有貢獻的。越是底層的工作，這種現象越多。

(三)心裡面有其他想法

有些員工在公司提出輪調要求時候，先會找一些理由拒絕，之後可能會提出離職要求，因爲其實他早就有些想法，準備離開公司，當你提出輪調構想的時候，他自己會衡量並加速他的決定。透過輪調還可以考驗員工對公司之忠誠度（何春盛，2010：72-73）。

總而言之，輪調制度對於人才之養成、公司之發展都是有幫助的。

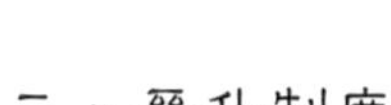

三、晉升制度

提供升遷機會向來是組織獎勵忠誠員工的一種方式。但如果企業的員工晉升決策完全依賴於員工過去的業績，那麼很可能導致這樣的結果：即員工晉升到某一職位後，缺乏這一工作崗位所需要的技能和能力，並因此導致無法勝任該工作。

晉升是組織留人必要的手段，高明的管理者會根據人才的潛能、特質及品格的諸多考量因素，來提拔、晉升部屬，以破解彼得魔咒（The Peter Principle）：「在組織層級中，每個員工都會晉升到他不能勝任的職位，結果是組織中的每一個職位都是由不能勝任的員工所占據」。

範例4-3

升等報告

聯強國際的升等報告的運作方式相當特別，在升等之前三個月，公司便會告知該名員工，讓他利用這三個月的時間，進行升等報告的準備，而主管則要親自輔導其進行，幫助他整理過去、計畫未來，寫成書面報告之後，並進行口頭報告。

升等報告的內容自然離不開對當前工作的掌握，以及對未來工作的計畫等等。不過，聯強實施的升等報告有一大特色，就是還要員工回顧過去。員工必須依成長、求學、出社會等一路過程進行深入的自我剖析，特別是哪個階段曾經做錯什麼決定？產生什麼影響？以及領悟到什麼？透過這樣的方式，聯強讓員工面對自己的過去，並從經驗中學習。既然要學習，心胸就要開放，要能接受別人的批評，不該掩飾自己的缺點。因此升等報告除了讓主管更進一步瞭解部屬之外，也在訓練部屬講出自己缺點的勇氣。

資料來源：郭晉彰（2000）。《不停駛的驛馬：聯強國際的通路霸業》。商訊文化出版，頁205-206。

範例4-4

避免人才晉升副作用

1815年，拿破崙（Napoléon Bonaparte）率領大軍與威靈頓（Wellington）率領的英軍在滑鐵盧（Battle of Waterloo）對峙，兩軍進行殊死戰，雙方死傷慘重，各自眼巴巴的等待援軍到來。結果，英國的救援軍先馳得點，使得拿破崙的部隊潰不成軍。

法軍慘敗，探究原因，是因為負責救援的格魯希將軍（Emmanuel Crouchy），在關鍵時刻，儘管身邊的軍官勸他先前往救援，但格魯希將軍卻堅持要遵循拿破崙先前下達的命令——追擊被擊潰的普軍，刻意忽視眼前的危急。

《人類的群星閃耀時》（*Sternstunden der Menschheit*）作者褚威格（Stefan Zweig），在描述格魯希的人格特質時，寫到：「他不是一位聰明的謀士，也不是個剽悍的戰士，就只是個老實可靠、且循規蹈矩的軍人。」當他還是一位小軍官時，表現稱職，但格魯希會一路從小軍官成為參謀長、總都，主要是因為拿破崙的將軍們在長年的征戰時，不是陣亡就是因傷退役，放眼望去，可用之才如此少，拿破崙只能晉升格魯希。而他所獲的回報是，慘敗滑鐵盧，毀了一世英名。

資料來源：黃麗秋（2010）。〈避免人才晉升副作用：績效＋潛能破解彼得魔咒〉，《能力雜誌》，總第651期（2010/05），頁80-81。

當企業採用內部擢升而非自外界僱用新人時，對企業而言將擁有很大的優勢，因爲在員工一步步升遷的過程中，能夠不斷觀察、累積、判斷這位員工如何處理問題。

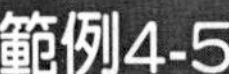

小華盛頓棧的晉升制度

被著名的美食評論雜誌*Zagat*評為全美第一的小華盛頓棧（The Inn at Little Washington），對助理侍者（waiters' assistant）的晉升制度十分有趣。不論過去的經驗多寡，新進服務生都必須從助理侍者做起。

一旦助理侍者認為自己有能力升遷，成為所謂的正職侍者（full-cutsever）時，便可以提出口試申請。口試委員是由現任正職侍者所組成，口試一般長達一個半到兩個小時，包括至少兩題食物題，兩題酒類題，一題點心題，以及一題背景知識題。助理侍者能否晉升，由口試委員決定。

助理侍者和正職侍者的差別在於，助理侍者只能拿小費的4%，而正職侍者可以拿10%到11%。因此，助理侍者有很強的財務誘因希望能晉升。

正職侍者不會錄取表現不佳的助理侍者，因為這樣會降低服務品質，讓大家的小費變少。通常，正職侍者也不會為了壟斷小費，故意不讓助理侍者晉升，因為人手不足，一樣也會降低服務品質。

資料來源：劉順仁（2008）。〈創造美好的顧客經驗〉。《講義雜誌》，第44卷，第2期（2008/11），頁134。

四、不宜晉升的人選

唐太宗李世民曾說：「爲政之要，唯在得人。爲官擇人，不可造次。用君子，則君子至，用小人，則小人競進矣。」可見擇人的重要，關係到企業的成敗命運。

範例4-6

鼎泰豐師傅身高設限　升級超嚴

想當鼎泰豐師傅，第一關要面試，要挑身高、體重，「身高要在一五五到一七五公分間，包包子看起來沒用多少力氣，但其實非常容易受傷，檯是固定的，體重與身高過與不及都可能影響到手勢與受傷的機率。」

鼎泰豐點心師傅有嚴格的分級制，從學員、點心學員、小組長、五級師傅、四級、三級、二級、一級，最高是點心總監。每半年考試一次，關係到個人升遷，「就好像聯考一樣，很多人會利用休息時間拚命練習，還有師傅會帶一小塊麵糰回家繼續練習。」從最基層想升到一級師傅，一、二十年的時間跑不掉，資質聰明的人會跳級，但也有退級的。考試內容包括：下劑子、擀皮、挖餡、包摺子、蒸包；店面師傅要考大包（甜、鹹包子）與小包（小籠包）；中央廚房師傅要考餃子與燒賣。

資料來源：陳靜宜（2009）。〈鼎泰豐師傅身高設限　升級超嚴〉。《聯合報》（2009/03/04，A3版）。

不適合拔擢的員工，可歸類爲下列幾種人：

1.被上司指責時，常會立即據理辯駁，捍衛尊嚴。
2.喜歡和同事躲在茶水間閒聊是非。
3.爲了業績，會先答應客戶的要求，至於能不能實現，再看著辦。
4.對公司的不滿意，會向同事抱怨，或找外人吐苦水。
5.很想知道同事的薪水和年終獎金是否比自己高，到處打聽。
6.如果沒有加班費就不願意加班。
7.倚老賣老，不服年輕主管。
8.只有做自己份內的工作，其他的一律以「這又不是我的工作」推掉。

9.說話時眼神閃爍，開會時總是喜歡躲在角落……（經理人月刊編輯群，2008：68）。

用員工過去的績效表現，斷定其未來發展潛能，或作爲晉升唯一標準，發生彼得魔咒的機率很大，對企業與個人都會有很大危機。

績效管理

績效管理（performance management）是人力資源管理的核心功能之一，許多人事決策（例如升遷、輪調、調薪、獎懲、訓練發展）都必須根據績效評估結果才能做出正確的判斷（**圖4-4**）。

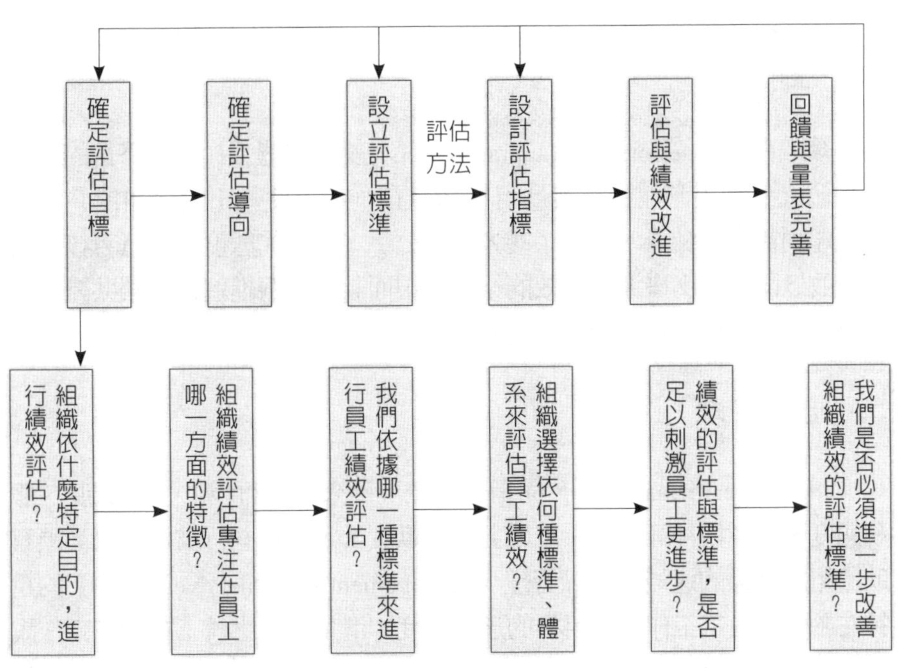

圖4-4　員工績效評估與工作內容（流程）

資料來源：李踐（2010）。《砍掉成本：企業家的12把財務大刀》。日月文化出版，頁57。

一、考核的種類

考核，即考查審核。其中「考」含有查核、查考的意思；而「核」，表示考察、對照的意思。「考」與「核」結合起來，即表明了仔細查對、核實的意思。

考核的種類有許多種，按不同的性質可分爲：

1.按時間可劃分爲定期考核、不定期考核。

2.按內容可分爲工作成績考核、工作態度考核、工作能力考核、性格考核。

3.按目的可分爲例行考核、晉升考核、調任轉職考核。

4.按性質可分爲定性考核、定量考核。

5.按標準的選擇可分爲絕對標準考核和相對標準考核（詹中原，2003）。

績效考核（performance appraisal）係一雙向溝通工具，最終目的是將員工個人生涯規劃與企業發展目標結合在一起，使員工與公司能共生共容，達到雙贏的結果。此時，雙方需以公平、公正的態度來進行考核與溝通，並以開放的胸襟進行有效的績效評核面談，及跟進追蹤面談共識結果的執行情形（林士和，2000：120）。

二、目標管理

績效（performance），係指員工表現出來的「行爲」（忠誠度、服務態度、敬業精神等）與「成果」（貢獻度），而這些行爲與成果必須有助於組織目標的達成。目標管理（Management by Objective, MBO）的精神在於強調員工工作任務目標的達成程度，清楚的反應員工對於在工作說明書的各項工作要求之貫徹執行程度，特別強調其結果導向的特色。然而，若是在進行績效評核時，只看重其工作目標的表現，忽略平日行爲面的言行，對於組織的整體績效恐有不利的影響。因此，在討論目標管理議題時，有必要同時要求在工作說明書所未列入但對於組織整體績效有益的

種種行爲（組織公民行爲）加以重視（**表4-7**）。

三、關鍵績效指標

一家企業組織如果已經建構「高瞻遠矚」的企業願景，加上擬定「眾所皆知」的競爭策略後，如果沒有一套遊戲規則來衡量成效與具體的行動的話，往往會淪爲空談。因此，關鍵績效指標（Key Performance Indicator, KPI）就是用來衡量企業的競爭策略是否有確實達成，以績效管理的方法，進而促進企業全方位願景的實踐（**表4-8**）。

表4-7　組織公民行為向度與意涵

向度	意涵
助人行為（helping behavior）	自願協助他人的行為。
運動精神（sportsmanship）	願意忍受一些不便，不抱怨工作上的一些不平。
支持組織（organizational loyalty）	向外界推銷組織、保護組織不受威脅，以及與組織共體時艱。
組織順從（organizational compliance）	遵從組織的規範與程序。
自動自發（individual initiative）	具有創造力表現創新的行為，對工作擁有熱忱，並做持續的付出、自願承擔額外的責任，以及鼓勵他人也如此做。
公民道德（civic virtue）	願意參與組織會議、注意組織的威脅與機會，並尋求組織的最大利益，即使因此付出極大的個人代價。
自我成長（self development）	主動提升自己的知識、技術以及能力，以提高個人的工作表現與組織效能。
提出建言（voice）	提出對公司有利的建議。
說明：組織公民行為（Organizational Citizenship Behavior, OCB）是指「組織中的成員自發性所做的超越其職責內容的表現，這些行為會對組織的成效產生正面的作用。」	

資料來源：龐寶璽（2006）。〈績效評估之行爲指標：「組織公民行爲」之探討〉。《上銀季刊》，第85期（2006/12），頁13。

表4-8　量化人力資源績效指標

人力資源體系		關鍵指標範例
人力確保	人力規劃	・員工人數成長率／營業額成長率比值 ・部分工時／全工時員工的比例 ・管理人員／非管理人員比例 ・規劃員工人數與實際任用人數偏差率
人力開發	招聘與任用	・招收定額需求人數的平均天數 ・面試人數占招聘人數的比例（遴選比例） ・填補空缺職位的時間 ・僱用一個新進人員的成本 ・員工能力與職務需求配合度 ・新進人員報到率／流動率
	教育訓練	・每位員工平均訓練總時數 ・訓練費用／營業收入比率 ・每年的培訓總日數和培訓項目數量 ・訓練執行達成率 ・員工訓練滿意度
人力報償	績效評估與發展	・員工績效評核等級的分布 ・績效指標達成率 ・主管與員工績效評估面談實施程度 ・員工對考績滿意度
	人力異動	・員工升遷至高階主管的比率 ・核心人員留任率 ・員工意見調查滿意度 ・員工每人平均產值／平均獲利
	薪資管理	・每人平均考績調薪幅度 ・超時工作與正常工作時間的比例 ・薪資維持高於、等於或低於同業比率每位員工的薪酬成本 ・員工對薪資的滿意度
	福利措施	・福利成本占總薪資成本的比率 ・本公司的福利成本占工資總額或收入的百分比 ・病假期間薪資給付占總薪資的比例
	員工安全	・意外事件發生的頻率及嚴重性 ・每一千元中員工安全相關支出 ・每一平方英尺的工廠安全損失 ・工傷成本 ・事故所造成的時間損失 ・工作壓力所造成的疾病數量 ・職業傷害頻率及補償金數額

（續）表4-8　量化人力資源績效指標

人力資源體系		關鍵指標範例
人力維持	勞資關係	·薪資抱怨數與員工人數的比率 ·罷工的頻率與期間 ·解決爭議事件的平均時間 ·與人力資源有關的訴訟成本 ·人員流失率與流失成本 ·員工工作環境滿意度
整體效能		·企業文化與企業經營的配合度 ·用人費用／營業額比率 ·每人收益與每人成本之間的比率 ·每位員工的人事成本開支 ·人力資源信息系統中正確記錄的百分比

資料來源：鄭晉昌（2008）。〈建立績效指標：打開人資成績單〉。《管理雜誌》，第403期（2008/01），頁82。

關鍵績效指標在目標管理上就是所謂的「關鍵少數」（critical few）。如果從80/20法則的角度來看，關鍵績效指標就是那關鍵的「20」，所以需求其「重要」、「關鍵」，而不是需求其「多」。它是目標管理概念的延伸，是把企業的策略目標分解爲具體的、可操作的工作目標的工具。

範例4-7

IBM的績效管理

每年3月前，IBM員工得依管理學常用的「SMART原則」（Specific, Measurable, Attainable, Relevant, Time-bound）提交個人年度工作目標。主管則釐清策略、組織目標後，依部門、位階別、層層分配到每位員工手中，員工適度調整個人目標和組織、部門目標的連結性後，再與主管相互討論確認，未來一年的個人目標。

IBM所訂的績效指標有：「能擁抱改變」、「能建立互信」、「能與全球合作」、「建立專業影響力」、「能有效溝通」、「能持績演化」等關鍵能力，並將「員工發展計畫」納入「個人業務承諾」（Personal Business Commitment, PBC）的績效制度內，員工必須將個人進修、訓練計畫列為個人年度目標之一。

有了明確的考核目標，每到年底（隔年1月）主管會將員工表現從優秀到次之依序分為1、2+、2、3等四種級距，部門主管並針對最優秀以及有待加強的員工發起評核會議，採團體評鑑方式（Team-Based Decision Making），部門主管得掌握"What"和"How"原則，向其他合作部門、甚至跨國主管簡報為什麼給予該位員工如此等第，讓評估結果不落入單向評估的盲點。

個人業務承諾（PBC）		
根據SMART原則，由員工提交個人年度工作目標，並與主管達成共識	針對關鍵能力與員工發展計畫兩大面向，進行考核	對於最優秀與有待加強員工，進行團體評鑑

資料來源：編輯部。〈7大企業升遷密碼大公開——台灣IBM：全球合作，跨部門爲員工打分數〉。《快樂工作人雜誌》，總第116期（2010/05）。

績效管理的主要目的是讓員工的職能發揮在公司的經營目標上，因此是提升經營績效與競爭力的重要關鍵。透過績效管理流程，主管可以瞭解部屬的工作表現，據以提供員工發展所需的輔導，共同設定及達成工作目標。

360度績效評量制度

360度評量，在上世紀七〇年代由愛德華（Edwards）與尤恩（Ewen）等學者組成的TEAMS顧問公司申請專利，直到1993年美國《華爾街日報》（*Wall Street Journal*）與《財富》雜誌（*Fortune*）開始引用「360度評量」一詞，才開始蔚爲風潮。

越來越多企業所使用的360度評量，是一種多重管道來源的評量方式，就是由受評量者本人與他的主管、部屬、同事、團隊主管、顧客等共同使用一套指標進行評量，然後分析四周人員與評量者本人看法的差距，幫助受評者瞭解自我優缺點，並且進行自我發展的方法（**表4-9**）。

一、360度績效評量目的

360度績效評量，又稱爲全方位績效考評（360 degree performance appraisal），係爲避免傳統的績效考核僅由上級單位主管考評的主觀武斷性、過嚴（過寬）誤差、月暈效應（halo effect）等偏差現象，而360度績效評量，信息來源大都來自企業內、外部不同的組織層面人員，從統計學角度看，其結果較客觀公正，可大大增強了績效考評的信度（reliability）和效度（validity），並能激發相關利益成員的參與意識和團隊合作精神，達到眞正績效改進的目的，對員工本人的優缺點，有了更清楚的認知，加強自我發展意識，績效也隨之大有改善（**表4-10**）。

表4-9　360度回饋有利有弊

聖路易的無名氏問：我公司的年度績效評鑑非常強調同仁意見回饋，但一項評量經常出現多達三十人的匿名意見，整個過程非常耗時，這樣值得嗎？
答：我們假定你是在說聞名遐邇的360度回饋制度，這套績效評量制度在二十年前首度出現，之後在企業界廣為流傳。這其來有自，因為360度回饋是一種直截了當的方式，給某些行為令同事和下屬感到困擾的員工一記當頭棒喝。 內人蘇西日前出席一項領袖訓練計畫，她遇到一名出席研討會的科技公司中階經理人，後者對其360度回饋評量結果大感震驚，直說難以置信。他的反應是：「不可能，同事都喜歡我！一定是跟別人的評量搞錯了！」事實上並沒有。 360度回饋的問題是，通常大約在第二輪後，就可能作弊。這套制度後來演變成一個高度協商的過程，成為同事彼此間的「核子嚇阻條約」，所有往返「回饋」的意見開始趨於一致，都變成正面的。 現在，我們得知，支持360度回饋的陣營宣稱，這套制度有預防機制，當然是有一些理由。但你問的是這種冗長的過程值不值得？對此，我必須說，傳統的評量（上級對下屬）仍比較好。大體來說，這套制度行得通，可節省大家的時間，並且很難操縱。我們會建議你公司不要取消360度回饋，但改成每隔幾年才用。它的主要價值是讓原先不敢說的話「出聲」。如此一來，幾乎人人就能參與其中。

資料來源：林聰毅編譯。〈威爾許談致勝：360度回饋有利有弊〉。《聯合報》2007/04/16，A12版）。

表4-10　績效評估時應注意事項

類別	說明
月暈效應	主管對被評估者的人格特質當中有某一項特別喜歡時，他就愛屋及烏的喜歡被評估者的全部表現。
弦月效應	主管對被評估者的人格特質當中有某一項不喜歡時，他就惡屋及烏的都不喜歡他的作為。
中間趨勢	有些主管不願意將員工評得太壞，也不願意將員工評得太好，所以就將大部分的員工都往中間評分。
最近行為	人的行為分為目標導向活動（在達成目標前的各項活動）及目標活動（目標達成後的各項活動），這兩個活動最大不同，就是目標導向活動越接近達成目標時，人對目標的需求就越強烈；但當人進入目標活動後，他對目標的要求就越來越淡。主管如果不能體察這兩類行為的差異，可能就會認為員工以前表現不好，但最近兩個月表現不錯，所以績效給他高一點，這樣就產生了最近行為偏差的評估結果。
太嚴厲	有些主管總認為員工的工作績效無法達到標準，在這種的情境下，他對所有員工的績效評估都很低，如此一來，對績效好的員工就帶來很大的挫折感。
太寬大	這類主管認為員工沒有功勞也有苦勞，沒有苦勞也有辛勞，沒有辛勞也有疲勞，所以每一個人都給很高的評量分數。
第一印象	有些主管對員工的第一印象很好，因此就對他保持良好的印象。
滿溢效應	對員工以前良好或不好的印象，一直延續到現在，而不以客觀的事實來評估員工績效。
早熟偏見	在評估員工績效時，檢討一部分項目後就下定語，而沒有澈底針對每一項績效構面檢討。

資料來源：葉至誠（1998）。《組織經營與管理——兼論管理心理學》。世新出版，頁358-359。

360度績效評量是衡量員工能力的工具，如果一開始就與績效評量、升遷、薪酬、去留這些涉及人性的弱點的事情相連結，就會被大幅扭曲。360度評量應該用來發展員工的能力而不是直接用來打考績的（**表4-11**）。

二、績效評量項目

企業的績效系統評量有兩大項目，就是目標與能力。目標的評量是看業績達成率多少，特別是連結到財務數字上的目標達成率，進而決定年終績效獎金、分紅等獎酬功效。能力的評量是看在企業所需要的能力上現在表現如何，而決定未來訓練的需求，這才是應該運用360度評量的地

表4-11　不同考評主體參與考評的優缺點

考評主體	優點	缺點
上級	·對考評內容比較熟悉 ·容易獲得考評客體的工作業績 ·利於發現員工的優缺點，使員工培訓、能力開發、職業生涯設計等更加切合實際	·無法瞭解自身監控之外的員工表現，易造成以偏概全 ·受個人偏好及心理影響，易產生偏鬆、偏緊傾向或定式思維
同事	·接觸頻繁，評價更加客觀全面 ·利於提高工作熱情和協助精神 ·易發現深層次問題，提出改進方向	·工作量大，耗時多 ·易受私心傾向、感情因素、人際關係等的影響
下級	·利於管理的民主化 ·使員工有認同感，從而調動工作積極性 ·利於發現上級工作的不足，使其改進工作方式 ·形成對上級工作的有效監督，使其在行使權利時有所制衡	·受自身素質的限制，易拘泥於細節 ·擔心上級的打擊報復或為取悅上級，說好話，不講缺點 ·可能導致上級為取得下級的好評而放鬆對其的管理
相關客戶	·所受干擾少，評價更真實客觀 ·利於強化服務意識，提高服務能力 ·利於發現自身優劣勢及潛在需求	·操作難度大 ·耗時久、成本高 ·考評資料不易取得
自己	·對自身有更清楚的認識，評價更為客觀 ·利於增強參與，提高參與熱情 ·利於對問題等達成共識，降低抵觸情緒	·易於高估自己 ·易誇大成績，隱瞞失誤 ·善於為自己尋找藉口，積極開脫

資料來源：惠調豔、趙西萍（2003）。〈360°績效考評〉。《企業管理》（2003/08），頁54。

方，而且評量分數高低不是重點，因未來有後續的訓練計畫來改進。所以，360度評量用途係用在發展、培育人才，以瞭解這些人的能力。

三、能力評量作法

能力是很難瞭解的，例如大家都知道決策能力，但是大家對它的定義可能很不一樣，所以很難判斷能力的好壞。360度評量是先研究具備同樣能力的人，分析他們有哪些一致的行為，然後用分析出來的行為作為評量的項目。例如根據研究，會做決策的人通常具備定義問題、蒐集資訊、分析與詮釋資訊、發展與評估方案、通知相關人員參與方案、執行方案等六項行為，360度評量就用這六項行為評估其決策能力。

360度評量研究的能力約六十組，包括團隊合作、授權、決策、抗壓等等，企業根據自己的企業文化與產業需要選出七到十組能力作爲衡量主管的標準。在路易士・葛斯納（Louis V. Gerstner, Jr.）的著作《誰說大象不會跳舞：葛斯納親撰IBM成功關鍵》（*Who Says Elephants Can't Dance?: Inside IBM's Historic Turnaround*）一書中就指出，IBM爲建立新的企業文化而訂定十一項新的能力，要求員工要用這十一項能力來管理自己。一般而言，製造業常用的評量的能力項目包括：決策、改善、創新；服務業評量的能力項目，則是服務互動、客戶導向、授權、學習。

360度評量非常適合用於發展人才上，它既可以精確診斷個人與團體各項能力的強弱，也可以根據結果找出較具體的解決方法，就是知道要加強哪些部分、上些什麼課程。例如，許多從業務出身的主管決策能力較弱，經過360度評量發現原來他們是在發展方案、評估方案、通知相關人員參與方案這些行爲上較弱，因爲業務人員強調行動力，一想到方案就去行動，但是擔任主管時就不行了，第一個想到的方案可能不夠周延，立刻行動會使得其部屬無所適從（吳韻儀，2003：112-114）。

範例4-8

IBM的領導能力

一心一意求勝	・以顧客為念 ・突破性的思考方式 ・渴望有所成
起而行	・團隊領導 ・有話直說 ・團隊合作 ・果斷
維持衝勁	・培養組織能力 ・訓練輔導 ・個人奉獻
核心	・對這家企業懷抱熱忱

資料來源：路易士・葛斯納（Louis V. Gerstner, Jr.）著，羅耀宗譯（2000）。《誰說大象不會跳舞：葛斯納親撰IBM成功關鍵》（*Who Says Elephants Can't Dance?: Inside IBM's Historic Turnaround*）。時報文化出版，頁244。

依據1998年英國特許人事和發展協會（Chartered Institute of Personnel and Development, CIPD）之調查發現，採取360度評量回饋的企業，92%是用於評估主管之發展需求，80%是用於主管績效指導之參考，僅有20%用於決定績效等級或薪資獎勵。以實務操作來說，進行360度評量回饋耗費之時間與成本均高，且在東方社會用於績效評估用途時，將造成組織內的猜忌懷疑，對組織氣氛將有負面影響，故目前360度評量回饋仍以發展性用途爲主（尤正高，2009：11）。

結　語

企業人力資源開發主要是以提升組織績效爲目的。領導評鑑專家史特佛賓（D. L. Stufflebeam）曾說：「評鑑的目的在於改善（improve），而不是爲了證明（prove）。」人力資源開發管理的效益，並不在於投入經費的多寡，而是建築在人互相尊重、信任的基礎上，也唯有同時考量個人的學習需求和企業營運策略，人力資源開發才能發揮眞正的功能和成效。

第五章

人力報償管理

- 職位評價
- 薪資制度
- 薪資報酬委員會
- 激勵制度
- 福利制度
- 員工協助方案
- 結　語

> 香餌之下，必有死魚；重賞之下，必有勇夫。
>
> ——漢‧黃石公《三略‧上略》

人力報償管理（compensation management），乃根據人力資源對組織的貢獻度，公正而合理的提供激勵的過程。主要的工作內容包括：職位評價、薪資制度、薪資報酬委員會、激勵制度、福利制度與員工協助方案等。

職位評價

職位評價（job evaluation）或稱工作評價、職務評價。顧名思義，是在以有系統且用客觀的方法來決定職位彼此之間的「相對關係」，並將各職位納入職等，可以幫助企業建立一套內部職位公平標準，並根據預先設置的評價標準，比較組織中不同的職位，以確定一個職位的相應價值，它是薪資制度設計的關鍵步驟。

一、職位評價定義

職位評價是在工作分析的基礎上，按照一定的客觀標準，採取科學的方法，對職位相對價值所進行的系統衡量、評比和估價的過程，它是企業薪酬管理的基礎，其結果是制定各個職位薪酬的基本依據。

根據工作之責任、繁簡難易、所需技能（如體能、教育程度、智能）、作業環境（溫度、濕度、汙染、危險性）詳加比較衡量，決定各項工作的相對價值、評定等級。

二、職位評價的重要性

職位評價的草創時期，始於吉爾布雷思（Frank B. Gilbreth）夫婦的時間研究和動作研究，到了第一次世界大戰，因人才恐慌，促使人事行政的發展，用工時評價以決定工資，開始受到注意。在1930年代，由於美國制訂有關勞工法案以保障勞工權益，職位評價才受到學者的研究與重視。

在第二次世界大戰期間，由於職位評價對於工資的安定與管理具有很大的影響，職位評價才漸爲企業界所採納。至此，美國企業也就一致公認，職位評價是一種較爲合理的核定薪資的方法。到了1980年代，企業競爭日益激烈，職位評價更被視爲一種控制成本、促進勞資關係和防止員工流動的好方法（**圖5-1**）。

三、職位評價方法

職位評價就是評定工作的價值，制定工作的等級，以確定工資收入的計算標準，其評價方法，約有下列四種：

1.職位排序法：根據個人判斷從最簡單到最複雜的工作困難度（知識、教育程度、管理等）的順序來評定工作的職位評等法。

2.職位分類法：經由將一個工作與一個預定的工作等級基準比較，從而決定一個工作的相對價值的職位評等法。

3.因素點數法：一種在逐個因素的基礎上，利用一個點數基準來評價工作的職位評價法。

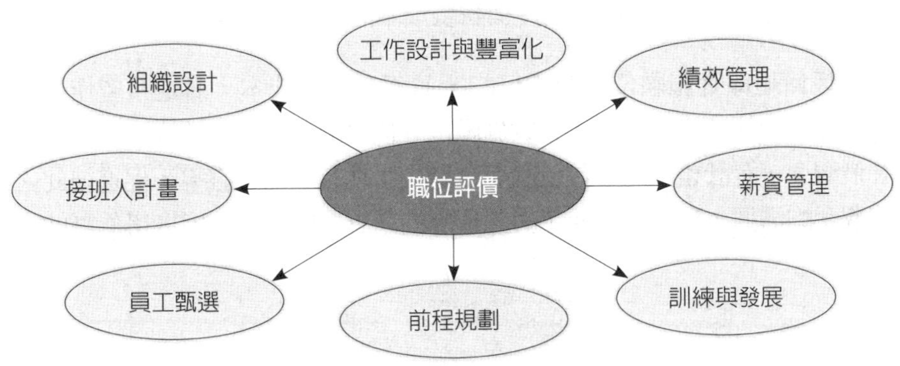

圖5-1　職位評價制度的運用

資料來源：韜睿惠悦企管顧問公司。

4.因素比較法：一種使用一個貨幣基準來逐個因素地評價工作的職位評價技術。

四、職位評價方法選擇的考慮因素

選擇職位評價方法時，尙須顧及組織本身的特性，通常企業組織內會有許多不同的工作群，例如：製造、行銷、研發等，很難找到共同或普遍性的工作因素。因此，企業大多根據不同的工作群採用不同的職位評價法，或用不同的工作因素來評價，以多元的工作評價方式來進行，換言之，每個工作群可依各自的評價方法，按排序或點數的高低排出工作層級作爲擬定薪資結構的基礎。

一般企業在選擇職位評價方法時，所考慮的因素有：

1.企業組織的規模。
2.工作的種類多寡和複雜程度。
3.可用經費的多寡。
4.要評價的工作水準。
5.管理當局對目前職位評價方案的瞭解程度。
6.員工對職位評價的接受程度。
7.目前業界採用職位評價的方法。
8.現行企業實施的薪資制度與薪資成本的現況（**表5-1**）。

任何組織實施職位評價的目的，並不在減低成本，而是希望作爲公平支付薪資的基礎。因此，在實施職位評價之前，必須先建立正確的職位評價觀念，有計畫地向單位主管與全體員工在公開場合宣導，促進彼此之間觀念的溝通，只有得到員工與管理層的同意與瞭解，才能取得眞誠的合作。

表5-1　職位評價制度建置顧問輔導流程

流程項目	工作內容
1.確定職位評價目的	進行職位評價前，商討及確認職位評價目的、對象及用途，以作整體評價之基礎。
2.職位評價專案提報與說明	將職位評價之目標、執行方式、執行程序及各單位主管應配合事項做簡報，目的在使各級主管及相關人員瞭解職位評價之用途。
3.成立職位評價委員會	職位評價委員會成員最好至少應有五位，最多不超過七位，視組織規模而定。代表成員應來自不同功能部門，以代表各自職務類別提供資訊與修訂意見。在評價委員會中必須選派一位主任委員，負責評價作業進度控制、會議召開及協調、仲裁的工作。
4.確認評價因素	針對委員會成員進行選定評價因素問卷調查。選擇評價因素時，需與公司之產業特性、組織結構、經營者理念、企業文化等因素相結合，方能確切反應每一職位在組織內之相對價值。
5.建立或修訂現行職位說明書	依據確認之評價因素，以資料分析方式，建立職位說明書或將公司現有職位說明書與評價因素結合，進行職位說明書之修訂，以符合職位評價之所需。
6.擬定職位評價表格及職位評價手冊	確定評價工具及因素後，顧問將與人資單位主管共同擬定職位評價表格及進行職位評價時所須之說明資料（評價因素等級、等級描述）。
7.職位評價委員會研習	在進行職位評價之前，顧問將對職位評價委員會進行職位評價訓練與試評，以使每一位評價委員充分瞭解評價目的、用途與程序，及每一因素的定義，才能善用評價工具，得到客觀公正的評價結果。
8.進行職位評價	由顧問與評價委員共同對公司關鍵職位之職位說明書進行評價。
9.進行差異討論並確認點數	在職位評價完成後，評價委員會需對所有職位之評價進行差異討論，以便最後確認該職位應得之點數。若有較大差異產生，而無法在討論中產生共識時，建議由主任委員負責協調、仲裁，以便完成評價及建立職級表。
10.將點數轉換成職級並完成職級表	在各職位之總點數確定後，即由顧問依總點數大小順序排列，並依組織規模與企業文化建議應設立等級之多少，完成職位等級表。
11.確認職級表	顧問與評價委員一起對所擬定之職級表進行討論，以確定合理性與合宜性；同時比對公司原有職級表與建議職級表，對可能存在或產生個別人員職級問題，進行討論並作成歸級建議，由最高主管做最後政策性裁決。

資料來源：常昭鳴（2010）。《PHR人資基礎工程：創新與變革時代的職位說明書與職位評價》。博頡策略顧問出版，頁468。

薪資制度

薪資係員工工作報酬之所得，爲其生活費與提升個人生活品質之主要來源，從上班第一天起一直到離開工作職場，薪資多寡始終是工作者追求的重點之一；另一方面，薪酬支出列爲企業的用人成本，人事成本關係著企業的收益，甚至影響其投資意願。所以，無論以員工的所得收入或企業費用支出的觀點，薪資管理都顯得格外的重要。

附錄5-1　薪工循環稽核

項目	內容	稽核重點
一	任用作業	1.人員招募、試用及正式任用，是否按規定手續申請核准後辦理。 2.招募時是否採用登報、介紹、建教合作等不同方式，並經面試、職前訓練、試用階段，俟合格後報准正式任用。 3.新進人員若有觸犯人事管理規則重要情事之一者，均不得聘（僱）用。 4.員工凡經聘（僱）用者，須填具保證書，辦妥保證手續，經人事與財務部門調查對保屬實者，始得報到服務。 5.人員敘薪是否與公司規定標準相符，初次敘薪是否經報請核准後辦理。
二	工作時間作業	1.上班時間之稽核： (1)是否按時上班，且按規定打卡，有否遲到、曠工之情形。 (2)忘記（未）打卡時所填寫之出勤簽認單是否屬實，是否依核准權限呈核。 (3)遲到與曠工是否依照規定懲罰，並扣罰薪資。 (4)查核在辦公及營業時間內，各部門員工是否有不假外出，或公務外出單未經主管核簽，或填寫不確實情形。 2.下班時間之稽核： (1)是否按時下班，有否早退情形。 (2)早退是否依照規定懲罰，並扣罰薪資。 3.輪流人員交班之稽核： (1)是否在接班人員未到達工作即先行離開。 (2)因接班延長工作時間，有否按規定給付加班費。

項目	內容	稽核重點
二	工作時間作業	(3)輪流是否每週更換一次。 4.加班時間之稽核： (1)查核各單位加班時，是否均有填寫加班申請單，且經權責主管核准。 (2)查核加班時數偏高之單位是否有異常現象。 (3)員工加班時數有無超過勞基法規定標準，加班費是否按規定計算給付。
三	請假作業	1.各項請假之稽核： (1)請假之類別、期限、應繳證件及薪資計算，是否按人事管理規則之規定辦理。 (2)員工請假是否均於事前填妥請假單，並覓妥職務代理人，且依核決權限呈核後，送人事考勤部門備查。 2.特別休假之稽核： (1)是否依勞基法規定給予員工應休之特別休假。 (2)全年所有特別休假天數是否按月排定，應休未休者，是否作適當處理。 3.員工凡在一個月內未請假，亦未遲到、早退、曠職者，是否依規定核發全勤獎金，並列入年終考勤資料。
四	訓練作業	1.新進人員是否依公司規定給予適切之職前訓練。 2.職前訓練能否使新進人員儘速瞭解公司沿革、組織、文化、經營方針、有關規章，並熟悉工作環境。 3.在職訓練是否依人事管理規則之規定辦理。 4.查核年度訓練計畫，並調查實施情形是否與預定計畫相符。 5.教育訓練經費預算編列是否足敷實際需要，訓練經費使用是否經濟有效。 6.各種不同性質之訓練，如職前訓練、在職訓練、幹部教育、儲備幹部教育及其他必要之訓練，是否依實際需要，納入訓練計畫。 7.查核各項訓練之實施效果，並研究分析其優缺點。
五	考績作業	1.各部門主管為辦理員工平時考核，對員工日常特殊言行、工作表現，有否適當記錄，有否定期送請上級主管核閱。 2.各部門主管為辦理員工年終考核，是否訂有員工考核辦法，現行考核辦法是否公平合理。 3.調查一般員工對公司考核辦法之反應，研究分析現行辦法之優缺點。 4.績效獎金之給予是否合理。
六	獎懲作業	1.各部門主管申請獎勵員工案件，是否依規定簽報，是否均具充分條件及佐證，是否定期發布。 2.各部門主管申請懲罰員工案件，是否依規定簽報，有否經過慎重審議，考慮各項因素後，再作適切決定。

項目	內容	稽核重點
六	獎懲作業	3.調查現行獎懲辦法之優缺點，調查一般員工對現行辦法之反應。 4.統計歷年來獎懲案件之增減演變趨勢，並分析獎勵或獎懲案件中以何類事故最為常見。 5.獎懲案件是否有給當事人申訴之機會。
七	薪資作業	1.底薪、津貼、加給、加班費、值日夜費、各項扣（罰）款及各項代扣款，應依公司標準及相關法律規定計發。 2.代扣員工薪資所得應依下列規定辦理： (1)依扣繳率標準表按月代扣。 (2)代扣款逐期報繳。 3.代扣健保、勞保費應依下列規定辦理： (1)依員工所得投保之金額按保險金額表列之等級每月代扣。 (2)代扣保費逐期繳送相關單位。 4.薪資按上、下兩期如期發放，「薪資表」經主管簽章才辦理發放作業。 5.採發放現金者，員工必須親自領取薪資袋，並在「薪資領取登記簿」上簽名蓋章，未領之薪資必須作適當處理。 6.其他。
八	福利作業	1.福利措施應合乎公司負擔能力，並讓員工滿意。 2.福利工作應確實依照規定執行。 3.福利金收支、帳務、出納必須控制良好。 4.職工福利委員會應定期向員工報告公司福利金收支情形。 5.福利金支用避免浪費或不必要之支出。 6.各項福利項目應符合員工需求。 7.各項活動之員工參與度應予加強。 8.其他。
九	離職資遣退休作業	1.員工離職、資遣、退休、應查明有關規定慎重處理。有關員工自動要求離職者，應個別查明原因。採取適當措施，以減少不必要之人員流動率。 2.員工離職退休，應依公司規定時間內提出申請，辦妥手續，並做好工作交接。 3.符合資遣條件時，應查明已無其他可供選擇之途徑，始可資遣。 4.退休為員工享有之權利，除已屆齡者外，其餘經驗豐富、辦事得力者應設法慰留。 5.其他。

資料來源：李建華、茅靜蘭、游麗珠著（2001）。《企業內部控制與稽核實務》。聯輔中心出版，頁121-124。

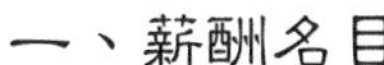

一、薪酬名目

薪資管理是將企業薪資政策合理的訂定，有系統的規劃實施，依據內外在就業市場環境的變動，適時的調整運作，其成效良窳與否，關係企業成敗及營運績效，然而，薪資管理是人力資源管理體系中最重要的核心功能之一，管理層面包括工作分析、工作說明、工作規範、職位評價、職位分級、薪資調查、薪資結構及調薪制度等步驟。

報酬的種類有固定酬勞（如本薪、津貼、補貼）、變動酬勞（如分紅、績效獎金）、特殊酬勞（如專利獎金、提案獎金）、額外酬勞（如加班費、輪班津貼）、高階主管特別禮遇酬勞（如配車、租屋、子女教育費），以及非現金酬勞（如勞工保險、全民健康保險、退休金提撥、退休金提繳、福利金提撥）等（**圖5-2**）。

二、績效與獎酬

薪資制度的設計，具有激勵員工績效、引導員工行爲的作用。薪資制度如能與經營策略相結合，可使員工表現出經營策略所需的行爲和績效，協助達成組織的策略性目標。由於薪資制度的設計會影響員工的工作態度與行爲，許多企業組織在推動組織發展或文化變革時，常會將薪資制度的改變視爲重要的手段之一。面對未來競爭激烈且快速變遷的經營環境，傳統的薪資設計理念將不足以滿足需求，如何強化薪資的激勵功能，已成爲薪資設計的主軸。

根據美國心理學家佛洛姆（Victor Vroom）所提出的「期望理論」（expectancy theory），假設人是理性的動物，且人之所以採取某種行爲（例如努力工作）乃是基於他認爲這樣做可得到某種吸引人的結果。因此，如果要使激勵作用最大化，則應使員工相信績效與報酬之間存在著強烈的關係（尤正高，2009：12）。

期望理論認爲人類行爲動機的強弱，取決於個體的期望程度，而期望高低是由獎酬吸引力（attractiveness）、績效與獎酬的連結性（performance-reward linkage）、努力與績效的連結性（effort-performance

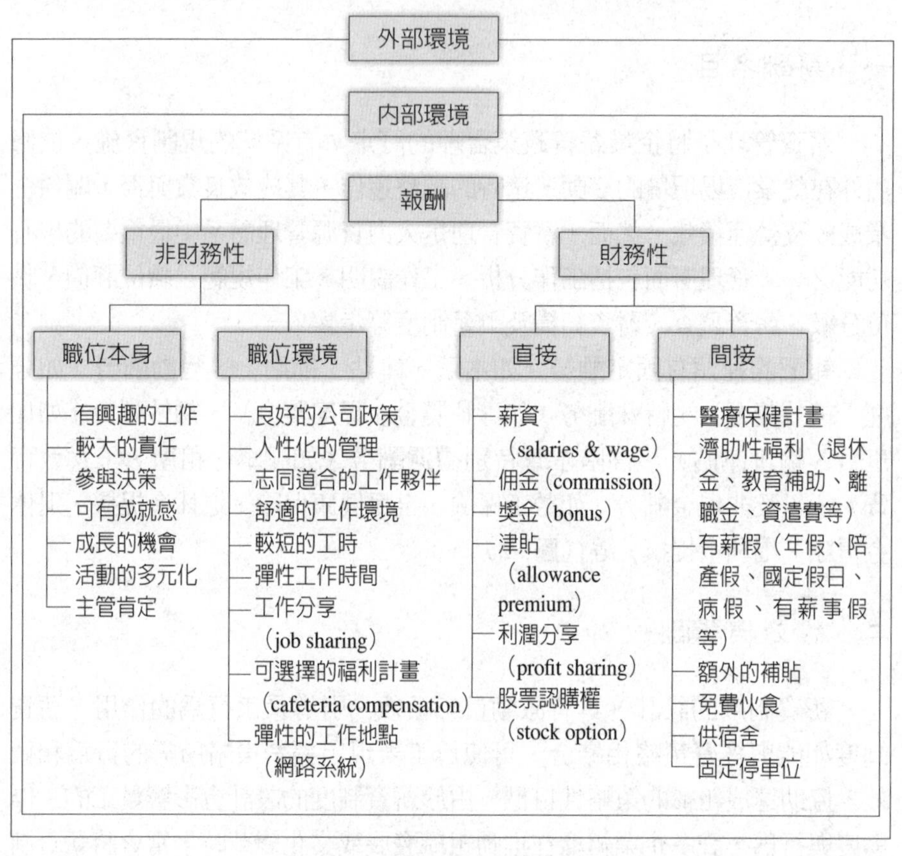

圖5-2　整體薪酬計畫結構

資料來源：丁志達（2011）。「薪酬規劃與管理實務班」講義。台灣科學工業園區科學工業同業公會編印。

linkage）等三項因素所決定。由於金錢對大多數員工而言，確是相當有吸引力的獎酬，故採取薪資來激勵員工是符合期望理論的觀點，而且期望理論特別強調績效應該與獎酬相互連結，這更是支持績效基準性薪資的一項有利論點。例如直銷業的如新集團，爲了讓員工清楚到自己的表現，推動策略連結的績效考核制度，用關鍵績效指標（KPI）來評估管理（姜惠琳，2011：28）（**表5-2**）。

範例5-1

績效調薪矩陣表

薪資幅度→ 績效調薪幅度↘ 績效等級↓	Q1 第一區隔 0~25%	Q2 第二區隔 25~50%	Q3 第三區隔 50~75%	Q4 第四區隔 75~100%
優	14% （13～15%）	12% （11～13%）	10% （11～9%）	8% （9~7%）
甲	11% （12～10%）	9% （10～8%）	7% （8～6%）	5% （6～4%）
乙	9% （10～8%）	7% （8～6%）	5% （6～4%）	3% （4～2%）
丙	4% （5～3%）	3% （4～2%）	1% （2～0%）	0
備註	四分位（Quartiles）說明 第一等分位的最高值又稱為第一個4分位（Q1）。 第二等分位的最高值又稱為第二個4分位（Q2）。 第三等分位的最高值又稱為第三個4分位（Q3）。 第四等分位的最高值又稱為第四個4分位（Q4）。			

資料來源：台灣國際標準電子公司。

表5-2　論功行賞　說到付到

加州維爾帕瑞索的無名氏問：又到公司發放年終獎金的時刻，而我工作績效評鑑結果良好，卻又領到不如預期的獎金。我該去找老闆談談，或接受公司給錢總是能省即省的事實？
答：第一步，別再亂來。實施工作績效考核，讓員工清楚知道自己的地位。 第二步，根據績效考評付酬。意思是，若某人沒貢獻，什麼都免談，別出於客氣給他一點獎金。表現普通的人，就給他金額普通的支票，一毛也別多給。 最重要的是，賦予酬勞制度重要的意義。盡可能酬謝你的明星部屬，用大筆金錢強調優異表現獲得的回報。也許你不會主動想到支付傑出員工空前優渥的獎金，特別是給其他員工的獎金不如往年的時候，但你得戰勝不舒服的感覺。 大方的論功行賞，是身為成功領導者的要素之一。讓得力助手獲得意外豐沛的財富，你應該會同樣感到興奮。否則，就繼續朝這個境界邁進。有錢好辦事。當然，身為主管的你，得創造令人興奮且具有挑戰性的工作環境，但千萬別低估金錢激勵員工提高績效的驅策力。倘若犒賞員工的方式得當，不僅能留住明星部屬，還能建立一個信任你、願意為你打勝仗的團隊。他們知道你能說到「付」到。

資料來源：莊雅婷編譯（2008）。〈威爾許專欄：論功行賞　說到付到〉。《經濟日報》（2008/02/04）。

三、股票期權

股票期權（stock option），又稱爲股票認購權，表示員工有機會以特定價格購買公司股票，是一種很好的機制。這項政策能夠讓員工分享公司的利益，對於留住最好與最聰明的人才是一項很不錯的工具。當個人利益牽扯在內，而利益甚至高過薪水時，人們總是會更努力全力以赴。企業有很好的理由，並盡可能提供股票期權給更多的員工，甚至是基層員工（Bob Metcalf著，引自：曾淯菁譯，2004：21）。

四、企業員工持股信託計畫

員工持股信託計畫（Employee Stock Ownership Plan, ESOP），又稱爲員工儲蓄信託或員工儲蓄福利信託。它係依據各銀行開辦的「企業員工儲蓄信託業務辦法」說明，是由上市（櫃）及未上市（櫃）公司、公司法人、機關團體之員工，組成員工儲蓄信託委員會，並與銀行簽訂「員工儲蓄信託契約書」，以「指定用途信託」方式，每月自員工薪資及每年之年終獎金中提存一定金額，加上公司的獎勵金，定期購買上市（櫃）之公司股票，或國內外共同基金之受益憑證。企業員工透過銀行的專業理財，可以達到小額儲蓄，長期投資的致富目標。

五、企業員工持股信託的優點

面對社會快速變遷，勞工意識抬頭，政府立法保障勞工權益下，透過「企業員工持股信託」，能夠增強員工對企業的參與感，進而提升企業的生產效率，使企業能在穩固的基礎上健全發展。所以員工持股信託的實施優點有：

1.長期小額投資儲蓄，協助員工理財規劃。
2.振興企業向心氣候，提升整體營運績效。
3.優渥人事獎勵方案，落實經營利潤分享。
4.增進員工福利項目，降低人員流動頻率。

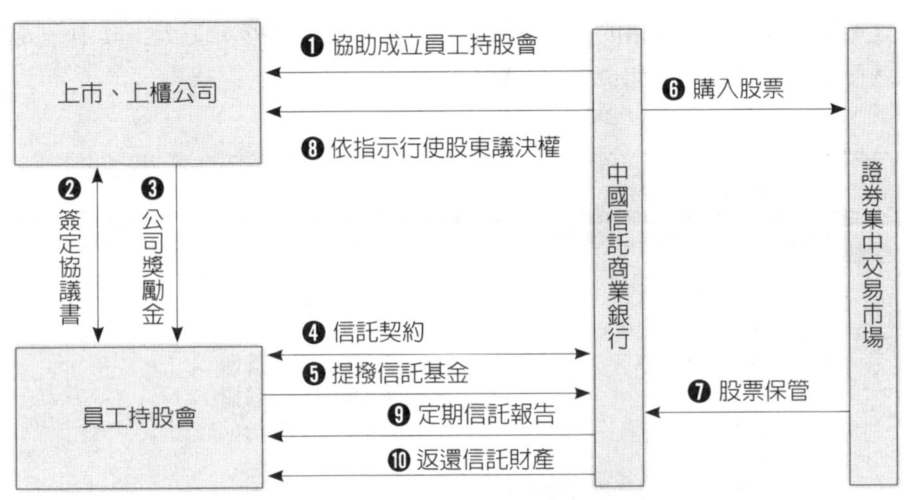

圖5-3　企業員工持股信託框架

資料來源：中國信託公司法人信託部。

5.發揮長期控股效果，勞資雙方共容共存。

6.避免股權大量移轉，防範市場惡意購併。

7.信託法律強效保障，財產具獨立安全性。

企業員工持股信託，可以讓企業本身、員工、股東與銀行達到「四贏」的效果。員工每月以小額提繳的平均成本法（dollar cost averaging）來投資自家公司的股票，對於鼓勵員工理財有正面意義（**圖5-3**）。

薪資報酬委員會

我國的《證券交易法》於2010年11月24日增訂公布第14條之6，引進了薪資報酬委員會（簡稱薪酬委員會）制度。行政院金融監督管理委員會於2011年3月3日討論通過《股票上市或於證券商營業處所買賣公司薪資報酬委員會設置及行使職權辦法》，適用的對象爲股票已在證券交易所上市或於證券商營業處所買賣之公司，必須設置薪酬委員會，其委員資格爲獨立董事，或非公司董事的獨立專業人士。委員人數不少於三人，其中一人爲召集人，每年至少開會二次（**圖5-4**）。

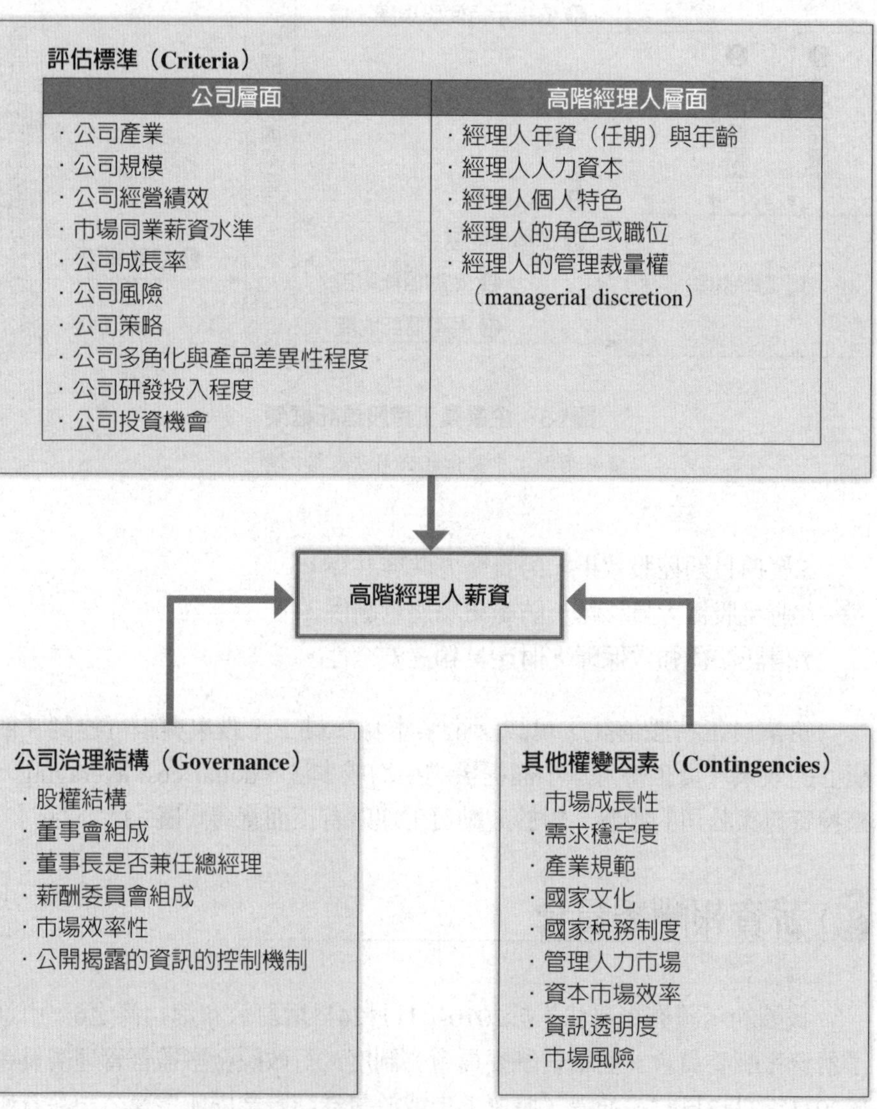

圖5-4　高階經理人薪資設計的基本架構

資料來源：潘郁芬（2008）。〈高階經理人薪酬決定因子之研究：以C公司爲例〉。國立中央大學人力資源管理研究所碩士論文，頁5。

一、薪資制度發展趨勢

薪酬（資）委員會是董事會下設的一種功能性委員會，美國法律係使用“compensation committee”一詞，而英國法律係使用“remuneration committee”一詞。晚近薪酬制度的發展趨勢，大致有如下的變革：

1.薪酬應與績效連結。
2.以發放股票取代現金。
3.揭露薪酬的資訊。
4.董事應編製薪酬報告。
5.薪酬計畫應交由外部的專家審查。
6.薪酬計畫應向股東會報告或經其同意。
7.董事不應決定自己的薪酬（戴銘昇，2011：31-32）。

二、薪酬委員會設置功能

董事會設置薪酬（資）委員會，至少有如下的功能：

1.避免執行業務董事可決定自己的薪酬。
2.可使薪酬決定的程序標準化。
3.可使薪酬決定的程序透明化。
4.專業分工，使董事可在適當的崗位上發揮其個人所長（戴銘昇，2011：34）。

三、薪酬委員會職權範圍

薪酬（資）委員會的職責在於決定公司內部相關人員的薪酬。決定薪酬時，應以其他同業公司作爲參照的基準，但必須注意使薪酬與公司的績效產生連結，並就下列事項作成建議提交董事會討論：

1.訂定及檢討董事、監察人及經理人績效評估及薪資報酬的政策、制

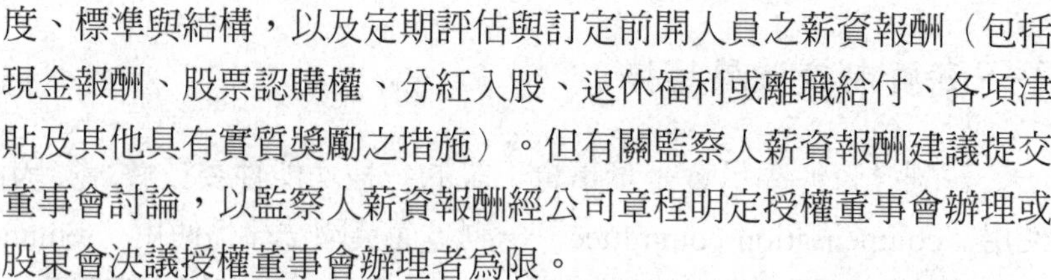

度、標準與結構，以及定期評估與訂定前開人員之薪資報酬（包括現金報酬、股票認購權、分紅入股、退休福利或離職給付、各項津貼及其他具有實質獎勵之措施）。但有關監察人薪資報酬建議提交董事會討論，以監察人薪資報酬經公司章程明定授權董事會辦理或股東會決議授權董事會辦理者爲限。

2.董事會討論薪資報酬委員會之建議，應綜合考量薪資報酬之數額、支付方式及公司未來風險等事項。

3.董事會不採納或修正薪酬委員會之建議，應由全體董事三分之二以上出席，及出席董事過半數之同意行之，並於決議中依前項綜合考量及具體說明通過之薪資報酬有無優於薪酬委員會之建議。董事會通過之薪資報酬如優於薪酬委員會之建議，除應就差異情形及原因於董事會議事錄載明外，並應於董事會通過之即日起算二日內於主管機關指定之資訊申報網站辦理公告申報。

薪酬委員會是董事會下設的功能委員會，幫助董事會就特定事項深入審視並提出建議，所以其職權不能超過或替代董事會的職權。例如依《公司法》第29條規定，經理人報酬屬於董事會專屬的決策事項，因此設置薪酬（資）委員會後，應先由薪酬（資）委員會檢視再建議董事會決議，而不是代爲決議；又例如《公司法》第196條規定，董事之報酬，未經章程明訂者，應由股東會議定，不得事後追認。所以，薪酬（資）委員會的職權也不能逾越（**表5-3**）。

激勵制度

激勵（motivation）一詞，源自於拉丁文movere，原意爲採取行動（to move）之意。激勵可說是一種激發員工在追求某種既定目標時的願意程度，進而提高其工作績效與工作滿足感之歷程。管理者針對員工的需求和目標，採取某些激勵措施，營造出一個適當的工作環境，使能激發員工的工作意願，進而求得組織和員工個人目標的實現（**表5-4**）。

表5-3　薪酬委員會組成及治理架構標竿作法

類別	說明
委員會組成	‧由獨立董事組成 ‧由獨立董事擔任召集人／主席
委員資格	‧必須具備相關的專業知識，並瞭解企業營運風險 ‧委員會召集人必須有薪酬委員會相關經驗
委員會運作方式	‧委員會應有管道與經營團隊接觸，以取得相關資訊 ‧高階主管（例如：執行長或人資長）需於薪酬委員會提出需求時列席會議 ‧委員會可視需要獨立尋求外部諮詢服務
委員會治理架構	‧利益迴避原則——不參與本身利益有關的會議討論 ‧適切揭露獎酬資訊（例如：外部薪資市場資料來源、外部提供諮詢服務對象）

資料來源：Executive pay practices around the world, Towers Watson (2009)／引自：李彥興。〈薪酬委員會職權與資格的規劃〉。韜睿惠悅網址：http://www.towerswatson.com/taiwan/research/3599。

表5-4　八大激勵模式

激勵模式	說明
目標激勵	它就是把企業的需求轉化為員工的需求。在員工取得階段性成果的時候，管理者還應當把成果回饋給員工。回饋可以使員工知道自己的努力水準是否足夠，是否需要更加努力，從而有助他們在完成階段性目標之後進一步提高他們的目標。
物質激勵	它就是從滿足人的物質需要出發，對物質利益關係進行調節，從而激發人的向上動機，並控制其行為的趨向。物質激勵多以加薪、獎金等形式出現。
情感激勵	它主要是培養激勵對象的積極情感。例如：溝通思想、排憂解難、慰問家訪、交往娛樂等。
負激勵	它就是對個體的違背組織目標的非期望行為進行懲罰，以使這種行為不再發生，使個體積極性朝正確的目標方向轉移。
差別激勵	由於每個員工的需求各不相同，對某個人有效的獎勵措施可能對其他人就沒有效果。管理者應當針對員工的差異對他們進行個別化的獎勵。
公平激勵	下屬總會把自己的貢獻和報酬與一個和自己相等條件的人的貢獻和報酬相比較。當這種比值相等時，就會有公平感；反之，就會導致不滿，產生怨氣和牢騷，甚至出現消極怠工的行為。
信任激勵	它就是領導者要充分相信下屬，放手讓其在職權範圍內獨立地處理問題，使其有職、有權，創造性地做好工作。
心智激勵	哈佛大學維廉．詹姆士研究表明：在沒有激勵措施下，下屬一般僅能發揮工作能力的20%-30%，而當他受到激勵後，其工作能力可以提升到70%-80%，所發揮的作用相當於激勵前的三到四倍。

資料來源：王慧（2006）。〈八大激勵模式讓你的員工更具活力〉。《中外管理》（2006/09），頁69-70。

一、激勵措施

激勵措施，可分爲金錢的激勵和非金錢的激勵，是打動員工工作動機的手段。激勵要有持續性，次數要頻繁，「量」（次數）比「質」（金錢價值）重要。但每位員工的需求、期望值是不一樣的，任何的激勵措施都應該注意員工的個別差異性，細心體察，從宏觀到微觀，施以不同的激勵方法，以達到眞正激勵的效果，讓員工持續努力不懈，保持高昂的工作士氣與鬥志（**圖5-5**）。

根據美國心理學家馬斯洛（Abraham Harold Maslow）的「需求層次理論」（need-hierarchy theory），人的需求可分爲生理的、安全的、感情的、受人尊重的、自我實現的五種需求。只有當較低層次的需求得到滿足之後，人們才有可能尋求更高層次的滿足（**表5-5**）。

二、非財務獎酬的ABCDE

員工從職場工作中可能獲得的獎酬方式，包括財務獎酬與非財務獎酬兩類。財務獎酬的性質是比較屬於現金給付的外在報酬，包括直接薪資與間接薪資；而非財務獎酬則比較屬於非現金給付的內在獎酬。

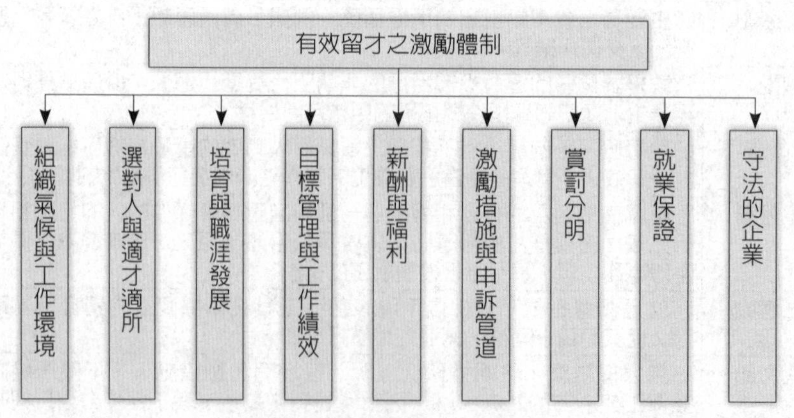

圖5-5　有效留才之激勵體制

資料來源：丁志達（2011）。「經營顧問師班」講義。中國生產力中心編印。

表5-5　激勵理論整理表

類別	學者	理論名稱	內容大綱	管理實例
內容理論	Maslow（1954）	需求層次理論	每個人都有生理、安全、感情、受人尊重及自我實現等五個層級的需求，在某一層級達到滿足後，才會追求更上層次的滿足。	以滿足員工金錢、地位與成就需求來激勵部屬。
	Herzberg（1959）	雙因子理論	影響員工工作態度的因素有兩種：激勵因素與保健因素。	
	Alderfer（1969）	ERG理論	人類有三種同時存在的核心：需求生存、需求關係及成長需求。	
	McClelland（1961）	三需求理論	在工作場合中，組織應瞭解員工有三項重要的需求：成就需求、權力需求與結盟需求。	
過程理論	Locke（1968）	目標設定論	個人為了目標而努力的企圖心，是激勵其工作的主要目標來源。	由明瞭員工對員工工作的投入、績效、標準、投入與報酬的知覺來達到激勵。
	Vroom（1964）	期望理論	一個人若是認知到某種行為會帶來某種吸引他的成果，那麼他就會致力於該行為。	
	Adams（1962）	公平理論	當人們和他人比較工作成果的公平性而感到公平時，對於心理上是一種激勵。	
強化理論	Skinners（1971）	強化理論	人或動物為了達到某種目的，會採取一定的行為作用於環境，當這種行為的後果對他有利時，這種行為就會在以後重複出現（獎勵行為）；不利時，這種行為就減弱或消失（懲罰行為）。	藉由激勵期望行為來激勵。

資料來源：郭常銘、黃昱曈（1998）。〈員工對激勵因素偏好之研究——以國內航空業從業員工爲例〉。《產業金融》，第101期（1998/12），頁84；丁于眞（2008）。〈新舊世代成就動機對工作投入與工作滿足之影響〉。國立中山大學人力資源管理研究所碩士論文，頁25。

世界薪酬協會（WorldatWork）曾對非財務獎酬提出了一個ABCDE模型，分爲五大類別：

A：表揚（appreciation and recognition）：公開讚揚績優員工或資深員工。

B：工作、生活均衡（balance）：例如舉辦家庭日活動、提供員工財務、健康諮詢計畫或健身設施，推出彈性工時制度、遠距工作選擇等。

C：文化（culture）：具體傳達公司的願景，創造多元化尊重、回饋、雙向溝通的環境，提供創新的機會，接納員工的建議方案等。

D：發展（development）：提供學習的環境與適才適所的職涯發展機會，並給予適才的教導或提供導師輔導制度。

E：環境（environment）：例如工作（內容、多樣化、具挑戰性但屬可達成的目標）、場所（軟、硬體工作環境）以及公司（產品、市場、組織結構）。

實施非財務獎酬可獲得許多好處，諸如使用非財務獎酬比較經濟和節省成本；更具有宣傳效果，其具備的激勵與表揚功能，是現金獎酬所欠缺的；更有彈性，組織可以彈性調整非財務獎酬的衡量方式與目標，員工不會擔心他們的薪資會受物價水準的影響（林文政，2008：88-90）。

範例5-2

非財務獎酬項目

- 企業品牌與名聲（企業形象使員工引以為傲）。
- 參與決策（無論職位高低，尊重不同聲音，創造良好組織氣候）。
- 彈性工時（不用打卡，三種不同上班時間，創造良好工作生活品質）。
- 較有興趣的工作（依學習及績效表現，內部轉調管道及升遷機會通暢）。
- 個人成長機會（著重生涯規劃與前程發展）。
- 技能學習機會（給予員工充分內外訓練與發展）。
- 購物方便性（與多家優良商店、餐廳、飯店簽訂合約，使員工享有高品質又價格優惠的服務）。
- 職位美化（因應需求，特准許印製較美化的職稱於對外的名片上，例如負責大賣廠的業務代表，可使用較高的職稱）。
- 較喜歡的辦公室裝潢（不影響建築結構下，可發揮自己的創意布置座位）。
- 員工商店（給予員工優惠價格購買商品）。
- 良好的組織氣氛（固定舉辦組織氣候調查，創造良好溝通氣氛）。
- 公平環境（有員工申訴制度，使員工有被公平對待的工作環境）。

資料來源：林文政（2008）。〈總體獎酬的運用——比加薪更重要的事〉。《管理雜誌》，第405期（2008/03），頁90。

表5-6　獎勵快速診斷表

□你如何獎勵你的員工：以獎金、目標管理、績效評估，還是協助他們設計個人發展計畫？ □你如何獎勵你的供應商？ □你如何獎勵、取悅你的顧客，並帶給他們驚喜？ □你促使顧客不斷重複購買的因素為何？ □推動組織的力量為何：執行長或是員工？ □你是否知道所有員工的主要嗜好、活動、興趣及所堅持的信念？ □就你所知，每個員工來工作的理由為何？ □對許多人而言，首要工作動機就是為了賺錢，其次相對重要的因素為何？ ・社交往來　・群體隸屬感　・被尊重、被需要的感覺　・獲得認可、欣賞、成就與掌聲？ □你的員工是否能創造： ・自己的構想、產品或計畫？　・自己的工作團隊？ □你的員工是否能控制： ・他們的工作環境？　・他們的工作安排？　・自己挑選車子？

資料來源：西蒙・伍頓（Simon Wootton）與泰瑞・霍尼（Terry Horne）著，王詠心譯（2006）。《策略思考一本通》。臉譜出版，頁58-59。

三、參與式管理

現代化組織的管理是朝向人性化的發展，隨著工作者價值觀的改變，員工自主需求的不斷提升，大多數的員工期待著被尊重、被接納、被肯定，因此，參與式管理（management by participation）自上世紀七〇年代末期以來備受重視的管理模式。

參與式管理，強調透過員工參與企業的管理決策而產生對組織的認同感、依附感、責任感及自尊、自重、自榮的心理，發揮聰明才智，實現自我價值，因而願意貢獻才能與力量，達到提高組織效率，增長企業效益的目標（**表5-6**）。

福利制度

員工福利（employee benefits）又稱爲邊緣福利（fringe benefits），是指在薪資（工資）以外對員工的報酬，它不同於工資（薪資）及獎勵，福利通常與員工的績效無關，它是一種提升員工福祉，促進企業發展的管理策略。

企業提供完善的福利措施，不但可以減少經營成本、降低流動率、維持勞動關係和諧，更能提升企業形象，進而能提升在勞動市場上的競爭能力，在穩定人力資源的投資上會有相當大的助益。

範例5-3

臉書（Facebook）聘名廚　肥了員工

在矽谷，社交網站臉書（Facebook）特聘前谷歌公司（Google）首席主廚戴西蒙（Joseph DeSimone）掌廚，不但提供三餐、下午點心，甚至午夜、凌晨三時都有現做的美食供應，而且不定時禮聘各地名廚來獻藝，讓員工享受不同的美食。

每天中午十一時四十五分員工餐廳開始供餐，滿懷期待的員工總是大排長龍，戴西蒙每天都會變化不同的花樣，第一天可能是泰式酸辣雞，第二天端上桌的是烤鵪鶉，第三天讓人垂涎三尺的是各式巧克力餡點心，第四天則是紐約名廚的招牌菜。

Facebook為了鼓勵以公司為家，服膺「抓住員工的胃，就能抓住員工的心」的至理名言，每天的午、晚餐的標準菜式是或肉、或雞或魚的兩種主菜、兩種湯和兩種甜點，並有素食可供選擇。所有食材一定選擇最新鮮的，而且是有機的，戴西蒙烹煮美食用的鹽就有八種，考究可見一斑。

資料來源：朱小明編譯（2009）。〈時時供餐天天變化　Facebook聘名廚　肥了員工〉，《聯合報》（2009/12/28，A12版）。

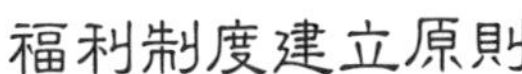

福利制度建立的原則，必須公平、公正，以滿足員工的需求，並瞭解同業的薪資級距，增進競爭優勢。有效的運用法定福利，考量企業長期財務負擔能力，多元的規劃設計，依據企業成長、企業文化及員工需求，規劃設計符合企業內之福利制度（**表5-7**）

完善的福利制度，可產生公平性及安定性的作用，吸引並穩定優秀的人才為企業服務，建立均衡合理的薪資結構，使所有員工均能獲得其應有的福利與報酬，激勵員工達成企業目標，提高生產力。

員工協助方案

眞正的福利是指企業能建立一個人性化的管理系統，促使自我持續在工作中學習，保持自我管理的生活態度。根據美國國際勞工聯盟在1986年針對十個城市的工會會員所做的調查顯示，員工協助方案不僅是促進勞資和諧的潤滑劑，更是工會緊密連結勞工的利器。

表5-7　企業制定福利制度原則

原則	說明
內部公平	建立客觀、公平的福利制度，落實一分努力，一分收穫，以達成福利與激勵員工的效果。
外部競爭力	企業在規劃員工福利時，除了照顧員工需求外，企業還要考慮到公司人才在勞動力市場上的競爭性、公司的成長，以達永續經營的目的。
對員工公開且公正	誠信原則是企業一貫的堅持，企業與顧客如此，對部屬亦然，一切作業公開、公平，並且鼓勵員工勇於申訴。
基於對企業的貢獻	規劃福利制度時，不要僅依年資考量，若加入工作績效對組織的貢獻，則福利制度將更能與組織的經營配合。

資料來源：丁志達（2010）。「薪酬規劃與管理實務班」講義。新竹科學工業園區同業公會編印。

壓力和心理問題是影響現代人健康的重要因素。員工面臨工作、生活的雙重挑戰，其壓力和心理問題不僅影響著個人的生活質量，而且影響到企業和員工的工作績效。當工作壓力的增加，企業也就開始重視「員工協助方案」的規劃，幫助組織成員克服壓力和心理方面的困難。同時，爲了避免員工「過勞死」，健康休閒設施的添購，也成爲企業重視員工福利項目的一項重要指標。

一、員工協助方案定義與目的

員工協助方案（Employee Assistance Programs, EAPs）的概念最早起源於美國1945年的戒酒方案，雇主開始意識到，員工在工作時間以外的生活困擾將會影響到職場上的穩定，這樣的關心在1975年至1985年從酒癮問題轉而發展至婚姻、家庭、健康及藥物濫用等議題，慢慢形成了「員工協助方案」。企業透過引進專業輔導團隊，協助員工解決在健康、人際、家庭、婚姻、理財、法律等所產生的情緒與壓力問題。依據2008年人力資源管理協會（Society for Human Resource Management, SHRM）調查統計資料指出，全美各企業推動「員工協助方案」的比例爲76%，500人以上規模的企業比例更高達89%，足見發展「員工協助方案」已是先進國家企業經營的趨勢（張壹鳳，2010：10）。

員工協助方案是指企業內部建立一個「員工服務系統」，協助生活、工作或是健康出現問題的員工接受專業人士的諮詢、診療，利用社會現有資源解決問題，直到問題消失，恢復原有工作績效爲止。員工協助方案的主要目的，是希望能在員工問題發生的初期，就能藉由員工的自我求助、公司同事／主管／相關部門的推介，讓適當的專業諮詢資源能協助其解決該議題，並降低對於生活及工作的影響，讓員工能恢復、維持及提升其生產力，避免因個人因素而使得生產力下降，甚至導致工安意外事故的發生。

美國員工協助專業人員協會（Employee Assistance Professional Association, EAPA）認爲，員工協助方案是爲了協助組織解決下列議題而設計的一種職場服務方案：

1.解決組織所關心或會影響生產力有關的議題。

2.藉由「員工顧問」來協助員工找出及解決會影響個人工作表現的議題（例如健康、心理、家庭、財務、酒毒癮、法律、情緒、壓力，或其他個人議題等）。

附錄5-2　員工需要協助的徵兆檢核表

思考目前你督導之員工是否有下列行爲表現，請勾示出。

________1.精力不足常感疲累
________2.對工作提不起興趣
________3.和主管溝通不良
________4.和同事溝通不良
________5.和家人溝通不良
________6.很難集中精神在一件事情上
________7.常莫名其妙地感到情緒低落
________8.容易感到煩躁，一點點小挫折就不耐煩，不高興
________9.工作很賣力，但效率卻大不如前
________10.身體的抵抗力降低，常生病，且生病痊癒的時間愈來愈長
________11.生理上常出現一些疼痛（例如頭痛、生理痛、腰酸背痛）
________12.喜歡孤獨
________13.坐著不想起來走走，心事重重的樣子
________14.刻意疏遠親人或好友
________15.咖啡、茶愈喝愈多
________16.菸抽得越來越凶
________17.利用酒精、藥物逃避壓力
________18.不喜歡參與同事的活動
________19.與人相處時，似乎沒什麼話說
________20.家庭生活混亂
________21.常用負面的角度看事情

__________22.原有的興趣消失
__________23.一天的活動結束時，對未來沒有方向感
__________24.決策的能力大不如前，常做錯決定
__________25.哭泣或流淚的情況增加
__________26.經常感到不快樂
__________27.有自殺的念頭
__________28.有性的困擾
__________29.不喜歡回家
__________30.婚姻有危機
__________31.對人生感到徬徨
__________32.與同事發生衝突
__________33.人緣欠佳，不受歡迎
__________34.對原來喜歡共處之人開始產生厭惡
__________35.在衆人場合開始感到不自在
__________36.有人際關係的困擾
__________37.爲法律訴訟而煩惱
__________38.常有衝動行爲
__________39.易激怒情緒很難控制
__________40.坐立難安
__________41.莫名其妙的焦慮
__________42.處理工作較他人緊張
__________43.使用精神鎮定劑增加
__________44.經常做惡夢，睡覺不安穩
__________45.遇到某些特定對象或事情產生壓力
__________46.想痛哭一場
__________47.睡不著覺
__________48.經常忐忑不安，不能靜下心來
__________49.服裝不整，無精打采
__________50.表情與行爲異常
__________51.缺乏表情，行爲遲緩
__________52.講話頻率比平常減少

__________53.缺乏自信，常杞人憂天
__________54.常訴說身體不舒服
__________55.無特別理由，卻希望調動工作單位
__________56.喋喋不休，說話語無倫次
__________57.遇到小事情就發脾氣
__________58.與同事人際關係不好，常以吵架處理人際關係
__________59.常表示不滿，反抗主管
__________60.常濫用安眠藥
__________61.在辦公室很怕接電話
__________62.下了班非喝酒不可
__________63.常有雜念，思考無法統一，工作毫無進展
__________64.肩部發硬，手掌容易流汗
__________65.常無食慾
__________66.原來勝任的工作開始出錯
__________67.無法達到原來共識的目標
__________68.你讓部屬感到害怕
__________69.運動大量減少
__________70.比以前更健忘
__________71.容易忘記重要事情
__________72.對工作分派退縮逃避
__________73.對他人工作迫切的需求回應冷淡
__________74.想法越來越悲觀
__________75.心情不開朗，常覺得鬱悶
__________76.覺得生活一成不變開始厭煩且常掛在口中
__________77.有自言自語的現象
__________78.常有不安的感覺
__________79.厭煩生活
__________80.不停地想到生活不適應
__________81.對生病感到越來越害怕
__________82.不知道如何安排週末假期感到畏懼
__________83.有被人家排拒的感覺

__________84.無法開懷大笑
__________85.每日服用阿斯匹靈
__________86.對密閉空間感到害怕
__________87.突然和以前交往密切的朋友疏離
__________88.常關在自己家裡不與人交談
__________89.與主管、家人或朋友變的喜歡抬槓頂嘴
__________90.頻頻窺視上司或同事的眼神
__________91.與他人交談時，完全不正視他人的臉
__________92.對周遭環境所發出聲音越來越敏感
__________93.常在口頭表示要離職
__________94.懷疑別人對他不利
__________95.意外事件的比例與次數增多
__________96.同樣的工作卻需花費更多的時間才能做完
__________97.不尋常的缺席
__________98.突然曠職
__________99.以前有很好的工作表現，目前卻常出錯
__________100.在日常工作上持續顯示問題增多
__________101.遲到早退的次數明顯增加
__________102.工作表現不穩定，時好時壞
__________103.經常抱怨別人
__________104.別人常對其有異常抱怨
__________105.無正當理由持續的請假
__________106.最近常到賭場且越賭越大

資料來源：《員工協助方案工作手冊》。行政院勞工委員會編印。

二、員工協助方案對企業的作用

早期企業可以把那些由於心理問題而導致工作效率低落者或不勝任工作的員工解僱，但經過研究發現，員工心理問題的產生，除了和他個人的心理特徵有關外，和他所從事的工作本身，以及整個社會和時代背景都

有密切關係，它不再僅僅是員工個人的事，這也是企業需要關注的問題。因此，企業不再簡單地因個人心理問題解僱員工，而是應該採取措施，幫助員工預防和解決工作及生活中的心理問題（**表5-8**）。

一般而言，員工協助方案對於企業的價值有：

(一)提高工作生產力

1.強化員工面對重大事件或變故的能力。
2.穩定勞動力與人力資源，例如降低離職率、缺勤率等。
3.促進工作團隊和諧關係，增進工作績效與士氣。
4.提升員工抗壓力，增進團隊工作能力。

(二)減少企業成本

1.減少職場曠職或非計畫性請假。
2.降低工安意外事故的發生。
3.降低員工的流動率，減少人事替換成本。
4.降低管理人員負擔。
5.改善組織氣氛，提高生產力與工作績效。
6.協助新進員工或員工重返職場後，儘速適應工作環境。

表5-8　員工協助方案實施項目

項目	說明
企業調查研究及建議	它旨在發現和診斷職業心理問題及其有關因素，並提出相關建議，減少或消除組織管理的不良因素。
宣傳推廣	宣導推廣有關心理健康知識，提高員工的心理保健意識。
教育培訓	它是要進行管理培訓，使管理者學會一定的心理諮詢理論和技巧，在工作中預防、辨識和解決員工心理問題的發生；並對員工開展壓力管理，保持積極情緒、工作與生活協調、自我成長等專題的培訓或團體輔導，提高員工自我管理、自我調節的技能。
心理諮商與治療	這是解決員工心理和最後步驟。例如：開通熱線電話、建立網上溝通渠道、設立諮詢室等，使得員工能夠順利、及時地獲得諮詢及治療的幫助和服務。

資料來源：張西超（2003）。〈員工幫助計畫（EAP）：提高企業績效的有效途徑〉。《經濟界》，第3期，頁58。

7.減少組織在醫療、健康促進、自我照顧及持續性的工作健康照顧等支出。

8.透過早期預防、早期治療的方式，來提升員工健康照顧的效率及有效性。

(三)提升職場安全

1.減少工作場所可能的職場暴力或其他意外風險。

2.降低緊急或負向事件（例如職場暴力、傷害或其他危機事件）對企業的影響，儘速恢復生產力。

3.針對重大災難及緊急事故提供專業資源，減少傷害。

4.讓組織調整、併購、合併、歇業或其他相關工作能順利進行。

5.減少勞資紛爭與法律爭議（例如建構性別工作平等的職場）。

6.推廣及提供藥癮及酒癮的戒斷服務方案（行政院勞工委員會編印，〈快樂勞動 企業成功：員工協助方案〉文宣資料）。

在國外一些研究機構作了不少有關員工協助方案成本—收益分析（Cost Benefit Analysis, CBA），發現員工協助方案有很高的投資回報率。美國通用汽車公司（General Motors Corporation, GM）的員工協助計畫，每年爲公司節約3,700萬美元的開支。根據美國員工諮詢服務計畫的成本—收益分析顯示，員工諮詢服務計畫的回報率爲29%（張西超，2003：58-59）。

三、員工協助方案實施原則

員工協助方案要能順利推展獲致有效的成果，有其實施的原則或成功的要素。一般而言，需注意下列幾項：

1.保密原則：員工協助方案應該遵循保密的隱私安全原則，這個原則包括專業標準與專業倫理，以及政府的相關法令規定，讓使用者對員工協助方案系統完全信賴，提高員工協助方案設立的效度。

2.主管的支持：員工協助方案成功的首要條件是主管的熱心支持、參

與、積極推動。主管可以扮演案件發現者、案件協助者、案件轉介者及方案支持者的角色。

3.縝密的實施程序：它包括執行步驟、確定管理者、專業工作者的角色與職責及實際運用的流程。

4.確實的追蹤與評估：對於每次服務與活動需完整記錄，妥善保存，避免資料外流，以作爲診斷、評估、追蹤、督導的依據。

5.主動發覺問題：員工協助方案部門及工作者，需要主動發覺與瞭解員工問題與需要，提供資源與協助，並重視預防、推廣工作，譬如人際溝通、壓力管理、生涯發展、自我成長及相關心理衛生知識等。

6.與社會資源結合：與社會福利結合、納入社會資源網絡，幫助企業組織與社區作良好的聯繫與合作（中華人力資源管理協會編撰，2000：1-16）（**圖5-6**）。

四、導入員工協助方案失敗的原因

員工協助方案的導入與落實，必須妥善規劃、謹慎導入、落實執行、確實評估、持續發展方能奏效。然而，曾經著手引進員工協助方案的事業單位當中，並非每一家都順利完成員工協助方案的建立，其失敗的原因可以歸納如下：

1.建立「員工協助方案」服務系統，無法源根據，難以說服高階主管的重視。

2.員工對「員工協助方案」的認知不足或信任不夠。

3.專責人員配置不當，以及因人員流動造成業務斷層。

4.對於事業單位內部資源及外部社會資源缺乏有效地整合。

5.關於「員工協助方案」服務績效無有效評估方式。

6.預算編列不足以建立運作體系。

7.未能妥善維護員工的隱私權。

8.方案設計與事業單位之經營理念、企業文化、員工素質、勞動條件等不能契合。

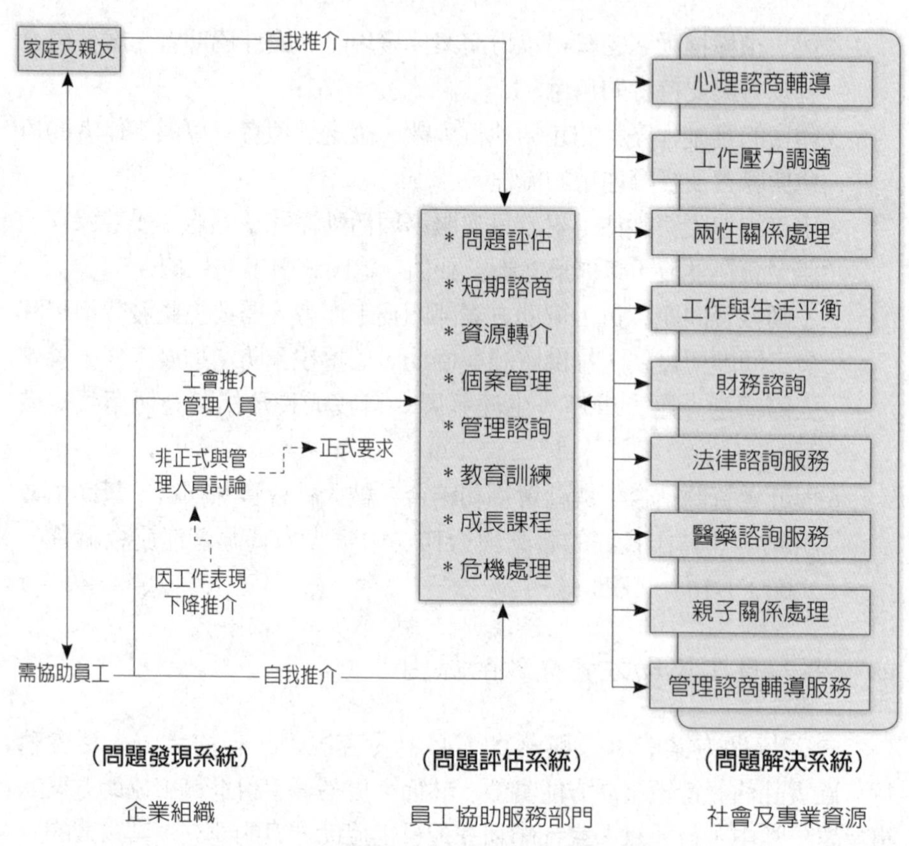

圖5-6　員工協助方案服務輸送模式

資料來源：陳德進（2011）。〈2010年出席美國員工協助專業協會年會（2010 Annual World EAP Conference）紀要〉。《台灣勞工季刊》，第26期（2011/06），頁85。

9.未仔細周延規劃及評估就貿然全面導入。

10.員工協助方案體系未能與人力資源管理體系相結合（林桂碧，〈台灣地區企業員工協助方案的現況與展望〉）。

展望員工協助方案未來能在企業普遍推動，以提供優質的工作環境及創造雙贏的勞資關係，必須先加強「員工協助方案」宣導工作，提高參與動機；配合組織變動，建造及強化內部「員工協助方案」服務系統（**圖5-7**）。

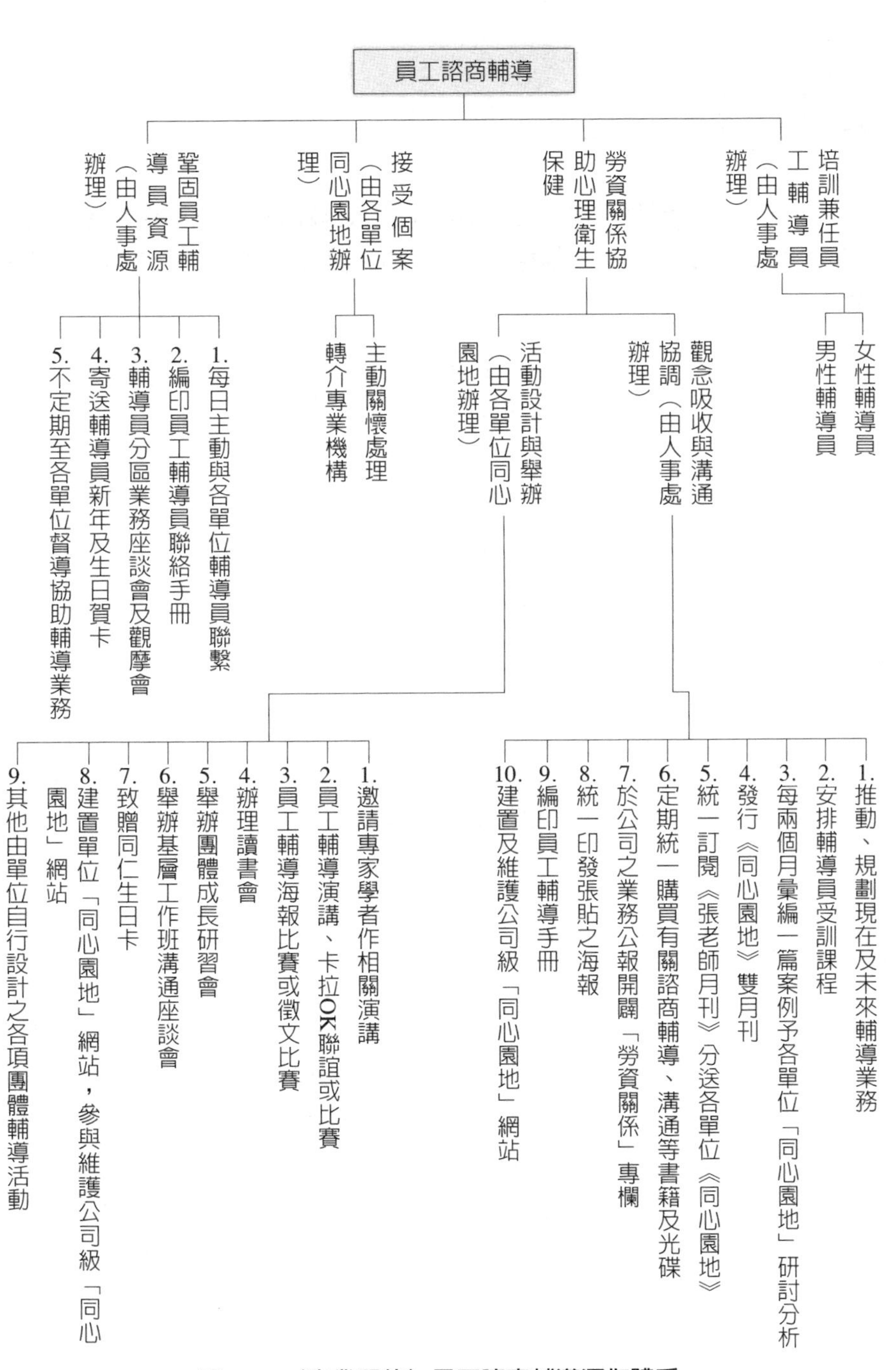

圖5-7　（事業單位）員工諮商輔導運作體系

資料來源：台灣電力公司。

結　語

一個友善的勞動環境，是一個如同家庭般溫暖的職場環境，使得員工對企業組織產生認同感與凝聚力，以達到員工高投入與企業高價值的雙贏目標。

第六章

人力維持管理

- 人資未來學
- 員工滿意度
- 離職管理
- 勞動三權
- 員工申訴制度
- 結　語

> 弱者坐著等待機會，強者主動製造機會。
>
> ——波蘭・居禮夫人（Maria Sktodowska-Curie）

人力維持管理（maintenance management），是組織爲維持員工之間在工作過程中和諧相處，以維持組織氣氛的過程。在這個體系中，主要的工作內容包括：人資未來學、員工滿意、離職管理、勞動三權和員工申訴制度等。

人資未來學

大部分已開發國家的勞動人口持續老化，反映了生育率下降，以及嬰兒潮世代步入老年期，勞工退休後也將帶走關鍵知識和技能，生產力也可能下降。這幾年來，企業熱衷精簡組織，一再進行裁員，如果裁掉的大多是年輕員工，幾年後可能會面臨嚴重的人才荒，危及企業的營運能力與獲利率（**表6-1**）。

一、人口風險

未來的企業將面臨兩類人口風險：一類與員工退休有關；另一類與高齡員工有關。

(一)屆齡退休員工

一位員工退休時，公司會失去一個人手，同時失去這個人長久累積的知識和專業技能。如果有很多員工即將退休而且很難找到遞補人選，公司將會面臨所謂的能力風險（capacity risk），也就是公司提供服務產品或服務的能力可能會變差。未來因爲員工退休而導致人才流失之時，招募新人遞補重要職缺也會變得愈來愈困難。

表6-1　職場四個世代比較表

	傳統族群（1945年以前出生）	嬰兒潮（1945-1964年）	X世代（1965-1980年）	Y世代（1981-2003年）
1.權威與領導	接受命令、對權威不質疑	尊重權利與成就	彈性合作	自治
2.問題解決	按層級	水平的	獨立的	合作的
3.決策過程	尋求同意	同仁告知	圈內人告知	團隊共同決定
4.回饋	沒消息就是好消息	一年一次足矣	每月或每週乙次	視需要而定
5.工作類型	照本宣科	不分假日或晚上，使命必達	不管白貓或黑貓，會抓老鼠就是好貓	在期限內完成即可，無須按部就班
6.溝通	由上而下、正式的	多少仍透過組織系統	直接的、偶然的、有時是不可測的	直接的、偶然的、偏好團隊共同決定
7.認同	個人的、視達成任務即獲報償為理所當然	期待被公開肯定，並獲晉升	期待被公平對待，並視充分享有假期為工作表現績優之回報	期待私下或公開之推崇，更期盼獲得增長技能之機會
8.工作與家庭	工作與家庭是兩碼子事	工作優先	工作與家庭平衡	個人生活融入工作
9.忠誠	對組織忠誠	對工作忠誠	對個人職業目標忠誠	對工作夥伴忠誠
10.技能	多一事不如少一事	不斷求進步	為完成工作，研發可用工具	力求技術精進，別無他途

資料來源：陳德進（2011）。〈2010年出席美國員工協助專業協會年會（2010 Annual World EAP Conference）紀要〉。《台灣勞工季刊》，第26期（2011/6），頁86。

範例6-1

退休感言

黃樹林裡分叉兩條路，只可惜我不能都踏行。我，單獨的旅人，佇立良久，極目眺望一條路的盡頭，看它隱沒在林叢深處。於是我選擇了另一條路，一樣平直，也許更值得。因為青草茵茵，還未被踩過，若有過往人蹤，路的狀況會相差無幾。那天早上，兩條路都覆蓋在枯葉下，沒有踐踏的汙痕，啊，原先那條路留給另一天吧！明知一條路會引出另一條路，我懷疑我是否會回到原處，在許多許多年以後，在某處，我會輕輕嘆息說：黃樹林裡分叉兩條路，而我，我選擇了較少人跡的一條，使得一切多麼地不同。

～美國詩人羅勃·佛洛斯特〈沒有走的路〉～

民國63年的8月下旬，二十八歲的我，帶著重慶國中首任校長馬宗雲的聘書，從彰化坐火車來到板橋車站下了車，第一次來板橋，記得當天板橋下著雨，在車站附近東問西找，好不容易才走到設在後埔國小後門一隅的重慶國中籌備處。9月開學，重慶國中借用後埔國小的教室上課，現今「巍峨聳立」、「美侖美奐」的重慶國中校舍，在當年仍是一片綠油油的稻田，更無法想像二十七年後的今天，牆外黃昏市場熙熙攘攘的人群與吆喝的叫賣聲，經常掩蓋著靠牆邊教室上課老師的「諄諄教誨」聲。

當人事主任通知我退休核准公文已下來，需要填寫曾在各校服務過的每一筆資料，溪湖國中兩年，鹿港國中一年，重慶國中二十七年，三地三校伴我一生的職涯三十一年，想不到原先陌生的板橋，卻讓我「青春年華」的大半輩子在此「易容」，也在此畫下教職的「終點站」。也許是「緣分」，也許是歷年來各長官與同事的「照顧」與「濃厚人情味」，從「坐二想三」、「坐三觀四」到「坐五望六」，人生一路走來，在教職上沒有遇到大風大浪，平平穩穩的來去「重慶」二十七年。在這離職的前夕，對所有幫助過我的長官、同事與好友，說聲誠摯的「謝謝」。

在重慶國中，個人除了謀得一份教職工作外，我的二位兒女的國中教育也在此地接受過許多敬愛的師長、叔叔、阿姨的「春風化雨」般之關照與教導，所以我也是「重慶國中的家長」。重慶國中在歷屆暨現任校長無私奉獻的辦學精神與每位老師的敬業樂群教誨學子下，從創校迄今，在海山地區（板橋、土城、三鶯）各公立國中的升學率與優良校風評比下，本校始終名列前茅，身為重慶國中工作群的一員，與有榮焉，也更感謝照顧過我家小孩的老師與同事，並致最高的

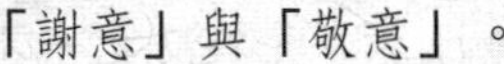

「謝意」與「敬意」。

我的小孩偶爾還會調侃我說：「媽！妳是不是還在教學生從廣州到北平要搭換幾次的鐵路線才能到達目的地？」。三十一年的教員職涯，在「地理學」這門課程中打轉，雖然也利用寒暑假到國外旅遊，但總是來去匆匆。如今可以真正放下「地理書本」，無拘無束的去應證「書上談圖」的蹤跡，從「理論」開始走進「實務」，也許這是退職後最想一步一步去實現的美夢，許我健康，美夢將成真，也祝福大家健康，一起「逗陣」來「去玩」。

在重慶國中，想到每週定時能與天真、可愛、無邪但又調皮、煩人的「國家未來主人翁」的互動，有快樂、有生氣，以及跟學有精專的同事共同切磋授課上學生發問待解決的「疑難雜症」，讓自己不會「食古不化」，在這樣「美好環境」工作了二十七年即要離開，真是有點依依不捨之情，但天下無不散的筵席，趁自己還能「行動自如」的歲月，好好去做自己以前「許願」想做但沒有實現的事，此時此刻，該是「還願」的時候。

55號的驛站到了！坐在「教育列車」三十一年的乘客與服務生的我，該下車轉站了！在自己轉換另一航程的「虛擬月台」上，謹向繼續奔向未來光明前景的「重慶國中師生號教育專車」上的長官、老師、同事、同學揮揮手，互道珍重再見！

祝福大家
身體健康
快樂出航

資料來源：林專（2001）。〈55號驛站！職場下車、人生出航〉。台北縣重慶國中教師會會刊第五期（2001/01），頁10。

(二)高齡員工

年紀較大的員工，即使還沒有開始大量的退休，也可能在管理上帶來極大挑戰。當然，年歲增長累積的經驗和智慧是極有價值的，但是在某些情況下，年歲增長也可能會讓生產力大打折扣，例如：年長的員工可能體力不足，無法從事於要勞力的製造、搬運工作；或是跟不上科技變革的腳步，無法讓技術升級。有時候，年長者覺得其發展機會愈來愈小，也就變得愈來愈消極，也會變得愈來愈容易生病，因而時常缺勤，或是只好改做一些非核心的工作。儘管員工隨著年紀和經驗的增長，能勝任更多職務，但某些工作上，年紀大的員工其生產力可能也會降低。

有些員工年紀較大以後，變得更投入工作（例如在子女獨立、家庭責任減輕之後）；有些員工則因爲覺得事業發展機會變少，而變得消極。爲了防止屆齡退休的員工失去幹勁，企業可以運用創意，規劃一些與年齡相關的績效獎勵方案，例如指派年長員工擔任新進員工的輔導員，以激勵年長員工的士氣，提升他們績效；也可以讓擁有重要知識的退休員工回流，以約聘方式從事特別專案。

二、填補人才缺口的方法

當我們指出哪些地方可能面臨最大的人力風險之後，接著要採取行動，盡量縮小風險，特別是在攸關組織日後成敗的職務上。

填補人才缺口的方法，可分爲兩大類：第一類是減少未來的人力需求，例如：提高生產力、工作外包；第二類是增加合格員工的日後供應來源，例如：調度員工、訓練員工、積極留才及招募新人（Rainer Strack、Jens Baier、Anders Fahlander著，2008：130-141）。

員工滿意度

美國明尼蘇達大學勞資關係中心（University of Minnesota Industrial Relations Center）人力資源管理心理學家維斯（Weiss）、達維斯（Dawis）、英格蘭德（England）和羅夫奎斯特（Lofquist）等四人在對美國五百個大、中型企業的人力資源管理進行研究發現，有效的人力資源管理應該以增強員工工作滿足（job satisfaction）爲核心，並對影響員工滿意度的因素進行了系統研究，發現影響員工滿意度的因素有：工作環境、工作類型／工作量、工作混淆／衝突、人際關係（同事／上級）、薪酬制度、職業發展／公司前景、價值觀。這四位學者還發現如果能夠增強員工對工作和組織的滿意度，員工會表現出高組織認同、高組織忠誠度、高工作績效、高團隊凝聚力、低離職率、低缺勤率和低管理成本（〈郭博士談人力資源管理診斷〉，5A精英諮詢網）。

一、工作滿足的意義

工作滿足，係指工作者心理與生理兩方面對環境因素的滿足感，亦即工作者對工作情境的主觀反應。

根據學者達維斯（Dawis）的說法，員工的工作滿足感高，將可導致下列的效果：

1.自願合作以達成組織目標。
2.對組織及領導者效忠。
3.表現良好的紀律。
4.當組織遇到困難時，員工能堅忍的共渡難關。
5.對本身的工作有更高的興趣。
6.能自動自發的努力工作。
7.以身爲組織的一份子爲榮。

二、員工滿意度原因分析

員工滿意度原因分析，可分爲下列幾項加以說明：

1.企業主導價值觀：價值觀是企業文化的核心，瞭解企業價值觀就可以瞭解企業文化，在此基礎上，可以招聘與企業價值觀一致的人進入企業，這可以減少離職率。
2.員工忠誠度及其原因：瞭解不同部門和不同層次員工和管理者對企業的忠誠程度，並且可以分析影響忠誠度的原因，爲提高員工忠誠度提出分析性建議。

3.員工壓力狀況及其原因：瞭解各層級員工（管理者）所面臨的壓力狀況，以及造成員工壓力大的原因，提出改進措施，增進員工健康水準，提高滿意度。

4.員工工作滿意度及其原因：瞭解員工對工作的滿意程度，以及影響滿意程度的因素，據此可以重新設計工作崗位職責，減少角色混淆、角色衝突，對不適應當前崗位的員工進行調換工作崗位。

5.員工的人際關係滿意度及其原因：瞭解員工對團隊內部人際關係的滿意程度，分析不滿意的原因，然後透過團隊培訓方式進行改善，減少員工之間的內耗，增強團隊凝聚力和士氣。

6.薪酬制度滿意度：透過瞭解員工對薪酬制度滿意度，可以作爲調整薪酬制度的參考。

7.職業前景滿意度及其原因：瞭解員工和管理者對自己發展前景的滿意程度，可以爲企業培訓提供參考。

8.對公司的認同：瞭解員工和管理者對公司的認同情況，可以爲企業文化培訓提供依據（〈人力資源管理診斷調查〉，西三角人力資源網）。

附錄6-1　工作滿意度問卷表

各位同仁：大家好！

公司爲了要瞭解大家對工作的滿意程度，藉以研擬各項管理改善措施，特別進行本問卷調查。本問卷採用不記名方式，其資料僅供公司內部整體分析用，不作其他用途，請您撥冗幾分鐘一一填答，以珍惜您發表看法與意見的機會與權利。並請於10月20日前，以單位主管指定問卷調查專員彙整後送回輔導中心，謝謝您的關心與協助。

敬祝

健康快樂

管理部　敬啓

年　月　日

請勾選其中一項（第一至三十八題）

	很不同意	不同意	無意見	同意	很同意
1.我可以從目前的工作中學到很多新的知識及技能。	□	□	□	□	□
2.我的主管歡迎我們表示意見，即使與其意見不同亦同樣歡迎。	□	□	□	□	□
3.與其他民營企業相同性質、相當職位比較，我的待遇還算合理。	□	□	□	□	□
4.我覺得中華汽車相當重視安全衛生及環保的工作。	□	□	□	□	□
5.我對中華汽車的未來很有信心，感覺中華很有前景。	□	□	□	□	□
6.我與本單位的同仁溝通良好，和睦相處，互助合作。	□	□	□	□	□
7.我的工作頗受家人與朋友看重。	□	□	□	□	□
8.我對我工作場所中的採光感到滿意。	□	□	□	□	□
9.中華汽車使我有歸屬感，且我以身為「中華汽車人」的一份子為榮。	□	□	□	□	□
10.我對我工作場所中整理、整頓（清潔衛生）感到滿意。	□	□	□	□	□
11.就我目前所做的工作而言，薪資待遇還算合理。	□	□	□	□	□
12.我認為中華汽車獲頒全國勞工福利優良單位，是實至名歸。	□	□	□	□	□
13.我對中華汽車目前的福利設施及福利項目覺得滿意。	□	□	□	□	□
14.我覺得自我成長的速度趕得上中華汽車成長的速度。	□	□	□	□	□
15.我的主管對我們欠佳的表現，會給予協助及鼓勵。	□	□	□	□	□
16.我對我工作場所中的空氣品質感到滿意。	□	□	□	□	□
17.我對本單位的工作氣氛及團隊精神覺得滿意。	□	□	□	□	□
18.我對現在的工作性質和內容覺得滿意。	□	□	□	□	□
19.我覺得我的工作責任和權利大致相當。	□	□	□	□	□
20.我覺得本單位工作的分派很合理。	□	□	□	□	□
21.我願意在中華汽車繼續工作，不會輕易產生離職的念頭。	□	□	□	□	□
22.我對主管的領導作風及管理型態感到滿意。	□	□	□	□	□
23.我認為中華汽車獲得升遷的同仁，絕大部分皆是靠實力及貢獻獲得晉升。	□	□	□	□	□
24.我的主管對我們良好的表現，會給予肯定並由衷地讚美。	□	□	□	□	□
25.我對我工作場所中的溫度調節感到滿意。	□	□	□	□	□
26.我對中華汽車的利潤分享制度（年終獎金、特別加發、稅後分紅）覺得滿意。	□	□	□	□	□
27.我對現行獎懲制度的實施效果感到滿意（具有正面功能）。	□	□	□	□	□

28.我認為中華汽車的薪資制度能鼓勵同仁努力工作。	□	□	□	□	□
29.我對我的工作覺得有成就感。	□	□	□	□	□
30.我覺得中華汽車的獎懲制度，賞罰分明。	□	□	□	□	□
31.我對中華汽車目前的訓練、進修措施覺得滿意。	□	□	□	□	□
32.我對我工作場所中的噪音控制感到滿意。	□	□	□	□	□
33.我覺得本單位目前的考績結果，可以反應實際的工作績效與努力程度。	□	□	□	□	□
34.我對中華汽車目前升遷制度的實施情況感到滿意。	□	□	□	□	□
35.我覺得我目前的工作可以讓我充分發揮我的才能、經驗或潛力，不至於大材小用。	□	□	□	□	□
36.我覺得中華汽車的考績實施狀況還算公平與公正。	□	□	□	□	□
37.我對中華汽車的未來很有信心，感覺中華汽車很有前景。	□	□	□	□	□
38.在我所認識的人中，有些人是我所不喜歡的。	□	□	□	□	□

39.您認為中華汽車勞動條件方面最需改善的地方是（請選三項）：

(1)□縮短正常工時
(2)□減少加班
(3)□提高工資
(4)□休假制度
(5)□退休制度、優惠退職制度
(6)□資遣制度
(7)□加強安全衛生措施
(8)□加強福利硬體設施
(9)□加強福利項目及執行成效
(10)□改善工作環境

40.您的工作壓力最主要來源是（請選三項）：

(1)□工作環境（空氣、噪音、溫度、採光、危險性……）
(2)□工作本身（緊張、單調、缺乏興趣、缺乏自主性、責任過重……）
(3)□工作時間長（體力及精神覺得倦怠……）
(4)□工作量重（有時間壓力、感覺進度趕不上……）
(5)□工作品質要求高（技術上或管理水準不符合要求或新職困難度高……）
(6)□工作保障（擔心被調職、資遣、對未來不確定、無力感……）
(7)□工作中的人際關係（主管、同仁或部屬冷漠、不合作、不被信任有孤立感……）
(8)□主管的領導風格和管理型態（主管對工作交代不清、過於嚴苛或漠不關心、缺乏溝通……）
(9)□個人方面因素（個性、能力、健康、自我要求完美……）
(10)□家庭方面因素（家人牽掛……）

41.您下班後或休假日較喜歡的休閒活動是（請勾選，可複選）：

活動項目	下班後	休假日	活動項目	下班後	休假日
(1)看書報、寫作	□	□	(13)做家事、帶小孩	□	□
(2)聽音樂、唱歌、彈奏樂器	□	□	(14)郊遊、旅行、登山、露營	□	□
(3)聊天、訪友、約會	□	□	(15)釣魚	□	□

(4)看電視、錄影帶	□	□	(16)健身運動（打球、慢跑、游泳……）	□	□
(5)看電影	□	□	(17)返鄉	□	□
(6)欣賞藝術表演、參觀藝文展覽	□	□	(18)靜坐（禪坐）	□	□
(7)觀賞體育競賽（職棒……）	□	□	(19)自我進修、學得一技之長（日文班……）	□	□
(8)聽演講（生活講座……）	□	□	(20)參加廠內外社團活動	□	□
(9)玩賞物、蒐集嗜好品（集郵……）	□	□	(21)參加宗教活動	□	□
(10)插花、園藝	□	□	(22)睡覺、休息	□	□
(11)下棋、打牌	□	□	(23)聚餐、喝酒	□	□
(12)玩電子遊樂器	□	□	(24)逛街、購物	□	□

42.您對公司的其他建議（或對1至39題的補充意見）：

（如本欄不敷使用，可另紙填寫）

請填寫個人基本資料（不必填寫單位及姓名）

（一）性別：1.□男　2.□女
（二）婚姻狀況：1.□未婚　2.□已婚，配偶有職業（或有收入）
3.□已婚，配偶無職業（或無收入）　4.□離婚　5.□喪偶
（三）年齡：滿　　歲
（四）工作年資：1.□未滿四十天　2.□未滿三個月　3.□未滿一年
4.□滿一年以上，滿　年（請填整數）
（五）職別：1.□師級　2.□員級，有領績效獎金　3.□員級，未領績效獎金
（六）職務：1.□主管／專員人員　2.□非主管人員
（七）學歷：1.□國中（初中）以下　2.□高中（高職）　3.□大專
4.□研究所以上
（八）住屋狀況：1.□自己擁有　2.□與父母同住，房子屬父母所有
3.□租賃　4.□公司宿舍
（九）上下班交通時間：（上班及下班合併計算）
1.□30分鐘以內　2.□30分鐘～1小時　3.□1小時～1小時30分
4.□1小時30分～2小時　5.□2小時～2小時30分
6.□2小時30分～3小時　7.□3小時以上

謝謝您的協助！

資料來源：中華汽車公司同仁問卷。《員工協助方案工作手冊》，頁5-1-23、5-1-24、5-1-25、5-1-26。

離職管理

人力資源專家理查・狄姆斯（Richard Deems）指出，企業要非常重視離職面談（exit interviews），因爲離職面談可以幫助改善公司的現況，幫助公司降低流動率。企業如果能清楚知道員工離職原因，對日後留住優秀人才是有幫助的，而且離職員工往往會說出一些平日不敢說的話，只要眞正敞開心胸傾聽原因，是可以瞭解許多以前主管沒注意到的管理問題、公司隱藏的危機，甚至一些部門內人事勾心鬥角的問題（**表6-2**）。

一、離職面談的觀念

辭職書面資料是離職員工留在公司的永久紀錄。離職原因通常會寫得比較婉轉，不容易分析其眞正求去的原因，所以要做離職面談。但離職面談不是用人單位主管留人的最後辦法，挽留員工不是等到這一刻員工提出要離職才使用（**表6-3**）。

表6-2　留住好員工的方法

- 生涯成長，學習與發展。
- 刺激與有挑戰性的工作。
- 有意義的工作（有影響力與貢獻）。
- 優秀的同事。
- 成為團隊的一份子。
- 好的老闆。
- 工作獲得賞識。
- 工作上的樂趣。
- 自主（對自己工作的掌握感）。
- 彈性（包括工時與穿著規定）。
- 不錯的待遇與良好的福利。
- 令人振奮的領導。

（以上按順序排列）

資料來源：David Stauffer著，陳澄和譯（2000）。《思科的十大秘訣》。聯經出版，頁94。

表6-3　離職面談可能問到的問題參考清單

一、對公司的整體感覺
1.你對公司整體的感覺如何？ 2.你的工作是否有足夠的機會發揮你的專業所長並有所長進？ 3.你認為公司的工作環境為你的工作創造了良好的條件嗎？ 4.你認為公司的報酬體系怎樣？ 5.你認為公司的福利計畫如何？還需作什麼改進？
二、部門工作氛圍
1.你得到有關你的工作表現的回饋了嗎？ 2.有關你的工作表現的評價是否客觀公正？ 3.你對你的主管感覺如何？他是否具備一定的管理技巧？ 4.你向你的主管反映你的問題和不滿了嗎？他是否令你滿意地解決了這些問題？ 5.在工作中你與同事合作得怎麼樣？
三、培訓與技能提升
1.你得到了足夠的培訓嗎？ 2.公司本來可以怎樣使你更好地發揮才能和潛力呢？ 3.你覺得自己還缺少哪些方面的培訓？這造成了怎樣的影響？ 4.你覺得公司對你的培訓和發展需求的評估妥當嗎？這些需求是否得到了滿足？ 5.你對怎樣的培訓和發展計畫最感興趣？
四、企業文化建設
1.你對公司的企業文化有何感想？有更好的建議嗎？ 2.你覺得公司該如何改進工作條件、工時、換班制度、便利設施等？ 3.你覺得公司該如何紓解員工的壓力？ 4.你覺得公司各部門之間的溝通和關係如何？應該如何改進？
五、具體離職原因
1.當你加入本公司時，你一定覺得你能實現自己的職業目標，是什麼導致你改變主意的呢？ 2.你作出離職決定的主要原因是什麼？ 3.你決定離職還有其他哪些方面的原因？ 4.公司本來可以採取什麼措施讓你打消離職的念頭？ 5.你本來希望問題如何得到解決？ 6.你是否願意談談你的去向（如果你去意已定）？ 7.是什麼吸引你加入他們公司？
六、其他
1.你離職後是否願意繼續和公司保持聯繫？ 2.你是否介意公司經常告知你公司的發展狀況，打聽你的發展情況，邀請你回來參加公司活動？ 3.當你在其他公司見識到更好的管理辦法或經過對照想到對公司更好的建議時，是否願意主動與公司分享？ 4.如果有機會，你是否還願意重新加入公司？

資料來源：劉中華（2007）。〈離職面談：將員工的心永遠留在公司〉。《人力資源・HR經理人》，總第264期（2007年11月下半期），頁46。

二、員工流動率

員工流動率本身不具有任何好或壞的意義，它就像人的體溫的指標一樣，應該維持在某一適度水準，一如體溫偏高或偏低均顯示病態。過高或過低的員工流動率，均可能造成企業有形或無形的損失。

高員工流動率，會導致企業招募和訓練成本的增加、機器損壞的頻率加大、意外不幸事件較易發生、生產力降低等現象；低員工流動率，容易使員工變得墨守成規、因循苟且、妨礙新觀念的產生。

高離職率對企業造成的損失，除了技術不能生根、影響員工士氣外，企業也必須花更多的時間及金錢與人力去徵才、面談及訓練，這些有形、無形的人力成本浪費是相當驚人的。除了重新招募、訓練員工熟悉公司作業等成本外，如果再計算無形的損失，例如員工高頻率的流動現象，破壞了公司的士氣及形象，一名員工離職，公司需要付出的代價可能遠比公司想像大得多。

經過仔細準備之後，帶有正面意義的說詞，是員工離職面談過程中不可或缺的重要工具。

範例6-2

蘋果公司執行長賈伯斯（Steve Jobs）辭職信

原文：

To the Apple Board of Directors and the Apple Community:

I have always said if there ever came a day when I could no longer meet my duties and expectations as Apple's CEO, I would be the first to let you know. Unfortunately, that day has come.

I hereby resign as CEO of Apple. I would like to serve, if the Board sees fit, as Chairman of the Board, director and Apple employee.

As far as my successor goes, I strongly recommend that we execute

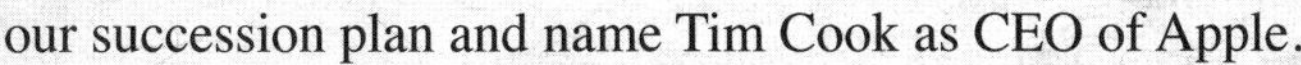
our succession plan and name Tim Cook as CEO of Apple.

I believe Apple's brightest and most innovative days are ahead of it. And I look forward to watching and contributing to its success in a new role.

I have made some of the best friends of my life at Apple, and I thank you all for the many years of being able to work alongside you.

Steve

譯文：

致蘋果公司董事會與蘋果同仁：

我一向都說，如果有一天我不再能符合擔任蘋果執行長的職責與期望，我會第一個讓你們知道。很不幸地，這天已經來臨。

我特此辭去蘋果執行長的職務。但如果董事會認為合適，我願意擔任董事長、董事與蘋果的員工。

至於我的繼任人選，我強烈推薦執行我們的接班計畫，提名提姆・庫克擔任蘋果的執行長。

我相信蘋果最燦爛最有創意的日子還在我們前方，我期待以新的角色共襄盛舉。

我在蘋果結交了一些畢生摯友，能和大家共事多年，在此向大家說聲感謝。

史蒂夫

資料來源：《聯合報》（2011/08/26，A3版）。

三、降低員工離職率

當公司的員工離職率偏高時，公司首先要做的是系統性蒐集相關資料，瞭解公司留不住員工的主因爲何。資料蒐集的方法有：

1.離職的是哪一類員工（部門），以及他們離職的原因。

2.公司與員工去留相關的政策。

3.業界員工的平均離職情況。

4.留在公司的員工，他們留在公司的原因。

許多公司將蒐集資料的重心放在離職員工上，希望能夠改進缺點。事實上，瞭解現職員工選擇留在公司的原因，對公司也一樣有幫助。因此，不要忽略了向現職員工蒐集資料。

調查顯示，88%的公司依賴員工離職訪談，以瞭解員工離職的原因。但是不少研究卻指出，員工離職訪談的效果不佳，因爲即使公司有誠意想要用心瞭解，離職員工通常會避免說出離職的眞正原因。員工已經要離開公司，談論對公司的不滿之處，對他們而言是弊多於利。許多人會隨便找個理由（例如家庭或健康的因素），只求離職過程容易一些，因此，員工離職訪談蒐集的資料常常不夠正確。要避免這種情況，公司可以在員工離職一段時間後，再對離職員工進行追蹤調查，這種方式蒐集的資料之所以比較正確，是因爲離職員工比較可能把離職眞正原因誠實告知。

許多公司誤以爲員工的離職率越低越好，事實上，只有當工作表現好的員工留下來時，對公司而言才是好的。績效不好的員工離職，對公司而言反而是正面的。公司在分析員工離職問題時，應該將員工依工作表現分類，重要的不是數字而是對公司造成的影響（《EMBA世界經理文摘》，2003）。

四、競業禁止條款

競業禁止，係指事業單位爲保護其商業機密、營業利益或維持其競爭的優勢，要求特定人與其約定在職期間或離職後的一定期間、區域內，不得經營、受僱或經營與其相同或類似之業務工作而言。

五、員工離職後競業禁止的標準

雇主有無保護利益存在，亦即雇主的固有知識和營業秘密有保護之必要而言。對於沒有特別技術且職位較低之員工，則無需約定競業禁止之必要。

競業條款　宏碁告前執行長蘭奇

電腦品牌大廠宏碁公司，向義大利法庭控告宏碁前執行長暨全球總裁蘭奇，在2011年遭宏碁董事會當場辭退後，蘭奇前往競爭對手聯想公司任職，違反競業禁止條款，並向蘭奇索賠。

所謂競業禁止條款，是指雇主為了避免離職員工洩漏公司商業機密，與員工訂定：離職後一段期間不得在營業項目相同或類似的企業工作，以保障雇主競爭力。

聯想在2012年1月初宣布，指派原擔任顧問的蘭奇，接掌歐非中東（EMEA）事業部。由於蘭奇在宏碁任職時，曾是歐洲操盤手，也與歐洲經銷商締結深厚關係，2012年美國消費電子展中，蘭奇更不忌諱穿梭在聯想攤位上，終於導致宏碁祭出法律行動。

值得注意的是，聯想特別把蘭奇接掌歐非中東事業部的人事案生效日期訂在2012年4月2日，剛好與蘭奇從2011年4月1日離開宏碁相隔一年，似乎有意迴避競業禁止條款。

宏碁表示，蘭奇的競業禁止條款為期十二個月。蘭奇已經違反他在2011年自宏碁離職時同意的競業禁止條款，公司已掌握強有力的事證，將對蘭奇違反競業禁止條款要求賠償。

資料來源：鄒秀明（2012）。〈競業條款　宏碁告前執行長蘭奇〉。《聯合報》（2012/02/08，頭版）。

1.競業禁止之對象、期間、區域、職業活動範圍，有無逾越合理範圍。
2.有無補償措施，意即填補員工因競業禁止之損害之代償措施。
3.離職後的員工之競業禁止是否有顯著的背信，或顯著性的違反誠信原則。

六、簽訂競業禁止相關約定注意事項

因競業禁止約定係屬私法上之權利義務，如發生爭議時，當事人應循司法途徑予於處理。下列是企業與員工簽訂競業禁止相關約定時需注意的事項：

1.員工有無顯著背信或違反誠信原則。
2.雇主有無法律上利益應受保護之必要。
3.勞工擔任之職務或地位。
4.依據本契約自由及誠信原則約定。
5.限制之期間、區域、職業活動範圍是否合理。
6.有無代償措施。
7.違約金是否合理。
8.簽訂競業禁止的書面內容。

在知識經濟時代，員工為企業發展之重要資產，故為確實保障企業的營業利益及競爭上的優勢，除了與員工簽訂競業禁止約定之方式外，企業應可從另一角度思考：即積極培養自己的人才，並透過良好的激勵措施，留住員工的心，以創造企業營業利益之確保，而員工願意積極投入研發，當能達到勞資利潤共享之雙贏局面。

七、降低員工流動的策略

企業要避免「楚才晉用」，降低員工流動的策略有：

1.事先做好人力資源規劃。
2.盡量使員工與任務做最好的配合，以使新進人員預期與工作的實際情況相吻合。
3.改進甄選程序與精心選拔「志同道合」的員工，提供完整的訓練課程。
4.多關心、多照顧新進員工。

範例6-4

離職事件

2001年夏天的某天早上，正當伊梅特準備接掌奇異公司執行長之際，家電事業的執行長雷利・詹斯頓到總公司來告訴我們，他即將出任西岸大型食品與藥品連鎖店艾爾伯森的執行長。雷利是奇異的強棒，表現優異，在公司裡面是個響噹噹的人物。雖然他另謀高就的消息突如其來，我們還是迅速採取行動。那天下午四點鐘，我們發布命令，請家電業務單位的銷售經理吉姆・康伯爾接替他的位置。

艾爾伯森公司找到了一位出色的執行長，我們也沒有自亂陣腳。

資料來源：傑克・威爾許（Jack Welch）、蘇西・威爾許（Suzy Welch）著，羅耀宗譯（2005）。《致勝：威爾許給經理人的二十個建言》。天下遠見出版，頁131-132。

5.持續督導及訓練員工。
6.以不偏頗的態度及方式管理員工。
7.隨時告知員工各項公司重要信息。
8.公正、公平的用人制度。
9.職位空缺或晉升應先內後外。
10.精神激勵與經濟鼓勵相結合。
11.改善企業福利待遇，用長遠的利益吸引員工。
12.採用績效獎勵制度。
13.利益共用，讓員工成為股東。
14.在企業內部實行輪調制度，有利於員工之間相互配合與相互瞭解，提高工作效率。
15.經常舉行各類培訓和文康娛樂活動，增進員工之間的友誼，加強企業的凝聚力。
16.實行感情管理，關心員工家庭，為有困難的員工提供支援和幫助。

一項成功的人才管理方案，它會包含一個與離職員工保持聯繫的策略。適當留給離職員工迴旋餘地的雇主，經常會將機會給予開拓新局面而出走的員工，讓他們帶著充沛的精力與全新的視野，回到原本的組織內繼續服務與貢獻（李學澄、苗德荃，2005：60）。

八、解僱員工的步驟

在管理工作過程中，最令人感到困難的莫過於解僱員工了。一般企業解僱員工的步驟爲：

1.二十四小時的「冷卻期」（靜思）後再決定是否解僱員工。
2.避免對員工做暗示性的承諾離職條件。
3.找一位專門找碴的人，聽他提出這項解僱理由的反駁意見。
4.爲解僱理由下明確「合法」、「合理」、「合情」的定義。

範例6-5

麥肯錫校友錄

企業保持與離職人才的經常聯繫是十分重要的。一直以來深諳此道的麥肯錫諮詢公司（Mckinsey & Company），在舊員工關係的管理上投入了相當大的精力，他們把離職員工的聯繫方式、個人基本情況，以及職業生涯的變動情況等資料，輸入前員工關係資料庫，建立了一個名為「麥肯錫校友錄」名冊，許多高級管理人員、教授、政治家都榜上有名。

透過長期感情上的聯繫與溝通，可從他們那裡獲得有價值的商機和諮詢建議，雖然人沒有回來，但有時往往一兩個極有價值的信息建議，就讓公司獲益匪淺，這種「編制外員工」，同樣為公司創造著有形與無形的巨大效益。

資料來源：鄭伯松（2006）。〈好馬也吃回頭草〉。《人力資源》，總第227期（2006/05 上半月），頁37。

5.與人事、法律部門人員核對「合法」的適法性。

6.解僱評鑑過程須誠實以對，不帶有任何個人主觀、偏見或挾怨報復。

7.保存解僱理由的所有證據，以便訴訟時的佐證。

8.準備應付被解僱者所可能採取的不理智甚至暴力行為。

9.以面對面方式解聘該名員工。

10.解僱過程應迅速、乾脆。

企業想要留住人才，最重要的是營造一個具有整合性、前瞻性的環境，使員工能夠擁有充分的發展機會，也就是要員工感受到這種氣氛。

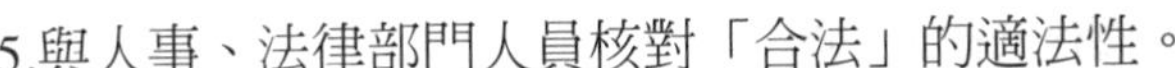

勞動三權

勞資關係（labor-management relations）一詞在國外通常稱爲工業關係（industrial relations）或員工關係（employee relations）。工業關係所探討者比較著重在製造業部門工會化及體力勞動經濟領域之現象，而員工關係則較偏重於探討非工會之間的白領勞動者及服務與商業部門（Lloyd L. Byars、Leslie W. Rue、黃同圳著，2008：393）。

工業關係是社會體系的次系統之一，在不同的社會體系下，各有不同的勞資關係模式。依照寇肯（Kochan）與凱茲（Katz）在《集體協商與工業關係：從理論到政策與實務》（*Collective Bargaining and Industrial Relations: From Theory to Policy and Practice*）一書中所做的分類，將工業關係的研究領域分爲八大學科，每一學科各有不同的研究主體（**表6-4**）。

勞動三權（團結權、團體協商權和爭議權）是勞工爭取合理勞動條件權益的主要力量，而且也是促進勞資雙方利益平衡的決定因素。

一、團結權

團結權，係指勞工爲了維持及改善適當的勞動條件，並以進行團體交涉爲目的而組織或加入工會的權利。《工會法》第6條將勞工組織工會類型分爲三類：

表6-4　集體協商與工業關係的研究主題

學科名稱	研究主題
歷史學	研究的主題在於勞工史，例如：工會組織史、勞工運動史、勞動階級史、工業組織發展史等。
經濟學	它包含經濟發展史、勞動市場理論及工業關係理論、勞動市場研究（諸如：勞動力供需、勞動力流動、工資與福利、所得分配、生產力、技術變遷等）、政府總體經濟政策（例如：最低工資政策、勞資關係政策、國民年金、退休金、社會保險、社會安全、失業、創造及促進工作機會與技能、健康、安全、身心障礙及其他工作條件保障、外籍勞工引進政策等）。
法律學	它指公私部門勞資關係法及政府總體經濟政策有關的主題。
政治學	它包含資方、工會與勞方有關的政治議題（遊說）、工會民主與勞動參與、組織決策、談判及協商行為、衝突及衝突解決等。
組織行為	它包含勞工組織及雇主組織（諸如：結構、行政、會員、目標、策略及行為）、談判理論、管理理論、領導、溝通、監督、組織的工作及職務設計、組織的變革發展等。
心理學及社會學	它包含工作動機、態度、行為及滿足；工作的團體行為；員工的績效；受僱者招募、甄選、評鑑等主題。
教育學	它包含勞工教育、訓練及學徒制度；管理能力的教育及訓練等。
國際研究	針對上述的所有主題（歷史學、經濟學、法律學、政治學、組織行為、心理學及社會學、教育學）之各國研究；比較工業關係。

資料來源：劉邦棟（1996）。〈論「人力資源管理」與「勞資關係」研究領域的異同〉。《勞工之友雜誌》，第551期（1996年11月號），頁21。

1.企業工會：結合同一廠場、同一事業單位、依公司法所定具有控制與從屬關係之企業，或依金融控股公司法所定金融控股公司與子公司內之勞工所組織之工會。（第一項第一款）依前條第一項第一款組織之企業工會，其勞工應加入工會。（第7條）

2.產業工會：結合相關產業內之勞工，所組織之工會。（第一項第二款）

3.職業工會：結合相關職業技能之勞工，所組織之工會。（第一項第三款）

(一)不當勞動行爲的制止

不當勞動行爲（unfair labor practices），在《工會法》第35條有如下

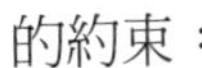

的約束：

「雇主或代表雇主行使管理權之人，不得有下列行爲：

一、對於勞工組織工會、加入工會、參加工會活動或擔任工會職務，而拒絕僱用、解僱、降調、減薪或爲其他不利之待遇。（第一項第一款）

二、對於勞工或求職者以不加入工會或擔任工會職務爲僱用條件。（第一項第二款）

三、對於勞工提出團體協商之要求或參與團體協商相關事務，而拒絕僱用、解僱、降調、減薪或爲其他不利之待遇。（第一項第三款）

四、對於勞工參與或支持爭議行爲，而解僱、降調、減薪或爲其他不利之待遇。（第一項第四款）

五、不當影響、妨礙或限制工會之成立、組織或活動。（第一項第五款）

雇主或代表雇主行使管理權之人，爲前項規定所爲之解僱、降調或減薪者，無效。（第二項）」

(二)公假時數

對擔任工會理、監事的工會會員，《工會法》第36條規定應給予如下的公假時數（有薪假）：

「工會之理事、監事於工作時間內有辦理會務之必要者，工會得與雇主約定，由雇主給予一定時數之公假。（第一項）

企業工會與雇主間無前項之約定者，其理事長得以半日或全日，其他理事或監事得於每月五十小時之範圍內，請公假辦理會務。（第二項）

企業工會理事、監事擔任全國性工會聯合組織理事長，其與雇主無第一項之約定者，得以半日或全日請公假辦理會務。（第三項）」

《工會法》既然允准員工可籌組工會，雇主只能在平日就加強對勞資關係的重視，該改善之處，不待員工提出就能及時改善，則員工成立工會的「抗衡性」就會大大的降低。

二、團體協商權

團體協商（collective bargaining），是指一個或多數雇主或雇主團體與一個或多數個勞工團體之間，爲達成有關工作條件或僱傭條件協議的一種協商。團體協商可說是促成團體協約的一種潤滑劑。

《團體協約法》第1條開宗明義的提出：「爲規範團體協約之協商程序及其效力，穩定勞動關係，促進勞資和諧，保障勞資權益，特制定本法。」同法第2條規定：「本法所稱團體協約，指雇主或有法人資格之雇主團體，與依工會法成立之工會，以約定勞動關係及相關事項爲目的所簽訂之書面契約。」由此可知，團體協商是一種手段，而簽訂團體協約才是最終的目的。

範例6-6

薪幅制團體協商約定書

台北縣聯合報股份有限公司產業工會（以下稱勞方）與聯合報股份有限公司（以下稱資方），茲就員工薪資制度調整案（以下稱薪幅制），依團體協約法進行團體協商，並簽定本協商約定書（以下稱本協約），以為勞資雙方共同遵守。約定內容如下：

一、勞方會員自中華民國（以下同）100年1月起適用薪幅制，當年前半年採原薪移轉，7月起依各職務薪幅制規定敘薪。但金傳媒所屬勞方會員適用98年12月18日簽訂之薪幅制團體協商約定書第二條實施日期。

二、薪幅制實施應取得勞方會員同意書。資方應於實施前發出實施薪幅制通知書，並給予勞方會員30天考慮期。不同意改制者，由資方依資遣相關規定辦理；若因薪幅制致薪資調降且符合原團體協約規定之離退職者（即工作15年以上、年滿50歲；或工作滿20年以上者），資方應依原團體協約之約定計算給予離退金（即依勞基法退休金標準計算）。

三、薪幅制實施後，勞方會員於退休或資遣時，其退休金或資遣費依從優原則，採兩階段計算合併給予（即實施薪幅制前的年資，依實施前六個月的平均工資計算；實施後年資，則按退休或資遣前六個月之平均工資計算）。但薪幅制實施後的薪資如高於實施前薪資時，則全部年資依退休或資遣前六個月平均工資為計算基準。

四、資方對主管與勞方會員之考核，都應依據明確的績效目標。各一級單位年度績效考核，優等（含）以上比例應限定在15%至25%間，乙等（含）

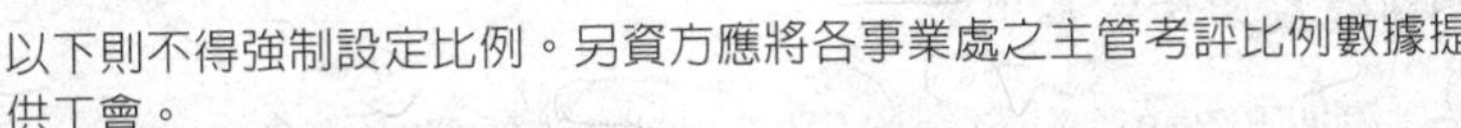

以下則不得強制設定比例。另資方應將各事業處之主管考評比例數據提供工會。

五、各單位編制之員額若有職缺時，對於符合資格之同仁，應予調升或調整職務。

六、各部門之績效評核委員會與薪酬評議委員會，應加入具勞方代表身分的基層會員，且會議應採共識決。

七、薪酬評議委員會於年度議薪時，各單位主管應附擬調薪同仁之各季績效面談表並羅列具體事實為憑。因考績而調降薪資之人數，以各一級單位考績排名最後5%為上限；勞方會員薪資在所屬一級單位平均薪資以下者，減幅不得超過該會員薪資總額5%；薪資在所屬一級單位平均薪資以上者，減幅不得超過10%。

八、資方如因人事緊縮政策而需裁減人員時，應依績效評比作為裁員主要標準，而非以年資、年齡為主要標準。

九、考核及敘薪申訴委員會之委員應包含勞方及資方代表，申訴辦法與施行細節由資方勞資關係組與勞方共同研商，報總管理處核定後實施。

十、資方應提供各事業處年度營收增減比率供工會參考。

十一、薪幅制實施後，資方即取消薪制換差制度，將薪制換差歸零；同仁調升薪資時，不再自薪制換差中扣抵。

十二、薪幅制實施一年後，由勞資雙方蒐集同仁意見，檢討新制執行缺失，由人資室提出具體改進作法。

十三、勞方就薪幅制協商事項，於99年4月7日第八屆第二次會員代表大會中授權理事會推派協商代表，經與資方代表進行多次協商後，於99年10月28日第八屆第三次臨時代表大會討論通過本協約協商原則，並授權勞方代表與資方代表共同簽署本協約。本協約效力及於勞方全體會員。

十四、本協約未約定事項，繼續適用勞資雙方85年2月10日簽訂之團體協約。

十五、本協約正本一式三份，由勞資雙方各執乙份，另一份函報主管機關認可。

立約人：

勞方：台北縣聯合報股份有限公司產業工會
代表：

資方：聯合報股份有限公司
代表：

中華民國99年11月4日

資料來源：《聯工月刊》，第252期（2010/11/05），聯合報產業工會出版，2版。

(一)團體協約約定事項

《團體協約法》第12條規定，團體協約約定事項如下：

「一、工資、工時、津貼、獎金、調動、資遣、退休、職業災害補償、撫卹等勞動條件。（第一項第一款）

二、企業內勞動組織之設立與利用、就業服務機構之利用、勞資爭議調解、仲裁機構之設立及利用。（第一項第二款）

三、團體協約之協商程序、協商資料之提供、團體協約之適用範圍、有效期間及和諧履行協約義務。（第一項第三款）

四、工會之組織、運作、活動及企業設施之利用。（第一項第四款）

五、參與企業經營與勞資合作組織之設置及利用。（第一項第五款）

六、申訴制度、促進勞資合作、升遷、獎懲、教育訓練、安全衛生、企業福利及其他關於勞資共同遵守之事項。（第一項第六款）

七、其他當事人間合意之事項。（第一項第七款）

學徒關係與技術生、養成工、見習生、建教合作班之學生及其他與技術生性質相類之人，其前項各款事項，亦得於團體協約中約定。（第二項）」

協約是「沒事的時候沒事，一有事的時候大家拚命抓漏洞」，所以，勞資雙方最好都要保留雙方簽約時所有往來的證據（文件），且在協約內容變更時，更要儲存舊檔，以保留協約演進過程，保障各自的權利義務。

(二)禁止搭便車條款

我國的工會發展史，在民國初年採取自由入會制度，但到了對日抗戰時，國民政府為了凝聚國力抗敵圖存，改為強制入會制。但是過去的「勞動三法」（《工會法》、《團體協約法》、《勞資爭議處理法》）並未對雇主「不當行為」具體規範，也未明訂非加入工會組織，不能享有工會與雇主協商成果的「工會安全條款」等相關配套，使得《工會法》雖然規定強制入會，事實卻未能落實，形成法制上的盲點。

2011年5月1日實施的新「勞動三法」，已就此部分予以補強，非會員不得再繼續「搭便車」了。

「搭便車」效應，指的是在利益群體內，某些成員爲了企業發展，努力爭取到的利益，企業內所有的人都有可能共享利益，但這些共享者卻無需承擔爭取利益時產生的風險成本，這就是「搭便車」效應。

《團體協約法》第13條規定：「團體協約得約定，受該團體協約拘束之雇主，非有正當理由，不得對所屬非該團體協約關係人之勞工，就該團體協約所約定之勞動條件，進行調整。但團體協約另有約定，非該團體協約關係人之勞工，支付一定之費用予工會者，不在此限。」這就是重要的立法宣示，被稱爲禁止搭便車條款（聯工刊論，2011）。

三、爭議權

爭議權乃勞資雙方得合法互相進行爭議行爲的權利。和諧的勞資關係，讓勞資雙方能齊力一心，共同努力，如此一來，企業才能永續經營、穩定成長。但畢竟雇主和勞工每個人都是不同的個體，有不同的考量和想法、不一樣的需求與抉擇，難免會發生爭執，其中勞資雙方當事人基於法令、團體協約、勞動契約等規定所爲之權利義務之爭議，或是對勞動條件主張繼續維持或變更的爭議即是所謂的「勞資爭議」。

(一)勞資爭議仲裁程序

勞資爭議之仲裁程序，係指勞資爭議發生後，勞資雙方爲解決爭議，共同合意由中立且公正之第三者所進行之爭議處理程序。《勞資爭議處理法》特別將權利事項之勞資爭議納入仲裁範圍，並明定經勞資爭議雙方當事人同意，得不經調解程序，逕付仲裁；此外，增訂獨任仲裁人，明定仲裁判斷之效力等措施，期能透過制度改革，促使勞資雙方善加利用該制度，並期藉由公正、專業第三人判斷，消弭爭議，解決勞資衝突。

爲確實保障勞工團結權、協商權，迅速排除不當勞動行爲，回復集體勞資關係之正常運作，《勞資爭議處理法》特增訂裁決章，對於資方有違反《工會法》第35條或勞資任一方有違反《團體協約法》第6條第一項規定之不當勞動行爲時，當事人得向中央主管機關申請不當勞動行爲裁決，由中央主管機關組成不當勞動行爲裁決委員會進行裁決，以解決其爭議（**表6-5**）。

表6-5　勞資爭議裁決涉及的法規

法規名稱	條文	內容
工會法	第35條	雇主或代表雇主行使管理權之人，不得有下列行為： 一、對於勞工組織工會、加入工會、參加工會活動或擔任工會職務，而拒絕僱用、解僱、降調、減薪或為其他不利之待遇。 二、對於勞工或求職者以不加入工會或擔任工會職務為僱用條件。 三、對於勞工提出團體協商之要求或參與團體協商相關事務，而拒絕僱用、解僱、降調、減薪或為其他不利之待遇。 四、對於勞工參與或支持爭議行為，而解僱、降調、減薪或為其他不利之待遇。 五、不當影響、妨礙或限制工會之成立、組織或活動。 雇主或代表雇主行使管理權之人，為前項規定所為之解僱、降調或減薪者，無效。
團體協約法	第6條	勞資雙方應本誠實信用原則，進行團體協約之協商；對於他方所提團體協約之協商，無正當理由者，不得拒絕。 勞資之一方於有協商資格之他方提出協商，有下列情形之一，為無正當理由： 一、對於他方提出合理適當之協商內容、時間、地點及進行方式，拒絕進行協商。 二、未於六十日內針對協商書面通知提出對應方案，並進行協商。 三、拒絕提供進行協商所必要之資料。 依前項所定有協商資格之勞方，指下列工會： 一、企業工會。 二、會員受僱於協商他方之人數，逾其所僱用勞工人數二分之一之產業工會。 三、會員受僱於協商他方之人數，逾其所僱用具同類職業技能勞工人數二分之一之職業工會或綜合性工會。 四、不符合前三款規定之數工會，所屬會員受僱於協商他方之人數合計逾其所僱用勞工人數二分之一。 五、經依勞資爭議處理法規定裁決認定之工會。 勞方有二個以上之工會，或資方有二個以上之雇主或雇主團體提出團體協約之協商時，他方得要求推選協商代表；無法產生協商代表時，依會員人數比例分配產生。

資料來源：《工會法》及《團體協約法》。

同時爲遏止未來不當勞動行爲繼續發生，主管機關得限期令有不當勞動行爲之一方爲一定行爲或不行爲，至當事人違反該行爲或不行爲義務時，主管機關得依法另爲處分。此外，賦予裁決委員會對《工會法》第35

條第二項規定所生民事爭議事件所為之裁決決定，經法院核定後，具有與民事確定判決之同一效力。

處理勞資爭議，貴在「預防先機」，如果能夠透過事先的預防，將使勞資爭議之嚴重性大大降低，甚至於在未出現任何抗爭之前，就可以取得公平、公正之解決，這種預防性的勞資爭議處理機制，人力資源管理部門平日就應多觀察員工出現的「異狀行為」的深入瞭解，果決的判斷，把握時效，善意溝通，彼此諒解，及時提出勞資雙方都能「互蒙其利」的方案，化干戈為玉帛，勞資雙方共享合作創造的成果。

《工會法》將使勞工可以更自由與有保障的組織和加入工會，配合《團體協約法》透過強制協商規範及誠信協商機制，有效提升勞資雙方對團體協約的協商意願，並搭配《勞資爭議處理法》中的裁決機制，建構勞資自主與自治精神，讓集體勞資關係更加和諧。

員工申訴制度

員工申訴制度，係指員工在企業內部遵循正常管道，表達其在工作中產生之不滿、不平的情緒，並經由一定程序加以妥善處理之制度。

一、申訴制度設計原則

國際勞工組織（International Labour Organization, ILO）早在1967年7月29日的會議上就《有關調查及解決企業內勞工訴怨建議書》（第130號建議書）中，提出企業在調查及解決勞工訴怨的制度設計與方法上，應秉持以下原則：

1.解決訴怨之方法應盡可能簡單迅速，並在必要時能配合時間之規定；在執行此類方法時，有關手續應簡化。

2.勞工應有權利直接參加其訴怨之解決過程，並在其訴怨接受調查的過程中，依照國家法律或慣例，有權請求其所屬勞工組織之代表，或其企業中之勞工代表，或由其自選的任何人為之。

3.勞工或其代表，如後者受僱於同一企業中，應有足夠時間參加調查過程，並應享有不因缺工參加調查過程被扣薪之權利，包括法律、團體協約及其他協商方法所規定不受虐待之權利。

4.如有關雙方認爲必要，則一切經過雙方同意之紀錄對雙方同具效力。

5.應有有效之措施，保證勞工能充分瞭解此一解決訴怨之方法，支配其執行之規則與慣例及求助此一方法的條件。

建議書中亦強調：「如在企業內所有解決委屈之努力都已失敗，爲顧及其所受委屈，可能還有最後解決之法，即求助於政府當局之調解或仲裁、勞工法庭或其他司法機構等。」亦即，申訴制度的建立，乃在勞資雙方進入勞資爭議處理程序之前，透過勞資自律、自治的精神加以解決（黃坤祥，1995：7）。

二、員工申訴制度的功能

員工申訴制度的設立，其用意即在於使員工能循正常途徑宣洩其不滿、不平的情緒並解決問題。設立員工申訴制度的功能有：

1.藉由申訴案件可以發現企業經營的問題，並能預先加以解決，以免妨礙工作進度。

2.藉由小問題的解決，防止更大問題的發生。

3.使員工的不滿得到情緒上的發洩，平息其不滿的心理。

4.可以防止管理人員專橫或濫用職權，影響員工工作士氣。

5.提高生產力，促進企業繁榮發展。

6.檢視管理制度與規章的合理性。

7.防止各階層管理權的不當使用。

8.減輕高階主管人員處理員工不滿事件的負荷。

9.抒解員工情緒、改善工作氣氛。

三、員工申訴的範圍

員工申訴制度主要作用，在於處理員工工作有關的不滿而希望得到公平、公正、合理的解決，使其對於組織與個人的傷害減至最低，但卻有其範圍上的限制。舉凡與工作無關的問題，通常應排除在外（**表6-6**）。

表6-6　有關勞工申訴的勞工法規規定

勞工法規	條文	內容
勞動基準法	第70條	（工作規則之內容） 雇主僱用勞工人數在三十人以上者，應依其事業性質，就左列事項訂立工作規則，報請主管機關核備後並公開揭示之： 十一、勞雇雙方溝通意見加強合作之方法。（第一項第十一款）
	第74條	（勞工之申訴權及保障） 勞工發現事業單位違反本法及其他勞工法令規定時，得向雇主、主管機關或檢查機構申訴。（第一項） 雇主不得因勞工為前項申訴而予解僱、調職或其他不利之處分。（第二項）
勞工安全衛生法	第30條	（工作場所違反有關勞工安全衛生規定時，勞工之申訴權） 勞工如發現事業單位違反本法或有關安全衛生之規定時，得向雇主、主管機關或檢查機構申訴。（第一項） 雇主於六個月內若無充分之理由，不得對前項申訴之勞工予以解僱、調職或其他不利之處分。（第二項）
勞動檢查法	第11條	勞動檢查員不得有左列行為： 三、處理秘密申訴案件，洩漏其申訴來源。（第一項第三款）
	第32條	事業單位應於顯明而易見之場所公告左列事項： 一、受理勞工申訴之機構或人員。 二、勞工得申訴之範圍。 三、勞工申訴書格式。 四、申訴程序。（第一項）
	第33條	勞動檢查機構於受理勞工申訴後，應儘速就其申訴內容派勞動檢查員實施檢查，並應於十四日內將檢查結果通知申訴人。（第一項） 勞工向工會申訴之案件，由工會依申訴內容查證後，提出書面改善建議送事業單位，並副知申訴人及勞動檢查機構。（第二項） 事業單位拒絕前項之改善建議時，工會得向勞動檢查機構申請實施檢查。（第三項）

（續）表6-6　有關勞工申訴的勞工法規規定

勞工法規	條文	內容
性別工作平等法	第13條	（性騷擾防治措施、申訴及懲戒） 雇主應防治性騷擾行為之發生。其僱用受僱者三十人以上者，應訂定性騷擾防治措施、申訴及懲戒辦法，並在工作場所公開揭示。（第一項） 雇主於知悉前條性騷擾之情形時，應採取立即有效之糾正及補救措施。（第二項） 第一項性騷擾防治措施、申訴及懲戒辦法之相關準則，由中央主管機關定之。（第三項）

資料來源：丁志達（2011）。「企業問題發掘、分析及診斷」講義。中華民國勞資關係協進會編印。

一般而言，員工在勞動關係中所可能產生的不滿（苦情），可歸納爲下列問題：

1.有關報酬的問題（monetary issues）：諸如薪資核算錯誤、薪資計算方式不合理（不合法）、薪資結構及計算方式的改變與報酬有關的職位評價、等級劃分等。

2.有關工作的問題（work issues）：包括工作分配與指派、工作流程、工作型態的改變、工作時間的變更、工作權責的調整、工作環境的安全衛生，以及其他有關工作品質的要求。

3. 有關福利事項（welfare issues）：包括福利設施及活動、福利事項的增刪。

4.有關技術變革的問題（technical changes）：包括生產方法、設備的改變、新的生產技術的引進，以及新技術的培訓等。

5.有關管理活動的問題（managerial action）：對管理者的決策內容、過程及權威的不滿，尤其是工作規則的執行實務上的歧視（如獎勵、懲戒、升遷、輪調等）。

6.有關群體之間（inter-group）的互動關係的問題：諸如部門之間的協調、配合或部門間權責的劃分，或利益的分配等問題。

基於上述對員工不滿的分析，企業在擬定員工申訴制度處理事項時，需針對勞動條件、勞工福利、安全衛生、管理規章及措施、上司與部屬間或部門之間的互動與協調、工作分配、工作調動、獎懲、考核、升遷、有關團體協約的解釋與履行和其他與工作有關的不滿或冤屈等項加以妥善規範（台灣省政府勞工處編印，1993：12-14）。

四、申訴管道的建立

「星星之火，可以燎原」，企業對員工申訴事件的處理不可不慎，因而企業可藉由多重的申訴管道建立，包括：勞資會議、職工福利委員會、退休基金管理委員會、勞工安全衛生委員會、工會組織、部門溝通會議、主管會報、意見箱、人事評議委員會、直接經由行政體系（人事單位）口頭申訴等。在有效多元運作下，必可使企業經營管理更臻完善，勞資關係更加和諧。

結　語

勞資和諧本來就是企業經營的成功關鍵，但是為了經營策略的執行，更應重視員工的參與和承諾。因此，在勞資關係上應採取勞資協調與勞資合作的各項方案。除了訊息的溝通外，取得工會與員工的支持，推動產業民主制度與員工參與計畫等，都能透過協商與合作模式共同達成企業目標（李漢雄，1999）。

第七章

人力資源量化管理

- 智慧資本與人力資本
- 組織績效
- 平衡計分卡
- 人力資源計分卡
- 人事成本分析
- 社會保險成本
- 結　語

> 度量是關鍵。如果你不能度量它，你就不能控制它。如果你不能控制它，你就不能管理它。如果你不能管理它，你就不能改進它。
>
> ——詹姆斯・哈林頓（James Harrington）

「你衡量什麼，就會成功管理什麼。」這句話是永恆的真理。沒有衡量，就不會有績效，但是衡量指標應該和企業整體的使命及策略相結合。不管是企業經營者還是專案管理者，最重要的過程就是決策，而決策的品質依靠資訊的品質，資訊的品質來自正確的、精準的度量。時常觀察與善用一些人力資源指標（例如每位員工平均營收）、比率（例如預算中訓練支出所占的比率、資深員工與低階員工的薪資等級比率、主管人數與員工人數比率）或指數等衡量工具，可以適時發現員工的狀態與趨勢，即早預防人事衍生的危機。

範例7-1

企業反敗為勝的作法

1994年，美國大陸航空公司（Continental Airlines）前總裁葛雷・布雷納門（Greg Brenneman）成功的讓公司反敗為勝，成為經典案例。他認為他的秘訣不複雜，而是一般常識：將那些有兩百個座位，乘客卻只有三十人的班次停飛；讓乘客和行李準時到達目的地；顧客餓了，就讓他們吃東西，以及創造一個讓員工想來工作的環境。重點是，布雷納門將這些目標都化成為衡量指標：每個座位的營收數字、班機每月準時率、行李錯誤率、員工流動率、請假率等。就是這麼簡單；使命轉化為相關的衡量指標，衡量轉化為行動。

資料來源：編輯部（2002）。〈管理是什麼？〉。《EMBA世界經理文摘》，總第191期，頁102。

智慧資本與人力資本

現代管理學之父彼得・杜拉克說：「我們正進入一個知識社會，在這個社會當中，基本的經濟資源將不再是資本（capital）、自然資源（natural resources）或是勞力（labor），而將是知識（knowledge），知識員工將成爲其中的主角。」在過去，企業的競爭力關心的是企業財務資本的雄厚與否，但二十一世紀企業經營，面臨科技迅速演變，更應關心如何厚植企業的知識資本，才是擁有競爭優勢的企業（**圖7-1**）。

一、智慧資本

智慧資本（intellectual capital）是一種對知識、實務經驗、組織技術、顧客關係和事業技能的掌握，讓企業或組織享有絕對的競爭優勢，或是能產生出超過公司帳面的價值之無形資產（intangibles），都可泛稱爲

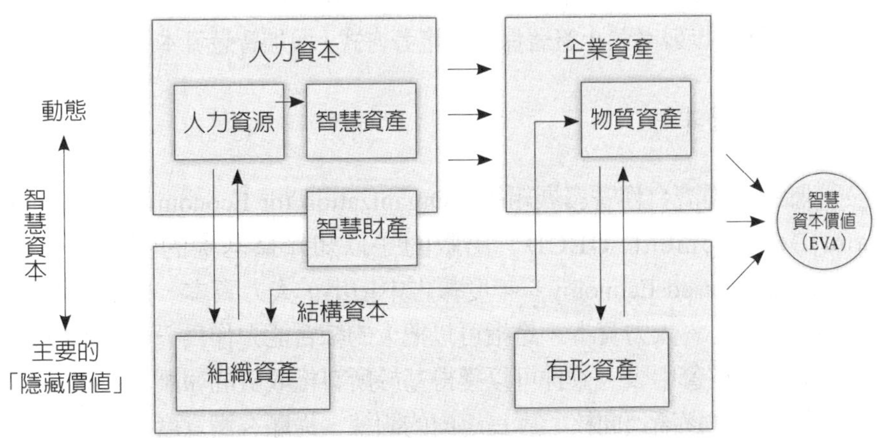

圖7-1　智慧資本的管理

資料來源：Leif Edvinsson & Michael S. Malone著，林大容譯（2000）。《智慧資本：如何衡量資訊時代無形資產的價值》（*Intellectual Capital: Realizing Your Company's True Value by Finding Its Hidden Brainpower*）。臉譜出版，頁90。

智慧資本。當智慧（wisdom）成為重要的資源時，企業終於承認，他們最重要的資產，便是「人」。

智慧資本的內涵包括：

(一)人力資本

智慧資本最基礎的要素為人力資本。就組織管理而言，人力資本指的是在組織內的人力資源擁有可為組織產生經濟價值的知識、能力、技巧等相關職能及經驗。融合了知識、技術、革新，還有公司個別員工掌握自己任務的能力，同時也包括了公司的價值、文化以及哲學。

(二)結構資本

結構資本（structure capital）是指組織針對系統、工具、增加知識在組織內流通速度，以及知識供給與散布之管道的投資。例如硬體、軟體、資料庫、組織結構、專利、商標，還有其他一切支持員工生產力的組織化能力。

人力資本、結構資本應平均發展，二者間相輔相成，善用科技並尊重專業管理智慧資本，讓個人知識能因此透過團隊學習移轉，使員工與公司一起分享，輔以競業禁止簽署保密約定等方式，增加智慧資本的移動障礙。

二、人力資本

聯合國經濟合作暨發展組織（Organization for Economic Cooperation and Development, OECD）出版的「以知識為基礎的經濟」（The Knowledge-based Economy）年度報告中指出，人力資本、技術知識是經濟發展的核心。人力資本，是指可以把人的綜合能力作為一種資本投入到企業的生產經營中去，並且可以獲得基於所有權收益的報酬。因此，新時代的培訓模式逐漸邁向核心專長導向的訓練，從顧客滿意度之角度思考所需具備的核心專長，規劃員工核心專長架構，評量員工核心專長之具備程度，激發企業內員工無窮潛能，爆發工作能量，貢獻產值。

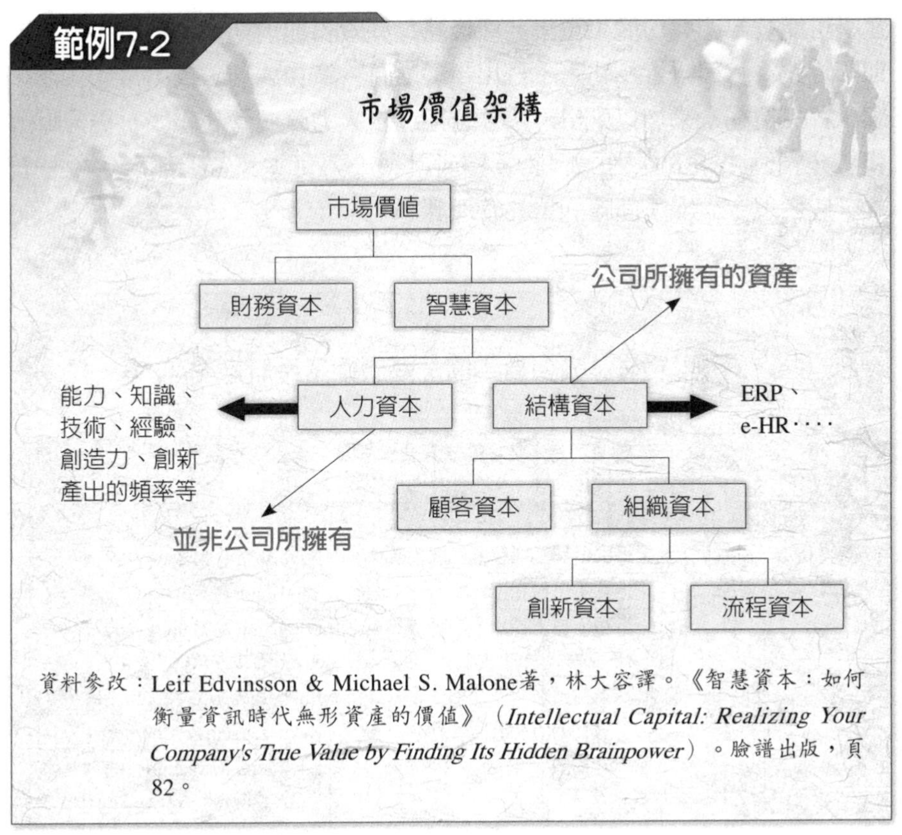

資料參改：Leif Edvinsson & Michael S. Malone著，林大容譯。《智慧資本：如何衡量資訊時代無形資產的價值》（*Intellectual Capital: Realizing Your Company's True Value by Finding Its Hidden Brainpower*）。臉譜出版，頁82。

早在四十多年前，就有美國學者提出「人力資源會計」（Human Resources Accounting, HRA）的觀念，就是爲補足財務報表中有關人力資本揭露的缺乏。按照美國會計學會（American Accounting Association, AAA）的定義，人力資源會計是一種辨認及衡量人力相關資料，並將結果報導給企業管理當局及外部使用者的過程，以作爲合理的經營管理及正確的投資、信貸決策。而「人力資源會計」在會計處理上最大的不同在於，其將能產生預期未來收益的人力投資支付當作爲「資產」，可分期攤銷與定期衡量（張書瑋，2010：64-68）。

人力資本衡量與觀察，需要隨時掌握歷史資料，例如會計類的營業額、毛利、淨利等；人事類的經歷（年資）、教育訓練、薪資、獎金等，並盡可能按部門與功能來蒐集。然後將這些資料與前期資料相比、數年同期間相比、和競爭者相比等，找出趨勢軌跡，避免誤判，找出常模（標準線），以便在未來加以應用。接著定期製作人力資源管理報表，提升瞭解趨勢、預測未來的能力。因此，如何累積人力資本，留住無形的智慧資本，成為現今組織所面臨的重要管理課題。

附錄7-1　人力資本的三階層衡量系統之歸類

人力資本		分析層次為主要構面、次要構面面、一般化指標（如能力面、專業知識與技術面、和工作相關證照數）	
主要構面	次要構面	一般化指標	學者
能力型人力資本	知識與技術能力	平均每位員工每年的訓練天數	Edvinsson & Malone (1997)
		平均員工所擁有工作相關之證照數	Van Buren (1999)
		平均每位員工每年的訓練成本	Edvinsson & Malone (1997) Sveiby (1997)
		訓練投資占薪資總額的比率	Bukh, Larsen, & Mouritsen (2001)
		員工專長的分布廣度	Bukh, Larsen, & Mouritsen (2001)
		領導力指數	Edvinsson & Malone (1997) Roos, Roos, Dragonetti, & Edvinsson (1997)
	學經歷及經驗	平均組織年資	Edvinsson & Malone (1997) Pennings et al. (1998) Bukh,Larsen, & Mouritsen (2001) Hitt, Bierman, Shimizu, & Kochhar (2001)
		平均專業年資	Bukh, Larsen, & Mouritsen (2001) Sveiby (1997)
		經理人中擁有高等學歷的比率（商科、理工科、文科）	Edvinsson & Malone (1997)
		員工平均教育程度高低	Bukh, Larsen, & Mouritsen (2001) Stewart (1997) Sveiby (1997)
		員工平均年齡	Edvinsson & Malone (1997) Bukh, Larsen, & Mouritsen (2001)
		員工平均年齡分布比率	Bukh, Larsen, & Mouritsen (2001)

主要構面	次要構面	一般化指標	學者
能力型人力資本		員工的平均薪酬	Bontis & Fitz-enz (2002) Van Buren (1999)
		高階經理人的平均薪酬	Bontis & Fitz-enz (2002)
		管理階層的平均薪酬	Bontis & Fitz-enz (2002)
	創造力	員工提出創見實現的比率	Dzinknowski (1998)
		平均每年的創意提案比率	Bontis (1998)
		平均每年新產品想法的提出數量	Knight (1999)
		平均每年新產品想法的接受數量	Knight (1999)
	關係建構能力	組織內部關係	Bontis (1998)
		員工非正式互動程度	吳思華（2000）
		員工的社交能力高低	Sveiby (1997)
		促進員工能力的顧客數	Sveiby (1997)
	適應能力	員工於企業競爭環境變化的適應力程度	Roos, Roos, Dragonetti, & Edvinsson (1997)
情感型人力資本	工作承諾	員工的工作滿意度	Van Buren (1999) Bukh, Larsen, & Mouritsen (2001)
	組織承諾	員工變動率：新進員工的比率與離職員工的比率	Bontis & Fitz-enz (2002)
		員工流動率	Sveiby (1997)
		員工認同組織的比率	Van Buren (1999)
	向心力	員工向心力高低	Bukh, Larsen, & Mouritsen (2001)
		員工對於組織活動的參與率	吳思華（2000）
		員工自願性延長工時比率	吳思華（2000）
動機型人力資本	工作動機	組織授權的程度	Edvinsson & Malone (1997) Van Buren (1999)
		已授權團隊數量的多寡	Edvinsson & Malone (1997) Van Buren (1999)
		員工工作動機的強烈程度	Edvinsson & Malone (1997)
		動機指數	Roos, Roos, Dragonetti, & Edvinsson (1997)
	工作價值與信念	員工在工作相互學習的程度	Van Buren (1999)
	行動活力與勇氣	員工的士氣高低	Stwart (1997)
人格特質型人力資本	親和性	員工具備易相處與溝通等人格特質的程度	本研究

主要構面	次要構面	一般化指標	學者
人格特質型人力資本	勤勉正直性	員工具備積極與主動性的程度	本研究
		待人處事的誠信與自律程度	顧琴軒、周鋮（2004）
	外向性	組織成員合作的程度	Bukh, Larsen, & Mouritsen (2001) Bontis (1998)
	神經質	員工在工作上呈現負面情緒的程度	本研究
	經驗開放性	員工對新奇事物的吸收程度	本研究
健康型人力資本	身心健全	身體健度狀況	顧琴軒、周鋮（2004）
		精力充沛程度	顧琴軒、周鋮（2004）
		理智與情緒穩定程度	顧琴軒、周鋮（2004）

資料來源：國立政治大學商學院台灣智慧資本研究中心、財團法人資訊工業策進會資訊市場情報中心（2006）。《智慧資本管理》。華泰文化出版，頁133-134。

三、沉沒資本

企業中的大部分員工將在幾年後退休，管理者能否成功地將他們的知識傳薪給新一代員工？企業斥巨資引進了高級人才後，能否成功地讓他們「賓至如歸」，進而充分展示其才幹？企業對人才進行了培訓和能力提升，能否成功地從他們身上得到回報，而不是「替他人做嫁衣？」像惠普公司（Hewlett-Packard）副總裁尼克．厄爾告別了爲之奮鬥十八年的公司，到阿里巴巴公司（大陸企業）當總裁兼總經理。人走則走矣，然企業所失去的知識資源、網絡資源和信息資源作爲一種沉沒資本（sunk cost）則是無法挽回的。

人力要素的開發和轉化過程中種種不確定性因素會給企業帶來程度不一的損失，企業面臨的人力資本管理風險勢必大大地增加，企業的沉沒成本甚至比顯性成本（explicit cost）更加應當得到重視。如果人力資本投資成爲沉沒資本是企業的一種損失，在企業管理中扮演著越來越重要戰略角色的人力資源管理者，必須正視人力資本的沉沒風險，重視人力素質的開發和轉化，早思良策，將人力資本的作用發揮到極致（鄧敏、郭宏湘，2003：27）。

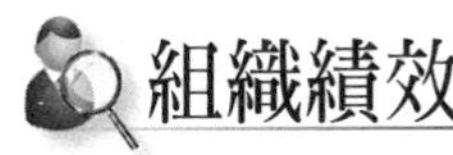

組織績效

組織中一切活動的終極目標均在創造利潤，提升組織績效。組織績效代表著一個組織的營運管理成功與否。因此，組織績效的衡量一直是經營管理者關注的焦點，一方面是其關係到組織是否得以永續經營與發展，另一方面也涉及到組織策略性決策的制定與策略執行的效能等議題。所以，有效的組織績效衡量將有助於評估組織的調適與運作的品質（**表7-1**）。

表7-1　財務性與非財務性績效指標

財務性績效指標		非財務性績效指標	
營業成長率	盈餘成長率	員工士氣	缺勤率
毛利率	純益率	員工流動率	專業人員吸引力
勞動生產率	資產報酬率	服務年資、升遷管道	高級人員貢獻值
利潤率	員工每人平均獲利率	技術發展	員工關係
銷貨成長率	員工每人平均生產額	產品設計	員工承諾
投資報酬率	股票市場價值	聲譽	工作滿意度
市場占有率	與競爭者的相對績效	產品品質	
附加價值率	機器設備使用率	顧客服務	

資料來源：丁志達（2011）。「目標管理與績效考核技巧班」講義。中國生產力中心編印。

組織績效衡量範圍

組織績效衡量方式必須涵蓋組織目標及所有利害關係人（stakeholder）的期望，主要包括三種不同的衡量範圍：

1.財務績效指標：它指達成企業的經營目標，如銷售成長、獲利率、每股盈餘等。

2.事業績效指標：它指財務績效及作業績效的總和，其中作業績效是指市場占有率、新產品開發週期、產品品質、行銷效能等。

3.組織績效指標：它除了需考量傳統的財務績效指標（營收成長率、

盈餘成長率、純益率、資產報酬率）外，人力資源績效指標（員工每人平均獲利率、員工每人平均產值等）亦是一項重要的組織績效衡量指標（徐芳瑜，2008：11）。

在任何一個高績效的組織，人力資源部門必須展現在人力資源方面的投資對營運成果要有清楚的因果關係。組織如果有適當的衡量方法，就能運用手上的豐富資料來產生可靠的資訊，並完整地說明哪些人力因素是某個特定組織的驅動因子，進而產生變革，並且建構預測模型，以作爲企業未來發展的計畫（**表7-2**）。

表7-2　部門具體量化指標

部門	具體量化指標
營業部門	銷售量、銷售額、售出數量與金額、訂貨數量與金額、市場占有率、顧客申訴率、申訴案件、顧客人數、客戶滿意度調查。
生產技術部門	生產量、生產力、製造率、故障品發生率、設備添購率、半成品之數量與比率、成品品質。
倉儲採購部門	原料成本價格、庫存量、庫存率、不良產品庫存量、不良產品庫存率、原料庫存時間、採購準時進貨率（或延遲率）、採購品不合格率、每次採購平均處理時間、採購前置時間的縮短。
會計財務部門	毛率、毛利率、附加價值、成本、費用、資金周轉率、貸款比率、自己資本比率、其他各種營業比率。
人事勞務部門	員工數、人員素質、勞動生產力、出勤率、離職率、核心人才保留率、勞務費、加班時數、提案件數、員工滿意度、勞資關係。
安全衛生部門	正常作業時間、發生災害件數、損失金額、長期缺勤人數、缺勤日數、意外事件發生的頻率、員工健康指標。
新產品（研發）	專案件數、商品化件數、新產品之利潤及銷售額。
革新合理化	引進新制度與系統、修正制度與系統、調整組織、革新事務、機械化及自動化的推行、添置生產設備。
地域社會關係	防止公害對策、贊助公益活動。

資料來源：林一帆（1982）。《目標管理的理論與實務》。國家出版社，頁131。

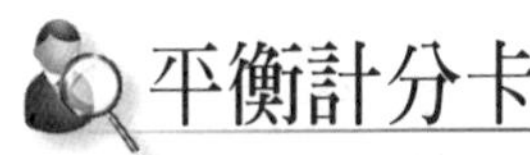

平衡計分卡

1990年，平衡計分卡（Balanced Scorecard, BSC）推出，急速橫掃全球企業界，成爲人們耳熟能詳的名詞。伴隨時間的演進，羅伯·柯普朗（Robert S. Kaplan）與大衛·諾頓（David P. Norton）在其1995年合著的《平衡計分卡》（*Balanced Scorecard*）一書中指出，評量企業經營績效的指標可以分爲四大構面：財務構面（financial perspective）、顧客構面（customer perspective）、內部流程構面（internal perspective）、學習與成長構面（learning and growth perspective）。企業在建立績效指標時，應能同時涵蓋四大類構面，才能兼顧短期目標與長期目標間、財務指標與非財務指標間、落後指標與領先指標間，以及內部指標與外部指標間的平衡，而這四方面的努力必須在「願景與策略」的引導和整合下才有意義。因而，平衡計分卡乃蛻變成爲策略管理的系統，企業不只是導入管理工具，更是掀起組織變革（**圖7-2**）。

一、平衡計分卡的特質

所謂「平衡」，意指此手法是專注於四種均衡的績效。領先及落後指標均備，組織內部和外部同時考量。它能反映組織綜合經營狀況，使業績評價趨於平衡和完善，利於組織長期發展。平衡計分卡具有下列的特質：

1.四大構面：財務、顧客、內部流程、學習與成長。
2.七大要素：策略性議題、策略性目標、策略性衡量指標、策略性衡量指標之目標值、策略性行動方案、策略性預算、策略性獎酬。
3.四大系統：策略系統、衡量系統、執行系統、溝通系統（**圖7-3**）。

二、四大指標

「平衡」是必須介在組織內部（內部流程與學習／成長的構面）與外部（股東與顧客的構面）的平衡。因此，平衡計分卡是衡量組織過去努

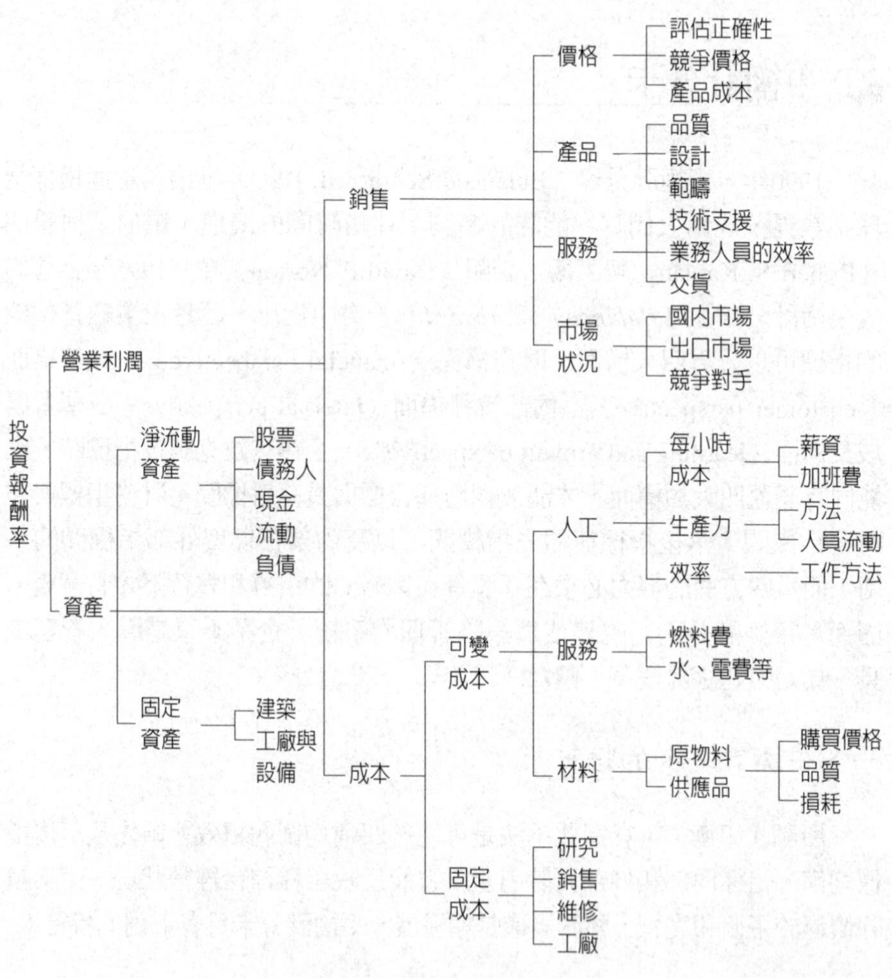

圖7-2　公司財務結構示意圖

資料來源：芭芭拉·明托（Barbara Minto）著，陳筱黠、羅若蘋譯（2007）。《金字塔原理：思考、寫作、解決問題的邏輯方法》。經濟新潮社出版，頁248。

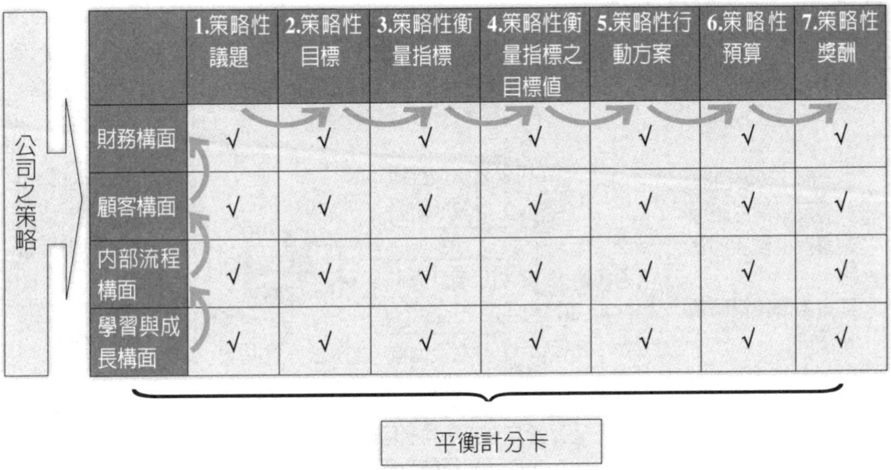

公司之策略

	1.策略性議題	2.策略性目標	3.策略性衡量指標	4.策略性衡量指標之目標值	5.策略性行動方案	6.策略性預算	7.策略性獎酬
財務構面	√	√	√	√	√	√	√
顧客構面	√	√	√	√	√	√	√
內部流程構面	√	√	√	√	√	√	√
學習與成長構面	√	√	√	√	√	√	√

平衡計分卡

圖7-3 平衡計分卡之具體內容

資料來源：吳安妮。「資訊管理課程」講義／引自：陳文銘（2003）。〈淺談平衡計分卡〉。《一銀月刊》，517期（2003/07），頁2。

力的成果作為驅動未來績效的策略（**圖7-4**）。

(一)財務指標

「財務指標」可以顯示企業的策略和執行是否能改善最終經營成果。衡量的內容包括：收入增長、收入結構、成本降低、提高生產力、資產利用和投資策略等。

(二)顧客指標

「顧客指標」強調的是，如何滿足顧客的需求，提供產品和服務時，是否能達到最佳總成本、提供客戶最優惠的價格，或是推出市場領先的產品、提供完整的解決方案，甚至透過系統鎖定客戶，拉高系統轉化的成本。例如：顧客對品牌的認知、顧客滿意度、快速的服務、低水平的價格等。

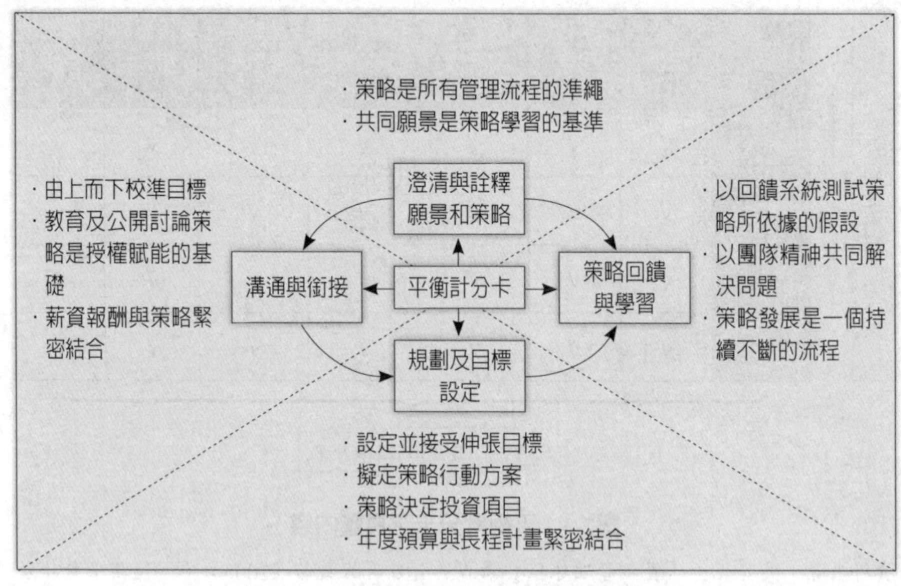
·策略是所有管理流程的準繩
·共同願景是策略學習的基準
·由上而下校準目標
·教育及公開討論策略是授權賦能的基礎
·薪資報酬與策略緊密結合
澄清與詮釋願景和策略
溝通與銜接
平衡計分卡
策略回饋與學習
規劃及目標設定
·以回饋系統測試策略所依據的假設
·以團隊精神共同解決問題
·策略發展是一個持續不斷的流程
·設定並接受伸張目標
·擬定策略行動方案
·策略決定投資項目
·年度預算與長程計畫緊密結合

圖7-4　平衡計分卡作為策略管理的架構

資料來源：安侯企業管理股份有限公司。

(三)內部流程指標

「內部流程指標」包括：營運流程、服務流程、創新流程、法規與社會流程等，它不但關注短期的現有業務改善，還要顧及長遠的產品和服務革新。

(四)學習與成長指標

「學習與成長指標」是財務指標、顧客指標、內部流程指標的基礎，也是最重要的驅動力。涵蓋的面向包括：員工的能力、資訊系統的能力，對產品和市場的創新、持續學習，以及企業實施激勵、授權或相互配合的機制。例如台塑集團要求總管理處的組長實際進到工廠，針對銷售、生產、成本等流程做具體的診斷分析，列出一長串改進要點，再讓組長和該廠長互調職位三年，等於是派診斷的人親自上陣解決問題。

上述四大指標間，事實上存在相當程度的因果關係，並以學習與成

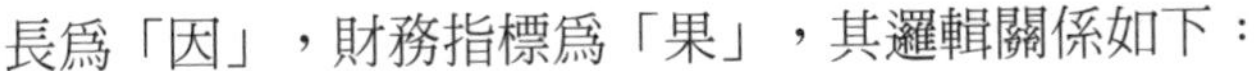

長爲「因」，財務指標爲「果」，其邏輯關係如下：

企業員工的學習與成長能力，決定是否落實高績效的內部作業流程。透過高效率的流程，提供顧客所需的產品、品質、服務與交期，才能贏得顧客滿意及顧客忠誠度。有了顧客滿意及顧客忠誠度，自然可以進一步擴大市場占有率，達成銷售增加、利潤成長，乃至提高投資報酬率等各項財務目標。倘若企業的績效表現不佳，例如投資報酬率偏低、市場占有率下降、顧客抱怨增多等，則依據「果」由「因」生的道理，根本原因很可能是學習與成長發生落差所致，假若不能填補此一落差，又如何改善企業的績效表現（寧致遠，2001：95）。

三、平衡計分卡的作法

羅伯・柯普朗特別強調平衡計分卡是「策略管理制度」之一環，絕非一般人所認爲的「績效管理制度」。此制度係透過公司不同部門、不同人員間之持續性溝通，將策略及目標具體地付諸實施之有效利器。例如：美國西南航空公司（Southwest Airlines）以低成本戰略聞名於航空業，把這一戰略轉化成可以衡量的指標使用，就是平衡計分卡方法。

不同的事業單位必須設計自己的計分卡，才能符合本身的使命、策略、技術以及文化。例如，蘋果公司（Apple Inc.）發展平衡計分卡的目的，是要讓高階經理人超越平常討論的毛利率、股東權益報酬率和市場占有率等議題，把注意力放在策略上。以財務面向上強調「股東價值」；以客戶面向上則是「市場占有率及客戶滿意度」；在內部流程面向上是「核心能力」；在學習與成長的面向上則是「員工的態度」（Robert S. Kaplan、David P. Norton著，2003；高翠霜譯，2009：126）。

四、平衡計分卡導入

平衡計分卡實施之先決條件是企業先要明確地訂定其「策略」，當策略形成後，再實施平衡計分卡，則易促進公司願景之具體達成，進而使公司增進長期之效益（陳文銘，2003：2-5）。

範例7-3

美國西南航空公司的營運戰略

戰略主題：營運效率	指標	衡量	目標	程序
財務 利潤 淨資產收益率 收入增長　減少飛機	・利潤 ・收入增長 ・減少飛機	・市場價值 ・每座位收入 ・降低成本	・增長30% ・增長30% ・減少5%	
顧客 吸引和保留 更多客戶 及時服務　價格更低	・顧客數量 ・正點飛行 ・價格更低	・正點飛行率 ・顧客忠誠度（市場調查）	・業界第1名 ・業界第1名	・質量管理 ・顧客忠誠度程序
內部 快速起降	・快速起降	・在地面時間 ・起飛及時率	・30分鐘 ・90%	・營運週期優化
學習 協調 地勤人員	・協調地勤人員	・接受培訓的地勤人員百分比 ・持有公司股票的地勤人員的百分比	・yr.1 70% ・yr.3 90% ・yr.5 100%	・員工持股計畫 ・地勤人員培訓流程

資料來源：單吉祥（2003）。〈2003夏季攻略：戰略性業績管理〉。《人力資源》（2003年第6期），頁19。

透過財務指標、顧客指標、流程指標和學習與成長指標，平衡計分卡囊括企業的全方位運作模式，但它絕不能單獨導入，必須能與上層的企業文化、價值觀、願景和策略連結，同時又能往下延伸，跨接到企業的目標行動方案，進而成爲員工的個人目標，而關鍵績效指標（KPI）、六標準差（6 Sigma）等，就是導入平衡計分卡後，接連施展到實務面，重要的執行工具。企業推動學習與成長，將能支撐價值創造的流程，進而爲顧客創造高價值，最後必能透過營收成長或是生產力，爲股東創造長期價值（陳珮馨，2007）。

人力資源計分卡

「平衡計分卡」的觀念導入人力資源範疇稱爲「人力資源計分卡」（human resource scorecard），爲人才管理注入新理念並形成風潮（**圖7-5**）。

一、員工對組織的經濟價值

根據布萊恩・貝克（Brian E. Becker）、馬克・休斯理德（Mark A. Huselid）、戴維・尤瑞奇合著的《人力資源計分卡：人力資源、經營策略與績效目標的最佳結合》（*The HR Scorecard: Linking People, Strategy, and Performance*）一書中指出，一項針對986家公司高級人力資源經理進行的調查顯示，「員工對組織的經濟價值」這一項，只有6%的公司能夠採用正式的測量程序，其餘公司不是未做任何測量，就是以主觀或直覺來估量；又如，只有2.8%的公司能夠評量「員工工作滿意度的增加、對組織的認同感及類似的工作態度的經濟效益」。顯見增加對數字的掌握能力，建立科學化衡量機制，展現企業人力資本的數據資料，是人力資源管理者亟待努力的一環。

企業常用財務績效數據，例如營收、獲利等來衡量一家企業的成長潛力，未來人力資源數字將更爲重要，包括員工滿意度、生產力、流動率、僱用成本、訓練成本、客戶管理等，這就是人力資源部門展現價值所在。

人力資源計分卡可從策略、營運流程、顧客與財務等四個觀點著眼，使人力資源的目標與組織的策略目標進行結合，人力資源部門不再是以成本導向爲中心，而視爲是組織的策略資產，透過不斷關注與強化企業策略的推展，將有助於企業價值的創造（周瑛琪，2010：36）。

二、人力資源衡量指標

人力資源衡量指標，可涵蓋員工數、流動率、訓練、出缺勤、人力資本成本、員工滿意度、薪資獎酬、員工生產力等項目。建立人力資源衡

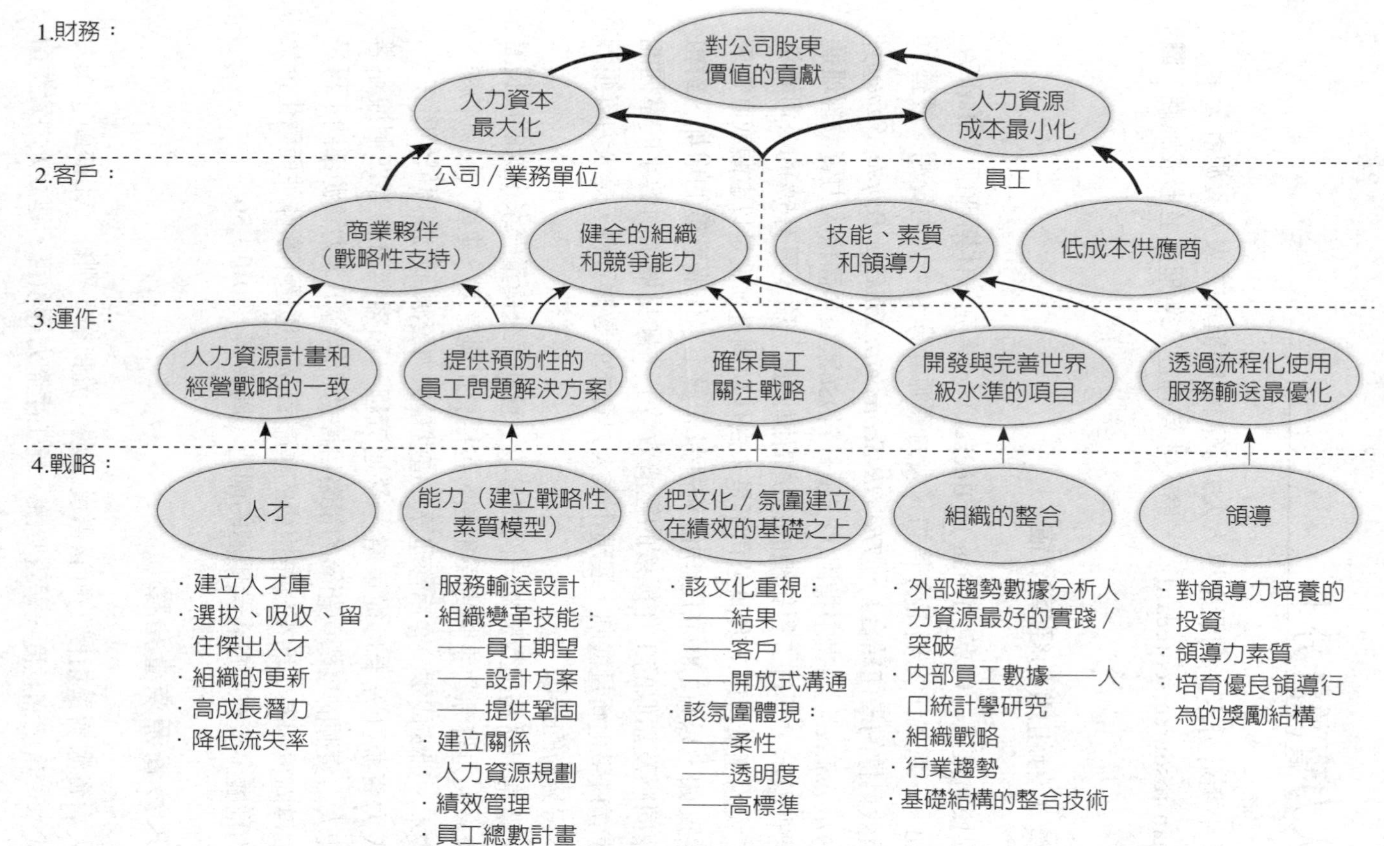

圖7-5　人力資源關連模型

資料來源：GTE Corporation.／引自：布萊恩·貝克（Brian E. Becker）、馬克·休斯理德（Mark A. Huselid）、戴維·尤瑞奇（Dave Ulrich）著，鄭曉明譯（2003）。《人力資源計分卡》。機械工業出版，頁76。

量指標，不僅要讓企業可以逐年累計相關數據，清楚瞭解資本投入效益的現況，掌握組織的發展趨勢，還要透過內部不同事業單位或部門作比較，甚至是跟競爭者作比較，以作判斷（黃麗秋，2010：25-26）（**表7-3**）。

表7-3　人力資源作業效率評量指標（例行事務）

依工作類別績效區分的曠職率	安全訓練與警示活動的次數
意外事故的成本	因工作壓力而發生職業病的次數
意外事故中無傷害的比例	全年訓練天數與計畫的數量
員工平均在職期間（依績效等級區分）	應徵求職申請與被僱用的比例
解決爭端的平均處理時間	職業安全與健康管理（OSHA）檢查
福利成本占薪資或整體營收的比例	員工參與訓練的比例與人數
福利成本與競爭對手的比較	人力資源資訊系統提供資訊的正確率
遵循政府勞工工作條件的規範	員工職能發展計畫順利完成的比例
遵循標準作業的技術規定	員工接受適當訓練與發展的機會
充分的工作環境安全監控	每年員工訓練使用新教材的比例
與人力資源有關的訟訴成本	員工教育訓練支出占總薪資的比例
職業傷害的成本	員工績效評鑑能準時完成的比例
每次員工抱怨的處理成本	要求提供資訊獲得回應的時間
每次人員招募的成本	每年病假占全年工時的比例
每位受訓人員的時數成本	發薪的時效
人力資源部門預算占營業額的比例	新進人員進入狀況的時間
每位員工分攤人力資源作業的成本	填補缺額所需的平均時間
人力資源費用／總支出	每位員工的平均報酬
意外傷害事件總數	總體人力資源投資／獲利
求才面談的作業比例（錄用率）	總體人力資源投資／營收
因意外事件損失的工時數	個別人員招募管道的流動率
關鍵人力資源作業的週期指標	員工流動成本
不同招募管道的應徵人數（素質評量）	依工作類別與績效區分的流動率
不同招募管道的獲聘人數（素質評量）	變動人工成本占變動營收的比例
主題式的訓練課程次數	勞工的報酬成本
徵才廣告使用的次數	勞工報酬與工作經驗等級的比較

資料來源：摘自Dave Ulrich, "Measuring Human Resources: An Overview of Practice and a Prescription for Results," *Human Resources Management, 36* (Fall 1997): 303-320.／引自：Brian E. Becker, Mark A. Huselid, Dave Ulrich著，陳正沛譯（2004）。《人力資源計分卡：人力資源、經營策略與績效目標的最佳結合》。臉譜出版，頁106。

三、人力資源成本分析

所謂成本（cost），就是為了獲得某種預期的效益或者服務而必須付出的代價，而人力資本投資成本的概念，來源於這種一般意義上的成本概念。人力資源管理是一種存在著投入與產出、成本與收益的經濟活動分析。如果用「投入—產出」或「成本—收益」來進行分析，人力資源的投資是一切投資中收益最高、獲利最大的投資。進行人力資源計畫的目之一，就是為了降低人力資源成本（human resources costs）。

人力資源成本，是指透過計算的方法來反映人力資源管理和員工的行為所引起的經濟價值。透過人力資源成本分析可以更加精確的標明人力資源的各項工作和員工的各項工作行為對公司所造成影響，有利於管理者對人力資源管理的實際狀況和人力資源政策的影響力進行評估（**表7-4**）。

四、直接成本和間接成本

人力資源成本可分為直接成本（direct cost）和間接成本（indirect cost）兩部分。直接與間接是兩種不同類型的測量和核算。

表7-4　職場衝突的成本

成本類別	說明
時間成本	當員工因衝突而虛擲工作時間，因衝突而導致員工請假、 休假而流失工作時間，就等於浪費企業的金錢。
決策成本	當一位員工覺得自己和決策者之間的關係是敵對的，必然會故意不透露或故意操控決策者所需的資訊。
重組成本	為降低員工之間的衝突程度與機率，公司有時被迫不得已要重新規劃工作流程、重定規章制度、重建組織結構等，如此一來，必然增加作業成本。
損害成本	根據統計，員工的衝突愈激烈、愈普遍，公司機器、設備、工具與庫存被偷竊或被破壞的事件就愈多愈頻繁，甚至於阻礙、擾亂、打斷工作流程。
員工成本	員工流失離職、工作動機低落，甚至消失，或因衝突而產生壓力、情緒失控、健康狀況失衡，都會給公司帶來直接與間接成本。

資料來源：戴照煜（2008）。「職場衝突管理方法研習班」講義。中華企業管理發展中心編印。

直接成本，是指實際發生的費用，可以用數據表示的成本的度量，例如在對新進員工進行培訓時，付給接受培訓者的工資，就屬於直接成本，在此過程中直接用貨幣支出的培訓費用（如外聘講師鐘點費、交通膳宿費）等，也是直接成本。

間接成本，是指不能直接計入人力資本投資的財務帳目，而以時間、數量和質量等形式反映出來的成本，例如，因政策失誤或工作業績的低落造成的損失等。

間接成本雖然難以用貨幣來準確衡量，但它的意義和價值可能會遠遠高於直接成本，所以重視間接成本是非常重要的。

五、人力資源會計

人力資源會計（HRA），是指對組織的人力資源成本與價值進行計量和報告的一種會計程序和方法。它是在運用經濟學、組織行爲學原理基礎上與人力資源管理學相互結合、相互滲透所形成的一類專門會計學科，是對組織的人力資源成本與價值進行計量和報告的一種程序和方法。

1964年，美國密西根大學（University of Michigan）的企業管理學家赫曼森（R. H. Hermanson）發表的〈人力資源會計〉一文中首次提出人力資源會計這個概念之後，透過一大批會計學者的堅持不懈的研究，到今天，人力資源會計已逐步建立起一套較完善的理論體系，特別是知識經濟時代的到來，更爲人力資源會計的推廣創造了歷史性的契機（人力資源會計，MBAlib）。

六、人力資源成本

人力資源成本，是指取得或重置人員而發生的費用支出，包括人力資源的取得成本、開發成本（歷史成本）和人力資源的資遣成本（職務重置成本）（**圖7-6**）。

(一)取得成本

它是指錄用一個新員工所必須付出的代價，包括招募成本、選拔成

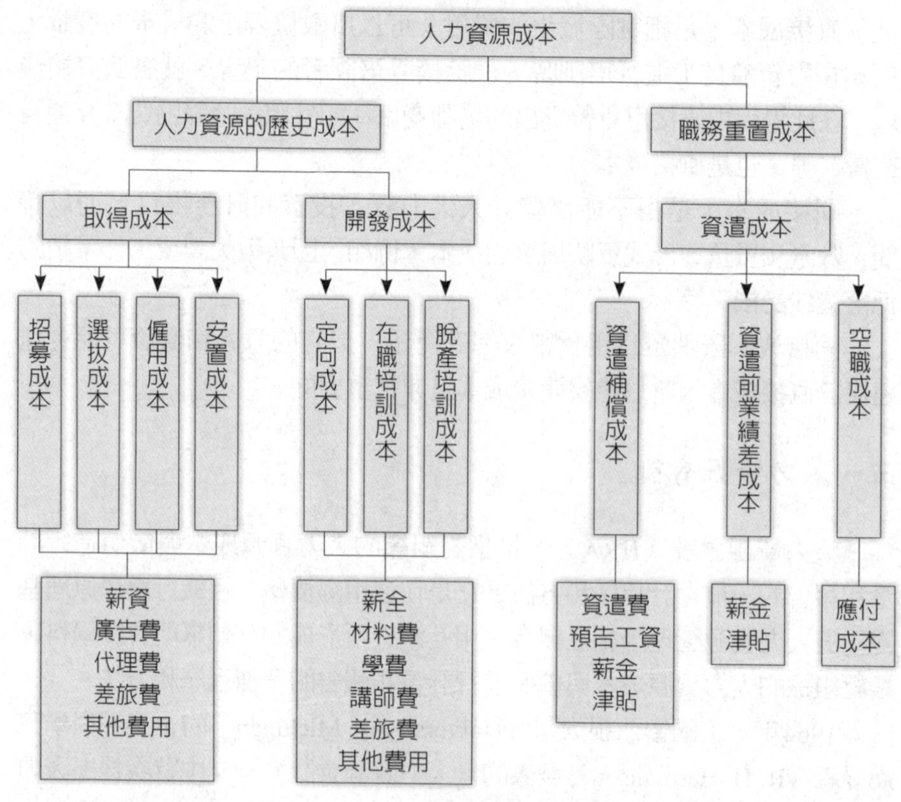

圖7-6　人力資源成本分析

資料來源：張文賢主編（2001）。《人力資源會計制度設計》。立信會計出版社出版，頁96-100。

本、僱用和安置成本。

1.招募成本：它是指確定某一企業內外的人力資源的可能來源而發生的成本。最常見的費用支出包括：招募人員的薪金和津貼、廣告費、代理費、差旅費、招募資料及管理費用等。

2.選拔成本：它是指決定是否僱用和僱用某人而發生的支出，其主要組成部分是接見面談、測驗，以及處理申請人的管理成本，如薪金、材料、諮詢費等。

3.僱用和安置成本：它是指僱用的人員並將其安置在某職位上而發生

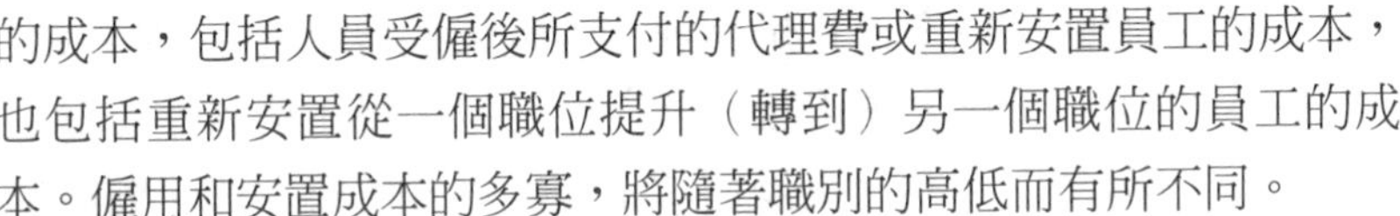

的成本，包括人員受僱後所支付的代理費或重新安置員工的成本，也包括重新安置從一個職位提升（轉到）另一個職位的員工的成本。僱用和安置成本的多寡，將隨著職別的高低而有所不同。

(二)開發成本

它是指培訓一個員工使其達到某個職位的預期業績水平，或提高其技能而付出的代價。包括定向成本、在職培訓成本和脫產培訓成本。

1.定向成本：它是指與熟悉人事管理的政策、公司的產品、設備等正式定向活動有關的成本，一般由薪金和材料組成。薪金包括培訓者與受訓者雙方的薪金；材料費包括說明企業的政策、企業沿革的小冊子等。
2.在職培訓成本：它是指在工作崗位上培訓個人發生的成本而不是正式培訓方案的成本，包括人工成本（在培訓期間低於正常生產能力的應付成本）與材料成本。
3.脫產培訓成本：它是指正式培訓中所支付的成本，與實際業績沒有直接關連，包括薪金、學費、膳食費、差旅費、設施成本、諮詢費和材料費等。

(三)職務重置成本

1.人力資源重置成本（人力替換成本）：係指目前重置人力資源應該付出的代價。例如，如果某個員工離開企業就會發生招募、選拔和培訓的重置成本，通常既包括為取得和開發一個替代者而發生的成本，也包括由於目前受僱的某一員工被資遣而發生的成本，例如預告工資、資遣費等。
2.職務重置成本：係指用一位能在既定職位上提供同等服務的人，來代替占有該職位的人而現在必須付出的代價。職務重置成本有三項要素：取得成本、開發成本和資遣成本。取得成本和開發成本可以用歷史成本進行計量；資遣成本是指任職者離開某企業所產生的成本，包括：資遣補償成本、資遣前業績差別成本和空缺成本。

(1)資遣補償成本：它是指雇主因歇業或轉讓時；虧損或業務緊縮時；不可抗力暫停工作在一個月以上時；業務性質變更，有減少勞工之必要，又無適當工作可供安置時；勞工對於所擔任之工作確不能勝任時（《勞動基準法》第11條）的其中一項原因出現而終止勞動契約的資遣費補償。

(2)資遣前業績差別成本：它是指一個人離職而使原先生產能力受到損失的成本。某人在離職前其工作業績一般會有下降的趨勢，雖然難以計量某個人的業績成本，但可以應用各類人員的歷史業績紀錄來加以計量。

(3)空缺成本：它是指離職員工離職後，其職位空缺尚未由新進人員遞補期間指派他人來完成（兼職）所發生的費用，例如加班費的支付（張文賢，2001：94-101）。

人事成本分析

《勞動基準法》自1984年8月1日施行後，該法及其配套法規所規定之勞動條件，例如延長工時（加班）、例假日、休假日、特別休假、預告工資、資遣費、積欠工資墊償基金、勞工退休準備金提撥、勞工退休金提繳、職業災害補償、請假（勞工婚假、勞工喪假、普通傷病假、公傷病假、公假、產假、哺乳時間、生理假、陪產假、育嬰假）等給薪規定，都是人事成本。

一、人事成本

(一)延長工時

雇主延長勞工工作時間者，其延長工作時間之工資依左列標準加給之：

1.延長工作時間在二小時以內者，按平日每小時工資額加給三分之一以上。

2.再延長工作時間在二小時以內者，按平日每小時工資額加給三分之二以上。

3.依第32條第三項（它指因天災、事變或突發事件，雇主有使勞工在正常工作時間以外工作之必要者，得將工作時間延長之。）規定，延長工作時間者，按平日每小時工資額加倍發給之。（《勞動基準法》第24條）

(二)例假日

勞工每七日中至少應有一日之休息，作爲例假。（《勞動基準法》第36條）

(三)休假日

紀念日、勞動節日及其他由中央主管機關規定應放假之日，均應休假。（《勞動基準法》第37條）

(四)特別休假

勞工在同一雇主或事業單位，繼續工作滿一定期間者，每年應依左列規定給予特別休假：

1.一年以上三年未滿者七日。

2.三年以上五年未滿者十日。

3.五年以上十年未滿者十四日。

4.十年以上者，每一年加給一日，加至三十日爲止。（《勞動基準法》第38條）

(五)預告工資

雇主依法規定終止勞動契約者，其預告期間依左列各款之規定：

1.繼續工作三個月以上一年未滿者，於十日前預告之。

2.繼續工作一年以上三年未滿者，於二十日前預告之。

3.繼續工作三年以上者，於三十日前預告之。

勞工於接到前項預告後，為另謀工作得於工作時間請假外出。其請假時數，每星期不得超過二日之工作時間，請假期間之工資照給。

雇主未依第一項規定期間預告而終止契約者，應給付預告期間之工資。（《勞動基準法》第16條）

(六)資遣費

雇主依法終止勞動契約者，應依左列規定發給勞工資遣費：

1.在同一雇主之事業單位繼續工作，每滿一年發給相當於一個月平均工資之資遣費。

2.依前款計算之剩餘月數，或工作未滿一年者，以比例計給之。未滿一個月者以一個月計。（《勞動基準法》第17條）

適用《勞工退休金條例》的員工，其資遣費由雇主按其工作年資，每滿一年發給二分之一個月之平均工資，未滿一年者，以比例計給；最高以發給六個月平均工資為限，不適用《勞動基準法》第17條之規定。（《勞工退休金條例》第12條）

(七)積欠工資墊償基金

雇主應按其當月僱用勞工投保薪資總額及規定之費率，繳納一定數額之積欠工資墊償基金，作為墊償前項積欠工資之用。（《勞動基準法》第28條第二項）

本基金由雇主依勞工保險投保薪資總額萬分之二．五按月提繳。（《積欠工資墊償基金提繳及墊償管理辦法》第3條）

(八)勞工退休準備金提撥

勞工退休準備金由各事業單位依每月薪資總額百分之二至百分之十五範圍內按月提撥之。（《勞工退休準備金提撥及管理辦法》第2條）

(九)勞工退休金提繳

雇主每月負擔之勞工退休金提繳率，不得低於勞工每月工資百分之六。（《勞工退休金條例》第14條）

(十)職業災害補償

勞工因遭遇職業災害而致死亡、殘廢、傷害或疾病時，雇主應依左列規定予以補償。但如同一事故，依《勞工保險條例》或其他法令規定，已由雇主支付費用補償者，雇主得予以抵充之：

1.勞工受傷或罹患職業病時，雇主應補償其必需之醫療費用。職業病之種類及其醫療範圍，依《勞工保險條例》有關之規定。

2.勞工在醫療中不能工作時，雇主應按其原領工資數額予以補償。但醫療期間屆滿二年仍未能痊癒，經指定之醫院診斷，審定爲喪失原有工作能力，且不合第三款之殘廢給付標準者，雇主得一次給付四十個月之平均工資後，免除此項工資補償責任。

3.勞工經治療終止後，經指定之醫院診斷，審定其身體遺存殘廢者，雇主應按其平均工資及其殘廢程度，一次給予殘廢補償。殘廢補償標準，依勞工保險條例有關之規定。

4.勞工遭遇職業傷害或罹患職業病而死亡時，雇主除給與五個月平均工資之喪葬費外，並應一次給與其遺屬四十個月平均工資之死亡補償。（《勞動基準法》第59條）（**表7-5**）

表7-5　事故成本分析

類別	直接成本	間接成本
項目	·傷害與疾病所產生的費用 ·補償的費用 ·建築物的損害 ·工具及設備的損害 ·產品及原料的損害 ·訴訟費用 ·緊急的補給費用 ·短期的設備租賃費用	·調查的時間 ·因時間損失所支付的工資 ·招募及訓練替代人員的費用 ·加班費 ·生產延誤及中斷 ·額外的監督時間 ·協助處理相關事務人員的時間 ·截至受傷員工返回工作崗位所減少的產出 ·生意及商譽的損失 ·企業因事故所產生的罰金、增加的保險費，或其他相關的費用

資料來源：修・巴克諾（Hugh Bucknall）、鄭偉（Zheng Wei）著，趙建智譯（2006）。《人力資源管理的36個關鍵指標：運用關鍵績效指標，提昇企業人力資源競爭優勢》。梅霖文化出版，頁30-31。

(十一)勞工婚假

勞工結婚者給予婚假八日，工資照給。（《勞工請假規則》第2條）

(十二)勞工喪假

勞工喪假依下列規定：

1.父母、養父母、繼父母、配偶喪亡者，給予喪假八日，工資照給。
2.祖父母、子女、配偶之父母、配偶之養父母或繼父母喪亡者，給予喪假六日，工資照給。
3.曾祖父母、兄弟姊妹、配偶之祖父母喪亡者，給予喪假三日，工資照給。（《勞工請假規則》第3條）

(十三)普通傷病假

普通傷病假一年內未超過三十日部分，工資折半發給，其領有勞工保險普通傷病給付未達工資半數者，由雇主補足之。（《勞工請假規則》第4條）

(十四)公傷病假

勞工因職業災害而致殘廢、傷害或疾病者，其治療、休養期間，給予公傷病假。（《勞工請假規則》第6條）

(十五)公假

勞工依法令規定應給予公假者，工資照給，其假期視實際需要定之。（《勞工請假規則》第8條）

(十六)產假

女工分娩前後，應停止工作，給予產假八星期；妊娠三個月以上流產者，應停止工作，給予產假四星期。

前項女工受僱工作在六個月以上者，停止工作期間工資照給；未滿六個月者減半發給。（《勞動基準法》第50條）

妊娠二個月以上未滿三個月流產者，應使其停止工作，給予產假一星期；妊娠未滿二個月流產者，應使其停止工作，給予產假五日。

產假期間薪資之計算，依相關法令之規定。（《性別工作平等法》第15條）

(十七)安胎假

受僱者經醫師診斷需安胎休養者，其治療、照護或休養期間之請假及薪資計算，依相關法令規定辦理。（《性別工作平等法》第15條）

(十八)哺乳時間

子女未滿一歲須女工親自哺乳者，於《勞動基準法》第35條規定之休息時間外，雇主應每日另給哺乳時間二次，每次以三十分鐘爲度。

前項哺乳時間，視爲工作時間。（《勞動基準法》第52條）

(十九)生理假

女性受僱者因生理日致工作有困難者，每月得請生理假一日，其請假日數併入病假計算。

生理假薪資之計算，依各該病假規定辦理。（《性別工作平等法》第14條）

(二十)陪產假

受僱者於其配偶分娩時，雇主應給予三日。陪產假期間工資照給。（《性別工作平等法》第15條）

(二十一)育嬰假

育嬰留職停薪津貼之發放，另由法律定之。（《性別工作平等法》第16條）

(二十二)家庭照顧假

受僱者於其家庭成員預防接種、發生嚴重之疾病或其他重大事故須親自照顧時，得請家庭照顧假；其請假日數併入事假計算，全年以七日爲限。（《性別工作平等法》第20條）

二、職工福利金

《職工福利金條例》第2條規定，工廠礦場及其他企業組織應依下列標準提撥職工福利金：

1.創立時就其資本總額提撥百分之一至百分之五。
2.每月營業收入總額內提撥百分之〇．〇五至百分之〇．一五。
3.每月於每個職員工人薪資內各扣百分之〇．五。
4.下腳變價時提撥百分之二十至四十。

三、就業保險費

就業保險之保險費率，由中央主管機關按被保險人當月之月投保薪資百分之一至百分之二擬訂，報請行政院核定之。（《就業保險法》第8條）

四、就業安定費

依據《就業服務法》及《就業安定基金收支保管及運用辦法》規定，雇主經核准自聘僱外勞入境翌日起，應向中央主管機關設置之就業安定基金專戶繳納就業安定費，作為加強辦理有關促進國民就業、提升勞工福祉及處理有關外國人聘僱管理事務之用。

1.一般製造業及製造業重大投資傳統產業工人：每人每月2,000元（每日67元／非整月者）。
2.製造業重大投資非傳統產業（高科技）工人：每人每月2,400元（每日80元）。
3.一般營造工及漁船船員：每人每月1,900元（每日63元）。
4.重大公共工程營造工（舊案）：每人每月2,000元（每日67元）。
5.重大公共工程營造工（新案）：每人每月3,000元（每日100元）。
6.家庭監護工（舊案）：每人每月1,500元（每日50元）。

7.家庭監護工（新案）：每人每月2,000元（每日67元）。
8.養護機構監護工：每人每月2,000元（每日67元）。
9.家庭幫傭（本國雇主申請案）：每人每月5,000元（每日167元）。
10.家庭幫傭（外籍人士申請案）：每人每月10,000元（每日333元）。

社會保險成本

勞工保險、國民健康保險是每家公司必須爲在職員工投保的保險，屬強制保險類；團體保險則非屬強制保險，並非每家公司皆有投保。在一般規模較大，注重勞資關係的公司，會將團體保險作爲勞工福利，以促進工作效率及吸引人才的工具之一。團體保險保費自付或公司全額補助，則視每家公司福利而不同。

一、勞工保險費率

依照立法院2008年修訂的《勞工保險條例》規定，勞保費率自2011年起，從7.5%調高到8%，之後將年年漲0.5%，一直漲到2015年後，再改爲每兩年漲一次，直到2027年。依現行規定，勞保保費分擔比率，業者負擔七成、勞工兩成、政府一成（**表7-6**）。

二、全民健康保險

全民健康保險（全民健保）開辦的目的，就是要集合社會大多數人的力量，共同解決少數人就醫的經濟障礙，以照顧全體民衆的健康。全民健保是台灣社會安全的重要支柱之一，也是保障民衆健康不可或缺的一環。

公民營事業、機構之受僱者（第一類被保險人），被保險人及其眷屬之保險費依被保險人之投保金額及保險費率計算之；保險費率以百分之六爲上限。其被保險人之投保金額，由主管機關擬訂分級表，報請行政院核定之（**表7-7**）。

表7-6 勞工保險費負擔比例表

被保險人類別	普通事故保險費		職業災害保險費	
有一定雇主的各類被保險人	被保險人	20%	雇主	100%
	雇主	70%		
	政府	10%		
無一定雇主的職業工人	被保險人	60%	被保險人	60%
	政府	40%	政府	40%
漁會甲類會員	被保險人	20%	被保險人	20%
	政府	80%	政府	80%
外僱船員	被保險人	80%	被保險人	80%
	政府	20%	政府	20%
被裁減資遣續保者	被保險人	80%	被保險人	80%
	政府	20%	政府	20%

參考資料：《勞工保險條例》/修改自：劉士豪、李思慧（2010）。〈勞工保險條例修正後之分析〉。《月旦法學雜誌》，總第179期（2010/04），頁124。

表7-7 二代健保保險費計算

類別	內容	說明
一般保險費	受僱者：薪資所得 雇主及自營業主：營利所得 專業人員：執行業務所得	被保險人：投保金額×費率×負擔比率×（1＋依附眷屬人數） 雇　　主：投保金額×費率×負擔比率×（1＋平均眷口數） 論口計費（依附眷屬最多計3口）
補充保險費	一、保險對象計費項目 1.全年累計超過4個月投保金額的獎金 2.執行業務所得 3.股利所得 4.利息所得 5.租金所得 6.兼職所得 二、雇主計費項目 雇主（投保單位）每月支出之薪資總額與其受僱者每月投保金額總額間之差距	一、保險對象保費負擔 計費收入×補充保險費率（2%） 二、雇主保費負擔 （雇主支付薪資總額－受僱員工投保金額總額）×補充保險費率（2%）

資料來源：行政院衛生署中央健康保險局。

團體保險依各種不同的承保項目，大致可分為團體傷害保險、團體傷害醫療保險、團體傷害住院日額給付保險、團體定期保險、團體重大疾病保險、團體癌症保險和團體重大燒燙保險等。

團體保險費率是採用大數法則（Law of Large Numbers），以「投保團體被保險人全體年齡、性別等條件之平均值」來計算，公司規模越大、員工投保人數越多，保費就越便宜。

四、團體保險的加保限制

團體保險（團保）屬於公司提供給員工的福利，被保險人必須是公司員工，因此員工一旦離職，本人及眷屬就無法繼續加保，也無法享受到團體保險的各項保障。而團體保險最高投保年齡上限為七十五歲，合約期限通常是一年，企業必須每年重新簽約為員工加保，保單才會持續提供保障。團保的保障項目也因公司選擇保險商品的不同而有保障上的限制。參加公司團保的員工身故受益人，須以員工家屬或法定繼承人為限，但要注意的是，《勞動基準法》繼承人順位與《民法》的法定繼承人並不完全相同。所以，在受益人指定方面，應與《勞動基準法》的順位繼承人相同，才能確實保有公司將賠償責任轉嫁給保險公司的原意（**表7-8**）。

表7-8　法定受益人順位

《勞動基準法》第59條第一項第四款		《民法》第1138條	
第一順位	配偶、子女	當然繼承人	配偶
		第一順位	直系血親卑親屬（包括：子女及孫子女）
第二順位	父母	第二順位	父母
第三順位	祖父母	第三順位	兄弟、姊妹
第四順位	孫子女	第四順位	祖父母
第五順位	兄弟、姊妹	第五順位	無

資料來源：作者整理。

結　語

傳統的人力資源關注的是「事務性的管理」，現代的人力資源管理強調的是發揮企業「策略夥伴」的作用，爲企業提供可衡量的結果，從而創造新的價値，並找出與競爭對手在人力資源管理上可能存在的差異，以提升企業競爭優勢。

第八章

變革管理

- 組織變革
- 變革管理
- 接班人計畫
- 裁員策略
- 結　語

在科學上沒有平坦的大道，只有不畏勞苦沿著陡峭山路攀登的人，才有希望到達光輝之山頂。

——德國・馬克思（Karl Heinrich Marx）

英國十九世紀文豪查爾斯・狄更斯（Charles Dickens）在《雙城記》（*A Tale of Two Cities*）書中提到的一句經典話語：「那是最美好的時代，那是最糟糕的時代。」（It was the best of times, it was the worst of times.）對照二十一世紀的企業，其所處瞬息萬變的國際情勢、市場的競爭、經濟環境變化的「無常」時代，是很貼切的比喻。企業要生存，就要應變、突破和創新，最著名的例子就是耐吉（Nike）公司，它自己沒有半家工廠，而將生產外包，專注於研究、設計與行銷；波音公司（The Boeing Company）同樣不重生產，而將重心放在飛機的設計、裝配與後勤的管理上（Jet Magsaysay著，吳怡靜譯，1995：90）。在這奈秒（ns，十億分之一秒）變動的時代，麥可・韓默（Michael Hammer）和詹姆斯・錢辟（James Champy）在《改造企業：再生策略的藍本》（*Reengineering the Corporation- A Manifesto for Business Revolution*）一書中倡導的改造流程，一切重新開始，讓企業脫胎換骨，重獲新生，或產生「大躍進式」的成長，重振活力，已蔚爲風氣。

組織變革

組織的設計是跟著策略走的，舉例而言，二十世紀初，亨利・福特（Henry Ford）希望製造人人買得起的平價車，因此，福特汽車的組織就是盡量降低成本、提高效率。它以命令控制、由上而下的組織型態，爲最有效（EMBA世界經理文摘編輯部，2002：100）。但在開放性的系統裡，企業經營必須要能靈敏的偵測環境的變化、及時研擬出因應對策、採行果斷的決策行動，才能戰勝環境、永續經營。當競爭愈來愈激烈，專業分工愈來愈細，再加上消費者的需求差異愈來愈大，而企業的經營範圍又愈來

愈多角化時，傳統的中央集權式的領導方式，即一切都要等上級一個口令一個動作的決策模式，已經沒有辦法適應目前快速變遷的環境（**表8-1**）。

表8-1　面對組織變革的準備測驗

想想組織現有的狀況，找一個你有機會在過程中發揮影響力的變革，並在下列各選項中選擇合適的量表等級，完成所有選項後，將得分進行統計。	1.極度不同意	2.不同意	3.無意見	4.同意	5.極度同意
1.在發動變革前，領導變革的人曾發掘許多其他可能的選擇。	□	□	□	□	□
2.這是最佳選擇。	□	□	□	□	□
3.變革對組織是必要的。	□	□	□	□	□
4.變革具有說服力的理由。	□	□	□	□	□
5.組織的高階管理者是變革的強烈支持者。	□	□	□	□	□
6.我對領導變革的人充滿信心。	□	□	□	□	□
7.不論是誰因為變革而溝通，所有的溝通訊息都一致。	□	□	□	□	□
8.我對執行變革後，組織與以往不同的部分有清楚圖像。	□	□	□	□	□
9.我在「未來的圖像中」看到自己的位置。	□	□	□	□	□
10.我對組織的未來感到興奮。	□	□	□	□	□
11.與組織內其他活動或方案相比，我瞭解變革具有優先權。	□	□	□	□	□
12.將變革計畫交給大家執行前，組織已先進行具實驗性質的檢測。	□	□	□	□	□
13.錯誤被視為學習的機會，而非懲處的理由。	□	□	□	□	□
14.我能獲得執行變革所需的資源（如：時間、工具、教練與回饋）。	□	□	□	□	□
15.我能獲得訓練，學習執行變革所需的新技能。	□	□	□	□	□
16.如果出現問題、疑慮或與變革相關的挑戰，我知道何處可獲得幫助或支援。	□	□	□	□	□
17.領導變革的人會「到處與大家談話」。	□	□	□	□	□
18.大家認為我做出的貢獻造就了變革的成功。	□	□	□	□	□
19.一旦我的貢獻讓變革成功，我會獲得認可或獎賞。	□	□	□	□	□
20.組織持續不斷地設法琢磨變革，增進績效。	□	□	□	□	□
21.我對組織保有變革的能力有信心。	□	□	□	□	□
22.我相信關鍵多數的人不會抵抗變革，而是讓變革成功。	□	□	□	□	□
23.領導變革的人認為，讓其他人參與變革的設計相當重要。	□	□	□	□	□
24.我曾有機會表達對變革的疑慮。	□	□	□	□	□
25.我有機會影響與變革相關的決定。	□	□	□	□	□

（續）表8-1　面對組織變革的準備測驗

計分方式： 1.計算第1題至第25題的總得分。 110分至125分：變革已被有效設定，可能導致變革失敗或脫軌的原因也已充分說明，因此成功執行變革的可能性大增。 86分至109分：變革在某部分已成功設定，但其他部分仍有待改進，變革才有可能執行成功。 85分以下：與變革相關的許多工作仍有待處理及改進，否則變革無法成功執行。 2.找出得分在3分以下的項目，那是最可能造成變革失敗或「脫軌」的原因。

資料來源：肯．布蘭佳（Ken Blanchard）、布蘭佳公司創始夥伴及顧問合夥人（Ken Blanchard Companies）（2007）。《願景領導》。培生教育出版，頁374-376。

一、業務流程改造

爲了因應外界環境的衝擊，只是單純地處理企業老化的問題是不夠的，組織有時必須進行變革。我們無法駕馭變革，我們只能走在變革之前。然而，由於認知、價值觀、個人目標與能力等問題，常使組織變革遭遇困難（司徒達賢，2005：422）。

尼可洛．馬基維利（Niccolo Machiavelli）在他的著作《君王論》（*The Prince*）書上說：「沒有什麼任務比建構新秩序更艱鉅，因爲執行起來更困難，更沒有把握，也更冒險。」企業的轉變，最初叫做「重整」（restructuring），然後管理者開始說「重組」（reinventing），現在最流行的說法則是「再造」（reengineering）。無論怎麼稱呼它，它的成因都是一樣的：未來，企業必須更仔細聆聽顧客的聲音、更有彈性、更善待有用的人才（Jet Magsaysay著，吳怡靜譯，1999：43）。

二、流程再造定義

業務流程再造（business process reengineering）的定義爲：「根本改變整個業務系統的思考方式與作業流程」。麥可．韓默和詹姆斯．錢辟說：「所謂再造企業，就是把亞當．史密斯（Adam Smith）的那套理論一腳踢開，澈底忘掉分工那回事，然後決定，怎麼對組織最有利。在再造企業的過程中，舊有的職銜和組織結構，諸如部、課、級或組等，都不再有意義。老實說，這些『階級制度』早已成爲歷史名詞，而眞正重要的是我們今天在面對市場需求與擁有科技力量的狀況下，怎麼去重組工作。」

垂直的層級式組織過於老舊而緩慢，營運成本又太高。首先，組織必須扁平化，淘汰層層管理。然後，捨棄以功能分工的組織方式，改以流程爲導向。但執行業務流程再造不但困難、單調、乏味，且令人痛苦。在路易士·葛斯納接掌國際商業機器公司（International Business Machines Corporation, IBM）後，需要從根本改變IBM每一種作業流程的執行方式時，有一位資深高階主管對他說：「業務再造，就好比在頭上點火，然後拿著鐵鎚滅火。」其困難度可想而知（Louis V. Gerstner Jr.著，羅耀宗譯，2003：92）。

三、企業型態

1996年，美國大陸航空公司（Continental Airlines, Inc.）拒絕了達美航空公司（Delta Air Lines, Inc.）的併購提議。美國大陸航空公司的哥頓·貝遜董事長雖然能在新公司中可位居要角，但貝遜仍不爲「利」誘，他透露其中主因爲「僱用」問題。貝遜說：「當我問達美航空合併後，本公司的中高齡員工仍會被繼續僱用嗎？回答是『不』（NO），我回答：『那我不能同意合併。』」結果，貝遜董事長把經營方針做180度的轉變，其結果不到四年，美國大陸航空公司脫胎換骨，成爲優良企業（達威，1999）。

在《改造企業：再生策略的藍本》這本書中提到，在激烈的競爭環境中，一般存在三種型態的企業：

第一種企業就是「不知不覺」者，這種企業都是有著輝煌的過去，且無限沉湎於過去的成功，而完全無視於環境變遷與現實趨勢，直到企業被競爭洪流吞噬消失，發現企業成本過高、無法與同業競爭，或是入不敷出，虧損累累，才恍然大悟，但爲時已晚。

範例8-1

「血冰棒」的啟示

在一望無際的冰原上，一隻北極熊正不停地舔著雪地中不斷散發出血腥味的「血冰棒」——那是一支用海豹的血做成的血冰棒，已凝固的血裡，含著一把兩刃的匕首。

當然，被血腥味引來的北極熊並不知道美食的背後隱藏的致命危機。牠開始舔起血冰棒，直到舌頭漸漸麻痺，直到鋒利的匕首劃破牠的舌頭。最後，北極熊因失血過多，休克暈厥了過去。

這時，愛斯基摩人出現了，他們不費任何力氣地將北極熊帶走，成為他們的食物。

如果說「冰原」象徵著廣大的創業市場，「血冰棒和匕首」就是創業過程中充滿的美麗遠景及潛藏危機。

北極熊和愛斯基摩人，都在這片廣大的創業市場上求取生存。北極熊受了創業的美麗所迷惑，傻傻的追求它反被它給傷害；愛斯基摩人則駕馭了創業的美麗，不費吹灰之力，輕鬆就成為冰原的霸主。

資料來源：劉威麟著（2004）。《別學北極熊：創業達人的7個特質和5個觀念》。寶瓶文化出版。

第二種企業是「後知後覺」者，這種企業都將所有的時間、資源耗費在應付競爭所帶來的問題上，故業務發展無法突破，久而久之便步上了「後知後覺」者的後塵。

第三種企業是「先知先覺」者，他們對市場、趨勢敏感，他們不停的創造競爭壓力及障礙給對手，再趁著競爭對手忙於應付及解決問題之時，一步一步的攫取對手的市場。

企業必須意識到競爭的無情與可怕，更要瞭解到成為「先知先覺者」的重要與不易，澈底瞭解企業過去、現在及整體的經營環境，再參考國內外標竿企業的作法進行「再造」，朝著掌握先機、創造優勢、領導市場這個方向努力邁進（**圖8-1**）。

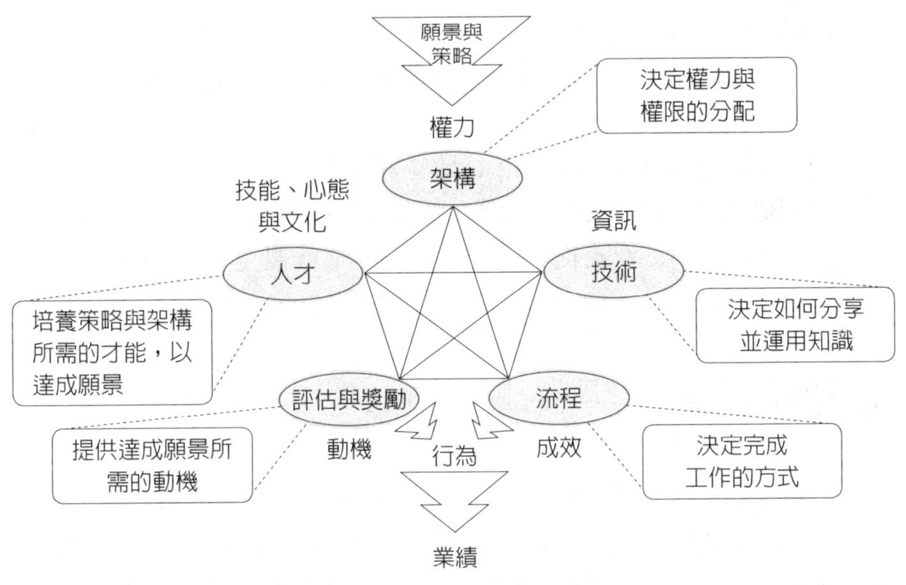

圖8-1　組織轉型的架構

資料來源：摘自傑．葛柏瑞斯（Jay R. Galbraith）所著，1995年由舊金山喬西—巴斯出版的《組織規劃》（*Designing Organizations*）／引自：科恩（Dan S. Cohen）著，楊函譯（2006）。《變革領導：實踐企業變革關鍵的8個步驟》，天下遠見出版，頁173。

四、企業再造的特色

每一家企業再造的計畫，都是獨一無二的，都需要有洞察力、創造力和良好的判斷力。企業再造是在尋找組織作業的新模式。流程再造之後，通常會有以下的特色：

1.作業流程化繁爲簡。
2.增加員工的工作內容，讓大家的工作都可以涵蓋各種面向。
3.組織成員獲得授權，不受控制。
4.組織不再強調個人表現，而是重視團隊績效。
5.組織結構從科層轉變爲扁平。
6.專業人員成爲組織的重心，而不是經理人。

7.組織運作改為配合整個作業流程，而不是配合部門的運作。

8.不再以做了多少事來評量績效與薪酬，改用作業成果作為評量的基礎。

9.經理人扮演的角色與目的，從監督者變成指導員。

10.組織成員不再需要取悅上司，轉而去取悅顧客。

11.組織的價值系統從傳統守舊，變成重視生產力（Michael Hammer、James Champy著，李田樹譯，2005：23-25）。

變革管理

「福兮禍所依，禍兮福所伏」，二千年前老子說過的這句話，曾經被認為是帶有神秘色彩「宿命論」，但幾千年的歷史證明，「福禍相依」的觀點，既是事物發展客觀規律的反映，也是人們看待事物、認識事物時應有的一種科學態度。

一、習而不察

羅伯特·甘迺迪（Robert F. Kennedy）的言論集《信守的承諾》（*Promises to Keep*）提到：「改革的前途充滿必須克服的障礙，一為迷戀現狀不欲改變的保守，二為維護既得利益與當前需要的妥協，三為缺乏突破現實衝勁的怯懦，四為耽於享受眼前成就的苟安」（聞見思，1979）。

企業今日獲得成功的同時，必然會產生明日衰敗與崩潰的種子，其中的成因多而複雜，但都脫離不了一項根本原因：人類的天性都想要延續過往成功的秘方、有效的作法。例如：1970年代，大型電腦挾著強大運算能力，儼然傲視當時小而弱的個人電腦。國際商業機器公司（IBM）始終不願從大型電腦轉向個人電腦，為什麼？它的抗拒也許是有策略上的邏輯（保留現有的業務和生產基地），更值得注意的是其中的情緒因素，IBM那時一份有名的內部備忘錄裡面還出現過「IBM不做玩具生意！」的強烈聲明。這樣的環境下，不難瞭解IBM為何會對來自蘋果電腦公司（Apple Inc.）的挑戰反應如此遲緩。儘管到了變化加速的1980年代，IBM管理階

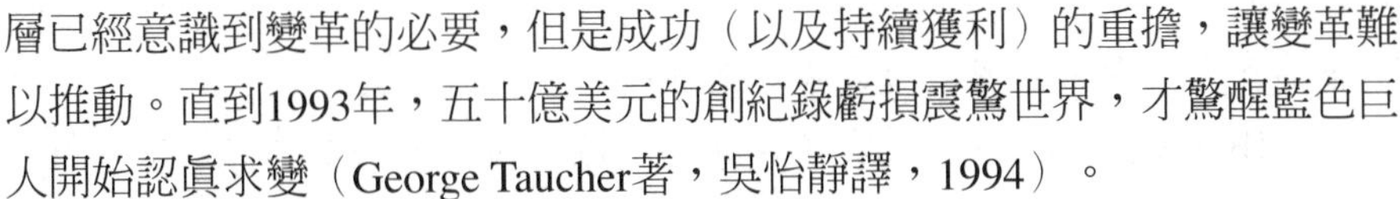

層已經意識到變革的必要，但是成功（以及持續獲利）的重擔，讓變革難以推動。直到1993年，五十億美元的創紀錄虧損震驚世界，才驚醒藍色巨人開始認眞求變（George Taucher著，吳怡靜譯，1994）。

範例8-2

百年老店IBM長青秘訣

「藍色巨人」IBM在2011年6月過百歲生日，百年老店不顯老態，甚至活力充沛，IBM的長青之道是什麼？業界專家說，IBM提供的經驗是，千萬別離開你的過去，務必以過去為基礎，向上堆疊。

1990年代初期，製造大型電腦的IBM無法順應個人電腦市場的快速變遷，一度瀕臨破產。IBM從霸主跌落谷底，再試圖重生的旅程，是所有產業龍頭公司早晚可能面臨的挑戰。現今的IBM獲利強勁，股票市值更在今（2011）年初凌駕於Google之上。

許多公司起死回生，是勇於拋開過去，開創未來。《紐約時報》報導，IBM的經驗同時告訴眾人，不必要全然從過去出走，可以過去為地基，向上建築。IBM最可貴的建築塊，是它的技術、科技與行銷，且IBM成功以這些建築塊復活。

專家說，這些建築塊正是任何一家公司的核心資產，比任何特定的產品或服務更彌足珍貴。

《紐約時報》說，以IBM為例，公司的一大資產是穩固、長期的客户關係、強大的科技與研究能力，以及公司在提供軟、硬體與服務上，具有無可匹敵的技術廣度。

營運危機顯現後，IBM從大型機製造商轉型為供應商，協助客户將不同科技加以整合與管理成現代的資料中心。儘管IBM的大型電腦硬體銷售僅占公司營收的4%，但大型機的技能協助IBM重新找回春天。當大型機與軟體、儲存、服務合約一起統計時，總營收提高至25%，獲利甚至高達45%。

公司同時重新調整研究實驗室與行銷方向，專注於服務與軟體，讓數千人接受再訓練，透過購併彌補內部部門的不足。

IBM目前也努力發展雲端運算與軟體，協助大企業客户以雲端技術，建立大型資料中心。

哈佛商學院的尤費指出，IBM提供龍頭公司的最佳教訓是，千萬別拖延，否則危險即會逼近。1990年尤費以IBM為個案研究對象時，許多受訪者即說IBM須切斷對大型機硬體的依賴，轉向軟體與服務。

IBM直到危機降臨才改弦易轍，他說，要龍頭公司擺脱老大心態重擬方向不是易事，尤其是危機還不見蹤影時。

資料來源：王麗娟編譯（2011）。〈百年老店IBM長青秘訣：以過去爲地基〉。《聯合報》（2011/06/20，A13國際版）。

組織是否能因應外界的環境與狀況，可由下列觀察之：

1.是否可確定掌握並及時獲得市場資訊？
2.順應環境的變化，於整體組織體系內是否建立內外資訊的管道，以提高對一切問題之敏感度？
3.因應狀況變更員工職務，員工是否認爲是必要措施而欣然接受？
4.關於公司的內外資訊，組織體系內是否彼此能提供狀況成爲共有的職務分擔關係？
5.對於新狀況及問題，縱然意見看法不同，組織體系是否能不拘職務階層高低而正視問題互相探討？

二、變革管理步驟

彼得．杜拉克說：「每四、五十年，就會出現一次大變革，我們現在正處於這樣的時間點。過去的變革給我們的啓示是，每一個組織都必須成爲變革的領導者。我們無法管理變革，也不能僅因應變革，而是必須領先變革。」一般而言，變革管理的步驟是：診斷變革，發起變革，執行變革和鞏固變革，但正確的步驟應該是：領導變革，規劃變革，執行變革，鞏固變革（**表8-2**）。

表8-2　最佳實務變革系統

階段	關鍵工作與正確的作法	層次	常見錯誤
領導變革	·領導者的遠見、對環境的敏感度與危機意識。 ·合理正確的目標與堅定的決心。 ·成立變革專案小組，指派有經驗經理人參加。	策略	被動、無知、沒有反應或過度反應、害怕、找錯人。
規劃變革	·專案小組團隊發起找出改造的關鍵點。 ·流程的合理化與最佳化。 ·e化成本效益評估與內外資源整合。	管理	本位主義、溝通不良、沒找到關鍵鍊、流程沒有最佳化。
執行變革	·人員雙向的主動學習與適時的教育訓練。 ·過程測試、檢核，鼓勵參與並適當修訂。 ·有紀律的進度控管，嚴格追根究柢。	執行	只是單向宣導、缺乏測試、缺乏彈性、缺乏紀律。
鞏固變革	·進行效益分析檢討，鞏固有形及無形效益。 ·建立經常性問題反應機制，持續改善。 ·提出未來規劃與展望，做好知識管理。	制度	未制度化、未持續化、未建立企業文化、未做知識管理。

資料來源：高明智。〈領導變革——正確的步驟與模式〉。西三角人力資源網，網址：http://www.21hr.net/html/wenku/zuzhishejimokuai/zuzhibiangetantao/20090426/2587.html。

企業變革管理，可以依循約翰·科特（John P. Kotter）所提出的步驟來進行：

1.建立危機意識：幫助組織全體成員意識到變革的必要，以及馬上採取行動的重要性。

2.成立領導團隊：成立一個強而有力的領導團隊，具有領導才能、公信力、溝通技巧、權威、分析技能和危機意識的團隊。

3.提出願景：讓全體成員清楚認知變革後的未來與過去會有什麼不同，預見落實願景的步驟。

4.溝通願景：盡可能讓全體成員理解並接受變革願景和策略。

5.授權員工參與：盡可能爲願意投身變革的人掃除障礙。

6.創造近程戰果：盡快取得一些看得見成果的勝利。

7.鞏固戰果並再接再厲：取得初步成功後要更加努力，不斷進行變革，一直到將願景變爲現實。

8.讓新作法深植企業文化：藉由創新的企業文化思維讓每個人動起來，當每個人都正向的動起來時，就是一股推動組織的活力。這股

源頭活水是員工滿意的根源，有滿意的員工就有滿意的顧客，有滿意的顧客就有滿意的股東，有滿意的股東就有滿意的社會。當我們看到組織之中，一種自然的、持續的團體動力流，我們的變革就成功了（呂玉娟，2010：24-25）（**圖8-2**）。

1.建立危機意識	∨考察市場和競爭情勢 ∨找出並討論危機、潛在危機或重要機會
2.成立領導團隊	∨組成一個夠力的工作小組負責領導變革 ∨促使小組成員團隊合作
3.提出願景	∨創造願景協助引導變革行動 ∨擬定達成願景的相關策略
4.溝通願景	∨運用各種可能的管道，持續傳播新願景及相關策略 ∨領導團隊以身作則改變員工行為
5.授權員工參與	∨剷除障礙 ∨修改破壞變革願景的體制或結構 ∨鼓勵冒險和創新的想法、活動、行動
6.創造近程戰果	∨規劃明顯的績效改善或「戰果」 ∨創造上述的戰果 ∨公開表揚、獎勵有功人員
7.鞏固戰果再接再厲	∨運用上升的公信力，改變所有不能搭配和不符合轉型願景的系統、結構和政策 ∨聘僱、拔擢或培養能夠達成變革願景的員工 ∨以新方案、新主題和變革代理人給變革流程注入新活力
8.讓新作法深植企業文化	∨創造客戶導向和生產力導向形成的表現改善，更多、更優秀的領導，以及更有效的管理 ∨明確指出新作為和組織成功間的關連 ∨訂定辦法，確保領導人的培養和接班動作

圖8-2　創造重大改革的八階段流程

資料來源：約翰·科特（John P. Kotter）等著，周旭華譯（2000）。《變革》。天下遠見出版，頁10。

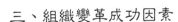

三、組織變革成功因素

奇異（General Electric, GE）公司前總裁傑克・威爾許（Jack Welch）在奇異公司變革初期提出三個選擇給全體員工，一是關門；二是被購併；三是變革成功。結果大部分的員工選擇了變革成功，於是他們展開了如火如荼的變革，把奇異公司的經營成效推上歷史的高峰。

組織變革可視爲組織採取一種新的想法或新的行爲的過程，當組織或組織內成員意識到變革需求而採取變革方式時，務必促使組織成功的因素有：

1.想法（ideas）：如果沒有新想法，組織很難維持一定的競爭力。
2.需求（need）：實際與期望績效產生差距，就產生組織變革的需求。
3.採用（adoption）：組織的決策者接受建議或想法時，採用過程就會產生變革。
4.執行（implementation）：組織成員採用新想法或技術時，執行便會產生。
5.資源（resource）：變革需要時間與資源來支援，並需要時間來觀察。

組織變革要成功，上項因素當然不可少，缺一則組織變革可能就會失敗（詹中原，2007：16-17）。

四、變革失敗理由

企業如果無法進行再造，就不可能長期生存。但是，首當其衝的基層員工往往會強烈抗拒根本的變革，畢竟，人性就是如此。因此，領導變革雖然極爲重要，但也非常艱難。在變革管理過程總會面臨及衍生許多的問題，例如員工的焦慮與抗拒、員工能力能否提升、新流程的分工，以及配套措施是否完備等。

以研究領導組織變革聞名的約翰・科特，1995年完成一項爲期十年的研究，對象是一百多家打算進行變革的公司。他在這篇文章裡列舉出八種可能導致變革失敗的理由：

1.組織成員滿足於現狀，使得組織本身沒有危機感。
2.疏於建立組織變革所必需的聯繫。
3.對組織的願景的評價過低。
4.組織的願景未對組織成員作一充分溝通。
5.確認排除阻礙變革願景的障礙。
6.疏於確認組織變革的短期成果或進步。
7.太早宣布組織變革是成功的。
8.疏於將組織變革融入組織文化之中。

組織變革失敗的理由，並非只有上述八項，而是這八項是最主要的妨礙組織變革的理由（**表8-3**）。

表8-3　領導變革的關鍵性錯誤

錯誤點	事項
匱乏緊迫感	‧挑剔的態度審視企業，是大多成功變革的開始。 ‧高層往往低估把員工拉出舒適環境的難度。 ‧不良的業績的正面義意是引起企業成員的注意與重視，產生危機感。 ‧有些成功的案例，企業刻意製造危機來引起企業成員的緊迫感。
欠缺有力的領導聯盟	‧大的變革方案往往由一、兩個人開始草議，變革者要鼓勵群體成員協同作戰。 ‧變革起步之初，很難獲得所有高級幹部支持，起碼有些人不打算冠上變革派的名號。 ‧變革的成敗往往是低估實施變革的難度，也低估獲得幹部支持的重要性。 ‧變革的成功與否，或者每年的進度，可以用幹部支持率作為指標。
願景規劃模糊	‧一開始的願景，有可能是個人的理念，模棱兩可。 ‧經過一段時間的討論後逐漸形成。 ‧願景規劃的內容有助成員邁向企業需要走的方向。 ‧約翰‧科特認為如果變革者不能在五分鐘內向外人介紹企業的願景規劃，那麼這工作還尚未做好。
對願景規劃的溝通不足	‧溝通不足可以用「質」與「量」來理解。從「量」方面而言，內部溝通總量不足；從「質」方面而言，成員不清晰在變革什麼。 ‧從「言」與「行」而言，後者更有力，沒有什麼比重要人物的言行不一，更容易危害變革。

（續）表8-3　領導變革的關鍵性錯誤

錯誤點	事項
沒有清除障礙	‧障礙可以是人，可以是體制。 ‧變革者要改變損害變革的體制和結構，例如狹隘的工作類別，會嚴重損害工作效率。 ‧在變革的歷程中，鼓勵非傳統的觀點、活動和行為，讓企業更多的員工參與變革。
期待短期勝利	‧失敗乃成功之母，而成功乃成功之父。 尤其小成功更能鼓舞成員朝向變革邁進。 ‧奪取短期勝利與期待短期勝利不同，前者是積極進取，而後者是消極被動。
過早宣布成功	‧科特（1995）認為深入變革企業文化，歷程可長達五到十年。 ‧新的工作很脆弱，很容易回復原來的狀態。 ‧過早宣布大功告成，容易讓員工的緊迫感下降。 ‧變革不久便逐漸停頓，而傳統又會死灰復燃。
未能深化變革	‧不管好習慣還是壞習慣都是經年累月的培養。 ‧企業高層或變革者必須向成員闡明變革與企業成功的利害關係。 ‧要讓變革滲入企業機體中，成為工作制度。 ‧利用各種手段，培養變革接班人。

資料來源：葉仁傑。〈領導變革的關鍵性錯誤〉。亞洲（澳門）國際公開大學現代管理研究中心編製，網址：http://www.aiou.edu/banews/032006/02032006.doc。

五、組織變革的角色定位

領導者是變革成敗的關鍵，領導者的危機意識、對環境的敏感度、堅持、遠見、魄力，是變革成功的第一步。領導者要不斷地鼓吹，任用適當人才，組成變革團隊，採行合乎時宜的領導，進行適當的訓練，開啓每位主管領導變革的企圖心，直到看到成效爲止。

員工害怕改革，因爲他們不瞭解變革的另一邊是什麼模樣。幫助員工看清改革後的全貌，幫助員工全面瞭解推動改革的過程，以及推動改革的眞實原因，員工就會心悅誠服。只告訴員工必須改革，不說明原因與結果，員工就會心生恐懼，抗拒變遷（Jack Welch、Suzy Welch著，羅耀宗譯，2005：4）。

面對著組織變革或改造過程中所潛藏的問題，如何規劃組織的人力發展、管理制度的修正或新訂、企業文化的塑造或改變等，都是未來人力資源管理的重要課題。

範例8-3

組織改進各工作小組作業時程表

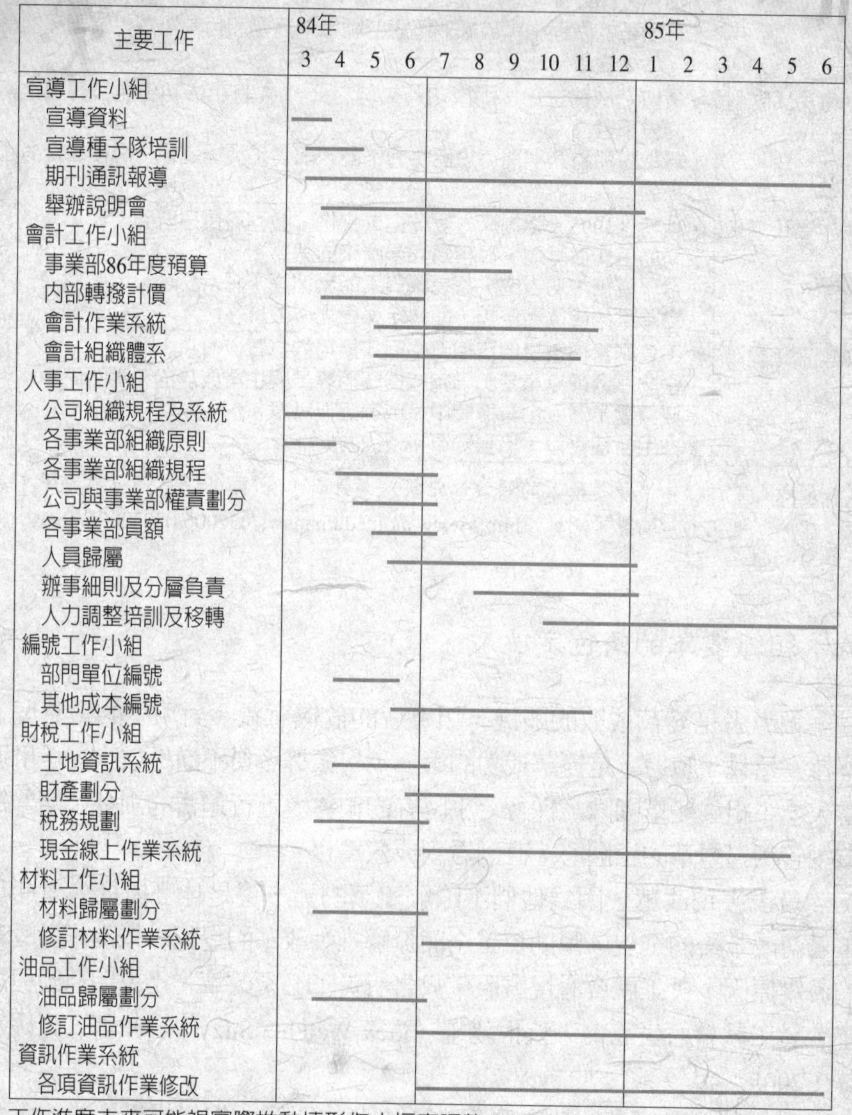

主要工作	84年 3	4	5	6	7	8	9	10	11	12	85年 1	2	3	4	5	6
宣導工作小組																
宣導資料																
宣導種子隊培訓																
期刊通訊報導																
舉辦說明會																
會計工作小組																
事業部86年度預算																
內部轉撥計價																
會計作業系統																
會計組織體系																
人事工作小組																
公司組織規程及系統																
各事業部組織原則																
各事業部組織規程																
公司與事業部權責劃分																
各事業部員額																
人員歸屬																
辦事細則及分層負責																
人力調整培訓及移轉																
編號工作小組																
部門單位編號																
其他成本編號																
財稅工作小組																
土地資訊系統																
財產劃分																
稅務規劃																
現金線上作業系統																
材料工作小組																
材料歸屬劃分																
修訂材料作業系統																
油品工作小組																
油品歸屬劃分																
修訂油品作業系統																
資訊作業系統																
各項資訊作業修改																

工作進度未來可能視實際推動情形作小幅度調整

資料來源：人事處。〈中油公司組織改進邁入第二階段〉。《石油通訊》，第526期（1995/06），頁35。

接班人計畫

接班人計畫（succession planning），按字面上來看，無疑是在一般工作職缺或高階職位上尋找一位適合頂替的人選。選擇接班人是最困難的，因為這個決定猶如一場賭局。一個人是否能勝任高層管理職務，只有讓他試了才知道，而這是無從準備起的（Peter F. Drucker著，Joseph A. Maciariello編，胡瑋珊等譯，2005：136）。

一、接班人制度的建立

無論企業組織規模的大小，接班人管理的制度會一直隨著企業需要而改變的。設計一套嚴謹的接班人管理流程時，必須將焦點放在企業所期望的評量上，如提升企業組織整體表現，減少人事流動，或是人盡其才等目的（**表8-4**）。

表8-4　企業未來所需的人才

順位	要求項目
1	邁向目標且付之行動者
2	有問題意識且能提出解決方案者
3	針對狀況的變化，能彈性因應者
4	擁有公司外所認證的高級專業技能者
5	能以廣泛視野掌握事態者
6	對於未知事物，擁有挑戰者
7	能自制地進展工作者
8	能向上級提出自己的具體想法者
9	個性多彩且能發揮創意者
10	為強烈的資訊感受者
11	為高度的創業家心態者
12	能確實達成任務者
13	精通多項領域者
14	擁有公司外廣大人脈者

資料來源：日本法人機構「社會經濟生產性本部」問卷調查／陳青（2003）。〈企業導入「績效考核制度」的省思〉。《震旦月刊》（2003/04）。

穩固健全的接班人制度包含：企業策略、支持者與參與者、人才辨識系統、發展經驗與職務之間的連結、評估者、追蹤系統、成功的評量標準等七大要素。

二、接班計畫

接班計畫主要做三件事：職能模型（competency model）、評量工具及人才發展，而其中職能模型與落實接班人制度最爲困難。職能模型因爲涉及中高階主管的核心職能，這些有可能是非常關鍵的技術與經驗，尤其是高科技製造業要將這些職能模型具體化或轉爲知識管理，對公司與個人來說，都具有高度的風險性，需要防範機密流失的可能性，而且也要先克服自我保護的心態。例如花旗銀行從職能評核結果找出兩種具有潛力的人才：高潛質（high potential）人才，以「一年內能接一級主管的位置」爲標準；值得深挖（deep reach）的人才，看的是「五年內能接一級主管的可能」。最後，再由一級主管組成「菁英發展委員會」，檢視每個名單是否合乎資格（快樂工作人雜誌編輯部，2010：118）。

經驗的傳承、分享，可以讓經驗複製到另一個人，甚至累積更有價值的經驗，一旦經驗無法傳承，接班計畫也很難推行。IBM將經理人的職涯發展分爲直線經理人、專業技術經理人、專案經理人三種。適合領導別人的就升任爲直線經理人，不適合領導別人的就發展專業，讓人才適得其所，自然沒有晉升堵塞的問題。

組織老化的現象與組織成立歷史並無絕對關連。有些組織成立未久即已老態畢露，而有些歷史悠久的組織卻老而彌堅。但一般而言，老化是程度問題，每個組織或多或少都會表現部分的老化現象。然而，組織與人一樣，老化在所難免，及早防老當然有其正面的意義（司徒達賢，2005：421-422）。

企業解決接班人的人選，不妨從職務著手。企業組織未來幾年面臨的主要挑戰是什麼？然後考慮候選人和他們的表現。根據確實的績效，挑出最符合組織需求的人（Peter F. Drucker著，Joseph A. Maciariello編，胡瑋珊等譯，2005：136）。

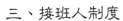

企業必須有規劃的培養接班人，一旦有突發狀況，就能立刻指定合適的接班人，使進行的計畫不致中斷，這就是所謂的接班人計畫。例如，2004年4月，美國麥當勞公司（McDonald's Corp.）董事長兼執行長吉姆·肯達路波（Jim Cantalupo）突然心臟病過世，不到幾個小時，董事會立刻任命他身前欽定的接班人，當時的營運長貝爾（Charlie Bell）遞補職缺。麥當勞管理當局的快速行動，讓員工、加盟業者、供應商、投資人等沒有感覺到公司的領導會因爲這個意外中斷（胡文豐，2007：51-52）。

四、接班人遴選原則

人才是企業得以永續發展的重要資產。因此，企業必須未雨綢繆，有系統地建立接班人梯隊，使優秀人才有所發揮。唯有如此，才能讓企業永保基業長青（廈康寧，2011：75）。

奇異（GE）公司最值得尊敬的一點，就是「一百多年來領導高層維持了了不起的延續性」。「奇異傳奇」的傑克·威爾許就像他的前任總裁雷金納德·瓊斯（Reginald H. Jones）一樣都是內部培養出來的，都竭力倡導管理創新，都是美國企業史上最有成就的總裁，相形之下，西屋電器（Westinghouse Electric）公司就經歷相當多的高階管理動盪和接班斷層。

企業在物色接班人時，最著重下類幾項遴選原則：

1.確定領導風格的延續：透過主管平日的仔細觀察及績效考核報告，瞭解接班候選人的意願及動機、理念、價值觀，以期望將來在接任一項計畫時，能夠對繼續執行的任務有一致性的認同。

2.確認接班候選人的能力和技能是否足夠：主管平常應留意接班候選人的能力（向上提升的潛力），良好的績效紀錄（戰功），且應就個人特質而加以安排合適的訓練課程，並應與接班候選人檢討學習進度，討論計畫是否修改或是否需要支援、需求資料及工具。

3.盡量擴大人才資料庫：選擇接班候選人要盡其可能的擴大候選人的

來源，且不要只是單純的挑選相同專業領域或個性、思考模式的人，而是評估達成到成果的過程，是否符合企業文化與核心價值，以及符合到什麼程度（吳昭德，〈簡述接班人計畫〉）。

4.考量能否接受國際調動的移動動力：這點是在呼應全球市場的策略目標，能隨時被指派到海外分公司工作。

領導能力是稀少且尊貴的資源，因此，發展有效的接班人制度確實能提升組織的競爭優勢。接班人計畫與人力資源的規劃、招募、遴選、訓練方面著實是密不可分的，所以一般公司在從事人力資源管理時，也當確實做好接班人計畫，這樣才算是完整的人力資源規劃。

裁員策略

以相機、影印機、印表機著稱的日本佳能（Canon）公司，其御手洗社長奉行的是「絕不裁員政策」。該公司在1975年業績低落到付不出股息時，仍然堅持不裁員（達威，1999）。御手洗社長說：「不製造失業爲最

範例8-4

裁員的困難

問：你一生中做過最困難的決定是什麼？

答：毫無疑義，每個領導者所面對最困難的決定，就是要員工走路。這件事非常困難，你永遠不能讓這件事令員工措手不及，永遠必須讓他們隨時澈底明瞭眼前的處境。即使到了當面告知的那一刻，要求人們離開你的公司，依舊是極為艱難的事。

資料來源：傑克・威爾許（Jack Welch）、蘇西・威爾許（Suzy Welch）著，羅耀宗譯（2005）。《致勝：威爾許給經理人的二十個建言》。天下遠見出版，頁8。

大的政策。」但在2008年全球金融風暴捲襲下，企業大舉裁員動作，已削弱員工對企業的忠誠度。根據總部設在芝加哥（Chicago）的國際調查研究中心（International Survey Research, ISR）的一項全球企業員工忠誠度調查顯示，由於多數企業對員工所盡的義務已不如以往，所以，員工對企業的向心力也大減。

一、企業塑身運動

俗話說：「衆人拾柴火焰高」，另外還有一句話說：「人多事輕」。在一般情況下，人多有它的好處，但也存在著弊端，這就是「一個和尙挑水喝，兩個和尙抬水喝，三個和尙沒水喝」。例如：反敗爲勝的汽車界強人李·艾科卡在接手瀕臨倒閉的克萊斯勒汽車公司時，就發現公司裡閒人太多了，光副總裁就有35人，他們各自爲政，你推我擋，效率不高，於是艾科卡辭退了33位副總裁。他說：「我需要有人造汽車，賣汽車，我不能容忍聘請一個人來說什麼：如果我們做了這個或那個，那麼我們的汽車能造得好一點。」（阿云，2000：214-215）

企業塑身絕非侷限於多餘人力裁撤的消極思維，而應改持以「適才適所」的積極作爲。每個部門檢視現有的人力，以期在刪除冗贅的組織及人力後，重現輕巧、機動的企業活力。

對於企業塑身，應建立下列的共識及方向：

(一)未具有產值效益的人力應予妥適處理

對於工作意願低落且未具產值的人力，部門主管應與人力資源管理單位研商後，予以異動或解職等妥適的處理；工作效率無法發揮的員工，究係當事人的主觀怠惰，還是客觀環境的無法勝任，相關單位應予確實的瞭解及輔導。

(二)務必「適才適所」發揮人力效率

各級主管在藉由定期的工作評核後，對於績效卓著的員工，應予以長期規劃及培訓；而未能發揮績效的員工，則應安排必要的訓練或調動職務。如此一來，才能「適才適所」，發揮人力的最佳效率。

(三)人員增補時應優先內部調任

因應業務擴展的需要，各部門在進行人力增補作業時，應以公司內部尚未能充分發揮個人學識、效能的員工爲優先的調任對象，此舉不但可以配合員工的專長並予以充分發揮的機會外，並可避免人力的閒置。

(四)經營績效評核側重人力效能發揮

企業在評核各事業部門的經營績效或紅利分配時，除營收及損益等項目外，亦應側重「人事費用率」（即人事費用占營業金額的比率）、「平均人力產值」（即平均每位員工所創造的營業額）及「平均利潤率」（即平均每位員工所創造的利潤額）等重要人力指標的評核，方能彰顯實際的營運績效。

企業在凝聚同舟共濟的共識後，必能締造企業永續「順境」的願景（簡明仁，1998：2-3）。

二、裁員作業

奇異公司前任執行長傑克・威爾許曾說：「你要勤於給花草施肥澆水，如果它們茁壯成長，你會有一個美麗的花園，如果它們不成材，就把它們剪掉，這就是管理需要做的事情。」修剪植物的樹枝，我們體會不出植物掉落的感覺，但裁員裁掉的卻是活生生的、有感覺的人，要讓被裁員工平靜而體面地離開，是有一定的難度，是要講求技巧的。

三、裁員執行人員培訓

裁員會導致關鍵性人才和技術的流失，爲了替代流失的關鍵性人才的成本花費將是驚人的。上世紀九○年代初，美林證券（Merrill Lynch）私人客戶部門的全球總裁就犯了大忌，大刀闊斧的裁員之後，不到一年時間經濟恢復榮景，但人找不回來了，最後此人被董事會辭掉了。

儘管把握裁員問題並非輕而易舉就可做到，但必須學會如何裁員。認眞做好裁員執行人員的培訓工作，除了裁員訊息（裁員日期）的告知、資遣費計算、相關給付與權益保障規定等方面的談話技巧培訓外，情緒安撫技巧也是執行人員接受培訓的重點。

罵「垃圾」氣走員工　要付資遣費

中部知名超市裕○屋的總經理謝○○，罵員工垃圾、只會混飯吃、有氣魄自己提辭呈，導致兩名資深員工憤而離職，並要求公司發給資遣費；最高法院認定謝的話已侮辱員工的人格，裕○屋應發給兩人共兩百四十八萬餘元的資遣費，及非志願離職的證明書。

郭○○、蔡○2002年7月、11月分別進入裕○屋工作，勝訴確定後，分別可領到資遣費、不休假獎金各一百三十三萬一千九百多元、一百一十九萬八千八百多元。兩人是以錄音筆錄下謝○○的惡言，成為勝訴的關鍵。

謝○○被父親帶到日本，最後打進日本超市，謝自創「垃圾桶管理學」，每天親自查視各超市分店的垃圾桶，督看有沒有做好廢棄物控管，並錄影存證，減少浪費，在企業管理上非常有名。

判決書指出，去（2010）年5月18日到6月19日間，謝○○在開會時辱罵郭、蔡兩員工「死木頭，你們這些垃圾，說你們垃圾不過分，改天再查，查到手與腳都剁掉……」。

謝○○還說「如再唱反調，會死得很難看，我會叫你走到哪裡都沒有工作……，有氣魄，自己提辭呈」「只會混飯吃……抓來打也不要緊」。

裕○屋解釋，因員工未依公司規定完成工作，謝○○為了維護企業內部秩序，盛怒之下才說出過激的話，情節未到「重大侮辱」。

一、二審都判決裕○屋敗訴，認定謝○○的言語已侮辱員工的人格，影響勞動契約繼續存在，裕○屋應給付兩人資遣費及不休假薪水，也應發給「非自願離職證明書」；裕○屋不服上訴，最高法院駁回。

資料來源：王文玲（2010）。〈罵「垃圾」氣走員工　要付資遣費〉。《聯合報》（2010/09/14，A8版）。

範例8-6

總經理給被資遣員工的一封信

各位同仁：

本公司過去十年來的主要產品數位式電子交換機，國內市場趨向飽和，採購量逐年減少，國外市場競爭激烈，售價逐年降低，而研發管銷經費逐年遽增。面對此種市場情境，國際知名電訊廠家已紛紛採取因應策略，重整組織，精簡人力，提高競爭力，並透過業務性質的改革變更，迎接通訊事業多元化及全球化的國際趨勢，以求生存與成長。

阿爾卡特集團的電信產業部門已宣布改組，並於明（1996）年一月起，採區域與產品矩陣運作模式，以尋求阿爾卡特整體對市場面運作上的整體聯合化，來加強對市場的因應能力，以及透過全球面產品系統資源的垂直整合與合理化，來提升Alcatel產品競爭力，以取代原來以國家性產業單位為基本組合點的運作。

在此新的組織模式運作下，TAISEL在Alcatel Telecom運作體系中，唯有人力精簡，業務多元化擴展，技術能力的提升，才能在管理會計盈虧責任運作下，確保TAISEL的經營。經過公司審慎考慮評估，在此業務性質變更中，在現有的組織與產品業務情形下，確有減少人員的必要，又無適當工作可供安置該等剩餘人力，為求在業務轉型過渡期間，維持適當的財務與營運體質，使能轉型至永續經營，形勢所迫，本公司必須在目前採取局部人員緊縮的資遣措施，並於1995年12月22日起執行。

本公司體念被資遣人員處境，並鑑於目前財務狀況良好，故在資遣費用之安排上，除就勞動基準法從優一體計算外，並另盡最大努力，額外加計，以表感謝以往辛勞之意。

在我們國家極力謀求產業層次升級的大環境下，又有「亞太營運中心」的建立，來推動國內投資意願與就業機會，以本公司同仁已建立的基礎，在留職同仁繼續努力不懈下，及在Alcatel Telecom體系的

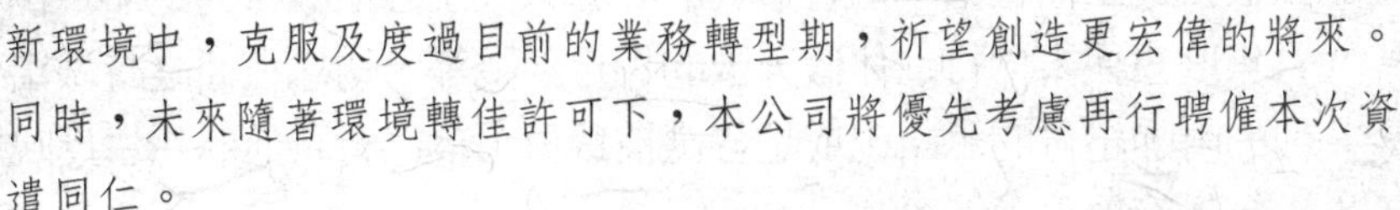

新環境中，克服及度過目前的業務轉型期，祈望創造更宏偉的將來。同時，未來隨著環境轉佳許可下，本公司將優先考慮再行聘僱本次資遣同仁。

敬祝

身體健康

總經理○○○

年　月　日

四、裁員面談

不論裁員的理由，單位主管都必須跟被解僱員工面談，告知他即將遭到資遣的情況。如果處理不當，強迫性離職可能帶來許多棘手的問題。

一般而言，做好裁員面談，需要注意幾個問題：

1.主管要在對某位員工告知其被資遣事實之前，要準備好所有的相關文件（佐證），這不僅體現了良好的公司制度，而且也涉及到法律問題。

2.裁員面談時間不宜過久，一般設定在十五至二十分鐘之間，拖長談話時間會讓員工以爲這是在進行一次討價還價的談判。爲緩和緊張氣氛，面談的場地可以選擇在會議室、休息室（中性場所）等不十分嚴肅的場地。

3.面談時坐定即可切入正題，告訴對方公司的裁員決定，言簡意賅，表達清楚公司爲什麼會做出這樣的決定；在解釋的時候，要注意將關注點放在職位上而非員工本人的行爲上，以免陷入人身攻擊的困境，並強調這是最後決定，已經不可更改。

4.面談過程中，不管對方的情緒多麼激動，都不要和被資遣者陷入爭執（爭論），而是認眞的傾聽；在被裁員表達的過程中，可以重複對方的最後話語，並用點頭或短暫的沉默等方法配合對方的闡述，直到他能比較心平氣和地接受被裁的事實。

5.跟被裁員工仔細講一遍資遣費的計算方式及其他給付的金額，例如當年度應休未休特別休假天數的折合現金等，切忌在面談時做出任何的附加給付的承諾，或是答應被裁員工自己會將他的想法反映給上級主管後再予答覆。

6.結束面談前要對員工的未來職業發展給予鼓勵，幫助他建立信心，對員工過去的工作表示謝意。

7.如果公司有提供心理諮商服務，可以推薦被裁減人員前往接受這項諮詢服務，除了情緒安撫之外，也提供失業保險申請手續及個人職涯發展的幫助。

雖然企業應該小心謹慎地防範可能的個人暴力或是危險的情況發生，卻不必要將每名被資遣員工當成公司的敵人看待。有尊嚴的解僱（termination with dignity）應該適用於所有各種的離職情況（Richard Bayer著，蘇玉櫻譯，2000：111）。

五、人性化的關懷與協助

裁員面談由單位主管主導，人力資源部門人員協助，這樣會增強裁員談話的嚴肅性和確定性，也可幫助解答一些人事方面的專業問題。但裁員面談後的後續作業，就落在人力資源管理單位的職責範圍內。持續關懷這些被裁員工的近期情況，如果尚未找到工作，人資人員可以把平時蒐集的一些就業方面的信息提供給他們參考，假如有需要，還可以幫助他們寫推薦信，讓這些人感受到即便已經不再是公司的員工，但是公司還是一貫地對他們的尊重和關心。這樣做可以延續被裁減員工對公司的忠誠和對公司裁員決策的理解，同時也有助於這些離職員工儘快走出心理低谷，重新振作起來。這樣的關懷活動，通常需要維持一至三個月的時間（段兆德，2009：30-33）。裁員不是個人的事情，它是商業行爲。裁員不當而引起對企業聲譽的負面影響，不僅可能讓企業失去社會信任，亦可能影響對外部優秀人才的吸引力與內部員工的向心力。所以，管理好幸運沒被資遣掉的人，並重建他們對公司的信任。

附錄8-1　台汽急速人力精簡作業工作時程表

年　月　日

時間	工作項目
9月16日-21日 第一週	一、完成前置準備工作。專案精簡處理要點相關補充規定，刊載10月份台汽通訊。 1.申請優惠資退注意事項之擬訂、會商、公布。 2.人員留用原則之擬訂、會商、公布。 3.精簡專案審查委員會之組成。 4.相關應用書表、定型書稿之訂定、印製。 5.第二專長轉業訓練之調查。 6.進行溝通協調──各運輸站、場主管。 7.各建制單位配置預算員額之確立。 二、先期發函受理員工優惠資退（甲種發行至站場相關書表隨同函送）。專案精簡處理要點預擬10月1日生效，有效期間三個月至12月31日截止。 三、全面清查員工留用人員審查資料。受理員工優惠資退預計9月20日發函10月5日截止。
9月22日-28日 第二週	一、各運輸處分別舉行說明會，公司派員分赴參與。申請優惠資退案件均請於10月12日前完成審查。 二、召開精簡專案審查委員會（含各運輸處）。員工有加班應補休而未休者，責成直接主管或各站場長於員工離退時令其休畢，否則一切法律責任及賠償責任均由站場長或直接主管負責。 三、請企管中心完成資遣金、退休金、補償金計算之軟體程式設計。
9月29日-10月5日 第三週	一、完成優惠資退審查。各運處應即統計申退人數及核定人數電傳公司。 二、核定（轉）資退案。營運路線班次辦理調整。 三、辦理第一次人力調撥（各運輸處）。 四、第二專長轉業訓練之彙整、協調、層報。
10月6日-12日 第四週	一、擬續任人員留用審查準備工作。 二、業務處、機料處、行政室與人事室規劃留剩餘人力之處理方案，並與生產力中心協商輔導事宜。 三、召開專案精簡會議──董事長主持。 四、公司各單位預擬二級制後人員納編名單送核。
10月13日-19日 第五週	一、召開精簡專案、審查委員會審查留用人員。公司與各運輸處納編名單核定後，人事室電傳相關運輸處。 二、剩餘人力處理方案定案。 三、規劃二級制業務人員訓練事宜。

時間	工作項目
10月20日-26日 第六週	一、完成留用人員名冊及剩餘人員名冊（各輸運處報公司二份）。 二、請生產力中心協助進行剩餘人力之溝通並規劃專長轉換訓練。名冊分送各相關單位審閱。 三、發函調查各運處預擬留守人員名冊。 四、擬訂相關業務工作銜接計畫。
10月27日-11月2日 第七週	一、完成剩餘人力溝通計畫及轉發各運處。 二、溝通時應用書表完成印製、裝訂、分送溝通地點。 三、各站場依經營業務調整需要實施基層人力第二次移撥作業。 四、辦理升資考試。
11月3日-9日 第八週	一、進行剩餘人力之溝通。藉由剩餘人力溝通，進行性向專長調查，並予區分及勸退。 二、轉發二級制業務人員訓練通知。 三、各單位完成訓練資料之印製、裝訂。 四、對各運輸處預擬留守人員，報請省府准予延長適用專案精簡處理要點三個月。
11月10日-16日 第九週	一、實施第一梯次業務人員訓練。 二、完成剩餘人力之移撥計畫及移撥手續。 三、召開專案精簡會議——董事長主持。 成立剩餘人力輔導小組——生產力中心協助指導； 業務輔導組——業務處 機料輔導組——機料處 地產輔導組——行政室 再就業輔導組——人事室
11月17日-23日 第十週	一、實施第二、三梯次業務人員訓練。 二、發布移撥剩餘人力之人事命令。 三、發函各運輸處準備辦理85年終考成。 四、配合急速精簡，85年考成勤惰計至12月2日止，各運輸處於12月20日前完成初核報送公司。
11月24日-30日 第十一週	一、實施第四、五梯次業務人員訓練。 二、剩餘人力完成報到手續——第三次人力移撥完成。 三、各處完成財務清點，並完成財務移撥處理計畫。
11月24日-30日 第十二週	一、依留用人員名冊發布二級制人事令準備作業。組織規程及4,520人預算員額需奉省府核定，人事室應事前密切聯繫。 二、進行剩餘人力之各項輔導工作。 三、召開專案精簡會議——董事長主持。 四、財物料帳之處理。
12月1日-7日 第十三週	一、發布二級制人事命令。最慢於12月31日前至新單位報到。 二、完成各類移交清冊之繕造並報送公司。

時間	工作項目
12月15日-21日 第十四週	一、各運輸處除留守人員外，12月30日前無法至新單位報到之暫駐人員應報公司核備。 二、剩餘人力工作狀況之督核及輔導。（輔導小組） 三、相關業務工作銜接。
12月22日-28日 第十五週	一、剩餘人力再輔導。（輔導小組） 二、文書檔案之處理。（行政室與各運輸處） 三、研訂搬遷作業計畫。（行政室） 四、各運輸處重要未了案件函報公司。
12月29日-86年1月4日 第十六週	一、運輸處裁併，除留守人員或暫駐人員外，一律至新單位報到。完成扁平化組織，運輸處裁撤。 二、計發獎金、退休金、資遣費、補償金。 三、運輸處人員十二月份各類保費之計繳。 四、完成搬遷作業。 五、其他善後事宜。

資料來源：台灣汽車公司（1995）。

結　語

經營環境愈艱難，愈能看出企業體質的良窳，也愈有機會欣賞一齣齣企業復活的劇本。美國管理大師詹姆・柯林斯所著《為什麼A$^+$巨人也會倒下》（*How The Mighty Fall*）一書中指出，企業從巨人到殞落可分為五大階段，第一階段是「成功帶來驕傲」（Hubris Born of Success），通常就是殞落的開始。所以，求新求變是企業生存的必然策略，過去成功的經驗不一定能重新再來過，且不要將過去成功的經驗成為改革創新的絆腳石，那麼企業就能因應時代的要求了。而人力資源管理的工作，不只是配合企業組織因應外界環境變革，也需要推動改變組織內部的管理制度和作法、管理者和員工的觀念與行為，確實扮演好諮詢服務的角色，藉由顧客內部行銷的觀念，做好人力資源管理的服務品質。

第九章

人力資源風險管理

- 人事風險概論
- 倫理風險
- 人事風險類別與案例
- 人事風險管理步驟與對策
- 結　語

> 我不祈禱免於危險，而是要在面對危險時不要恐懼。
>
> ——印度．泰戈爾（Rabindranath Tagore）

傳統的風險管理著重在財務以及有形資產，但對現在以知識爲主要資產的企業而言，傳統的風險管理方式並無法套用，因爲最大的風險來自智慧資產的管理，例如品牌（信譽）、人力資源、創新能力以及網際網路等。因無形資產（intangible assets）難以衡量，要管理無形資產的風險更加困難，特別是「人力資源」。所以，彼得．杜拉克說：「雇主不要高唱『員工是我們最大的資產』這類老式箴言，反而要聲稱『員工是我們最大的負債』。在二十一世紀知識經濟時代中，員工是企業最大的負債，而人力資源卻是企業最大的機會。」（**表9-1**）

表9-1　企業風險來源及其威脅指數

風險項目	威脅指數
信譽風險（reputational risk）	52%
法令風險（regulatory risk）	41%
人事風險（human resource risk）	41%
資訊風險（information network risk）	35%
市場風險（market risk）	32%
信用風險（credit risk）	29%
國家風險（country risk）	22%
財務風險（financial risk）	21%
恐怖主義風險（terrorism risk）	19%
外匯風險（foreign exchange risk）	18%
天然災害風險（natural risk）	18%
政治風險（political risk）	18%
犯罪與人身安全風險（crime and safety risk）	15%

資料來源：黃丙喜、馮志能、劉遠忠（2009）。〈危機管理8大處理程序〉。《能力雜誌》，總第644期（2009/10），頁52。

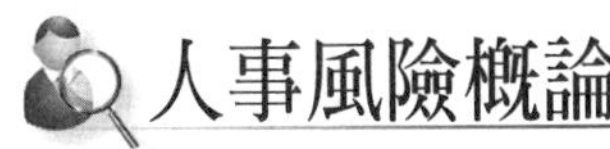

人事風險概論

風險是所有企業在發展過程中都無法避免的，尤其是在現代市場條件下，科技發展使產品生命週期縮短，新產品開發風險加大，不確定因素不斷增加，企業面臨著多種多樣的風險和危機（呂淑春主編，2005：2）。

人事風險不同於保險學範疇的風險，它是指由於經營管理上的不善和制度上的缺陷而導致員工對企業利益造成損害的可能性。人事風險發生的原因有直接的和間接的，這些原因可能是來自內部的或外部的因素。例如部分員工不認同企業文化或管理風格而籌組工會（union），用集體的力量來爭取他們認爲應該得到的權利，這是內在的人事風險；部分員工因受不了外在競爭廠家的高薪誘惑而集體出走，或盜取商業機密文件來通敵，這就是來自外在的人事風險。從某種意義上來講，所有的人事風險都是人的風險，有行爲、態度方面的，有工作能力方面的，有故意的或非故意的。所以，企業做好人事風險管理，抓住人的因素，就是抓住了根本。

一、議題／風險／危機／災難變動鏈

議題／風險／危機／災難變動鏈，完整說明了危機的起源與其可能的變動（**圖9-1**）。

「議題」（issue）的定義就是：「企業針對那些能對其帶來重大影響的政治、社會、經濟、法律和環境生態等議題做出確認、評估和回應程序。」例如：勞動三法（《工會法》、《勞動爭議法》、《團體協約法》）的修正施行，企業如果不能及時注意到這一未來「勞資關係」的轉變，可能就會遭遇到員工聯合起來成立工會組織，並要求簽訂團體協約的要求。這項議題如果沒有處理好，就會進一步演變爲企業或組織的危機。危機產生時，企業或組織的營運或存續就會陷入嚴重不利的負面情況。緊接下來則產生兩種不同的結果，一是處理得好，變成轉機；一是處理不好，變成災難。

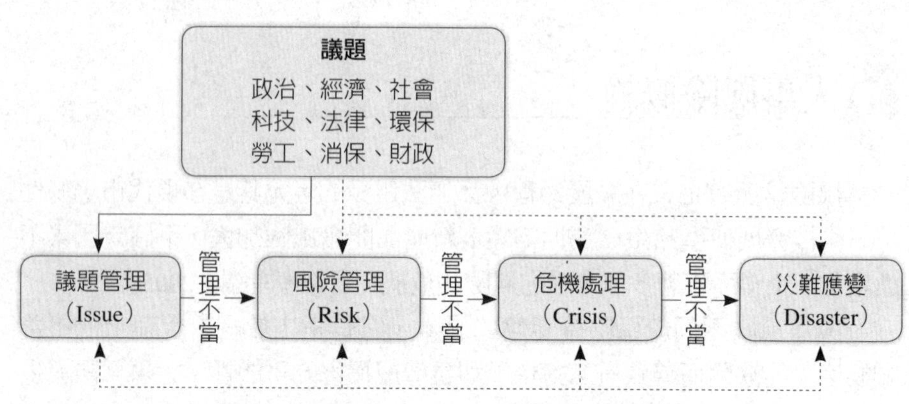

圖9-1　議題／風險／危機／災難變動鏈

資料來源：黃丙喜、馮志能、劉遠忠（2009）。〈危機管理8大處理程序〉。《能力雜誌》，總第644期（2009/10），頁51。

範例9-1

C航空公司空難紀實

次數	年度	機型／編號	性質	地點	事故	死亡	受傷
1	1969	Douglas DC3/B309	客運	台東大武山	撞山	24	
2	1970	NAMC YS11/B156	客運	松山機場	降落	16	不詳
3	1971	Caravelle/B1852	客運	澎湖香港間空域	爆炸	25	
4	1979	B707F	訓練	桃園竹圍外海	墜海	5	1
5	1980	B707-300	客運	馬尼拉機場	重落地	5	37
6	1982	B747	客運	香港附近空域	亂流	2	不詳
7	1985	747SP/N4522V	客運	舊金山空域	引擎熄火		2
8	1986	B737-218/B1870	客運	澎湖外海	墜海	13	
9	1989	B737-209/B180	客運	花蓮加禮苑山	撞山	54	
10	1991	B747-2R7F/B198	貨運	台北萬里	墜落	5	
11	1993	B747-409/B165	客運	香港啓德機場	滑入海灣		23
12	1994	A300-622R/B1816	客運	日本名古屋機場	墜落	252	11
13	1998	A300-622R/B1814	客運	桃園中正機場	墜落	202	地面1
14	1999	MD11/B150	客運	香港赤鱲角機場	翻覆	3	31
15	2002	B747-209/B18255	客運	澎湖外海	空中解體	225	

資料來源：陳文彬（2007）。《企業內部控制評估》。財團法人中華民國證券暨期貨市場發展基金會出版，頁161。

二、危機定義

溯及「危機」（crisis）一詞的起源，在希臘文中「crimein」原為「決定」（to decide）之意，《韋氏字典》（*Webster's*）則詮釋為「一件事『轉機』與『惡化』的分水嶺」（turning point for better or worse），即出現危機的同時，蘊含著「危險」與「機會」，關鍵點就在面對危機時，所採取的決定性且有效的措施（**表9-2**）。

表9-2　組織危機準備妥善程度測試表

問題（statements）	是	否
1.我們的組織具有評估潛在危機所可能導致損害的型態與種類的必要能力		
2.我們的組織擁有處理在任何可能損害的必備能力		
3.我們組織的評估系統或企業文化能讓我們將迅速處理損害列為優先項目		
4.我們組織讓我們能輕易忽視或否認危機的存在		
5.法律的考量不會使我們忽略倫理及人道的關懷		
6.我們組織擁有能夠快速組成又能有效決策運作的專業危機團隊		
7.我們組織具有調查和評估下列能力： A.任何可能產生危機的精確的型態及本質 B.對任何可能產生危機的早期警示徵兆 C.此一危機訊息將被限制或忽視 D.精確評定個人、組織和技術危機的原因		
8.我們組織具有適切設計、經常維持和定時測試可能損害的系統		
9.我們組織有生產製造和電腦資訊備份設施，以使一旦面臨危機時能儘速正常運作		
10.我們組織具有復原機制，以便企業及工廠能夠全盤繼續的營運		
11.我們組織具有復原機制，以使鄰近社區和環境儘速回復常態		
12.我們組織具有與政府、媒體與利害關係人有效溝通的能力		
合計		
附註：本測驗如果答「否」的數目超過兩個以上，不但顯示你的組織可能有危機發生，而且不具有妥善處理危機的能力。		

資料來源：Ian I. Mitroff, Christine M. Pearson and L. Katharine Harrington (1996), *The Essential Guide to Managing Corporate Crises* / 引自：黃丙喜、馮志能、劉遠忠（2009）。〈危機管理8大處理程序〉。《能力雜誌》，總第644期（2009/10），頁55。

三、人事風險肇因

企業的繁榮和發展最終起作用的是人，人是企業生存和發展的根本，人在企業中又是最大的變數，正所謂「成也蕭何，敗也蕭何」。對人的管理也就是對企業的管理。

在進行「人」的管理時，我們往往重視招聘、培訓、考評、薪資等各個具體內容的操作，而忽視了其中的風險管理問題。其實，每家企業在人力資源管理中都可能遇到風險，例如：企業領導人的突然辭職或意外死亡的風險；企業合夥人拆夥的風險；企業聲請破產、倒閉的風險；因嚴重急性呼吸道症候群（Severe Acute Respiratory Syndrome, SARS）疫情的蔓延，造成企業的停工風險；因技術骨幹突然「不告而別」的離職風險；因企業的盲目擴張，造成閒置人員滋生的風險；因員工「吃裡扒外」而淘空公司的財務的風險；因員工圖謀不正當的利益而出賣商業機密的風險；因員工抓住企業的某些「隱私」的惡意中傷，致使企業遭受經濟上和商譽上的重大損失的風險；因員工到處「申冤」，向「官廳」散發黑函，控訴雇主違法行爲的風險；工會會員要求加發年終獎金而北上向董事長「拜年」的風險；因招聘失敗而錄用一些「興風作浪」的「大哥級人物」的風險；因制度的修改或增訂，引起原「利益共霑」員工的不滿與抗爭的風險等，這都會影響企業的正常運轉，甚至會對企業造成致命的打擊。如何防範這些風險的發生，是值得加以重視的，特別是高科技行業對「人」的依賴更大，就更需要重視人力資源管理中的風險管控（**表9-3**）。

表9-3　人事問題的偵測與預防

類別	型態	偵測	預防
組織與權責	組織分工不明確	勞逸不均 無計畫 不知做何事	工作說明 指揮系統明確
	管理階層素質不佳	員工不和、不接受指揮 流動率高	再訓練 更換管理階層
	制度紊亂	工作重複 權責不分	訂定各種作業流程

（續）表9-3　人事問題的偵測與預防

類別	型態	偵測	預防
薪工	人工成本占銷貨金額之比例太高	利潤與效率均很低	設法提高效率，如發放績效獎金、加速自動化、電腦化
	員工流動率高	人工成本比例增高 不良品率增高	降低員工流動率，如提高待遇、再訓練等
	無專人負責人事管理	人事管理雜亂無章	設人事部門，負責人事管理
	人事部門與其他作業部門之協調不佳	聘用不合適的人，無法留住人才	人事部門與其他作業部門應充分協調，以使聘用之人才能勝任，且人才能長期留任
	員額編制不當	勞逸不均，劣幣驅逐良幣（反淘汰）	員額編制應與工作負擔相當
	無職務或工作說明	員工不知其職位、工作範圍及其許可權	訂定每位員工之職務及工作說明
	無薪資支付標準	員工士氣低落，因工作與薪給未能配合，勞者薪少，逸者酬多	建立合理化的薪資支給辦法
	員工核薪好壞不分	員工士氣低落，流動率增高	訂定員工考核辦法及標準，讓每位員工事先知道考核標準及努力方向
	員工訓練及培養計畫闕如或不佳	員工成長緩慢，效率不佳	訂定員工長期及短期培植計畫
	薪工紀錄及計算未予標準化或紀錄不合	員工抱怨且士氣不高，糾紛不斷	員工出勤紀錄及薪工計算應予以標準化或電腦化
	虛報或浮報工資或薪資	薪工成本增加，薪工之計算未經第三者覆核	薪工發放應直接放入員工個人帳戶，或以畫線抬頭支票直接交給員工
	冒領未領工資	未領工資管理鬆散	未領工資應專人保管，或繳回財務部門。請領時，再依規定程序辦理

資料來源：白崇賢。「企業危機管理面面觀」講義。台灣糖業公司訓練中心培訓教材，頁13。

倫理風險

員工可能用不道德的行爲給組織帶來傷害，這種風險就是人力資源的倫理風險。它可分爲兩類，一類是內生性倫理風險，由人的倫理素質缺失所導致，即員工是腐蝕組織的「爛蘋果」；二是制度性風險，因人力資源管理不當所導致，即組織成爲「壞酒桶」，員工被迫而從事不道德行爲。

一、爛蘋果的風險

有些學者將潛在倫理風險的員工稱爲「爛蘋果」，他們擁有殘缺的道德人格，傾向於拒絕社會普遍倫理規範的制約，爲獲取個人利潤而不顧及他人利益。即使組織存在嚴密的控制措施，這類員工的內在動機也會驅使他們積極尋找機會、創造機會逐利，並且不擇手段。

一項調查顯示，超過73%的美國員工目睹工作場所的倫理不當行爲，主要有：

1.偷竊工作時間，主要表現在員工經常遲到早退；故意延長既定的休息時間，或者爭取額外的休息時間；正常工作時間內不好好工作，偷懶、消極、怠工，將工作時間用於私人事務等。

2.利用公司設備與設施，爲私人事務服務。

3.偷竊公司財務，包括挪用公款、偷竊公司物品等（**圖9-2**）。

4.發現錯誤行爲不報告，比如破壞物品、歧視、侵害、性騷擾等。

5.將公司的資源用於非法交易，以獲取私利，譬如洩密等。

6.欺騙顧客或客戶，如曲解公司政策，騙取客戶信息等來獲取私人利益。

7.形成不良的組織政治，比如偏寵、拉幫結派（小團體）與相互傾軋等。

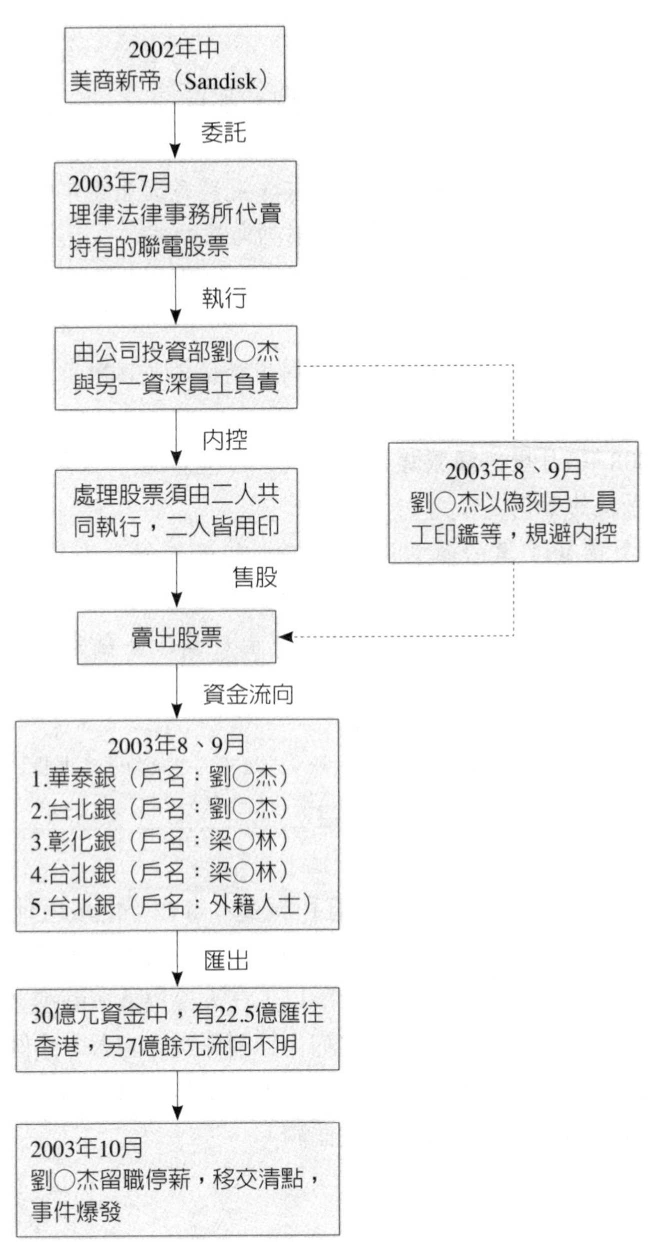

圖9-2　某律師事務所員工盜賣客戶股票流程

資料來源：佘通權（2011）。〈財務危機預防與管理〉。中小企業聯合輔導中心編印，頁27。

範例9-2

誠信測評的重要性

2005年11月，前微軟公司職員芬・孔蒂尼因非法銷售了數百萬美元的公司軟體，被美國聯邦法官判處四年監禁。

2006年7月，奇瑞公司內部員工偷盜價值七十萬元的汽車配件被逮捕。

2007年12月，微軟前域名經理利用職務之便竊取了超過一百萬美元的鉅款被起訴。

2008年3月騰訊網報導了蘋果員工自盜價值十三萬美元的332部iPhone手機的案例。

據英國諾丁漢的零售業研究中心和美國保點系統公司聯合發布的「全球零售業失竊統計報告」顯示，2007年因失竊而導致全球零售業損失四百九十八億英鎊，其中由於員工盜竊導致的損失高達一百七十五億英鎊。

資料來源：唐海波（2008）。〈誠信測評：一道不可忽視的「防火牆」〉。《人力資源》，總第277期（2008/06上半月），頁34。

彼得・杜拉克說：「人的正直和誠實本身並不能成就什麼事，而一旦這方面有缺陷則事事出毛病。」這些道德上的缺陷，正是「爛蘋果」的基因，也是危害組織的定時炸彈。所以，在人員招募與篩選上，要重視對人內在倫理素養，如人的盡責、守約、節制等操守的考察。例如：採取情境模擬測試、背景調查及心理測驗等，衡量擬聘用員工與公司在價值觀上的異同，優先選擇道德素養較高的個體。

範例9-3

操守測試

義大利一家電信公司招考幹部的筆試結束後，這家公司發給所有甄選通過的人一袋綠豆種子，並且要求他們在指定時間帶這發芽的綠豆回來，誰的綠豆種得最好，誰就能獲得那份競爭激烈、待遇優渥的工作。

果然，當指定時間來臨，每個人都帶著一大盆生意盎然、欣欣向榮的綠豆芽回來，只有一個人缺席。總經理親自打電話問這人為何不現身？這人以混合著抱歉、懊惱與不解的語氣說他感到抱歉，因為他的種子還沒發芽，雖然在過去那段時間，他已費盡心血全力照顧，可種子依然全無動靜。「我想，我大概失去這個工作機會了。」據說，這是那唯一的缺席者，在準備放下電話前所說的一句話。

但總經理卻告訴這孵不出綠豆芽的男子說：「你才是唯一我們錄用的新人」。

原來，那些種子都是處理過的，不可能發芽，種不出綠豆芽，正證明了男子是一位不作假的人，公司高層認為，這樣的人必也是一位有操守的人。

資料來源：陳幸蕙（2006）。〈敬業精神：道德操守是追求工作卓越的根本〉。《講義雜誌》（2006/10），頁52。

二、壞酒桶的風險

「爛蘋果」不是進入組織之前就腐爛的，而是進入組織之後慢慢受到感染而腐爛的。「染缸」理論的研究者發現，商業個體的不道德行為，主要是由於：

1.腐敗的商業環境：即使是世界上最正直的人被放在這樣的一個不誠

實、沒有責任感的商業環境裡，也會變色的。

2.殘缺的競爭理念：以利潤爲導向，不問過程只問結果，在同事的影響及績效壓力下從事不道德的行爲。

3.道德行爲強化機制的缺乏：商業組織之倡導激勵的個人競爭，員工可能因爲能力匱乏而引發道德虧損，而組織對績效結果的獎勵機制更是增加了個體從事不道德行爲的機率。

4.高階主管倫理承諾低下：非常突出的高階主管對倫理的標準的踐踏，對公司高尚價值理念的摒棄，他們的不道德行爲往往爲下屬樹立了榜樣，如恩隆（Enron）、世界通訊（WorldCom）與安達信會計師事務所（Arthur Andersen）等發生的事件。

5.消極的倫理氣氛：有些組織倫理氣氛對員工從事不道德行爲起推波助瀾的作用，如只強調自我利潤，爲贏得競爭不惜一切代價和手段。

「壞酒桶」給組織帶來直接的結果是各種不當行爲的增多、組織績效的降低與組織公正行爲的減少，間接的影響是破壞組織正直的品質，降低員工的組織公平感和組織承諾。當公司成爲滋生不當行爲的溫床，其結果必然是優秀人才外流，不用等到競爭對手來擊垮，組織已經從內部腐爛衰亡了（吳紅梅，2010：22-25）。

人事風險類別與案例

人力資源管理部門要負責的行政業務相當多，關於人力配置及工作規範的合理性、員工資料的建檔、勞資雙方的契約簽定、結合績效發放薪資、員工福利、勞健保的加退保手續、請假（休假）管理及加班的核定事宜、升遷獎勵及懲處的制度建立、服勤守則、違約或違規者的處理、新進員工及在職員工的通識教育訓練、核發各種證明文件等等各項業務，幾乎都有風險存在。

範例9-4

iPhone少一台　富士康員工跳樓亡

2009年7月16日凌晨，深圳富士康科技集團二十五歲的員工孫○勇，從十二樓跳下身亡。此前，公司交由其保管郵寄給蘋果公司的十六部蘋果iPhone樣機少了一台，孫曾接受公司環安課調查。

富士康發表聲明，承認在內部管理上有不足，「尤其在如何幫助年輕員工排解工作和他們個人精神層面上的困惑和煩惱，做得不夠細膩和條理。」

北京《京華時報》報導，孫○勇主要負責富士康公司蘋果iPhone第四代N90的導入，在給蘋果公司寄產品時，一共有十六台，但客户只收到十五台，蘋果公司因此懷疑富士康可能洩密，給富士康帶來非常大的壓力。因為孫○勇負責郵寄樣機，脱不了嫌疑，所以公司環安課便找他盤問。

富士康集團安全管理處對此事展開調查，據富士康提供的孫○勇自述材料提及，孫○勇7月9日從生產線拿到iPhone，清點數量後暫存。10日，取樣機的人來，孫○勇打開紙箱讓他們確認數量，孫有事不在場，回來後發現少一台，孫懷疑樣機丟在生產線，但沒找到，13日下班時上報主管。部門在查找未果後，15日上報環安課。15日三名富士康員工到孫○勇租住房屋搜查。

孫○勇跳樓自殺後，警方在他手機中發現他多名好友發的信息，稱因其管理的N90蘋果手機丟失，遭到公司懷疑，並被調查和搜查，心裡想不開。

富士康行政總經理暨商務長李○明接受《京華時報》報採訪時説，他對孫○勇自殺，表示痛心和惋惜，公司歡迎社會輿論幫助富士康檢討管理上存在的不足，公司也開始對大家關注的問題展開調查。

資料來源：賴錦宏（2009）。〈iPhone少一台　富士康員工跳樓亡〉。《聯合報》（2009/07/22，A9版）。

一、人員招聘風險

人才本來是無處不在的，但現實中的招聘卻常常不盡如人意。爲解決這一問題，需要招聘者明確招聘的需求和目的，遵循公平競爭、寧缺勿濫的原則，採取正確的策略和方式，最重要的是要把握好招聘測試的信度和效度，做出既不難倒所有應徵者，又要保證優秀人才能脫穎而出。

二、人員甄選風險

甄選是個汰劣擇優的過程，這個過程設計的好壞，執行是否嚴謹是企業成功與失敗的關鍵。爲了確保甄選人才的可靠性，管理者要練就一雙火眼金睛，透過現象識別其本質，避免被表面現象迷惑，以貌取人的風

範例9-5

解僱戴眼鏡女員工　罰飯店

四十七歲蘇姓單親媽媽在台北市四季飯店服務近四年，因戴老花眼鏡上班，主管竟以員工手冊「女性不能戴眼鏡」的規定資遣她，北市府勞工局認定業者違反《性別工作平等法》，開罰十萬元。

「我什麼都不要，只是要替女性出一口氣！」蘇媽媽受訪說，男女就業本就該平等，她感謝勞工局明理開罰；今（2010）年四月她也已找到工作，同樣在飯店服務，「現在的老闆還向我保證上班絕對可以戴眼鏡，不會被歧視！」她感到相當窩心。

勞工局表示，該飯店員工手冊註明「男性員工上班時間可配戴眼鏡，女性員工不行」違反性平法「性別歧視」，決議開罰。

勞工局表示，雇主受訪更稱「男性戴眼鏡會給人一種專業的感覺，女性則不會」，明顯有性別歧視。

資料來源：黃驛淵（2010）。〈解僱戴眼鏡女員工　罰飯店〉。《聯合報》（2010/06/19，6版）。

險，否則只會導致企業花費大量的人力、物力卻徒勞無功。例如，幾年前某家醫院因人員甄選的疏忽，錯誤僱一位「無牌照」醫師從事急診工作長達兩年之久，某天，人事單位人員上「衛生署網站」，輸入他的大名時才露出馬腳，醫院也恍然大悟發現上當了！（詹廖明義，2009）

範例9-6

星巴克拒錄用癲癇男　遭罰30萬

一名有癲癇病史的二十五歲男子，前往台北市信義區一家星巴克門市應徵兼職計時人員，被面試主管以「發病時會有危險、不知如何處理」不予錄用，憤而向北市府勞工局申訴，經就業歧視評議委員會評議，成立身心障礙就業歧視，處三十萬元罰鍰。

統一星巴克指此為「單一個案」，該公司對照顧身障民眾不遺餘力，依法按比例公司應進用二十八名身障員工，已超額錄取至五十四名，其中不乏有癲癇病史者。

該面試主管才晉升副店長半年，徵才評估上拿捏不當，星巴克將對所有店經理加強宣導和教育。

該名男子大學畢業後，在電影院從事餐飲吧、售票工作四年，日前前往星巴克應徵，面試時坦言有癲癇病史。主管考慮數天後，告知若在工作時發病，不知該如何處理，無法聘僱。

北市府勞工局長陳業鑫說，申訴民眾過去在電影院的工作內容，和星巴克兼職人員須從事的烹煮咖啡、清潔外場等大同小異，並非不具備此類職務能力，當時也無求職者眾競爭激烈情形。面試主管只因不瞭解癲癇病，就片面認定工作時發病有危險，對求職者不公平。

資料來源：吳曼寧（2011）。〈星巴克拒錄用癲癇男　遭罰30萬〉。《聯合報》（2011/07/14）。

三、用人不當風險

用人就是對人才的利用，使其在公司的生產、經營中發揮作用，創造利潤。但是用人不當或者失誤，往往就會使人無從發揮其智能，這不僅是人才的浪費，也是導致企業衰敗和歇業的主要原因。用人失誤在企業發展中，不亞於生產、經營決策的失誤。

範例9-7

董事長秘書詐領公款事件

廣達電腦公司董事長林百里女秘書徐○君和她的丈夫林○文，被該公司查出模仿林百里簽名，自2007年以來，四年內冒名詐領公款高達八千多萬元，用來買精品、名車和不動產。廣達公司將對徐○君夫婦提出詐欺和侵權損害賠償的刑事、民事告訴。

據瞭解，徐○君自2003年5月26日到2011年6月間，擔任董事長林百里的秘書，處理林百里公關禮品和其他支出，林百里對她很信任。

廣達財務單位今（2011）年4月間發現，公司有一筆三百萬元的公關費匯入徐○君帳户，認為事有蹊蹺，向林百里求證，發現並無這筆公關費用支出。

公司調查相關費用的支出憑證，並從徐○君的電子郵件中，發現徐○君將林百里的簽名傳真給丈夫林○文，夫婦共謀模仿林百里的筆跡，在多項支出費用的單據上簽名，陸續詐取公款。

資料來源：饒磐安（2011）。〈秘書仿林百里筆跡　4年詐領公款8000萬〉。《聯合報》（2011/07/22，頭版）。

四、機密文件流失風險

智慧財產權是高科技公司創業成功的必要條件，惟員工為求更高的個人利益，侵權行為時有所聞。為防止機密文件外露，大多數的科技廠商均要求新進員工簽署保密合約，但企業對於員工的洩密，似乎有法也難管。例如，新竹科學園區一家半導體廠商就曾傳出一名任職於產品開發處工程師，即將跳槽到同業廠商報到，卻利用離職手續辦妥當日，在下班前使用公司網路傳送大量的資料到其家中個人電腦。翌日為公司資訊單位發現，該員所傳送出的資料，經查證後為該公司先進製程相關技術機密資料（趙久惠，1999）。

五、接班人風險

對於一家企業來講，選擇接班人為一利害攸關的大事，它直接關係到企業未來的發展方向。培養接班人的方法多種多樣，而要確定什麼類型的接班人，選擇什麼樣的接班方式，則因企業性質不同而有所差異。在具體的操作中，管理者根據實際情況靈活把握，避免因誤選接班人而把企業送上衰落的不歸路。

六、離職風險

要想讓人才發揮效益，為公司創造財富，必須對人才進行管理。雖然在市場競爭激烈的環境中，人才的流動現象十分正常，但是關鍵人才的流失對企業會造成很大的衝擊力。優秀的人才如同公司的糧食，斷了糧食的公司必會日趨敗壞，陷入絕境。所以面對關鍵人才流失的嚴重局面，管理者務必注意用人環境，採取各種有效的方法和策略把優秀的人才留住。

七、培訓風險

國內某航空公司培訓女機師楊某，因謊報經歷與在受訓時大搞脫衣轟趴，幾年前被該航空公司退訓，並被求償二百一十五萬元訓練費。經法院判決，該航空公司的退訓與求償合法。航空公司指出機師責任重大，所有旅客在飛行時將生命託付給她（他），因此「誠實度與行爲檢點」很重要。航空公司指出，楊某是在2004年考進該公司，送到澳洲阿德雷達飛行學校培訓約十個月，卻在受訓期間與多名男女學員大搞脫衣轟趴，還脫到只剩內褲，該公司同時發現她報考時謊報經歷，認定這名學員「行爲不檢」且「誠實度有問題」。該航空公司強調，一位機師養成至少得花上千萬元培訓費，學員在受訓期間若因行爲不檢退訓，對公司是種損失，當然有權進行合理求償（陳俍任，2010）。

八、績效考評風險

績效考評，就是組織的各級管理者透過某種手段，對其下層的工作完成情況進行定量與定性評價的過程。績效評核的誤差會直接影響企業的效益，甚至可能導致一個企業從興盛走向衰落。績效評核的最大風險就在於管理者沒有遵循客觀公正的原則，員工做多做少、做好做壞一個樣，結果不僅嚴重抹殺了員工的競爭意識，也極度挫傷了他們的積極性。

九、薪酬給付風險

薪酬是由工資、獎金、津貼、福利和股票認購權五大部分組成的。正確、合理的薪酬給付是與績效評核、任職資格掛鉤的。它在員工激勵中的重要性不言自明。但是，若是管理者採取的薪酬管理方式不當，過於感情用事，不能遵循原則依章程辦事，那麼勢必造成企業人心渙散、一盤散沙的可悲局面。

範例9-8

加薪不公風波事件

我在找第一份工作時，當時有幾個選擇，但是奇異給的年薪比其他工作機會高一千五百美元。那時，我剛從研究所畢業，一文不名，一千五百美元感覺很多，也影響了我的決定。

一年後，奇異第一次給我加薪。我後來發現，我的加薪金額和同單位其他每個人完全一樣。我深信待遇應該取決於一個人的貢獻，因此我對自己說：「這個地方不值得留戀！」但是我並沒有馬上離職，直到在伊利諾州斯科基（Skokie）一家化學公司找到另一份工作，那家公司願意多給我25%。

後來我還是被奇異挽留了，但是如果奇異給我的薪水比不上斯科基，我是不會留下來的。

資料來源：傑克・威爾許（Jack Welch）、蘇西・威爾許（Suzy Welch）著，羅耀宗譯（2005）。《致勝：威爾許給經理人的二十個建言》。天下遠見出版，頁287。

十、解僱員工風險

傑克・威爾許在皮茨菲爾德公司主管塑膠單位期間，最痛苦的回憶之一就是，有一天，有個男孩上了校車，朝我兒子約翰的臉揮了一拳。前一天，我剛解聘那個男孩的父親，顯然過程處理的並不好。其實，就算我自認爲處理的很好也沒用，那個男孩的家人可不那麼認爲（Jack Welch、Suzy Welch著，羅耀宗譯，2005：144）。

範例9-9

剛停職9分鐘　她射死2同事

在全美最大餅乾製造商卡夫食品（Kraft Foods）費城廠工作十五年，9月9日遭停職的女性員工希勒，在警衛護送離開後9分鐘重返廠區，手裡多了一把點357magnum手槍，造成2死1傷。

希勒走進大樓時，朝一名跟蹤她且大喊「躲起來，她有槍」的員工射擊，但並未擊中。

警方表示，嫌犯接著朝3名受害者射擊，目前無法立即得知受害者身分或他們是否被鎖定。警方將嫌犯隔離在一個房間內，她隨即又朝員警射了一槍，但並未擊中。嫌犯最後在晚間9點30分遭到逮捕。

資料來源：李致嫻編譯（2010）。〈剛停職9分鐘　她射死2同事〉。《聯合報》（2010/09/11，A22版）。

十一、裁員風險

裁員的對象是人，是有血有肉、有思想、有感情的人。如果僅僅把員工當作爲一種「資源」，只求「術」的運用，而不注意員工的感受，裁員的效果就會大打折扣，甚至適得其反。正如羅伯特．瑞奇（Robert Reich）說：「採取什麼樣的裁員措施，比是否裁員更重要。採取人道的手段裁員的公司，能更好地保留住留職員工的信任與忠誠。而信任是企業最有價值，但也是非常容易消失的資產。」

十二、勞資衝突風險

勞資衝突的發生在企業中早已屢見不鮮，輕者自行協商解決，重者訴諸法庭，鬧得沸沸揚揚。結果導致企業形象與財力的雙重損失。基於這種情況，企業管理者一定要不斷完善內部管理機制，確保溝通順暢，避免勞資衝擊一再出現。

範例9-10

替老闆挨刀卻被裁　開槍洩憤攜械投案

去（2011）年6月，台北市立第二殯儀館發生兩幫人馬械鬥事件，導火線因殯葬業者搶客紛爭糾眾談判，劉姓業者挺雷姓同業，陳○杰（廿九歲）挺劉姓老闆，結果陳在混戰中被砍傷左手臂，深可見骨，送醫急救。

陳○杰住院就醫傷癒後，返回殯葬公司上班，未料去（2011）年10月，劉姓老闆以經營困難等理由將他資遣。陳丟了飯碗，淪落到建築工地幹粗活，後來連他最親近的姊姊過世，劉姓老闆也冷漠以待，未弔祭慰問。

陳○杰想起去（2011）年他「挺老闆」而挨刀住院，豈料老闆不聞不問，沒到醫院探視，又裁員叫他回家「吃自己」，嚥不下這口氣，前天（2月9日）下午夥同友人黃○倫（卅歲）持槍到老闆公司，朝天花板、牆壁等開八槍洩憤。逃亡十二小時，昨攜槍投案。

資料來源：張榮仁。〈替老闆挨刀卻被裁　開槍洩憤攜械投案〉。《聯合報》（2012/02/11，A11版）。

十三、過勞死風險

「過勞死」一詞源自於日本，《牛津英文大辭典》（*Oxford English Dictionary*）甚至將此原創爲日本譯音的英文字「Karoshi」予以納入，可見日本過勞死的問題之深切影響（**表9-4**）。

1981年，日本公共衛生學者上畑鐵之丞和田尻俊一郎共同著作了《過勞死：腦、心臟系疾病之業務上認定與預防》一書，書上寫道：「所謂過勞死，並不完全是醫學上的概念，也不完全是統計學上的概念，而是由日常工作中日積月累的勞累所導致的結果。主要表現爲腦病疾患和心臟病疾患引起的突然死亡。」（**表9-5**）

表9-4　過勞症狀和因素

1.經常感到疲倦，忘性大。
2.酒量突然下降，即使飲酒也不感到有滋味。
3.突然覺得有衰老感。
4.肩部和頸部發麻發僵。
5.因為疲勞和苦悶失眠。
6.有一點小事也煩躁和生氣。
7.經常頭痛和胸悶。
8.發生高血壓、糖尿病，心電圖測試結果不正常。
9.體重突然變化大，出現「將軍肚」。
10.幾乎每天晚上聚餐飲酒。
11.一天喝5杯以上咖啡。
12.經常不吃早飯或吃飯時間不固定。
13.喜歡吃油炸食品。
14.一天吸菸30支以上。
15.晚上10時也不回家，或者12時以後回家占一半以上。
16.上下班單程占2小時以上。
17.最近幾年運動也不流汗。
18.自我感覺身體良好而不看病。
19.一天工作10小時以上。
20.星期天也上班。
21.經常出差，每週只在家住兩三天。
22.夜班多，工作時間不規則。
23.最近有工作調動或工作變化。
24.升職或者工作量增多。
25.最近以來加班時間突然增加。
26.人際關係突然變壞。
27.最近工作失誤或者發生不和。

研究者認為，在上述27項中占7項以上即是過度疲勞有危險者，占10項以上就可能在任何時間發生過勞死。即使說不占7項，在第1項到第9項中占2項以上或者在第10項到18項中占3項以上者也要特別注意。

資料來源：日本公共衛生研究所／引自：〈近兩年中國國內有影響的四個「過勞死」案例〉。無國界華人網站：http://www.globalsino.com/sansi/z24.html。

表9-5　過勞死的意義

勞動意義	醫學意義	社會意義
「勞動」因素	「因果相關」因素	「權力義務」因素
從屬於雇主指揮監督下，導致工作過度或負擔過重產生過度壓力或累積疲勞等現象。	因過度壓力或累積疲勞產生慢性病變，最後導致心、血管循環系統等疾病之發生，引發「猝死」之現象。	社會應針對這類型「猝死」勞動者，給予家屬補償或救濟等活動。

資料來源：上畑鐵之丞（2002）／引自：吳啓榮（2010）。〈工作環境特徵、工作倦怠與過勞死之關聯性研究〉。國立交通大學管理學院碩士在職專班經營管理組碩士論文，頁8。

以上所列舉的人事風險類型，最怕的是「這些事不會發生在我們公司」的心態，輕忽了計畫的重要性，以致事情眞的發生時，一籌莫展，亂了陣腳（呂淑春主編，2005：1-13）。

人事風險管理步驟與對策

如何防範上述人事風險的發生，是值得企業界重視的。《孟子・告子下》說：「徵於色，發於聲，而後喻。」（譯文：察看人家的臉色，發覺人家的聲音，而後才能通曉別人的眞僞。）的意思，就是提醒人們要提高風險意識，始終注意防範風險。

一、人事風險管理的步驟

處理風險，指的是找出處理風險的可能方法，評估風險對策計畫，以及執行這些風險對策。人事風險管理的步驟，約可分類如下：

1.風險分類：一般我們可以按人力資源管理中的各環節內容對風險進行分類，如招聘風險、績效考評風險、工作評估風險、薪資管理風險、員工培訓風險、員工管理風險等項。

2.風險識別：它就是主動的去尋找風險產生的遠因、近因與內外在經營環境的關係。

3.風險評估：它是對風險可能造成的災害進行分析，包括人、財、物、地等。

4.風險駕馭：它是解決風險評估中發現的問題，從而消除預知的風險對策。

5.風險監控：當舊的風險消除後，可能又會出現新的風險，所以，風險分類、風險識別、風險評估、風險駕馭這幾個環節要連續不斷追蹤，才能形成有效的監控機制（**圖9-3**）。

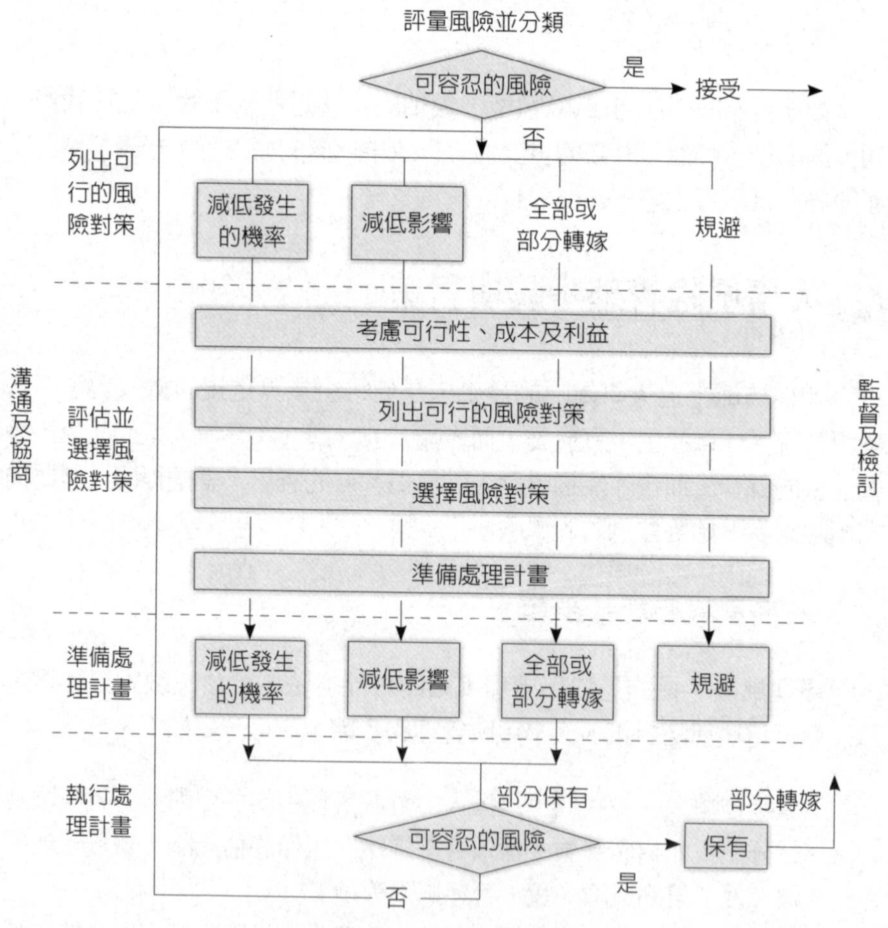

圖9-3　風險對策的評估步驟

資料來源：林木榮（2007）。〈風險管理在行政部門的應用與創新〉。摘自詹中原著，《變革管理》。國立中正紀念堂管理處出版，頁155。

人力資源管理的體系，包括組織架構及職能設計、人員甄選與任用、培訓與發展、晉升與輪調、考核與獎懲、薪資與福利、員工關係等多項功能。抓住徵才、選才、用才、育才、留才等重要環節，且要系統地加以防範（**表9-6**）。

二、人事風險駕馭的對策

人事風險駕馭，是指在人事風險分類和風險識別的基礎上，事先就採取有效的措施，讓人事風險不至於發生或減低風險損失。它約有下列數點值得重視：

(一)企業要守法

創業者應具備最基本的法律意識，必須按照勞動法規行事，如維護員工的合法權益，起碼要遵守勞動條件的規定，因爲《勞動基準法》第一章總則，第1條開宗名義提到：「雇主與勞工所訂勞動條件，不得低於本法所訂之最低標準。」唯有合法經營企業，一旦出現人事風險時，才可依法論法，保護企業的合法權益，而不致於受員工「要脅」。先有守法的企業主，才有守法的員工。

(二)組織診斷

組織是由人構成的，也是由人來進行管理的，沒有人，組織就不存在，沒有優秀的人力資源，組織就不可能生存和發展。組織建立和發展過程中所有的成功和失敗歸根結柢都與人的因素密切相關。

現代醫學強調，人要定期做「健康檢查」才能「早期發現、早期治療」，以延年益壽。企業組織的「健診」，也就是管理術語上所說的「組織診斷」，才能使企業「基業常青」。

組織的運作就像一部機器，不斷地在運轉中，也要不斷地定期添加「燃料」（新進員工），來維護這部機器（企業）的生產力。隨著歲月的增長，組織內部的規章、制度是否與定期加入的新進員工的理念與要求相符，這就是要做「組織診斷」的原因，企業才能提早看到一些已潛在於組織內的「汙垢」但尚未「燃爆」的因素，透過早期發現而迅速排出，來永

表9-6　危機處理策略

<table>
<tr><th>危機處理階段</th><th colspan="3">策略</th></tr>
<tr><td>危機潛伏期</td><td colspan="3">·掌握先機，防患危機形成於未然
·勿怠疏忽山雨欲來風滿樓的危機徵兆
·隨時保持各種訊息來源的管道暢通
·敏銳地掌握「燎原星火」，並予適時處置
·經常保持危機意識，準備應變</td></tr>
<tr><td rowspan="3">危機爆發期</td><td>·立即處理，避免延誤</td><td colspan="2">·迅即研判掌握危機來源、問題性質及其內部人員特性等狀況
·冷靜地對應處理，避免形成衝突事件
·尋求溝通管道，預留溝通空間</td></tr>
<tr><td>·確定危機問題</td><td colspan="2">·確定危機問題性質（包括外在訴求與潛藏動機）
·理性分析危機問題訴求的法、理、情依據</td></tr>
<tr><td>·成立危機處理的特定任務小組，並進行危機處理</td><td colspan="2">·依危機性質指定相關人員成立小組，並予以工作分配
·研判危機問題的發展脈動及可能影響層面
·確保訊息來源管道暢通，並盡可能與新聞媒體溝通，且滿足其採訪需要
·評估自己的定位（可供應用的資源及回應訴求的可能性，包括考量法令規定、組織職權）
·形成共識並研謀危機處理策略</td></tr>
<tr><td rowspan="4">危機解決期</td><td colspan="3">·確定危機事件的主角人物（領導者或代表人物），並瞭解其背景特性
·指定代表談判人員（權責、層級、漸近）</td></tr>
<tr><td rowspan="3">·協調溝通談判</td><td>情性面</td><td>·接受與包容的心
·相對性的思考
·情緒不宜涉及
·溝通不成的迴旋空間準備</td></tr>
<tr><td>理性面</td><td>·解析訴求問題與組織權責關係
·知其所欲並知其所懼
·確定可用籌碼與回應的底線
·溝通心理因素效應的運用
·討價還價的策略選擇</td></tr>
<tr><td>策略層面的考量原則</td><td>·面對群衆（員工）：情性優於理性的權宜策略取向
·掌握溝通的主動優勢：時間情境的選擇
·形成媒體與輿論的壓力作用
·有利社會資源的運用
·分工合作與集思廣益
·問題解決的思考與回應取向（思考以理性為主，情性為輔）
·匆促中、情緒中或狀況不明時，不做承諾或決定</td></tr>
<tr><td>危機解除後</td><td colspan="3">·檢視：危機解決的程度
·澆熄：做好避免危機再燃措施
·補強：檢討組織運作並研擬補強措施</td></tr>
</table>

資料來源：周燦德。〈危機處理〉。行政院農業委員會林務局95年度行政能力養成研習班講義，頁1-2；整理：丁志達。

遠維持「健康」的組織體質，以求齊心協力，鴻圖大展。

(三)用人不疑，疑人不用

用人不疑，疑人不用，指的是企業要在錄用員工時，先要「摸清」他的「底細」，也就是詢問前幾任的雇主或業務往來的人士，瞭解該員「爲人處事」的態度，從徵詢中所透露出的「蛛絲馬跡」，判斷可以「用」或「不能用」。例如，思科（Cisco）公司在選拔人才時，最看重的不是智力商數（IQ）與情緒商數（EQ），而是應聘者的企業文化適應性、很強的創業精神及超越自我的精神，以避免人力資本投資「標的物」選擇錯誤的人事風險。

(四)員工提交年度工作報告

企業每年五、六月間，在召開股東大會時，都要準備一份「年報」給「投資」的股東，以瞭解企業經營的現況。同理，員工爲企業付出的心力，由企業每月「付薪」交換「工作成果」，理應在年底時，雇主也有權要求每位員工寫出一份個人「年度工作成果報告書」。舉例來說，每位業務代表將這一年所接觸的競爭對手資訊、客戶名單、聯絡電話、通訊地址及電子信箱等資料整理出來，這就是Know-how（指專門知識、技能、實際經驗）傳承，也是一種不露痕跡的要求部屬定期「移交」業務檔案的「高明」手法，如果沒有提出年度個人成果報告書者，則停發固定年終獎金的發給，如此一來，當員工與企業「反目成仇」時，企業才不會「一無所有」。

範例9-11

月報制度

聯強國際公司有一項行之有年的月報制度，無論任何一位員工每個月都必須參與部門內的月報會議，並且每個人都要在事前充分準備，在會中站到台上做正式的報告，而每個單位的主管也必須再向上一層的主管進行月報。

多年實行下來，資深員工往往累積了許多自己整理出來的檔案資料，完整記錄了自己的工作成長過程。

在月報會議上，每位與會者都必須將過去一個月來的工作進度作一完整的報告，並且提出檢討與改進方法。透過這樣的方式，聯強國際不僅訓練每位員工的分析整理能力，也讓員工有練習表達能力的機會，同時持續不斷地實施月報制度，也讓員工持續地進行思考。

月報制度另一好處，則是同事之間可以藉此互相瞭解對方的工作狀態，主管也可以從中掌握每位部屬的工作進度。此外，透過層層向上的月報，不同部門之間，也可以瞭解其他部門的狀況，增加彼此的瞭解與整體的協調性。

資料來源：郭晉彰（2000）。《不停駛的驛馬：聯強國際的通路霸業》。商訊文化，頁201-202。

(五)強迫休假

《勞動基準法》規定，員工服務滿一年以上有特別休假七天，隨著年資的遞增，每年休假天數最多可達三十天。員工休假是爲了走更遠的路，但也給企業有機會在員工休假期間找人「代理」其工作，從而瞭解該員在工作上有否「隱瞞不可告人的違法秘密」行爲，也爲「爾後」該名員工突然「辭職」時，有「備胎」的接替人選。「鼓勵」員工休假，而不是「獎勵」員工不休假，企業才能「永續經營」。

(六)職務輪調

西諺說：「滾動之石不生苔」，也就是說：「唯有滾動的石頭才有生命力可言」。所以，一位員工在同一職位「呆」太久，所見、所聞、所想的是本身的業務，較困難看到整個組織的願景，於是產生本位主義的現象，遇事容易推諉塞責、斤斤計較的現象，爲了打破「門戶之見」，企業唯有借助定期「職務輪調」來推動「你會，我也會」、「你懂，我也懂」的共鳴感。

範例9-12

強迫休假　非休不可

歐美外商金融業，包括花旗、匯豐銀行等，有所謂的「強迫休假」。外商銀行業者表示，所謂強迫休假有兩個目的，一是讓員工好好去休假；第二就是在員工去休假，原先工作由他人接手時，剛好可以趁機瞭解是否有不遵循法令的狀況，尤其銀行內部偏重「交易」的部門，更是嚴格奉行員工強迫休假制度，有稽核的用意。

外商銀行表示，「強迫休假」會視年資多寡，短則五天、長則十天，因此資深員工的強迫休假，一次可休達兩週（十天加前後週末可達十六天），很多員工乾脆在「強迫休假」時出國渡假，由於這是公司提供的休假，也不會被扣薪水。

資料來源：孫中英。〈台產險連9天帶薪「黃金假」非休不可〉。《聯合報》（2012/02/07，A6版）。

(七)溝通管道的鋪設

美國賓州大學（University of Pennsylvania）華頓商學院（The Wharton School）教授彼得·卡派禮，提出傳統與新興的兩種人力資源管理概念：「維護一座水壩」或「管理一條河流」，前者猶如鯀治水（採取圍堵的水利政策），後者猶如禹治水（採取疏導的水利政策）的想法。圍堵員工抱怨，不如鋪設多元溝通的管道，讓員工的「怨氣」有「正規」的宣洩出處，懂得傾聽員工的「哀怨」聲，就能及早發現潛藏組織內部員工的「心聲」，如果企業不這樣做的話，這些「抱怨」、「哀怨」聲會轉移到請「工會」來「發聲」，這時「個別案件」變成「集體案件」就不好「私了」，付出人事風險處理成本就加大，用棒球術語來說：「在一壘前就封殺掉」，否則，「盜壘」、「短打」的動作，讓你「顧前顧後」費思量（**表9-7**）。

表9-7　支持懲戒決定所需要的文件證明

文件	雇主必須做的事情
證明有關的行為確實發生了。	保留一份關於不端行為所涉及到的事件，按年月日順序排列的書面紀錄。這必須是事實性的紀錄（避免道聽塗說並且不做假設），它包括日期、次數、地點、證人，以及所發生事情的具體細節。
證明員工明白（或應該清楚）所違反的規章。	出示證據以說明規章已予張貼通知和員工手冊的形式，或在培訓期間告知了該員工。
證明員工已被告知他的違規，並在適當的場所給予充分的警告。	在員工的個人檔案中放入書面警告。
證明發現其他員工有類似的違規行為時，已用類似的方法做過懲戒。	拿出關於其他事件如何解決的紀錄。過去有誰有過類似的越軌行為？是如何處理他們的？考察員工過去的工作紀錄及能使它與其他事件加以區別的減輕處罰的情況。

資料來源：勞倫斯・S・克雷曼（Lawrence S. Kleiman）著，孫非等譯（2000）。《人力資源管理：獲取競爭優勢的工具》（*Human Resource Management: A Tool for Competitive Advantage*）。機械工業出版社，頁297。

(八)聽其言，觀其行

一般管理者比較喜歡聽到「報喜不報憂」的聲音，一旦聽到的「壞消息」，總會覺得言過其實，而忽略到這正是企業某一類人事風險降臨前的先兆，作爲雇主得力助手的單位主管，其職責之一就是要捕捉「壞消息」，並據此採取措施，變「壞消息」爲「好消息」。例如：某保全公司運鈔車司機吳某，跟一同收款的林某說：「市政府的司機，年終獎金都有十多萬；幹我們保全業的人根本抬不起頭來！」哪知道，這幾句抱怨的話，在事隔幾天後，卻是發生林某監守自盜的伏筆。管理員工要運用到帕列托法則（Pareto Principle），多花一點時間去鎖定那些容易「出紕漏」的「少數」列管人員（80/20法則），才不會「事出突然」，措手不及，而被「捅漏子」，肇事者逃逸，管理者收拾「爛攤子」，窩囊到極點。

(九)尋找規避風險的工具

對於任何企業來說都會存在著人事風險，因而在駕馭人事風險中，企業可用「買保險」的工具，透過第三者的「保險公司」來承擔因人事風險發生造成企業「財物」損失時的理賠。例如：轟動一時的中部地區某集團總裁曾某涉及順大裕炒股疑案，台北地院判決，曾某兼任台中商銀董事長期間，涉嫌與其他董事等主管串聯，主導違法放貸、投資、違約交割，犯罪金額達新台幣一百一十二億多元，造成台中商銀重大損失，因台中商銀曾向富邦保險公司投保「員工忠誠險」，包括員工的「不忠實行爲」等保險，約定員工不忠實行爲的要件爲「意圖獲得不當得利、單獨與他人串聯，以不忠實或詐欺行爲導致被保險人財產損失，或利用員工的錯誤、過失、疏失而得逞造成的損失。」每一次事故的保險金額及保險期間內的保險金額均爲新台幣五千萬元的理賠最高額，法院乃判決富邦保險公司應依「員工忠誠險」的簽約合同規定，以及台中商銀已支出律師費數百萬元爲由，判定富邦保險賠償新台幣五千五百萬元給台中商銀（**表9-8**）。

表9-8　企業因應員工不誠實措施

措施	危險自留	保證人制度	投保員工誠實保證保險
內容	危險自留，一旦事故發生，措手不及。	要求員工提供保證人，員工挪用或侵占公款，企業向保證人尋求損失。	預繳保費，員工挪用或侵占公款，依保單條款向保險公司求償。
企業成本	部分企業有提存損失準備金機制，若發生鉅額損失，不及支付且成本過高。	投入人力、物力執行保證人核對及檔案管理。	成本明確，為保險費用以及出險自付額。
風險轉嫁	無	保證人負擔損失，但須定期對保，且須求償手續，才能成功轉嫁損失金額。	損失金額轉嫁給保險公司。
長期保障	無	不超過三年。	透過續保，維持長期保障。
企業節稅	提存損失準備金，不能抵稅。	不能抵稅。	保費得以費用認列抵稅。

資料來源：某產業公司／引自洪凱音（2005）。〈企業因應員工不誠實措施〉。《經濟日報》（2005/06/22，B4版）。

結　語

知名的美國作家賽珍珠（Pearl S. Buck）說：「我們從悲哀中所學到的，和從喜悅中所學到的一樣多；我們從病痛中所學到的，和從康健中所學到的一樣多；我們從阻礙中所學到的，和從助益中所學到的一樣多……而且說眞的，可能要更多。」所以，英特爾（Intel）前執行長安迪．葛洛夫（Andy Grove）有句名言：「懼者生存」。「懼」的詮釋，就是《詩經．小雅．小旻》提到的：「戰戰兢兢，如臨深淵，如履薄冰。」因爲「恐懼」只會亂了分寸。當人事風險不幸來臨時，千萬不要只是怨天尤人，記得「在亂中造機，從亂中取勝」。誠意面對問題，將心比心，找尋適當解決方案，才能藉此將企業的「風險」轉機爲員工對企業的「奉獻」。

第十章

人事管理制度

- 制度的立法特性與原則
- 勞動法規與人事制度規章
- 人事制度規劃
- 人事制度規章設計
- 員工行為準則
- 提案改善制度
- 人力資源資訊系統
- 結　語

> 法行則人從法，法敗則法從人。
>
> ——顧炎武・《日知錄・卷11・法制》

人事制度，是企業管理制度中最爲重要的範疇。企業必須建立良好的人事管理制度，始能期待健全的經營與持續的成長。管理大師彼得・杜拉克曾說：「就傳統的工作者而言，工作者是爲制度而服務；但就知識工作者而言，制度必須爲他們服務。舉凡成功的企業，都擁有良好的人事管理制度，幾乎沒有例外。」

制度的立法特性與原則

人事制度，係指人力資源各項管理體系與標準作業原則與程序，用以規範各項相關的人力資源管理的實務運作，以及如何去管理及發展員工的制度。

一、制度立法特性

企業訂定制度規章，其立法的特性有：

(一)客觀性

制度規章是組織中每一位成員行爲的「規矩」或「準繩」。組織中成員要從事制度規章所規範的行爲，便應當依照制度規定的程序循軌而行。《韓非子・忠孝篇》說：「治也者，治常者也。」（立法的本意，即在建立一國上下臣民共守之法制，以爲治國恆常之道），顯然韓非子所關心的「治」較偏重於制度規章。

(二)公開性

制度規章必須公布，讓組織中的成員都知所遵從。《韓非子・難三篇》說：「法者，編著之圖籍，設之於官府，而布之於百姓者也。」（制定成文法，向百姓公布，使人人皆知法而又有法可依），所以《勞動基準

法》第70條規定，雇主僱用勞工人數在三十人以上者，應依其事業性質訂立工作規則，報請主管機關核備後並公開揭示之。

(三)可行性

制度規章是爲每一個人而設立的，因此立法務必要做到人人可知、可行的程度。《韓非子・八說篇》提到：「察士然後能知之，不可以爲令，夫民不盡察。」（只有明察事理的人才能通曉的東西，不可用來作爲法令，因爲民衆不都是明察的），這說明了連聰明才智之士都不容易瞭解的奧妙玄理，一般人必然無法瞭解，絕不可拿來作爲制度。

(四)強制性

制度規章是組織中處理各項事務最恰當的程序。制度規章一旦公布之後，有關事務便應當依照制度規章來處理，不可輕易變動。《韓非子・五蠹篇》說：「法莫如一而固，使民知之。」（法莫過於始終如一而且穩定，讓人民知道法的尊嚴），才能做到《韓非子・外儲說左下第三十三》的「信賞以盡能，必罰以禁邪。」（有功必賞，以便人盡其能；有罪必罰，以便禁止奸邪），強調法令在施行過程中的預期效果與實際效果必須達到統一，重視立法的預防作用和激勵機制，使員工一面樂於盡力達成組織目標，一面不敢做出任何危害組織的行爲。

(五)普遍性

制度規章一旦公布實行之後，就應當是每一個人行爲的準繩，不能因爲某一個人地位高，權力大，就可以不需遵照法令行事。《韓非子・有度第六》說：「刑過不避大臣，賞善不遺匹夫。」（懲罰罪過不迴避大臣，獎賞功勞不漏掉平民），聰明的智者，是不會找理由爲自己辯說，魯莽的勇者也不敢出面爲自己抗爭（黃光國，2000：114-119）。

二、制定人事制度規章原則

企業制定人事制度規章原則有：

(一)借鏡原則

參考業界標竿企業相關的人事制度規章制定的作法，通常用訪談方式來瞭解各類人事制度規章的架構。

(二)企業特色的原則

清楚瞭解經營者的經營哲學及實務需求，依著雇主的經營理念來規劃人事管理制度規章。

(三)法理情的原則

制度規章必須依法訂定，不能違法或避重就輕，遊走法律的「灰色」邊緣地帶，以避免不必要的勞資糾紛。

(四)激勵原則

制度規章條文的用字遣詞，要使用正面語氣，少用禁止等負面的用語，以維持員工的尊嚴。

(五)參與原則

制度規章制定必須徵詢各單位主管的意見，不可閉門造車，單打獨鬥。制度規章的執法者是各單位的主管，能讓主管參與和表達意見，除使制度規章之內容能更周延完整外，亦可使主管有受尊重之感，在制度規章實施中，必能降低主管的反彈與阻力。

(六)特有原則

隔山如隔行，勿將別家的人事制度規章全盤抄襲引用，應就企業體質、規模、企業文化來設計。

(七)專業原則

制度規章訂定時，要多方蒐集管理制度規章的資訊，不可以偏概全，例如：新進員工的待遇給付，要參考就業市場的薪資給付行情，才有誘因，否則，實施效果恐怕不彰。

(八)實用性原則

制度規章不是快餐，亦不是一次性消費，它是企業長期戰略的實現，所以在討論和制定時應盡量考慮周全，但也要斟酌程序的易行性，「太完美」的制度是難以執行的。

(九)透明化原則

制度規章要透明化，要宣導，才能引起員工的共識與遵守。例如，將制度規章摘錄重點彙編成冊或上網，以利員工隨時查閱。

(十)適時修正原則

環境在變，經營方式也在變，法律更在變，所以要懂得適時修正制度規章。

管理制度，本身並沒有好壞之分，只是適合或不適合的問題。如果適合企業文化的情況，就是一種有效的制度，如果不適合，就是一種無效的制度。每家企業在有了初步的經營規模與獲利之後，應該更著重於建立制度，以培養優秀的人才，塑造正確而強勢的組織文化。

勞動法規與人事制度規章

人事制度規章是企業的「法律」，藉此約束員工，憑以獎懲，使員工分工合作，各司其職，以竟全功。企業缺乏人事制度規章，則「人」、「事」之安置與管理，也將缺乏依循之準則。而勞動法規是指國家根據勞動政策而制定或核准的法律、命令和規章而言，旨在保護勞動者合法權益，提高生產效率，促進經濟與社會發展。

一、《憲法》

任何勞動法規不能和《憲法》有所牴觸。除《憲法》第二章（人民之權利義務）及第十三章（基本國策）第四節（社會安全）一般規定外，還有如下特別規定：

國家爲改良勞工及農民之生活，增進其生產技能，應制定保護勞工及農民之法律，實施保護勞工及農民之政策。（第153條第一項）

婦女兒童從事勞動者，應按其年齡及身體狀態，予以特別之保護。（第153條第二項）

勞資雙方應本協調合作原則，發展生產事業。勞資糾紛之調解與仲裁，以法律定之。（第154條）

二、法律

法律須經立法院通過，總統公布。法律得定名爲「法」、「律」、「條例」和「通則」四種。

三、命令

命令是指政府依據法律所公布的各種命令，與法律牴觸者無效。命令得依性質稱爲「規程」、「規則」、「細則」和「辦法」四種。

四、解釋

法令解釋是指對法律條文之本身疑義的解釋。法令解釋有兩種：司法解釋（它指司法機關對法律所做的解釋）和行政解釋（它指上級機關或政府對於下級機關或人民所做的解釋）。司法解釋效力高於行政解釋，但均低於大法官會議所爲之解釋。

五、判例

它是指法院對於訴訟案件的判決，遇有同樣或類似案件發生時，各級法院可據以作爲裁判的準則。

六、習慣

《民法》規定：民事，法律所未規定者，依習慣；無習慣者，依法理。（第1條）民事所適用之習慣，以不背於公共秩序或善良風俗者為限。（第2條）

七、勞動規章

團體協約、勞動契約，由勞資雙方訂定；工作規則，由雇主訂定報准實施。

企業在制定人事管理制度規章時，至少應符合法律所規範的「最低勞動」條件，才不致「違法」而受到「罰鍰」、「罰金」、「拘禁」或被判「有期徒刑」的懲戒處分（**表10-1**）。

表10-1　人事管理功能與勞動法規對照

人事管理功能	勞動法規名稱
招募 任用 解僱	‧勞動基準法／勞動基準法施行細則 ‧就業服務法／就業服務法施行細則 ‧被裁減資遣被保險人繼續參加勞工保險及保險給付辦法 ‧性別工作平等法 ‧就業保險法
訓練	‧勞動基準法／勞動基準法施行細則 ‧職業訓練法／職業訓練法施行細則 ‧勞工教育實施辦法 ‧勞工安全衛生訓練規則
工資	‧勞動基準法／勞動基準法施行細則 ‧基本工資審議辦法 ‧積欠工資墊償基金提繳及墊償管理辦法
福利	‧勞動基準法／勞動基準法施行細則 ‧勞工保險條例／勞工保險條例施行細則 ‧職工福利金條例／職工福利金條例施行細則 ‧勞工退休準備金提撥及管理辦法 ‧勞工退休金條例／勞工退休金條例施行細則 ‧事業單位勞工退休金準備金監督委員會組織準則 ‧勞工退休基金收支保管及運用辦法 ‧勞工保險被保險人因執行職務而傷病審查準則

（續）表10-1　人事管理功能與勞動法規對照

人事管理功能	勞動法規名稱
安全衛生	·勞工安全衛生法／勞工安全衛生法施行細則 ·勞動基準法／勞動基準法施行細則 ·勞動檢查法／勞動檢查法施行細則 ·勞工健康保護規則 ·勞工保險被保險人因執行職務而致傷病審查準則 ·職業災害勞工保護法／職業災害勞工保護法施行細則
紀律管理	·勞動基準法／勞動基準法施行細則 ·工作規則審核要點 ·勞工請假規則 ·僱用部分時間工作勞工實施要點 ·違反勞動基準法罰鍰案件處理要點
勞資關係	·勞動基準法／勞動基準法施行細則 ·勞資爭議處理法 ·團體協約法 ·工會法／工會法施行細則 ·勞資會議實施辦法

資料來源：丁志達（2011）。「人事管理制度規章設計」講義。中華民國勞資關係協進會編印。

人事制度規劃

有效的人事管理制度是確保人才的根本。被尊稱爲「組織理論之父」的德國古典管理理論學家馬克斯·韋伯（Max Weber）認爲，社會上有三種權力，一是傳統權力，依傳統慣例或世襲而來；二是超凡權力，來源於自然崇拜或追隨；三是法定權力，透過法律或制度規定的權力。對經濟組織而言，應以合理、合法權力爲基礎，才能保障組織連續和持久的經營目標，而人事制度規章是組織得以良性運作的保證，是組織中合法權力的基礎。

一、制度規章研究方式

企業研究人事制度規章的具體重點有：

1.進行現行各項人事制度規章的盤點，以確認制度調整及建立的方向。
2.蒐集相關主管人員對修正人事制度規章專案相關的意見，以減少未來調整及執行時可能的阻力。
3.釐清人事管理問題之輕重緩急，以確認制度規劃之先後順序。
4.建立完整、周延、尊重以往承諾、依據法律且具公平及合理性之系統化人事管理運用與管理制度。
5.透過各項制度之設計及推動，導引出各階層之良性互動，而提升整體績效。
6.移轉此人事管理相關規章制度落實時於組織內。

範例10-1

研究工作記錄簿管理辦法

生效日期：　年　月　日

一、目的

為幫助研發人員捕捉瞬間的靈感，記錄工作過程之一些實驗與技術、研究結果，以保障公司與個人發明權益，累積科技技術，促進科技發展，作為發生智慧財產權爭議時的有力佐證。

二、適用對象

本公司科技專業研究人員均適用之。

三、研究記錄的項目

研究工作記錄簿應記載下列任何工作與研究過程中的靈感、初步構想、計算、討論摘要、實驗數據、訪談內容，不論成功或失敗的經驗及檢討改進的方法均可記錄。

(一)化學配方、化工製程。
(二)電子、積體電路設計。
(三)土木、機械等結構草圖。
(四)設計、交換因素及優先順序。
(五)規格及數值上的分析。
(六)流程圖、程序或例行操作。
(七)工程或研究上的改變。
(八)電話或重要談話、會議、信件等。

(九)其他有關在工程及研究上具記載價值之數據及資料。

(十)其他行政業務記錄（採購的材料、儀器、設備等）。

四、研究工作記錄的方法

研究工作記錄簿的書寫方式應注意下列事項：

(一)研究工作記錄簿應確實填寫使用者姓名、員工編號、領用日期、使用期間及直屬主管姓名，繳回時填寫繳回日期。

(二)應使用能夠永久保存字跡的書寫工具，如原子筆、鋼筆、簽字筆，切勿使用鉛筆。

(三)記錄錯誤或筆誤的地方，切勿擦掉、塗改，以線條劃掉即可。

本工作記錄簿共100頁，任何一頁均不得撕去或損毀，每頁記錄前，應填寫研究計畫編號、姓名及日期。

(四)同日記錄時勿留下空白，應接續使用，如未寫完一頁，請劃去剩餘部分，日期不同請用下頁書寫，同一頁不要同時記錄二個以上計畫主內容。

(五)切勿在單張紙上記載後，再黏貼於記錄簿上，照片、圖、表必要黏貼時，須在接縫處簽上日期、姓名和見證（不可蓋章代替簽名）。

(六)記載內容無一定格式，亦不必刻意講求工整，原則上以清晰易瞭解為原則。

(七)研究工作記錄簿請儘量連續使用，中間不可留空白頁。

(八)記錄錯誤時請用筆刪去即可，切不可撕頁、割掉、挖掉、貼掉或用修正液塗掉。

(九)記錄表達方式應注重清楚明瞭，並加簡單的說明及結論，以能讓接續工作者繼續工作及利於保護智慧財產權。

五、見證與時機

研究工作記錄簿的見證時機規範如下：

(一)定期送請見證人見證及主管審閱，確保個人權益。

(二)遇有重大發現、發明、心得、結論或創意等應即送請見證。

(三)重大發明或發現最好有兩人以上在相關頁次簽上日期及姓名見證，必要時應將有關之實驗在見證人面前重做一次。

六、一般規定

研究工作記錄簿是公司的智慧財產權的原始憑證，其管理規定有：

(一)工作記錄簿非經主管許可不得攜離工作場所。

(二)工作記錄簿非經主管許可，不得展示、影印，或對外揭露記載內容。

(三)直屬主管應定期查閱所屬之工作記錄簿，每季至少一次，並在查閱部分最後一頁見證人欄簽上姓名、日期，查閱日期可定在每年三、六、九、十二月。各單位一級主管並應不定期抽閱。

(四)工作記錄簿為本公司重要智慧財產應妥善存置於有鎖的抽屜內，並隨時注意上鎖。如果遺失，應立即以備忘錄（MEMO）提出有關遺失的書面報告，會行政部補發，並立下切結書。

(五)未經許可，不得擅自翻閱他人之研究記錄簿或交與他人使用。

(六)工作記錄簿於辭職、單位異動時應繳回原管理單位，並列入工作移交重要文件。
(七)工作記錄簿應確實記載，其優劣勤惰應列為主管對個人績效評估考核及升等作業之重要參考依據。
(八)工作記錄簿對內、對外均列為機密級資料，依技術資料管理辦法規定辦理。
(九)工作記錄簿編號依技術資料管理要點規定辦理，於印刷時就給予編號。
(十)部門變動時，請將舊工作記錄簿繳回，並依相關規定領取新的工作記錄簿。

七、附則

本公司相關同仁應嚴格遵守本辦法。本辦法自核定日實施，修正亦同。

本工作記錄簿為○○股份有限公司的智慧財產權；記錄簿內容均屬機密，應妥善存置；非經書面許可，絕對禁止對外洩漏。

資料來源：某大科技公司（新竹科學園區）。

二、資料蒐集的項目

企業透過人事制度規章研究後，需要蒐集、瞭解掌握的項目有：

1.企業之使命、願景、經營理念、長中短期目標及人力資源管理基本策略。
2.組織架構、部門功能及職掌。
3.現行的人事管理相關規章制度。
4.目前人事管理運作上的主要問題，以及可能之助力與阻力來源。

三、制度規章進行重點

企業透過人事制度規章研究、資料蒐集分析後，著手進行制度規章修訂的前置作業項目有：

1.與企業內相關之高階主管面談，以瞭解整體之經營理念及用人哲學。

2.與具有代表性之部分員工進行深度面談，以瞭解各階層對改變之共識及期望。

3.透過人力評估工具的運用，使企業人力合理化。

4.進行制度面之書面盤點，以作爲人事制度修正之重要參考。

6.對評估後所呈現之相關問題，與具體權責的人員進行對策及改善方向的重點研討。

7.根據研討之共識，提出初步建議草案，以決定本次修正人事制度規章可採行的應對作法。

四、制度規章修正後的預期效益

人事管理制度規章的修正實施後，預期可得到的效益有：

1.修建部門（一級單位）職掌，以充分發揮各部門之職責及功能。

2.建立各職位人力配置標準，達到人力資源合理化的效益，並使公司充分發揮人力資源之精實與極大化。

3.建立完備的各項人力資源管理制度，以利公司內部相關作業公平、合理運作與遵循。

4.有效確保轉任及未來吸收優質之員工，形成以長期員工發展之人力資源爲核心，增強未來的企業競爭優勢。

5.建立以工作對企業貢獻度爲薪酬制度設計之績效原則，但以企業對員工承諾爲依據。

6.建立公平而合理之員工晉升制度，進而增強員工向心力及工作績效。

7.建立訓練架構及訓練需求分析體系，始能搭配公司發展的需求，避免訓練資源之浪費。

在人事管理制度規章的規劃到新制度的建立（修正），務必要使新制度能具有操作性，並能與舊制度銜接上（**表10-2**）。

表10-2　建立人事制度檢討事項

□全體員工是否充分瞭解公司的經營理念、政策及方針？ □是否經常分析員工員額編制及其職位、學歷、年齡性別分布情況？ □是否經常比較分析員工薪資結構與外界或同業水準？ □是否經常分析公司的人員離職率及原因？ □有否研究新進人員之流存率？ □有否研究分析教育訓練之成果？ □有否分析員工違反工作規則的件數及原因？ □有否研究員工工作安全事故發生的件數及原因？ □是否經常分析員工請假、遲到、早退之出勤率？ □是否經常聽取員工的工作成果報告？ □是否經常檢討對部屬之工作業績評價公平且客觀嗎？ □否經常接受員工的申訴案件？ □是否接受員工請求調換工作環境？ □是否接受員工工作改善之建議並給予適當的獎勵？ □各級主管的領導及命令方式是否普遍受部屬接受？ □是否有埋沒人才，阻礙員工之創造力發揮？ □是否以公平嚴正之態度維持工作紀律？ □對每一員工應負之責任是否有明確規定且嚴格要求？ □是否常發現組織內部各級主管與部屬之間相互推諉責任？ □是否有論功行賞，激勵員工奮發向上的措施？ □是否定期召開部門溝通會議？ □是否很清楚地讓員工瞭解他們自己之工作內容或工作目標？ □是否有內部升遷的規劃代替空降部隊？ □是否有輔導員工自我發展或進修的機會？ □是否有著重團隊工作代替本位主義？ □組織內部是否分層負責或有越級指揮情形？ □是否有工作輪調計畫及防止舞弊的措施？ □是否經常舉辦康樂聯誼活動？ □是否定期舉辦健康體檢及工作安全消防訓練講習？ □是否遵守勞動基準法之規定，照顧員工的權益？

資料來源：康耀鉎（1999）。《人事管理成功之路》（*The Key to Successful Personnel Management*）。台北：品度公司，頁243-244。

人事制度規章設計

《荀子．禮論篇》說：「禮起於何也？曰：人生而有欲，欲而不得（不能滿足），則不能無求；求而無度量分界（規範），則不能不爭。爭則亂，亂則窮（導致窮困）。先王惡其亂也，故制禮義以分之。以養（調養）人之欲，給（供給）人之求，使欲必不窮於物，物必不屈（竭盡）於欲。兩者（欲望與物質）相持而長，是禮之所起也。」其中所謂的「禮義」，乃指制定秩序，共同遵守之意。

規章爲制度之象徵化。制度所欲解決或處理之事爲「目的」，規章乃爲解決或處理該事之「工具」、「手段」、「方法」或「途徑」，又因其與制度有關，因此含有「設計」之意味在內（趙成意，2001：1-2）（**圖10-1**）。

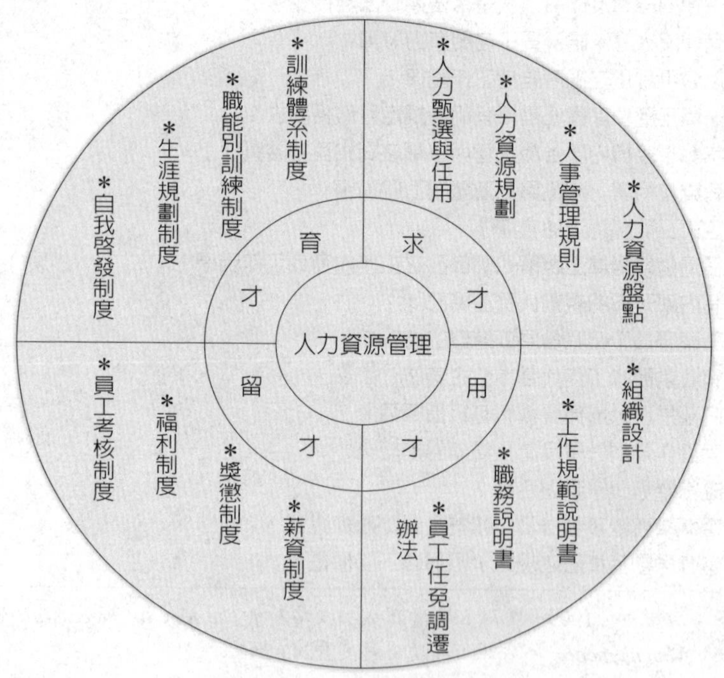

圖10-1　人事管理制度架構圖

資料來源：楊欲富（2009）。「人力資源管理診斷」講義，中國生產力中心編印。

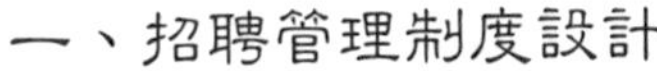

一、招聘管理制度設計

招聘就是企業吸引應徵者，並從中選拔、錄用企業需要之人的過程。招聘管理制度規定了招聘需求的制定、招聘政策和招聘程序，其制度設計的重點有：

1.訂定人力規劃（人力盤點、流動率、缺勤率、儲備人力）。
2.年度員額編制（正職員工、定期員工）。
3.聘僱人員申請手續與核准權。
4.考試類別（筆試、面試、測驗）。
5.面試流程（管理單位、用人單位、協辦單位）分工。
6.人事調查（品德）。
7.健康檢查。
8.試用期的規定（保證書）。
9.離職員工再應徵職位的規範。

二、訓練管理制度設計

訓練管理制度，是指訓練課程之多樣化程度及公司花費多少資源於訓練過程，包括訓練計畫及目標的規劃、教育訓練是否能配合工作所需的知識或技能等條件、提供廣泛的訓練計畫給從事於該職務的員工、再訓練的實施、新進人員訓練、組織內升遷機會的訓練、內部講師制度、依職級設計不同的課程內容、訓練成效評估等。訓練管理制度設計的重點有：

1.整體訓練課程規劃的項目。
2.升遷與培訓的掛鉤程度。
3.訓練資料的存檔與運用。
4.如何評估訓練績效。

三、輪調制度設計

工作輪調，爲培育員工未來發展性方式之一，但工作輪調應有一定之理念與規範，避免員工輪調時的抗拒。它是培養員工多種技能的一種有效的方法，既使組織受益，又激發了員工更大的工作興趣，創造了更多的職涯前程選擇。輪調制度設計重點有：

1.輪調的種類（內部輪調、外部輪調的管道）。
2.各職別工作年限的規定。
3.哪些職位不列入輪調規範。
4.輪調後需隔多久可再返回原單位（職務）工作。
5.強迫輪調與自願輪調的規定。
6.有血親關係在同一服務單位的限制。
7.輪調人員的業務移交與報到期限。
8.輪調與考績／前程發展的關連性。

附錄10-1　（事業單位名稱）行員輪調辦法

已提○○年○○月○○日本行第○○○次董事會報告

第一條　○○銀行爲加強行員職務歷練，培育開發本行人力資源暨強化內部管理，特訂定本辦法。

第二條　行員輪調採下列兩種方式：
一、內部輪調：指單位內部工作指派之調動。
二、單位輪調：指單位與單位間人員之調動。

第三條　內部輪調由各單位負責規劃執行，單位主管應隨時注意內部行員輪調訓練，使每一行員均能對單位之工作充分瞭解，俾能在業務或人手緊湊時能相互支援，他調時亦足能勝任新職。

第四條　內部輪調由單位主管衡酌所屬行員業務歷練、工作績效及業務需要，隨時辦理之。惟行員連續辦理同一業務項目或擔任同一職務

時以不超過下列期限爲原則：

一、第十職等（含）以上行員三年。

二、第九職等（含）以下行員二年。

前項人員如因業務需要得延長一年。行員輪調後六個月內不得再調回原職務或原工作。

第五職等以下行員及其他因業務特殊需要經簽奉首長核可者得不受前項期限之限制。

第五條　各單位主管對於新進行員應擬訂訓練計畫，指派資深人員隨時輔導，原則上以六個月爲一期輪派工作，以增加其業務歷練。

第六條　單位內部工作輪調，應由單位主管填具行員職務輪調名冊送交人力資源處，具襄理、科長、副科長等職務者，應由人力資源處彙呈首長核准後發布生效，其餘行員由人力資源處逕行審核後登錄備查。

第七條　單位輪調分爲單位主管輪調及非單位主管行員之單位輪調。

一、單位主管輪調以任職滿三年一任爲原則，但因業務需要延長者，營業單位主管最長以五年爲限，非營業單位主管以七年爲限。單位僅備置副主管一位者，得比照單位主管任期輪調，但同一單位正、副主管以不同時間輪調爲原則。

二、非單位主管行員之單位輪調，由人力資源處每年或每半年斟酌行內各單位人力運用情形，擬具輪調方案，報請首長核定後實施。

前項輪調人數以不超過各單位總人數之百分之二十爲原則。

第八條　非單位主管行員之單位輪調，以有符合下列情形中一項或數項者優先辦理：

一、在現職單位服務滿五年或任職最久人員。

二、在現職單位雖不足五年，但對單位各項業務已有充分瞭解可予他調人員。

三、因業務或內控需要調整人員。

四、工作表現優異足堪行方重點培訓人員。

五、專長或志向不適合單位特性之人員。

六、自行請調人員。

第九條　專業單位或分行較少之縣市，原則上以單位內部輪調或地區性單位間輪調為主，但行方亦得視業務需要實施跨地區單位間輪調。

第十條　新進行員服務滿二年以上，或一般行員在同一單位任職滿一年以上，因個人因素得請調至其他單位服務。

請調行員應填具「行員自願職務輪調申請表」向任職單位或人力資源處提出申請，人力資源處對行員申請輪調案件，得視各單位職缺狀況、用人需要、個人工作績效、現職單位服務年資等因素酌情辦理之。

前項自行請調行員如因故不能在二年內完成輪調者，該申請表自動失效，未來仍希望輪調者，應重新申請，如已經完成輪調者，二年內不得再申請輪調。

第十一條　夫妻或直系血親為本行行員時，不得任職於同一單位，行員有三親等內血親或二親等內姻親關係者，其所經辦業務如互有牽制關係者，應予迴避。

第十二條　經核定輪調之人員，應於通告發布日起十四日內將經辦業務交代清楚至新單位報到。逾期未報到者，除專案奉准延期者外，應按曠職議處。

第十三條　各單位實施輪調成果，列為各單位主管年度考核之重要參考資料。

第十四條　本辦法經總經理核定後施行並向董事會或常董會報告，修正時亦同。

資料來源：丁志達（2011）。「人事規章制度設計班」講義。中國生產力中心中區服務處編印。

四、晉升制度設計

晉升是指當高一階職位出缺由次級人員擇優升任者，亦是一種獎勵措施，旨在激發工作人員用心賣力工作，以爭取此種機會。晉升制度設計的重點為：

1.員工升遷必備條件。
2.明確員工升遷作業流程。
3.各職等升遷最低任職年資規範。
4.職等及職稱對照表的設計（升遷台階）。
5.晉升制度與教育訓練的結合。
6.晉升制度與前程發展的結合。
7.晉升制度與人才評鑑的結合。
8.建立人力資源評鑑委員會。

五、考核制度設計

一般而言，企業人力資源管理制度中的績效考核，包含四項主要內涵：個人績效評估、部門績效評估、目標體系的建立與管理制度、員工發展。考核制度設計的重點有：

1.考核種類（平時考核、年度考核、專案考核）。
2.獎懲與考核成績等第的掛鉤情況。
3.年度考核等第與分配比率。
4.考核對象（含調職、新進人員）與考核者（層級核准權）。
5.考核結果的用途。
6.考核權限與程序（自我評估與主管評估）。
7.考核列等注意事項。
8.人事評議委員會與員工申訴管道。

六、薪資制度設計

薪資制度的建立，係一項相對客觀、專業及量化後之結論而形成的制度。其內容包括公司薪資體系、不同職種的薪資給付條件、獎金分配以及福利措施。薪資制度設計重點有：

1.職位分類系統。
2.薪資結構與薪資級距。

3.年度調薪作業。

4.調薪預算分配與核准權的劃分。

5.新進人員起薪規定。

6.績效調薪的宣示與作法。

7.員工福利措施。

一般企業應當制定之人事制度規章種類繁多，企業可視本身規模大小，以及制度需要的先後緩急而制定（修正）。由於各項人事制度規章相互關連，所以在制定（修正）時，應通盤考慮，以免將來各項人事制度規章的規定先後矛盾。此外，各類表單規格與專用名詞亦應與制度規定的文字統一用詞，減少將來勞資之間解讀規定時各說各話而發生爭議。

員工行爲準則

企業文化應具有相當強度，以發展成爲一項行爲準則（code of conduct），俾對整個組織的決策措施發揮一定程度的影響，才有意義。在IBM的「業務行爲準則」中，前總裁路易士．葛斯納開宗明義指出：「我們立志在業務範圍內的每一部分都要做世界級的領導者，當然也包括業務行爲規範；包括工作與你；執行IBM的任務；下班後的時間和你、IBM與競爭法則。」而台灣積體電路公司（TSMC）也訂有員工行爲準則，而且把正直誠信（integrity）列爲首要。

一、制定行為準則目的

自從2001年年底，震驚全世界的美國最大能源公司之一恩隆案爆發後，全球前五大會計師事務所之一，擁有百年歷史的安達信會計師事務所一夕垮台。這件事使得員工誠信與道德規範又成爲企業重視的焦點。

準則是行爲的先鋒，註明了會被體制獎賞的行爲，並爲體制所能容忍的行爲設限。企業訂定行爲準則的目的有：

範例10-2

核心價值的行為方針

核心價值TAIFER

誠信 Trust 行為方針

- 正直守法：具有道德勇氣，展現高標準職業道德和專業行為。
- 信守承諾：盡力完成任務，若無法如期達成必須誠實以告，共商解決之道。
- 是非分明：不扭曲事實，不隨意散布不適當之言論及行為。

主動 Active 行為方針

- 主動積極：清楚認知公司目標優於部門目標、部門目標優於個人目標，積極參與公司內的行動或方案。
- 團隊精神：重視團隊精神並相互信任與協助，樂於橫向溝通交流，以求完成團隊任務。
- 顧客導向：永遠保持領先他人一步達到外部及內部顧客滿意的態度。

創新 Innovation 行為方針

- 持續改善：不斷追求符合內部和外部客戶需求之更高品質產品與服務，增進工作效率與效能。
- 學習成長：隨時吸收新知，勇於接觸新的領域與接受新的挑戰，不斷嘗試超越過去和現在。
- 開放包容：對任何新的人、事、物，抱持正向、接納和鼓勵的態度。

前瞻 Foresight 行為方針

- 掌握機先：具高度敏銳能力，可因應外在趨勢與環境的變化，利用優勢掌握機會以提升績效。
- 多元思考：不因現在所處情勢而侷限思維，以長遠及全方位的角度思考，不短視近利。
- 事先預防：以多元知識為基礎，預測出無法直接觀察到的問題與現象。採取因應對策以防範問題的擴大。

有效 Efficiency 行為方針

- 結果導向：在處理問題前，能加以篩選有效的方法，以結果導向為優先考量，確保能達到預期之效果。
- 務實合理：計畫時不誇大也不保守，講求精準合理，嚴格控管進度以爭取時效。
- 落實執行：將想法轉成具體辦法，審慎盤點內外部資源後，提出可執行之計畫，力求達成績效。

負責 Responsibility 行為方針

- 落實當責：對於所交付的工作，全力以赴在承諾時間內完成，並回報進度，事情不只是做完還要做好。
- 勇於承擔：自己所承擔之責任若無法完成時不推諉、不找藉口，能主動尋求支援，積極提出配套解決方案。
- 同理互助：重視團隊互助合作，自己有餘力時能同理他人需求與困難，主動提供必要協助。

資料來源：陳羿璇（2010）。〈您不能不知台肥公司的使命、願景、經營理念、核心價值〉。《台肥季刊》，第51卷，第1期（2010/01-03），頁10。

1.在團隊成員中塑造共同的期望和瞭解。

2.鼓勵團隊的自我管理。

3.促進書面的指導原則。

4.幫助新人瞭解團隊的期望。

5.把有問題的行爲導入正軌。

文化雖然無形，力量卻處處可見。披薩店嚴格規定要在時限內將熱騰騰的披薩送到顧客手中，不能讓披薩冷掉，否則顧客就不會再次光顧，「披薩熱到家」成爲員工工作的行爲準則。

範例10-3

王品的管理制度

王品的秘密配方	具體作法
激勵及時，回饋直接	成立新店，店長認股11%，主廚認股7%。 每店提出當月盈餘20%，作為下月分紅。
一家人主義，安穩員工的心	每年舉辦國外員工旅遊、股東會及尾牙。 成立六個內部基金，作為同事急難救助或員工子女獎學金。 懷孕員工只要稍感不適，主管必須立刻讓她休息。
主管自律，集體決策錯誤少	員工的三等親內禁止進入公司任職。 任何人不得接受廠商一百元以上贈禮，否則唯一開除。 公司不得與員工的親戚做買賣交易或業務往來。 公司與董事長均不得對外做背書或保證。 上司不得接受下屬財務、禮物之贈予。 每年舉行高階主管滿意度調查評分。
資訊透明，相互監督	員工在工作上若遭受不平等待遇，可撥0900專線，董事長親自處理。 各店頭財務資訊公開，每月公開績效評比。 懲戒時，當事人可出席「中常會」，為自己辯護。

資料來源：王品集團／引自：陳芳毓（2008）。〈4道秘密配方，提升工作意願〉。《經理人月刊》，總第46期（2008/09），頁69。

二、價值與行為

使命明確宣布企業準備往哪裡去？價值觀則描述哪些行爲能到達目的地。價值觀必須能夠作爲員工的行軍令，因爲它說明如何實踐使命，也就是作爲訂定目標的「致勝」手段。例如：2004年，傑米·戴蒙（Jamie Dimon）和比爾·哈里遜（Bill Harrison）合力爲美一銀行（Bank One）與摩根大通銀行（JP Morgan Chase）合併後的新銀行研擬價值與行爲，其中一個價值是「我們藉由高效率的出色營運，努力成爲低成本供應商」。而訂定的行爲有：

1.愈精簡愈好。
2.消除官僚習氣。
3.時時力求減少浪費。
4.營運應該快速、簡單。
5.珍惜彼此的時間。

範例10-4

和信醫院同仁的行事原則

·集思廣益的合作原則 表達意見，交換觀點，以達共識，是多科整合、團隊醫療的開始。
·利己利人的學習態度 增進個人專業知識和技術，科技間相輔相成，同心協力去超越現狀，突破困難，終能提供最先進的醫療。
·設身處地的人際關係 不論是對同事或病人，都要以關心、真誠的態度去瞭解他方的需求，寬恕他方之不同。友善、禮貌、尊重的態度是群策群力達成目標的出發點。
·創新求變的處事觀念 醫學在進步，社會在改變，醫院的宗旨和使命雖然不變，但是醫療作業形式方法必須跟進改善，以維持醫院的競爭力。

資料來源：黃達夫（2000）。《用心聆聽：黃達夫改寫醫病關係》。天下遠見文化出版，頁122-123。

6.投資於基礎設施。

7.我們是自己業務的專家，我們不需要顧問告訴我們要做什麼。

明白闡述價值和行爲是不夠的，還得有功必賞，有過則罰。爲了讓員工覺得價值是來眞的，公司務必「獎勵」行爲符合價值的人員，「懲罰」沒有表現的人（Jack Welch、Suzy Welch著，羅耀宗譯，2005：33-35）。

提案改善制度

提案改善制度是一項全員參與的經營管理制度。它可以鼓勵員工善用思考力，積極發揮創造精神；它能夠激發員工群策群力，發揮團隊精神；它更有助於改進企業營運，以提高經營績效外，並可促使員工提案處理的制度化，而成爲公司一項重要的經營管理制度，以提升公司的管理水準。因此，企業除要訂出一套完善的提案審核及獎勵辦法外，並要激發員工提出有意義的建議。

一、提案制度範圍

凡對企業各項業務（研發、製造、生產、品質維護、採購、財務、管理、人力等）具有開源節流之構思或創見、工作效率之提高、工作簡化等創意想法，都可爲提案之範圍。例如：

1.作業方式、流程改善類：包含簡化作業程序、改進儀器設備操作或維護保養方式，及事務資料處理，足以提高工作效率。

2.環境衛生改善類：關於工作環境、安全衛生，使提高工作品質或效能。

3.服務品質改善類：提升醫療、行政服務品質效率，促進人際或醫病關係，增進團隊合作精神，強化服務熱忱，提高士氣或工作效率之方法。

4.工作安全類：加強醫院和病人安全事件預防或改善事項、降低醫療糾紛事項，使提升醫院形象。

範例10-5

員工提案管理辦法

一、宗旨

為鼓勵公司同仁發揮創意、運用智慧以求集思廣益，提供公司有關研究發展、製造技術、管理營運等建設性意見及方法，特訂定本辦法。

二、提案人資格

凡本公司同仁皆具有提案資格。

三、提案範圍

凡對本公司各項業務（研發、製造、生產、品質維護、採購、財務、管理、人力等）具有開源節流之構思或創見、工作效率之提高、工作簡化等，經採用能使本公司得到具體績效者，均可為提案之範圍如：

1.研究發展

・新產品之開發或原有產品之重新設計。

・現有產品技術之新應用。

・自行開發之電腦軟硬體。

2.製造技術

・生產技術過程、操作方法、生產設備工具之改進等增加生產效率之方法。

・降低材料之報廢及零件設備之損耗、材料之節省及廢料之利用。

・節省物料、勞力、供應品等費用之改善方法。

・改善工作環境。

・促進工作安全、消弭或減少災害危險之安全措施。

・減少不需要之記錄、報告、材料或設備。

・改善產品品質。

4.其他

・提升工作效率、降低成本的方法。

・管理方式、工作簡化之方法。

四、提案方式

同仁提案請利用「提案單」，填妥具體內容及真實姓名等資料後，逕投入提案箱或交由提案委員會執行秘書辦理。

五、提案評審程序

本公司同仁之提案單由提案委員會執行秘書就可行性提出初步意見後，提交提案委員會審定。

提案人對評審結果有異議者，得於一年內向提案委員會申請複審，惟一案以一次為限。

六、提案委員會

為使提案能有公平及周詳之評審，在本辦法下設立提案評審委員會，負責提案評審執行、提案之追蹤及提案制度之推廣等任務。
本委員會設主任委員一人，由總經理擔任。
本委員會之委員由公司各部門主管擔任。
本委員會設執行秘書一人，由行政部門主管擔任。

七、提案評審會議

凡提案均經提案評審委員會研議，提案評審會議每季召開，議定有實際意義之提案者，即依功效核定獎別，由主任委員核定公布，並於月會中公開表揚。

八、評審及獎勵原則

1.評審依各提案之可行性決議採用與否，其經採用者先給予創意獎，採用案預期效果特別優良者，並列入成果追蹤，屆時再發給成果獎，惟成果獎之計算與核發以一次為限。
2.下列提案原則上不予採用
 ·屬人身攻擊、抱怨及非建設性之批評。
 ·屬本身工作職責。
 ·單純之希望或意見，而無具體改善內容者。
 ·提案內容與已採用或進行中之提案相同者。
 ·牽涉到工資、工時、勞資協議。
 ·涉及個人薪資、任免及政策性等事項。
 ·與專利法或其他法律牴觸之提案。
3.不採用之提案，原則上不予獎勵，惟若值得鼓勵者，可發予參加獎。
4.為鼓勵提案風氣，每年年底累計各項提案特殊表現之個人或部門，再頒給特別獎。

九、提案給獎方式

1.參加獎：新台幣貳佰元以內之獎品。
2.創意獎：新台幣伍佰元以內之獎品。
3.成果獎：提案付諸實行後經評審委員會評估其成效優異，再核予新台幣伍仟元以內之獎金。
4.貢獻獎：獎金新台幣壹萬伍仟元。如屬專利之提案，一律以貢獻獎頒發。
5.個人及團體特別獎：評審於每年年底評審委員會時，由全年度提案中選出個人及部門累積有效提案件數最高之特別獎，頒發新台幣壹仟元至伍仟元不等之獎金，以資獎勵。
6.專利權之取得
本公司有權將提案向經濟部商檢局申請專利權，通過的專利其所有權歸公司所有，但本公司依其產生的效益，每年給予因該項專利獲利率的10%作為獎勵金，但獎勵金最高不得超過新台幣貳拾萬元。

十、提案之執行

提案一經核定採用，其執行情形均列入追蹤。

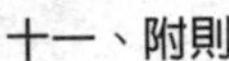

1.提案獎金之給付依所得稅法之規定代扣稅捐。
2.所有提案資料之所有權歸屬本公司。
3.凡提案之相關責任與權利均歸屬本公司。

資料來源：新竹科學園區某科技公司。

5.管理革新類：有關院方業務推動方法、管理制度之革新事項。

6.費用合理化改善類：促進人力、材料、用品、費用的成本節省與合理化等改善創新事項。（網址：www3.vghtc.gov.tw）

二、提案制度作法

1920年，嬌生公司（Johnson & Johnson）的一位員工為自己粗心大意的太太特製了一些現成的繃帶，讓她在廚房割傷時隨時可以取用。這位員工的創意作法，使得OK繃（Band-Aid）成為嬌生歷史上最暢銷的產品項目。

豐田汽車自1951年起，開始鼓勵員工「一邊工作，一邊思考如何提升工作績效」，員工必須在本身的工作範圍內不斷思考「如何改善，以便把工作做得更好」。五十年來，豐田的創意提案制度，產出多達二千萬個創意，不僅讓工作效率大為提升，更大幅改善產品品質。

此一企業文化的塑造，讓公司上上下下每位成員，隨時用心發掘可能隱藏在企業經營上的浪費或問題，透過提案改善制度，將每個人的智慧與潛力，發揮得淋漓盡致。以豐田汽車日本愛知廠為例，2005年就有六萬件創意提案誕生，平均每位員工提出十一個創意。

為了激發員工構思創意的意願，豐田汽車設置創意提案獎金，最低五百日圓，最高可達二十萬日圓。豐田汽車的目的並不是讓員工賺外快，而是激發員工思考的意願。

員工有任何新想法都可以提出，但正式提出前要先與上司溝通。如此，員工有機會和上司交流，上司也可趁機瞭解員工的想法（許文俊，2007）。

範例10-6

豐田模式的14項管理原則

第一類原則：長期理念

原則1：管理決策必須以長期理念為基礎，即使必須因此犧牲短期財務目標也在所不惜。

第二類原則：正確的流程方能產生正確結果

原則2：建立無間斷的作業流程以使問題浮現。

原則3：使用「後拉式制度」以避免生產過剩。

原則4：使工作負荷平均（平準化，Heijunka），工作應該像龜兔賽跑中的烏龜一樣。

原則5：建立立即暫停以解決問題、一開始就重視品管的文化。

原則6：職務工作的標準化，是持續改善與授權員工的基礎。

原則7：使用視覺控管，使問題無從隱藏。

原則8：使用可靠的、已經經過充分測試的技術，以支援人員及流程。

第三類原則：透過長期關係，發展及挑戰你的員工和事業夥伴

原則9：栽培那些澈底瞭解並擁抱公司理念的員工成為領導者，使他們能教導其他員工。

原則10：栽培與發展信奉公司理念的傑出人才與團隊。

原則11：重視公司的事業夥伴與供應商網路，挑戰並幫助他們改善。

第四類原則：透過解決問題與持續改善來驅動組織型學習

原則12：親臨現場查看以澈底瞭解情況（現地現物）。

原則13：決策不急躁，以共識為基礎，澈底考慮所有可能選擇，快速執行決策。

原則14：透過不斷反省（hansei）與持續改善（kaizen），以變成一個學習型組織。

資料來源：傑弗瑞．萊克（Jeffrey K. Liker）、麥克．豪瑟斯（Michael Hoseus）著，李芳齡譯（2008）。《豐田文化——複製豐田DNA的核心關鍵》（*The Toyota Culture: The Heart and Soul of the Toyota Way*）。美商麥格羅．希爾出版，頁10。

人力資源資訊系統

為因應資訊科技的發展與效率提升，人力資源管理部門應善用相關的資訊系統，逐步建立人力資源電子化（e-Human Resource, eHR），eHR已成為企業強化競爭的重要趨勢。

eHR，是指企業由傳統的經營環境進入電子化商業型態經營環境之際，員工的工作環境與其所需求工作技能與知識都在不斷改變，因此，人力資源管理部門的工作也需轉軌，如何為企業建立適合未來電子商務時代的工作環境，及培養員工符合時代潮流的技能。

人力資源資訊系統（Human Resource Information System, HRIS）簡單來說，就是將傳統的人力資源相關招募、任用、訓練與發展、薪資管理之業務移轉至電腦系統去執行，並結合資料庫管理，產出分析性報表，提供主管進行決策建議。對企業而言，人力資源資訊系統是人力資源活動的流程與決策，必須先有健全的人力資源制度作為人力資源資訊系統的基礎與根本，兩者互相配合，才能使人力資源資訊系統發揮最大效益，繼而成為公司競爭的優勢。

一、eHR發展階段

人力資源資訊系統的良窳，絕對會直接影響到人力資源訊息的正確性與及時性，尤其現今很多企業已經全球化，如果沒有選擇合適的人力資源資訊系統，將無法快速的彙整與處理各區域正確的人力資源訊息。

eHR發展階段，可以分為下列幾個階段：

(一)傳遞訊息（information access）

企業透過內部網路公布公司政策、內部刊物等傳遞方式，對員工而言，透過這種方式可以及時取得公司所提供的資訊，企業也可以減少紙上作業的各種浪費。

(二)直接接觸（direct connect）

員工可以透過eHR的各項技術與企業人力資源部門溝通。譬如：員工自行透過內部網路登錄個人基本資料、更改地址等。這個部分最能提高eHR的附加價值，因爲過去這個部分都需要透過紙上行政作業，耗去人力資源部門人員極多的工作時間。

(三)增加流程效率（process acceleration）

無論是員工的績效評估、人才招募、薪資管理等，都可以透過經設計的內部網路做到最有效率的管理。以員工請假爲例，過去往往要將一份簽呈往上提報，經過層層主管簽名，最後才送到人力資源部門備查，相當耗時且無效率，而透過eHR內部網路的建置，員工只要上網請假，電腦就會自動將簽呈送到主管的電腦中，並直接通知人力資源或財務部門，大幅縮短了「公文旅行」的時間。事實上，過去人力資源部門的工作往往花費60%至80%的時間在處理低附加價值的行政作業、公文往返，沒有時間從

範例10-7

人資管理e化的成效

甲骨文擁有超過五萬名員工，橫跨四十多國據點，將大部分的人資管理全面e化，許多行政工作改成自助服務，員工可以看到透明的人事檔案，包括績效表現、主管評語、教育訓練、內部升遷機會等；以往要調整薪資，需要先呈給人資部門主管，再整合到亞太區主管後，送到總部核定，一層層批准，現在只要主管上網變更即可。

有人認為把部分人事數據交給員工或主管自己做，會增加他們的工作負擔，其實正好相反，當員工能夠掌握自己的資訊，會很高興感覺被尊重，透明度高的人事資訊，對組織溝通、員工士氣會是一大助益。

資料來源：葉天祿（2010）。〈提出具體指標　建立戰略意識〉。《能力雜誌》，總第651期（2010/05），頁61。

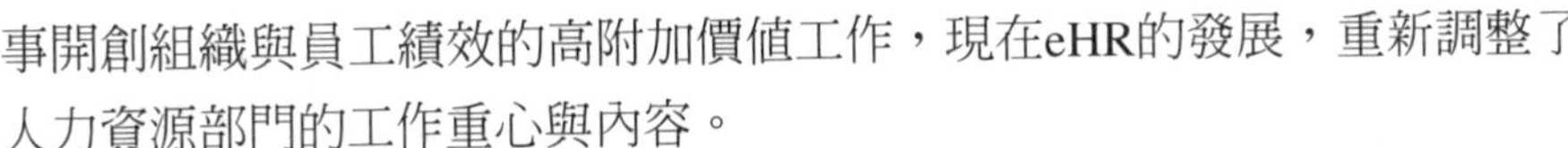

事開創組織與員工績效的高附加價值工作，現在eHR的發展，重新調整了人力資源部門的工作重心與內容。

(四)整合企業夥伴（partner integration）

在eHR時代，譬如人力資源部門在招聘時，eHR可以透過網路，打破組織之間的屏障，加強與外界資訊交流。除了人才招聘外，包括與教育訓練、醫療保險、員工旅遊、福利等相關公司的資訊網相連，都可提高人力資源管理效率。

範例10-8

建置人才招募系統效益

華新科技公司過去的招募活動中，人資人員每天整理一封封的履歷給主管，主管審核完畢後再回饋給人資人員；人資人員再一通通的聯繫，再回覆主管。過程中，人資人員找主管，主管找人資人員，多了許多無謂的作業。但透過人才招募系統，所有的作業都在線上，主管可以完全掌握招募進度、應徵人員素質、面談排程等，對有人力需求的主管而言，是一套很有幫助的系統。

資料來源：行政院勞工委員會（2008）。〈華新科技〉。《人資創新・擁抱全球》，頁43。

(五)提升人力品質（human capital optimization）

對人力資源部門而言，最大的挑戰之一，即是如何培養企業發展所需要的人力資源。過去由於eHR部門泰半時間都花在每日的行政作業，沒有時間思考人力資源發展的問題。未來在資訊科技的協助下，各類事務性的工作由電腦所取代，人力資源部門人員需認眞思考企業發展所需的能力是什麼？面臨何種挑戰？及如何找到所需的相關人才（林貞美，2000）（**圖10-2**）。

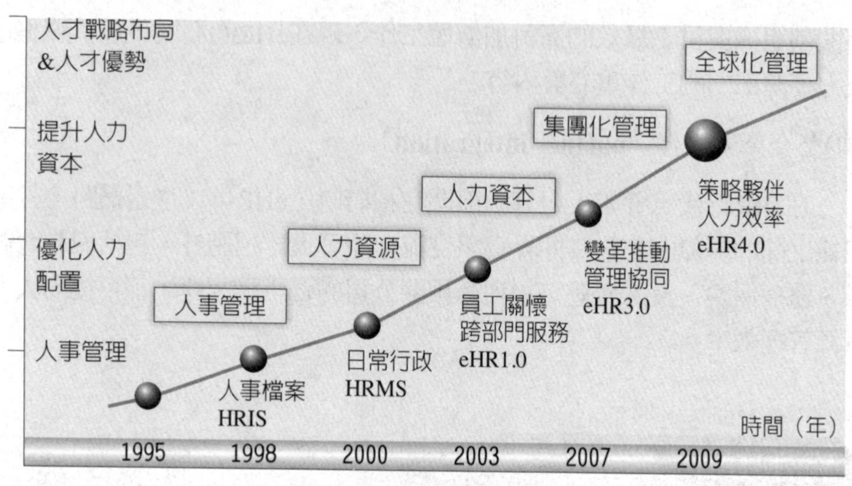

圖10-2　eHR發展的演進

資料來源：明基逐鹿（BENQ）。網址：http://tw.benqguru.com/BBSCportal/eHR_index.aspx。

二、eHR建置作業

人力資源資訊系統開發的過程，必須經歷規劃、設計、需求訪談、開發、測試、上線導入、評估修正及維護的生命週期循環。每項過程都必須符合企業的「標準作業程序」（Standard Operating Procedure, SOP）及考量企業內部顧客需求來完成。

在開發作業系統時，人力資源管理人員與資訊人員需具有邏輯與程式的概念，才能有效的溝通，除對人資作業流程具備相當的熟悉程度外，更重要就是需要有高度的創造力，知道如何歸納每項流程動作、組織資訊模組（module），讓使用者更容易熟悉新的操作環境（李建輝，2010：34-35）。

人力資源資訊系統的建置往往可以立刻為企業省下可觀的成本。其所提供的行政作業服務、人才招募、員工教育訓練及績效考核等幾項功能，是最能為企業降低作業成本的部分，且很快就可以看到人力資源管理效率的產生及所帶來的效益。

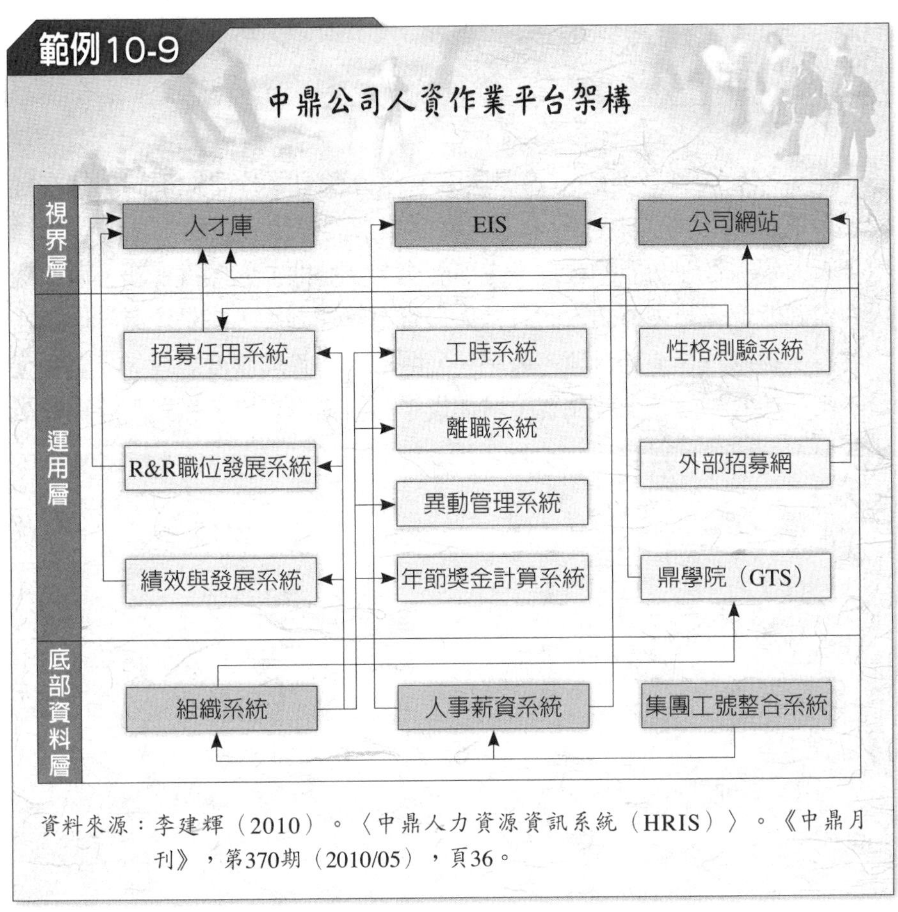

資料來源：李建輝（2010）。〈中鼎人力資源資訊系統（HRIS）〉。《中鼎月刊》，第370期（2010/05），頁36。

人力資源資訊系統在建立後，人力資源管理部門所獲得相關資訊的品質與數量都會有大幅度的提升，其所扮演的角色將從過去的「人事管理工作者」進階到成爲公司的「事業夥伴」（business partner），能夠參與公司策略的制定，以及協助策略完成的重要角色。由於資訊化後，可以大幅縮減花費在龐大的人事行政工作的時間，轉變成爲以積極、主動的服務方式來反應企業內部顧客的需求及提升管理品質（例如瞭解員工眞正離職的原因、協助管理層提升管理品質並提供專業建議等）。

結　語

企業處於詭譎多變的市場環境下，經營者須隨時面對不同內外在經營環境的挑戰，爲了讓企業未來能發揮更大的彈性，表現最佳的經營績效，人力資源管理功能的發揮，主導著企業「勝敗」的關鍵樞紐。而攸關人力資源能否充分發揮功效的各項人力資源管理制度，將是企業一切蛻變的磐石。透過設計一套合理、公平、公開的人事管理制度規章，將能強化員工工作績效，提升工作品質，增加員工對組織滿意度，相對更能提升組織效率，完成企業目標。

第十一章

人力資源管理診斷實務

- 企業診斷概論
- 人力資源管理診斷
- 人力資源診斷方法
- 企業文化診斷
- 企業組織診斷
- 人力合理化診斷
- 人力資源管理診斷報告
- 經營管理顧問師
- 結　語

> 金絲雀是很漂亮的鳥，聲音也很好聽。跟別的鳥不同的，是金絲雀還能救人一命。數百年來，礦工就帶著金絲雀下坑，當作早期逃生預警的工具，如果金絲雀停止唱歌，礦工就儘快逃離礦坑。
>
> ——作家保羅·霍肯（Paul Hawken）

管理大師彼得·杜拉克在其著作《巨變時代的管理》（*Managing in a Time of Great Change*）一書中指出，企業的致命過失是：崇拜高利潤而不斷加價、因受市場壓力而決定產品價格、定價受成本的驅使、為昨日的成功而自滿，以及窮於面對問題，漠視機會。這些過失，日積月累就會對企業造成有形、無形的損失，企業要避免發生危機與風險，唯一方法就是企業要不斷的進行「診斷」（diagnosis），找出「病灶」（lesions），妥善擬定預防性的「因應策略」，以消弭上述造成企業致命的過失（**圖11-1**）。

企業診斷概論

處在當前環境快速變遷的企業競爭疆域，經營得法，財源廣進，業績蒸蒸日上；反之，由於經營不善而肇致危機或衰敗的企業亦所在多見、屢見不鮮。所謂「冰凍三尺非一日之寒」，企業診斷乃是經由系統化的資料蒐集與分析，探查企業現存或潛在的問題與缺失，然後提出具體改善方案，使得公司能健全且永續發展之治理行為。

一、企業診斷的具體目的

企業診斷的目的，乃是對於企業相關之組織、人事、生產、銷售、財務、資訊以及經濟環境等經營項目，運用各種不同診斷及技術，從事調查與分析而獲得的報告，以提供企業經營上的改善措施，進而促進企業的經營更有效率與合理化。

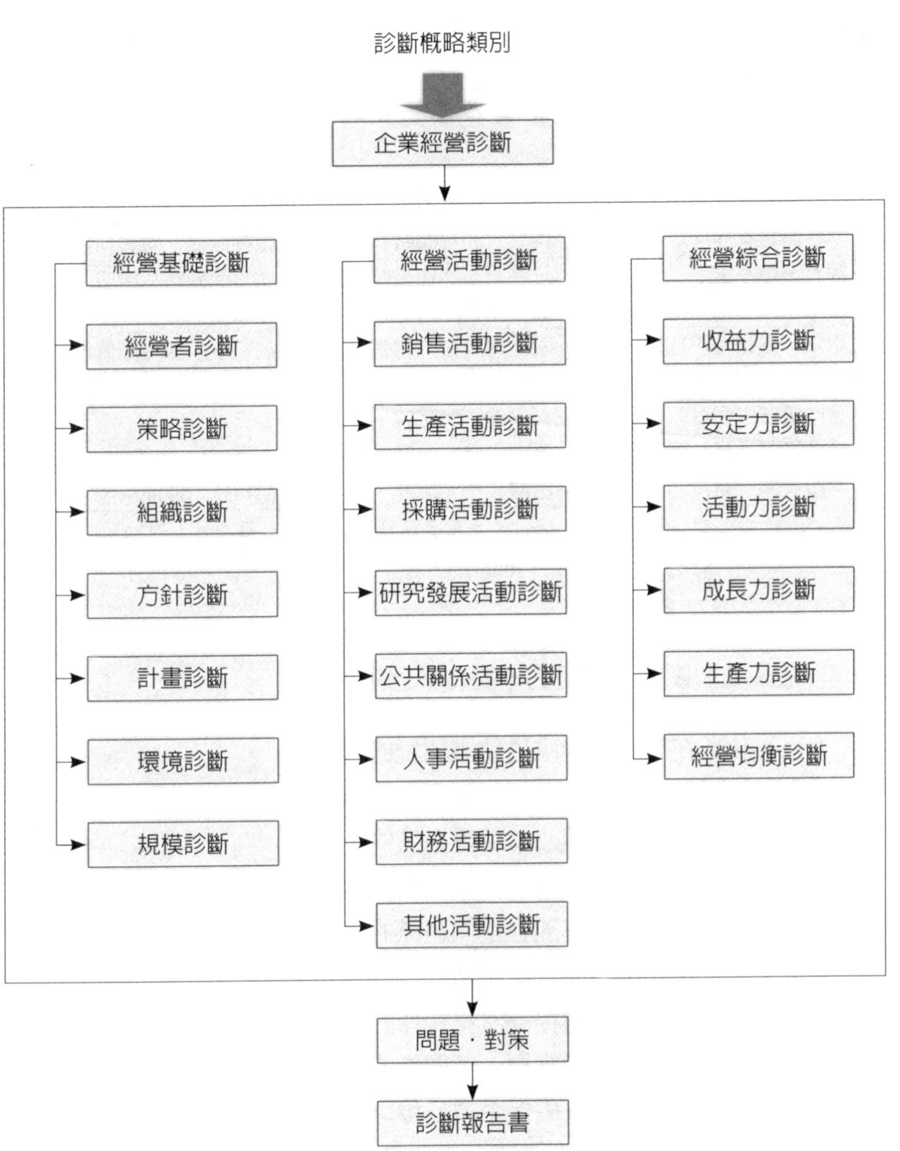

圖11-1　診斷概略類別

資料來源：萬心澄編著（1976）。《企業經營自行診斷實務》。編者自印，頁16。

範例11-1

企業異常總檢視

類別	企業名稱
財務體質不佳	東雲、和立聯合科技、國華產物保險、新寶科技
經營策略不當	三勝製帽、佳姿健身集團、新竹風城購物中心
產業景氣因素	清三電子、鴻源科技、東正元電路
本業不振轉型不成功	南部建商昱成聯合科技轉型為電子股釀成經營危機
做假帳虛增營收或粉飾盈餘	佰鈺科技、崧凱科技
金融操作失利	大騰電子、宇詮、飛宏
經營階層不務正業	達克公爵、顛峰電信
大股東淘空資產	宏傳電子、津津、合發、崧凱科技、建漢科技

資料來源：劉任（2006）。〈2005企業異常總檢視：企業風險控管的借鏡〉。《貿易雜誌》，第177期（2006年3月號）。

一般企業診斷的具體目的，約有下列幾項：

1.企業診斷在於評估與應付整體環境的變化。
2.企業診斷在於找出與分析經營不良的原因。
3.企業診斷在於指出與改善管理措施的不妥。
4.企業診斷在於檢討與擬定經營策略的方針。
5.企業診斷在於健全與加強整個組織的功能。
6.企業診斷在於瞭解與調整產銷配合的運作。
7.企業診斷在於估算與提高財務操作的效益。
8.企業診斷在於瞭解與掌握企業同業的互動。
9.企業診斷在於判斷與確保企業目標之達成。
10.企業診斷在於防範與處理企業危機之發生。

清楚的診斷目的，可釐清企業診斷之範圍，組織診斷人員與團隊，再決定診斷所需要的資料，進而選擇診斷之調查方法（**圖11-2**）。

· 甄選適當人員
· 編配各別任務
· 確定診斷原則
· 任派診斷人員

· 請求先作簡報
· 訪問關鍵人員
· 實地調查觀察

· 資源運用變遷
· 科學技術變遷
· 景氣循環變遷
· 突發因素衝擊
· 就業市場變遷
· 橫向同業競爭
· 縱向關係調整

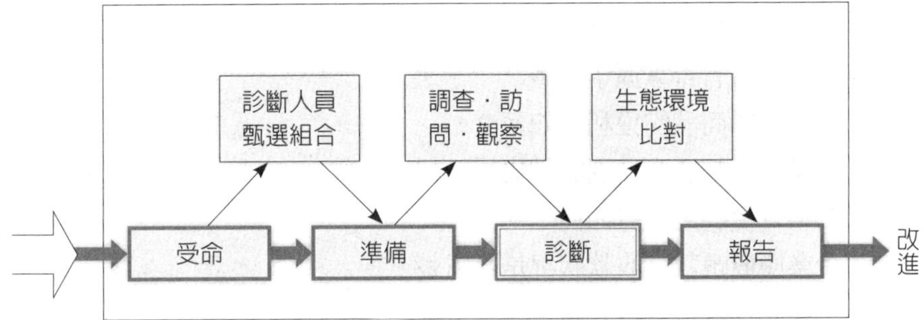

· 探明當局決心
· 瞭解機構企圖
· 請求提示目標
· 確定權責關係
· 研定診斷範圍
· 確立診斷計畫

· 開列所需資料
· 獲得必要資料
· 分析所得資料
· 請求補充資料
· 加強改進助力
· 化解改進阻力
· 適度推廣宣傳

· 彙整所見現象
· 關係系統分析
· 區歸異象原因
· 假設問題所在
· 再析問題關係
· 運用已有學驗
· 判定問題系統
· 判斷關連影響
· 確定問題重點
· 區分緊要程度
· 初定對策選案
· 評估個別選案
· 判定對策方向

· 說明問題所見
· 說明診斷過程
· 提出問題對策
· 研訂改進方案
· 表達報告內容

圖11-2　企業診斷進行步驟

資料來源：萬心澄編著（1976）。《企業經營自行診斷實務》。編者自印，頁18。

二、企業診斷要點

企業診斷是企業管理（enterprise management）的方法與技術的運用。1908年，哈佛大學首先創立運用「個案研究」（case research），以實務上的個案之問題，採用「問題方法」（problem methods），聘請企業界專家為學生諮詢各種企業實際上發生的問題（個案），是現今企業診斷學的由來。

一般企業經營診斷的要點約有如下幾項：

1.企業有無長遠發展計畫？
2.企業有無釐定年度計畫？
3.企業每月有否掌握了實績？
4.企業各類商品的獲利率如何？
5.企業是否知道商品別的銷售或毛利？
6.企業資金調度計畫如何？
7.企業應收帳款之收款狀況是否清楚？
8.企業庫存管理是否完善？
9.企業借款額為月銷貨的幾倍？
10.企業經營者是否專心於本業？
11.企業遭遇難題時有無商量對象？
12.企業接班人選是否已就位學習？
13.企業與同行業競爭對手比較，優勢在哪裡？
14.企業有關人力資源管理上的規定是否完備？
15.企業有無培育人才計畫與落實程度？
16.企業有無實施輪調與提升計畫？
17.企業哪幾個部門的人員流動率高，原因清楚嗎？
18.企業內部組織氣候是否良好？規章制度是否被遵守？
19.企業協調、溝通及決策事項之實施是否良好？
20.企業電腦e化（ERP）的建置情況如何？

分析調查上述企業經營的實際狀態，在發現企業經營上存在的盲點時，提出合理的改善方案（**圖11-3**）。

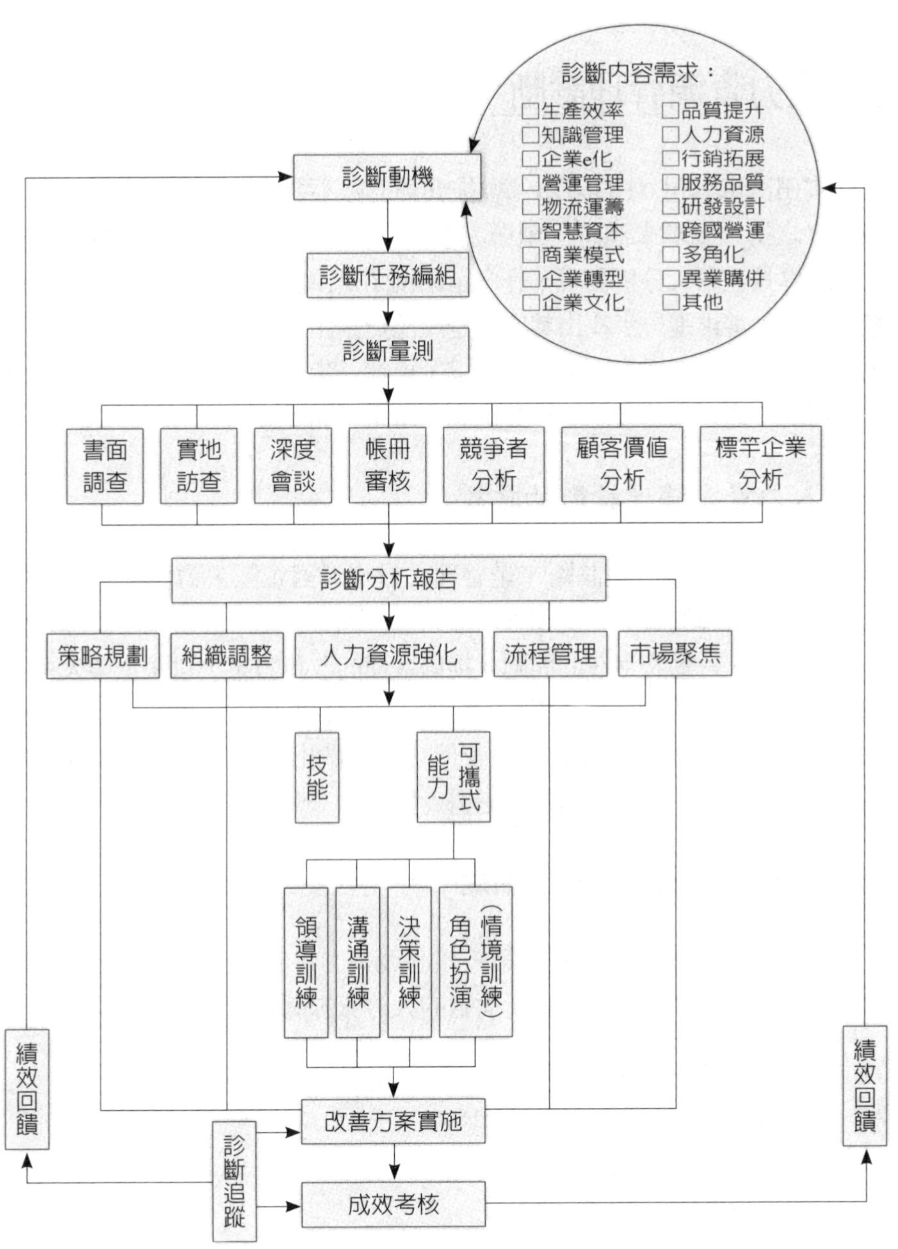

圖11-3　企業診斷流程圖

資料來源：楊永妙（2005）。〈尋找Business處方〉。《管理雜誌》，第372期（2005/06），頁107。

人力資源管理診斷

本田汽車公司（HONDA）曾被譽爲爲數不多的成功營銷組織之一，在創立之初，羽翼未滿時，創辦人本田宗一郎（技術專長）和藤澤武夫（管理專長）兩人分析發現，許多企業倒閉是由於資金短缺，企業斷血脈無法生存；當再進一步找出其原因是產品無銷路，而產品爲何賣不出去，則是由於技術和市場等因素無法支撐，再進一步分析技術與市場開拓是由人承擔的，而「人的理念」在其中的作用是至關重要的。

一、人力資源管理診斷的意義

企業人力資源管理診斷，是管理人員透過對企業人力資源管理諸環節的運行、實施的實際狀況和管理效果進行調查評估，分析人力資源管理工作的性質、特點和存在的問題，提出合理的改革方案，以使企業人力資源管理工作達到「人」、「事」的動態適應性目的的一種專業活動，診斷過程應視爲幫助企業在人力資源管理功能上做出改進工作、提高管理效率、開發和引導人力資源的有效指引（**圖11-4**）。

二、企業面對的人力資源問題

人力資源已經成爲了企業第一核心競爭力，它是支撐企業未來的健康持續發展的支柱。一般企業所面對的人力資源問題有：

1.公司發展目標不明確，人力資源無規劃。
2.人員結構不夠合理。
3.業務流程與崗位職責不明確。
4.人力資源管理制度不健全。
5.缺乏專業人力資源管理人員。
6.人員招聘中適合的人才招聘不易。
7.人才重使用、輕開發，忽視培訓與員工發展。

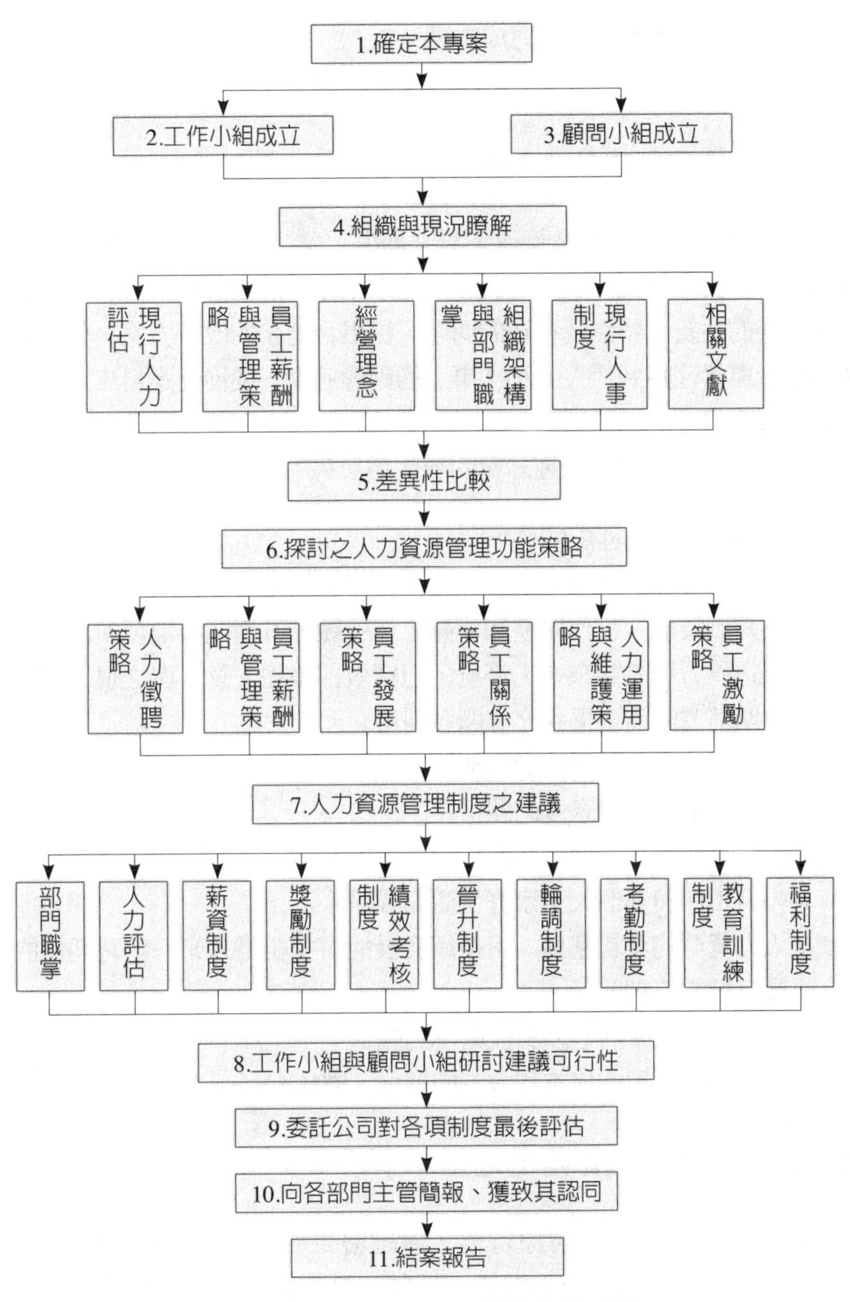

圖11-4　人力資源管理專案整體進行程序

資料來源：台灣某大保險公司「人力資源運用及管理制度規劃專案簡報」。精策管理顧問公司。

8.薪酬缺乏激勵性，人力成本高。

9.考核流於形式，指標不明確，優走劣留。

三、人力資源管理診斷的關注項目

人力資源管理診斷是管理人員（顧問）透過對企業人力資源管理諸環節運行的實際情況、制度建設和管理效果進行調查評估，分析人力資源管理工作的性質、特點及存在的問題，提出合理化的改革方案，使人力資源的整合與管理達到「人」和「事」的動態適應，從而促進員工成長、實現公司策略目標的一種活動。

一般企業人力資源管理診斷的關注項目有：

1.人員與事務的匹配關係。

2.人力資源潛能與績效的關係（人力資源潛能可以從人員的素質、專業知識技能、工作閱歷和相關工作經驗等方面間接地反映出來，如果這些方面看起來令人滿意，但績效卻差強人意，與之很不相稱，說明其潛能尚未得到充分開發利用）。

3.人員績效與其薪酬待遇的關係。

4.人員需求與其滿意度的關係。

5.人員之間的正式關係與非正式的關係。

6.人員工作與其個人、家庭生活的關係。

7.人力資源的素質基礎、可持續發展能力與組織未來一定時期內的發展目標的協調關係。

8.員工的士氣、向心力與流動率的關係。

9.人力資源管理的成本和效益的關係（**圖11-5**）。

四、人力資源管理診斷的意涵

人力資源診斷有如醫療行為，傳統醫生便能藉由「望、聞、問、切」四種方法來進行檢查與診斷。「望」是指觀察病人的外在表徵與形色；「聞」乃注意病患身上的氣味與傾聽病人的聲音；「問」是直接詢問

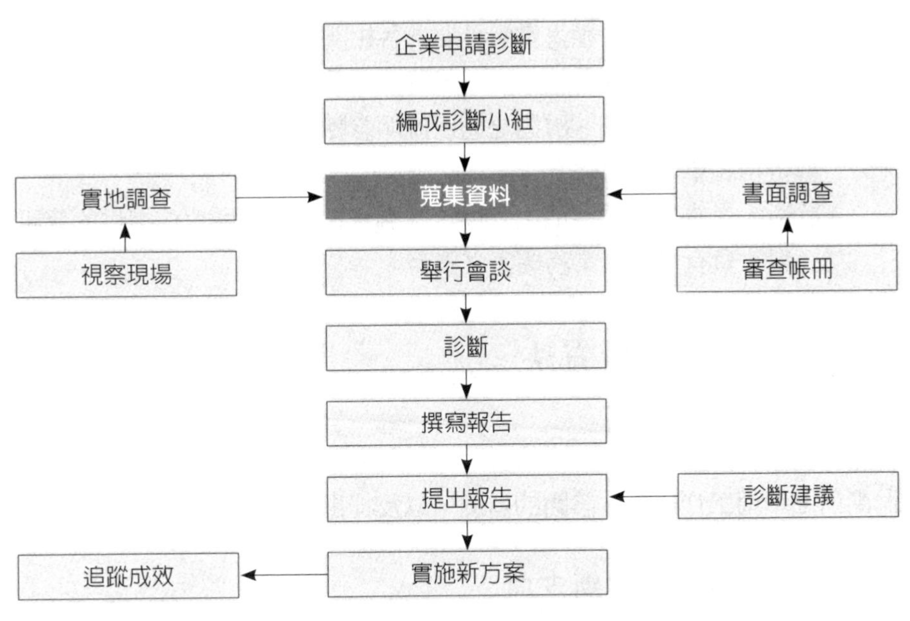

圖11-5　人力資源管理診斷作業程序

資料來源：精策管理顧問公司。

病人的身體不適感、症狀和病史；「切」則是為病人把脈，醫生以手指接觸病人的左右手的「寸、關、尺」，感知各部位的脈動與脈象，查察病人身體內部臟腑的概況，判斷疾病的屬性與輕重程度，接著開立處方，進行治療。從醫生的專業角度來看，「四診」之中，「切法」是醫生臨床診斷最主要的依據。此種醫療行為，運用到人力資源管理診斷，主要包括企業文化診斷、組織診斷、人員合理化診斷、能力開發和培訓診斷、績效管理診斷、保護勞動力診斷、薪資管理診斷和人際關係診斷等。

五、診斷工作原則

雖然診斷之目的不盡相同，但是診斷的步驟大同小異，其診斷工作原則有：

1.診斷應盡量利用交談、觀察及審閱企業原始資料，以求瞭解其經營

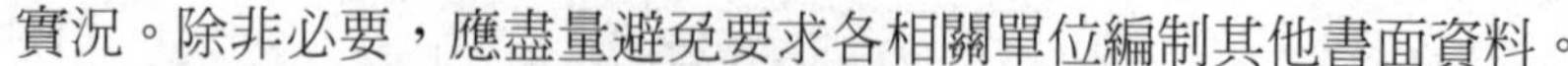

實況。除非必要，應盡量避免要求各相關單位編制其他書面資料。

2.診斷人員對於相關單位人員之陳述應做重點查證，以資信實。

3.診斷人員應以謙和、誠懇之態度說明診斷之目的，進行調查方法以取得相關單位之信賴合作。

4.診斷人員應以超然客觀之立場實施調查，對於相關單位提供的資訊（料）負有保守其業務機密之義務。

人力資源診斷方法

具體的人力資源管理診斷流程，包括擬定診斷之範圍與方法、安排診斷前之準備工作規劃、診斷的進度，以及提出企業診斷的報告。

一、人力資源管理診斷方向

診斷所需的資料有基本資料、特定資料及其他資料三種。取得調查資料方法有間接調查法（問卷或電話調查）、直接調查法（訪談、觀察）及固定樣本調查法。

將調查所得的各種資料及觀察的各種現象，加以彙總和整理，並運用定量（quantitative data）的統計或定性（qualitative data）的分析，找出問題的癥結所在，進而提出診斷報告及改善方案（王忠宗，2008：2）（**圖11-6**）。

二、診斷工具類別

《論語・衛靈公》說：「工欲善其事，必先利其器。」（譯文：要做好工作，先要使工具鋒利，比喻要做好一件事，準備工作非常重要）。所以，人力資源管理診斷的專業工具有：

(一)文獻與資料法

對公司現行制度文獻（如人事規章辦法、考核或評獎指標、評獎紀實、考核績效檢討報告等）及相關資料研讀，進行內容分析，以發覺組織

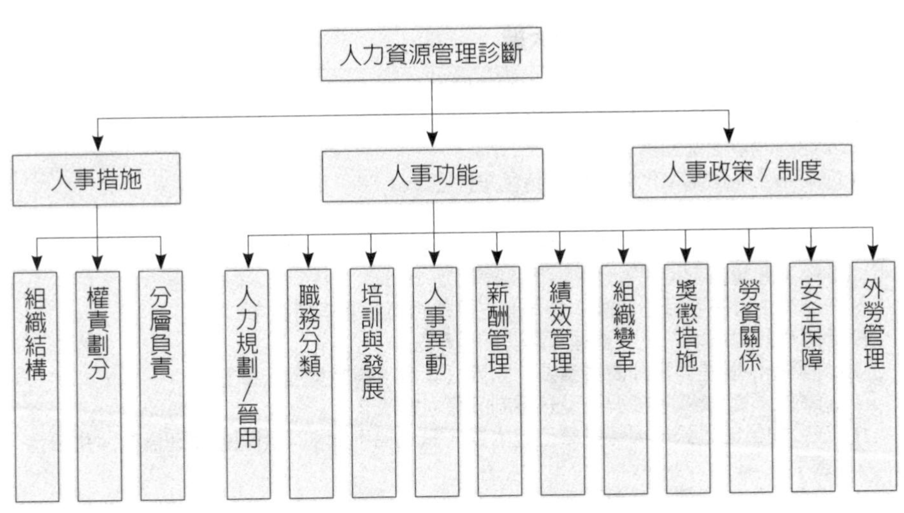

圖11-6　人力資源管理診斷方向

資料來源：丁志達（2011）。〈中國生產力中心經營管理顧問師訓練講座：人力資源管理診斷實務〉。中國生產力中心編印。

從過去到現在，在特定問題上的徵候，以供預測與判斷之用。

(二)訪談法

對主要經營主管做結構性問題的訪談，瞭解經營層共識及意見；訪談關鍵人員或具代表性人員，獲取必要資訊及意見。對相關對象或主管做訪談，以瞭解其重要工作內容及能力需求（**表11-1**）。

(三)問卷調查法

透過問卷的設計瞭解各單位的工作負荷狀況、公司背景及人力相關問題。例如：組織診斷調查問卷、員工滿意度調查問卷、部門職掌分擔調查表、個人工時調查表、工作分析調查表、職能行爲重要度問卷調查表、訓練需求調查問卷表、部門職掌分擔調查表、績效指標調查表、員工績效態度與能力評估因素調查表等。

表11-1　人力資源管理診斷訪談大綱

□1.你能否用簡單的語句描述公司的經營理念？
□2.未來幾年公司的經營目標與策略如何？
□3.公司的競爭優勢和劣勢有哪些？
□4.你認為公司企業文化中最大的特色是什麼？
□5.公司的人力資源政策為何？
□6.目前公司人力資源的素質、制度等方面能否符合未來發展所需？
□7.你認為哪些人力資源管理制度應即早訂定？
□8.你認為主管需要哪些特質？公司的主管是否符合這些特質？
□9.你認為公司在人力資源管理有哪些問題存在？
□10.你認為什麼是薪資評價最重要的因素（年資、貢獻程度、學歷……）？
□11.你對公司的績效考核辦法及升遷制度有何看法？
□12.在公司各地分公司與營業單位之人員，其特質不同卻用相同的管理辦法，是否合適？
□13.你對公司的規章制度有何看法？
□14.公司的組織架構當初是如何形成的？
□15.公司的組織架構各有哪些優缺點？在此組織架構之下各部門功能如何發揮？
□16.你理想中的組織架構為何？
□17.就整體而言，你認為公司在哪一方面需要改進？
□18.就整體而言，你認為公司有哪些優點？
□19.公司在上下之間的溝通管道有哪些？
□20.在上下溝通中，哪些層級或單位的問題較多？
□21.你對中、低階主管及員工的績效滿意程度如何？
□22.員工對公司的向心力及歸屬感如何？
□23.你在工作與人際關係上有挫折感嗎？
□24.你是否還有其他意見？

資料來源：常昭鳴（2010）。《PMR企業人力資源再造實戰兵法》。臉譜出版，頁63-64。

附錄11-1　組織診斷問卷調查表

各位親愛的同仁，您們好：

衷心感謝　您在這些日子以來對公司的奉獻與付出！由於大家的齊心努力，使得公司在穩定中不斷成長茁壯，而得與同仁共創璀璨的遠景。

我們瞭解：人才將是二十一世紀企業競爭的最重要因素之一。因此，如何透過組織的規劃、管理制度的建置等，協助公司更能善用人才，以發揮公司的戰鬥力，乃是我們責無旁貸的職責。爲此，我們特別委託○○管

理顧問公司爲我們從事人力資源制度建立專案。在執行過程中，希望透過問卷調查的方式，先瞭解同仁們對組織現狀、各項制度等的看法，以期能提供專業顧問最翔實的參考資料。

此次問卷共有五個部分，含勾選式試題及開放式問題。問卷填答採用不記名方式進行，填答資料亦將由管理顧問公司針對公司與部門整體進行專業統計分析，故同仁的個別填答資料，將不會亦無需進行個別分析。任何個別之調查資料，以管理顧問公司專業立場，亦須遵從調查專業倫理，負保密及保全之責。因此，同仁可放心填答。

唯有　您翔實的回饋，公司才能瞭解現階段各項制度之良窳，進而朝向符合　您期望的方向前進。懇請各位提供　您寶貴的觀點，使○○（公司名稱）組織狀況能充分表達。

再次謝謝　您的合作！請　您填寫完畢後將本問卷交給該場次主持人員。謝謝！

○○○○○○股份有限公司　敬上

民國○○○年○○月

第一部分

說明：此部分共四十四題，請根據您的直覺感受勾選作答，無需作過多考量。

	非常不同意	不同意	不清楚	同意	非常同意
(1)公司制度常因人而異，採取不同的執行方法	□	□	□	□	□
(2)公司同仁很少對管理制度有所抱怨	□	□	□	□	□
(3)整體而言，我覺得公司目前的管理制度很合理	□	□	□	□	□
(4)就我所知，公司的管理制度在業界算是相當先進、合理的	□	□	□	□	□
(5)公司的薪資待遇，確能反應員工對公司的貢獻度	□	□	□	□	□
(6)與同業相比較，我對我的薪資很滿意	□	□	□	□	□
(7)公司的薪資水平，能定期配合物價指數，作合理的調整	□	□	□	□	□
(8)公司目前薪資結構，因員工學歷、年資而有的差異程度不太合理	□	□	□	□	□

(9)目前公司的福利制度，我覺得很滿意	□	□	□	□	□
(10)公司對退休人員的照顧相當周到	□	□	□	□	□
(11)公司的各種福利措施很周詳	□	□	□	□	□
(12)我對公司目前的「休假制度」很滿意	□	□	□	□	□
(13)在工作上，我享有的權力與我所負的責任相當	□	□	□	□	□
(14)公司各單位的權責劃分相當清楚	□	□	□	□	□
(15)公司內部的權責關係，大多因人的改變而多所變動	□	□	□	□	□
(16)我很滿意主管對權責分配的方式	□	□	□	□	□
(17)在業務處理過程中，我經常可以運用各種管道和主管商討	□	□	□	□	□
(18)我常有機會與同事交換工作或生活上的心得	□	□	□	□	□
(19)開會時，經常有充分的機會讓我表達意見	□	□	□	□	□
(20)我覺得公司的書面報告均能達到溝通效果	□	□	□	□	□
(21)公司沒什麼升遷機會	□	□	□	□	□
(22)公司員工的工作表現越好，獲得升遷機會越多	□	□	□	□	□
(23)公司對員工的前程發展有很完善的規劃	□	□	□	□	□
(24)公司常適時安排訓練課程	□	□	□	□	□
(25)我們對公司的事務都能踴躍發言，並提出建議	□	□	□	□	□
(26)我們對公司制度所提出的改善意見，常會被公司採納	□	□	□	□	□
(27)我們通常能夠參與公司目標的制定	□	□	□	□	□
(28)公司主管很重視員工的意見	□	□	□	□	□
(29)公司很明確地讓員工知道績效考核的實行辦法	□	□	□	□	□
(30)公司所設立的獎勵措施，會吸引我更加努力	□	□	□	□	□
(31)我在表現不錯時，上司會適時給予鼓勵與支持	□	□	□	□	□
(32)我們不太瞭解自己工作績效的好壞	□	□	□	□	□
(33)公司的獎懲標準，我覺得很明確	□	□	□	□	□
(34)公司的獎懲評估過程，十分合理公平	□	□	□	□	□
(35)公司的員工十分在乎獎懲的結果	□	□	□	□	□
(36)當我對獎懲結果不滿意時，我有機會可以申訴	□	□	□	□	□
(37)我常以身為公司的一份子為榮	□	□	□	□	□
(38)對於工作或同事有任何意見，我們通常可以直言不諱	□	□	□	□	□
(39)我很容易就能得到來自主管或同事的支援	□	□	□	□	□
(40)我很關心公司的未來的發展前途	□	□	□	□	□
(41)我的主管在工作上能以身作則，發揮其影響力	□	□	□	□	□
(42)我的主管很能促使大家互助合作，發揮團隊精神	□	□	□	□	□
(43)在工作上，我的主管會採納我們的意見，縱使沒有也會解釋原因	□	□	□	□	□

(44)主管很關心我們是否有足夠的訓練，是否能勝任目前的工作	□	□	□	□	□

第二部分

說明：請您從日常工作中以您的觀察與感覺回答下列有關描述組織的現況，回答問題以勾選代表不同的同意程度。

	非常不同意	不同意	不清楚	同意	非常同意
(1)我們對公司的政策、工作目標與共同願景非常瞭解	□	□	□	□	□
(2)我們的工作分配與責任劃分很清楚，如有工作困難，同事們不會自動互相幫忙，除非他們之間有特殊私人情誼	□	□	□	□	□
(3)在我們日常談論中談到「老闆」字眼的次數比提到「顧客」或「客戶」的次數多	□	□	□	□	□
(4)公開坦承工作中錯誤的人是被尊重的，也不會給主管打不好考績	□	□	□	□	□
(5)大部分員工會爭取工作輪調機會而並不介意工作困難或升遷	□	□	□	□	□
(6)在討論或會議中如有一位較高職位者參與，比較快速達成結論與共識	□	□	□	□	□
(7)當有人提供意見時，不管認同與否，經理人均會以開放關懷的態度傾聽，也不隨意打斷提供意見者的敘述	□	□	□	□	□
(8)工作方式的改變通常由主管的指示或要求	□	□	□	□	□
(9)員工深信薪水是客戶付的	□	□	□	□	□
(10)在交談或工作時，無論職位高低都彼此尊重與信任	□	□	□	□	□
(11)從主管的決策可以看出他們願意冒被評估過的風險	□	□	□	□	□
(12)我覺得我的才智並沒有充分發揮在我的工作中	□	□	□	□	□
(13)我們常會運用集體的智慧獲得創新的結果	□	□	□	□	□
(14)我們可以自由質疑他人的假設和偏見而不會不受歡迎	□	□	□	□	□
(15)我們都相信官大學問大	□	□	□	□	□
(16)公司有具體方案鼓勵員工的創新及提出新構想	□	□	□	□	□
(17)公司對團隊成功的獎賞比個人成功的獎賞更重視	□	□	□	□	□
(18)公司各階層都有雄心，以超越競爭對手為目標	□	□	□	□	□
(19)我們的主管有能力激發我們的工作熱心與熱情	□	□	□	□	□

(20)公司有所變革時各階層主管會充分與員工溝通	□	□	□	□	□
(21)員工認為學習的機會以公司計畫的教育訓練為主	□	□	□	□	□
(22)我們可以公開分享其他人的失敗經驗並學到教訓	□	□	□	□	□
(23)我們的工作流程常因應顧客的需要而改變	□	□	□	□	□
(24)我們可以自由的說出我們所知所學，且提出異議時沒有恐懼，也不怕造成對立的後果	□	□	□	□	□
(25)我們的新產品時常來不及反映市場需求的變動	□	□	□	□	□
(26)當我們見解不同引起衝突時，常會以妥協來解決並保持和諧的氣氛	□	□	□	□	□
(27)我們為了避免錯誤不隨便做新的嘗試或實驗	□	□	□	□	□
(28)我們經常會全力以赴，排除萬難以達成目標	□	□	□	□	□

第三部分

說明：第三部分共有3題，請選出最適合的三個答案，並且按照重要性排列出順序，"1"爲最重要，"2"、"3"其次，並請直接在"□"填入數字。若無適合之答案，請在各題之最後選項"其他"後面填寫適當之答案，並依重要性予以排序。

1.您認爲吸引員工們進入○○公司的原因是什麼？

□企業形象　□企業規模　□薪資　□升遷
□工作環境　□工作時間　□上班地點　□福利
□制服　□生涯規劃　□教育訓練　□管理風格
□獎金　□產業特性　□未來發展遠景
□其他＿＿＿＿＿＿＿＿

2.請列舉出在公司工作最令　您感到滿意的三件事情。

□工作環境　□工作時間　□組織氣氛　□福利
□制服　□生涯規劃　□教育訓練　□升遷
□獎金　□薪資　□休假　□主管領導風格
□申訴　□考核　□退休制度　□上下溝通管道
□授權　□同事間相處　□工作職掌劃分
□其他＿＿＿＿＿＿＿＿

3.請列舉出在公司工作最令　您感到不滿意的三件事情。

□工作環境　□工作時間　□組織氣氛　□福利
□制服　□生涯規劃　□教育訓練　□升遷
□獎金　□薪資　□休假　□主管領導風格
□申訴　□考核　□退休制度　□上下溝通管道
□授權　□同事間相處　□工作職掌劃分
□其他＿＿＿＿＿＿＿＿＿＿＿＿＿＿＿＿＿＿＿＿

第四部分

說明：此部分共有七題開放式問題，請　您依每項問題，陳述您的想法及看法。

1.請　您列舉三件　貴公司歷史或現況中有助於團隊精神及向心力建立的事情。

＿＿＿＿＿＿＿＿＿＿＿＿＿＿＿＿＿＿＿＿＿＿＿＿＿＿＿＿＿＿
＿＿＿＿＿＿＿＿＿＿＿＿＿＿＿＿＿＿＿＿＿＿＿＿＿＿＿＿＿＿
＿＿＿＿＿＿＿＿＿＿＿＿＿＿＿＿＿＿＿＿＿＿＿＿＿＿＿＿＿＿
＿＿＿＿＿＿＿＿＿＿＿＿＿＿＿＿＿＿＿＿＿＿＿＿＿＿＿＿＿＿

2.您認爲　貴公司最大競爭優勢爲何？請　您列舉三項。

＿＿＿＿＿＿＿＿＿＿＿＿＿＿＿＿＿＿＿＿＿＿＿＿＿＿＿＿＿＿
＿＿＿＿＿＿＿＿＿＿＿＿＿＿＿＿＿＿＿＿＿＿＿＿＿＿＿＿＿＿
＿＿＿＿＿＿＿＿＿＿＿＿＿＿＿＿＿＿＿＿＿＿＿＿＿＿＿＿＿＿
＿＿＿＿＿＿＿＿＿＿＿＿＿＿＿＿＿＿＿＿＿＿＿＿＿＿＿＿＿＿

3.您認爲　貴公司最大競爭劣勢爲何？請　您列舉三項。

＿＿＿＿＿＿＿＿＿＿＿＿＿＿＿＿＿＿＿＿＿＿＿＿＿＿＿＿＿＿
＿＿＿＿＿＿＿＿＿＿＿＿＿＿＿＿＿＿＿＿＿＿＿＿＿＿＿＿＿＿
＿＿＿＿＿＿＿＿＿＿＿＿＿＿＿＿＿＿＿＿＿＿＿＿＿＿＿＿＿＿
＿＿＿＿＿＿＿＿＿＿＿＿＿＿＿＿＿＿＿＿＿＿＿＿＿＿＿＿＿＿

4.請列舉三項　您認為　貴公司最急需改善或待解決的事情。

5.您所體認到的我們公司企業文化有哪些特點？

6.您認為我們公司在管理制度方面，有哪幾項規章有必要進一步修正？原因何在？

7.在勞力密集的服務行業，您認為有哪些有效激勵員工的好方法？

第五部分

說明：請將　您基本資料依您狀況在適當方格中勾選

1.性別	□男　□女
2.年齡	□20以下　□21-30　□31-35 □36-40　□41-45　□46-50 □50以上　□60以上
3.婚姻	□已婚　□未婚
4.教育程度	□國中以下　□高中　□大專 □大學　□碩士　□博士

5.您目前在公司的年資	□一年以下 □1-5年 □6-10年 □11-15年 □16-20年 □20年以上	
6.進入公司之前，您在幾家公司工作過？	□無 □1-2 □3-5 □6-8 □9-11 □12家以上	
7.任職部門	□稽核室 □安衛處 □財務處 □製造處	□企畫處 □行政處 □研發處 □其他（請填寫）
8.職務	□主管	□非主管
	職稱 □處長 □經理／副理 □主任 □組長 □領班	職稱 □助理 □業務員 □督導員 □生產員 □其他（請填寫）

請　您再一次檢查是否全部題目均填答完畢，以確保　您的意見可以充分的表達。

謝謝　您！並祝　您

工作愉快！

資料來源：精策管理顧問公司。

(四)焦點群體會談法

就問卷調查所產出結果，分階層別舉辦回饋及問題探討會議。

(五)資料蒐集法

蒐集企業現行組織架構、部門職掌、招募任用管理制度、訓練發展管理制度、績效管理制度、薪酬管理制度、流程與表單、工作說明書等，納入診斷規劃參考。

(六)回饋法

對於訪談與問卷調查所得結果，撰寫完整報告，並在報告中聽取與會者的意見並相互研討，以形成最佳（最合適化）方案。

三、診斷準備

它是爲正式診斷做準備的，因此正式診斷的規模越大，預備診斷越應該細緻，只有預備診斷做得好，正式診斷才能迅速、準確，但預備診斷也不應耗時、耗力過多，以免喧賓奪主。

1.蒐集和整理現行的人事政策和人事管理流程，包括企業的上級行政部門在人事工作方面的例行原則、工作貫徹等。
2.瞭解接受診斷企業勞動環境的特殊性。
3.準備診斷計畫和調查問卷。調查問卷要根據專題進行設計，切忌勉強套用。
4.瞭解和掌握同行業的勞動生產率水準、人員結構狀況、行業內享有較高知名度的人物及其成長過程。
5.瞭解和掌握企業的經營戰略與組織戰略，以及圍繞經營戰略而擬定的產品發展計畫、技術進步計畫和投資計畫，還包括與人力資源開發有關的其他資料或初步設想。
6.要確定診斷小組的成員，一般根據企業的狀況、規模、診斷人員的能力，以及人力資源管理部門的實際運作情況而定，要求診斷人員、人力資源管理部門主管和企業經理共同組成。
7.蒐集內、外部環境變遷的資料，包括企業所屬行業的特點，面臨的市場競爭和勞動力市場狀況等有關資訊（**表11-2**）。

企業文化診斷

安捷倫科技（Agilent Technologies）公司在招募員工時，十分看重員工價值觀的考察，把員工價值觀和公司價值觀的一致，視爲比業務能力和技術水平都重要的因素。每一名應徵者少者需與二、三位主管對談，多則可能到四、五位，從面對面接觸中去深入瞭解該職位應徵者的人生觀、價值觀、生涯規劃、自我期許等，並從中瞭解其與安捷倫文化是否契合（周勇、鄧濤，2003：34）。

表11-2　人力資源快速分析表

□你是否擁有多才多藝的人力？
□你的人力是否在其工作能力與工作意願上均具有可塑性？
□你是否擁有適當培訓過的員工？
□你的員工的工作內容是否包括了數個功能？
□你是否擁有現成可用的人力來源？
□你是否提供生涯訓練？
□你是否鼓勵員工繼續進修？
□你是否採取績效評估？
□你是否對員工及團隊設定目標？
□你是否需要不易覓得的專門技術人員？
□你如何招募並留住這些人員？
□你是否有協助訓練或僱用員工的補助金可資利用？你是否加以運用？
□你的員工流動率偏高或偏低？
□員工流動率高或低是否造成你的困難？
□你的員工是否都有個人發展計畫？

資料來源：西蒙・伍頓（Simon Wootton）和泰瑞・霍尼（Terry Home）著，王詠心譯（2006）。《策略思考一本通》。臉譜出版，頁45。

依據泰倫斯・狄爾和艾倫・甘迺迪合著的《塑造企業文化：企業傑出的動力》（*Corporate Cultures*）書中提到，我們在對一家公司的文化做診斷性描繪時，可以問以下問題：

1.請你說說貴公司的歷史。貴公司是如何創辦的？人們一般都會很熱心敘述過去。他們提供的事實——如果你懶得核對的話——常常都不對。相反地，他們會敘說他們所知道的工作神話。

2.這個公司爲何成功？成長的原因何在？人們會把他認爲該公司重要的事告訴你。他們的看法也許不對，但卻能反映出他印象中該公司的文化價值觀。

3.在這裡做事的都是哪一種人？長期言之，哪種人升得最快？由於文化基本上是一種人類現象，人們也就極善於描述同事的特徵。他們口中所描述的，就是這一文化中的英雄人物。

4.這裡像什麼樣的工作地方？每天工作大概的情形？這裡怎麼辦事？從他們的答案中可以看出重要的儀式、會議或官僚程序的特徵。

你可以確定這些事都被認眞當作一回事。如果對方的回答是階級的——「老闆是位很容易侍候的人」，則可以假設這裡是一個很重視「長期賭注文化」的公司。文化診斷能使管理人員知悉目前的文化狀況，特別是當文化是強有力或軟弱無力時，是凝聚一體或支離破碎時。有了這種認識之後，就可以把注意力放在管理努力上（Terrence Deal、Allan A. Kennedy著，黃宏義譯，1991：180-190）。

企業文化診斷的構面，可分爲顧客／市場導向、創新／創造、改變／適應、企業使命／願景、容忍失敗、反應自由度、不斷學習、正向領導、團隊合作、溝通、降低官僚作風等項。

企業組織診斷

組織對人類社會的發展有很大的貢獻，同時每一個企業組織都以永續經營爲其基本信念，但是冷眼細觀企業歷史，能夠超越百年壽命的企業並不多見，這就如同人有生、老、病、死一般，企業與組織一樣也有興、衰、生、死的循環。員工長期處在順遂、優渥的工作環境，會漸漸喪失危機意識與旺盛的企圖心，逐步喪失鬥志；而外在的競爭對手，卻正在「摩掌擦拳」，逐步「蠶食鯨呑」市場的占有率，致使組織在高度競爭的市場中遭到「出局」的命運。所以，組織必須隨著內、外部環境的變遷適時調整組織。將策略轉化爲行動，需要有紀律的方法。化策略爲行動的觀念就是組織診斷（organization diagnosis），它是指在對組織的文化、結構以及環境等的綜合考核與評估的基礎上，確定是否需要變革的活動。

一、組織診斷的步驟

爲了瞭解組織中重要議題與現階段各單位之狀況，以作爲制度調整優先順序排定之重要依據，以及規劃人力資源制度的基礎。它不僅可瞭解各員工的想法及改善方向，並對現行之企業文化有一概括式的面貌呈現，期能確認組織氣氛、組織效能、公司營運成長過程中問題癥結之所在，以及界定未來制度調整與改善，進而提升員工生產力與組織效能，從而創造更優異的經營績效，以達到企業永續經營之目標。同時，透過組織診斷的結果，對人力資源管理制度的增訂、刪除（減）部分條文的內容與方向，提出正確的經緯指標依據（**表11-3**）。

表11-3　組織診斷的步驟

步驟	內容	說明
第一步驟	界定界線	做診斷時，必須界定出的組織範圍。
第二步驟	投入產出系統	檢視組織範圍內的整個產出投入系統，在運作情況表現分別是哪些，以形成一個開放系統的觀念。
第三步驟	正式和非正式系統	發現為何投入產出的轉換不能進行很順暢的理由有哪些。
第四步驟	組織外部環境	外部環境系統有哪些是值得我們去做或是我們能夠改進的。
第五步驟	組織目的	在組織目的上先看看公司目前的目的，在清晰和認同目標使命是否明確。
第六步驟	重新定義目的	重新訂出更好的組織目的。
第七步驟	結構	檢視組織的架構是屬於功能式、產品式或是兩種混合矩陣式組織。
第八步驟	矩陣組織	若是矩陣式組織，是否恰當且發揮其最大的彈性功能。
第九步驟	虛設的矩陣關係	反之，管理者會認為這個矩陣是一種幻覺，另一種不實際的想法，就不是一個真實而是虛設的矩陣。
第十步驟	關係	看看組織部門間的關係如何及依賴、合作程度，是否有衝突的存在。
第十一步驟	獎酬	在檢視獎酬制度，對士氣激勵能否產生激勵效果。
第十二步驟	領導	領導風格是屬於專制或民主，及領導對公司所造成的影響，對組織助益或阻礙的程度。
第十三步驟	有用的機制	再來檢視公司目前現行的制度，有哪些是真正有用的機制，能實際發揮其功能。
第十四步驟	整體的診斷：建立一個輪廓	建立一個診斷的雛形，幫助整合思考每個層次的診斷。
第十五步驟	釐清	重新釐清公司目前所擁有的能力與實際需要的能力，以及充分掌握組織已經完成與未來的事項。
第十六步驟	介入理論	找出介入的施力點，以不同介入的優點與限制，來改善組織績效。

（續）表11-3　組織診斷的步驟

步驟	內容	說明
第十七步驟	權力	若是有實際的行動，行動後對組織權力有何影響，且找出哪個部門（人）具有這樣的權力改變組織環境及對外的關係？來影響大家採行新的步驟、方法。
第十八步驟	預期和行動	若要採取行動，可以採行的步驟又有哪些，優先順序為何。
第十九步驟	建構自己的診斷模型	上述的步驟是可以採行的步驟，但並非一定的步驟，每個人可以依照個人想法修改，針對上述步驟發展出更適合自己使用的步驟。
第二十步驟	公司比較	檢視其他公司作法，憑個人經驗或直覺，給我們另外的想法與看法。

資料來源：Weisbord (1976) / 引自：謝青山（2008）。《高科技產業組織診斷與分析之研究：以某電子公司爲例》。高立出版集團出版，頁10-11。

二、組織診斷企劃方向

在進行人力資源制度調整及作業流程建立之前，針對現行組織內的氣氛及員工對組織看法做初步瞭解，才能確立企業組織診斷的方向。

1.瞭解組織現況，發現組織可能之問題，並釐清原因及提供必要之建議。

2.對現行各項人力資源管理制度進行盤查，以確定下一階段制度調整及改變的方向。

3.蒐集各相關人員（工會）對相關變革之意見，以供制度設計時之參考，並透過其意見投入，減少未來新制度推行時可能之阻力。

4.釐清各項制度所面臨問題之輕重緩急，以決定下一階段制度規劃之時程及其先後順序。

三、組織診斷架構

一項完整的組織診斷，需要有下列四個步驟：

範例11-2

組織文化診斷分析

組織文化構面	得分	評估	組織文化特質
顧客／市場導向	3.3	（+）	顯示正面適中組織文化，應於繼續。
創新／創造	2.7	（−）	顯示該項組織文化較弱，如影響業務發展須重視。
改變／適應	2.8	（−）	
企業精神／遠見	2.9	（−）	
容忍失敗	3.1	（+）	顯示正面適中組織文化，應於繼續。
反應自由度	2.9	（−）	顯示該項組織文化較弱，如影響業務發展須重視。
不斷學習	3.0	（+）	顯示正面適中組織文化，應於繼續。
正向領導	2.8	（−）	顯示該項組織文化較弱，如影響業務發展須重視。
團隊合作	2.8	（−）	
溝通	3.0	（+）	顯示正面適中組織文化，應於繼續。
減低官僚作風	2.8	（−）	顯示該項組織文化較弱，如影響業務發展須重視。
總平均分數	21.99	（+/−）	顯示整體組織文化較弱，必須從各個構面強弱做進一步分析探討。
建議	一、從各構面而言： 1.在「顧客／市場導向」及「容忍失敗」的構面上有較佳的顯示。 2.在「創新／創造」、「改變／適應」、「團隊合作」、「正向領導」及「減低官僚作風」方面顯示較弱。 二、建議管理當局擬定具體計畫，加強塑造強力的組織文化，以提升整體企業績效及競爭能力。		

資料來源：台灣某大航勤公司「人力資源管理制度建立專案結案報告」。

(一)定義組織架構

組織架構，係指構成組織的系統，設計、整合及運作這些系統的能力，它是有效的組織的精髓所在。麥肯錫管理顧問公司（McKinsey & Company）所採用的7-S組織架構則用來定義組織的七個要素：策略、結構、制度、人員、風格、技術及高階目標（共同價值）。

(二)制定評估流程

組織診斷可以將組織結構轉化爲評估工具，診斷架構中的因素便成爲評估或稽核問題。透過這些問題可以探查組織的優點與弱點，然後努力改進組織缺點。

(三)提供改進實務的領導力

組織診斷必須由評估邁向改進，分別提出行動計畫與實務方法時，以便進入改進的階段，爲每一個領域發展出可行的人力資源實務，例如文化變革、專業能力（人員配置與發展）、結果（考核與報酬）、治理（組織設計、政策與溝通）、工作流程（學習與變革），以及領導力等方面的最佳實務。

(四)排定優先要務

排定優先要務也就是專注於重要的課題上。評估哪些人力資源實務應該被列爲最優先要務的準則是「影響力」（impact）和「可實行性」（implementability）（Dave Ulrich著，李芳齡譯，2002：83-96）（**表11-4**）。

表11-4　影響力與可實行性具備的特質

類別	具備的特質	
影響力	配合程度	人力資源實務達成策略的程度。
	整合程度	人力資源實務相互整合以及影響的程度。
	顧客導向	人力資源實務左右外部顧客的程度。
可實行性	資源	組織內既有資源對於達成此項人力資源實務的支持程度（例如資金與人才）。
	時間	管理階層對於此實務的投入程度。

資料來源：戴維·尤瑞奇（Dave Ulrich）著，李芳齡譯（2002）。《人力資源最佳實務》。商周出版，頁83-96。

四、部門職掌

組織環境中最重要資源是人力資源，如果一個組織中沒有足夠的、訓練有素的人來為組織工作，組織就不能永續經營。因而，部門工作職責的規範，是讓企業的組織架構，在分工與合作的各部門的相互運作功能下，找對「適才適所」的領導與有此項或多項專長工作職責的人來共同奉獻心力，並共享成果。同時，部門工作職責也要隨著經營環境改變下適時調整其功能（例如增加、刪減、移轉工作職責等），形成能配合環境變化下新功能、新團隊組成的一支隊伍。

五、工作職責撰寫的原則

當組織架構決定後，企業就必須按照新的組織架構上的部門撰寫新的工作職責。工作職責撰寫原則有：

(一)明確職責的原則

分工的先決條件就是要權責分明，一件事可能需要幾個單位的合作才能完成，但這幾個單位中必須有一個單位是「主角」，負最後成敗之責。因此，工作職責項目中必然「負責」的職責要多項，單位才有成立的必要。

(二)職責層次分明，依序排列的原則

各單位負責的工作職責項目，必須要將其重要性按它對企業經營的成敗重要性依序臚列，以便讓各主管能依照帕列托法則（80/20法則）掌握做事要領，才不置於不分輕重緩急，誤失良機。

(三)對上對下的關係釐清的原則

單位的職責要對誰負責？領導授權的權限到哪裡？這都需要在工作職責上說清楚，講明白。「有權無責」、「有責無權」都造因於工作職責說明不清楚所導致。現代企業講求「有權就有責」（授權），不容許再有「敲邊鼓」要拿重賞的「大鍋飯」心態。

(四)協作分寸的原則

「協作」是就單位本身所擁有的專長，對其他單位所負責的職能提供有用的資訊，讓該單位做決策的參考。因此在工作職能的撰寫上列在「負責」項目後的工作，不得「喧賓奪主」，列在「負責」項目之上。

(五)其他工作指派的原則

從管理實務的觀點來看，書面的工作職責無法一一羅列寫出來，它還必須要保持一種工作上的彈性。因此，各單位的最後一項職責要有「完成上級交辦的其他工作任務」，以保持臨時指派工作的彈性。這項工作，一般約占已書寫出來的工作職責的10%左右。但在年度績效考核時，必須列爲重要的成果項目之一。

(六)工作職責整合的原則

隨著經營環境的變化，工作職責有些會漸漸消失，有些工作會被其他單位的功能所取代。例如上級單位的某個部門被裁撤，相對的這個單位的功能將消失或被其他單位所合併而必須重編。

(七)先有工作職責，再考慮成立新單位的原則

企業要成立新單位，必須先認清新單位工作職責，不能與現行運作的單位重疊的職責出現，易言之，先有多項新增的工作職責，才會有新單位的設立。

(八)組織改變，工作職責也須重新更新的原則

組織架構一旦重新調整，必然是因爲面對經營環境適應的改變所導致，所以，原先各單位的職責也必須隨著組織的更替，予以調整職責，以配合新組織展開的新布局後的「衝刺」。

(九)績效考核與工作職責關連性的原則

辦理部門別年度績效考核的達成率，必須按照工作職責項目下完成的工作進度、質量來考核。因而，在每年企業訂定新年度各單位的目標時，必然要先檢視工作職責中哪些工作已經完成階段性任務而予以刪減，

哪些新工作的誕生，為了配合達到新目標必須增加新的功能，所謂「日新月異」，企業經營的策略、經營的目標轉了方向往前「衝」時，各單位的「工作職責」也要跟著轉舵往前「衝」，才不會造成讓高層主管拖著走，企業要在競爭行業中當領頭羊時，各主管就會感到「無力感」。

範例11-3

人力資源處職掌診斷建議

現行業務職掌	建議職掌	說明
一、人事政策、法規之擬定與修訂。 二、公司組織架構之檢討及人力資源規劃。 三、職工之遴選、僱用、儲備、考核、獎懲、調遷、晉升、休假、加班、解僱、資遣、退休、撫卹等業務承辦及策劃。 四、勞、健、團保申請及退休金給付之辦理。 五、職工福利政策之訂定與執行。 六、公司業務職掌及權責劃分之頒訂。 七、公司作息時間之規劃、訂定、管理。 八、幹部進修教育之規劃與執行。 九、職工在職、離職證明之發給。 十、固定資產之盤點與一般資產管理。	一、負責人事政策、法規、制度之擬定、修訂與執行。 二、負責公司組織架構之檢討及人力資源規劃運用。 三、公司業務職掌及權責劃分之頒訂。 四、年度預算員額及用人費用之編制與管控事項。 五、工作分析及人力評估之辦理與建議事項。 六、職工之遴選、僱用、儲備、考核、獎懲、調遷、晉升、休假、加班、離職、解僱、資遣、退休、撫卹等業務承辦及策劃。 七、董事、監事、顧問聘任作業。 八、年度訓練（含勞工教育，不含安衛特殊專業教育訓練）訓練計畫之制（修）訂及執行與督導。 九、員工薪資及加班費之審核與撥發。 十、激勵措施及提高工作效率方案之研議事項。	增加職掌： 四、年度預算員額及用人費用之編制與管控事項。 五、工作分析及人力評估之辦理與建議事項。 八、年度訓練（含勞工教育，不含安衛特殊專業教育訓練）訓練計畫之制（修）訂及執行與督導。 十、激勵措施及提高工作效率方案之研議事項。 修改職掌： 一、負責人事政策、法規、制度之擬定、修訂與執行。 二、負責公司組織架構之檢討及人力資源規劃運用。 刪除： 十五、公關業務之處理。（移轉至企劃營業處）

現行業務職掌	建議職掌	說明
十一、員工薪資及加班費之審核與撥發。 十二、房屋租賃合約之簽訂與變更及工程修繕。 十三、一般行政用品之採購、結報。 十四、員工制服之採購、補給作業。 十五、公關業務之處理。 十六、董事、監事、顧問聘任作業。 十七、差旅費之結報，及各種會議行政支援事項。 十八、公文收發、傳遞、公文印信及文卷管理。 十九、總公司辦公室之門禁管理及清潔維護。 二十、主管用車之保養、維護及駕駛派遣。 二十一、其他臨時交辦事項之辦理。	十一、辦理勞、健、團保業務。 十二、有關勞資合作關係之促進事項。 十三、公司作息時間之規劃、訂定及管理。 十四、職工福利政策之訂定與執行。 十五、公文收發、傳遞、公文印信及文卷檔案管理。 十六、一般行政用品之採購、結報。 十七、員工制服之採購、補給作業。 十八、固定資產之盤點與一般資產管理。 十九、房屋租賃合約之簽訂、變更及工程修繕適宜。 二十、總公司辦公室之門禁管理及清潔維護。 二十一、主管用車之保養、維護及駕駛派遣。 二十二、差旅費之結報，及各種會議行政支援事項。 二十三、其他臨時交辦事項之辦理。	說明： 一、為使員額合理化，必須明確規範年度員額預算名額及用人費的編制與控管，由人力資源暨行政管理處負責是一般企業普遍的作法。 二、基於考量員額合理化的配置，工作分析及人力評估是要密切相結合在一起，才能有效控管人力。 三、落實訓練是在人力培育中扮演承先啓後的樞紐角色，因而訓練部門需專責的單位負責，在企業規模與人數的考量上，公司尚不需要設立獨立的「訓練中心」而由人力資源暨行政管理處來負責。 四、人員合理化後，要提高員工向心力與績效表現，必須有激勵措施的配套，這也是未來行政處的主要工作。

資料來源：精策管理顧問公司。

組織診斷就是要讓企業再生。組織在不同的生命週期階段，要面對不同的生存問題，企業可能自己學會處理這些問題，也可能罹患成長併發症，需要外界專家（顧問）的協助（**圖11-7**）。

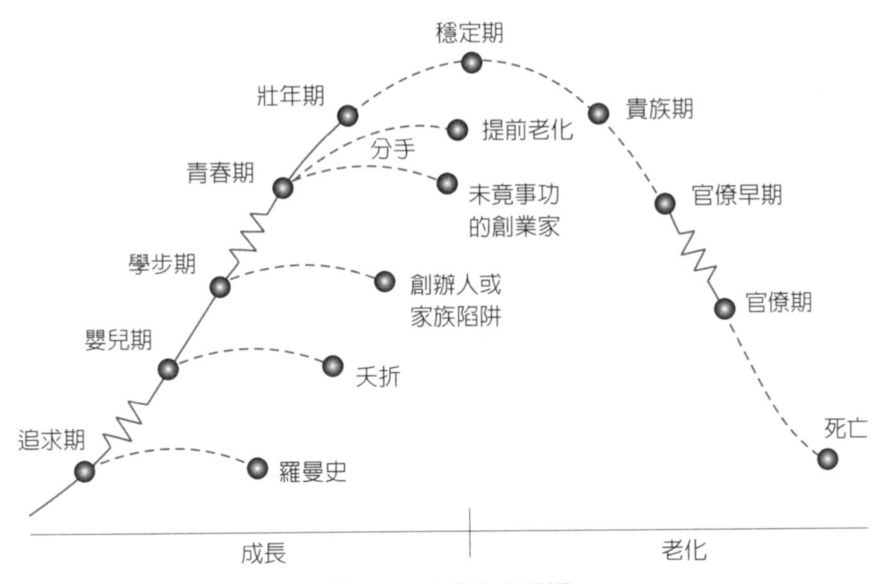

圖11-7　企業生命週期

資料來源：Ichak Adizes著，徐聯恩譯（1996），《企業生命週期：長保企業壯年期的要訣》（*Corporate Lifecycles*），長河出版社出版，頁113。

人力合理化診斷

人，是組織的最大資產。過多的人力，會造成組織資源、成本的浪費；而人力的不足，卻又讓組織的功能無法彰顯。因此，在人力資源管理的範疇中，企業要不斷尋求人力的合理化，進而追求組織的「最適人力」。若能達到組織的「最適人力」，則可以產生「花最少成本，卻有最大效益」的功用（**圖11-8**）。

一、人力評估的方法

綜觀近幾十年的文獻，對於「人力合理化」的規劃，各學者、專家均有其不同定義。根據Rothwell和Kazanas（1988）的人力評估的方法觀

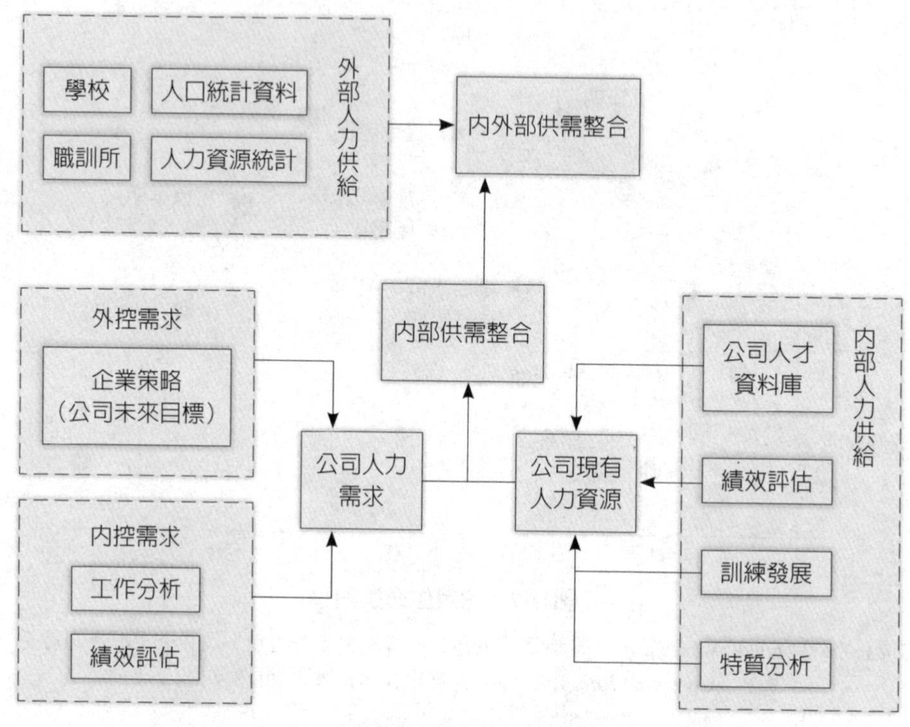

圖11-8　人力資源供需診斷體系

資料來源：萬心澄編著（1976）。《企業經營自行診斷實務》。編者自印，頁261。

點指出，有偏重於技術方面（technical），以數學和行爲模式預估人力需求；有偏重於管理層面（managerial），探討決策者如何處理人力資源因應組織需求；有偏重於策略規劃（strategic），用以發展與實施組織之長期計畫；有偏重於實務層面（operational），引導平時有關人力資源之決策；也有強調組織和個人於規劃上的劃分，以求同時處理、滿足雙方的需求。

學者楊百川在其〈人力評估採用方法總論〉一文中，提出用下列的方式來評鑑企業內的人力方法：

(一)以人爲核心之評鑑方法

人力合理化評鑑時，以人爲評估之對象，調查並瞭解組織成員擔任

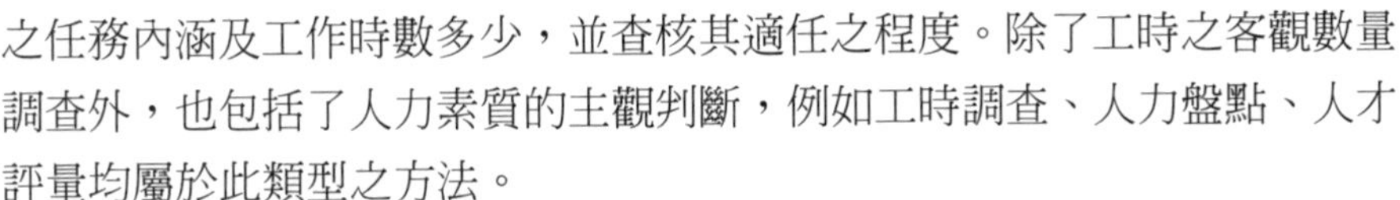

之任務內涵及工作時數多少，並查核其適任之程度。除了工時之客觀數量調查外，也包括了人力素質的主觀判斷，例如工時調查、人力盤點、人才評量均屬於此類型之方法。

(二)以工作爲核心之評鑑方法

人力合理化評鑑時，以工作爲評估對象，以由上而下的方式核對職掌配置適切性，並確認有多少需完成之職掌或任務，以及完成每一種任務所需之標準工時爲何，再根據所需之總工時推算人力，諸如部門職掌調查、組織目標及價值鏈之交叉分析、作業流程改善與分析、標準工時調查、動作時間研究等，均屬於此類型之方法。

(三)以資料爲核心之評鑑方法

人力合理化評鑑時，以組織內部對各種與人力相關之經營資料或投入及產出之數據爲準，運用較靜態之資料分析，以判斷與人力相關最密切之變數爲何，並藉由該變數之變化趨勢預測或推估其最適當之組織人力規模。例如：檢核點人力預測法、迴歸模型人數預測法、參數模型人工之智慧預測法、以財務資料爲根據之損益兩平分析法、價值鏈分析法等，均屬於此類評鑑方法。

以上各類方法之運行，各有其不同的考量及其優缺點。故其運行應視不同情境而有所調整，採取多元式方法（包括：組織長短期人力需求、人力投入及產出效益、產業特質及人員特質、由上而下的功能職掌配置、由下而上之員工現場工作負荷、工時分析等變數），較能爲企業提供一種思慮完整且周延之人力評估作法，以供其目前及未來企業在人力之配置及運用上的參考。

二、人員合理化的共識

企業在進行人員合理化專案時，必須建立全員對合理化員額評估的共識，才能取得員工的配合與支持，順利進行評估。

1.必須實現企業的年度經營目標爲中心。

2.提高人員素質，建立「多職能工」，靈活調派人力支援「緊急又重要的事」。
3.落實工作流程的簡化與電腦化作業，可有效控制合理人力。
4.鼓勵部分工作人員內部創業（外包），例如接駁車駕駛人員，試圖採用按次計酬制。
5.加強員工「團結合作」組織氣氛營造，才能克服離、尖峰時段的任務完成。
6.根據工安事件、職業災害事故的發生頻率，檢討每月加班時數的控制與定期訓練就顯得非常重要。
7.人力合理化評估也必須重視每天、每月加班時數多寡，潛藏著人力是否足夠或不足之處。

人力資源管理診斷報告

診斷所強調的是研究方向，制定解決方法所強調的是解決問題的創意，行動則強調創意的執行。例如，盤尼西林（Penicillin，青黴素）於1929年就被弗萊明爵士（Sir Alexander Fleming）發現了，但是實際應用方法，一直到九年之後才被傅洛瑞（Howard Walter Florey）和錢恩（Ernst Boris Chain）發展出來。這兩個人是在弗萊明研究筆記中發現了一段話：「盤尼西林或許可以殺死細菌而本身是無毒的。」兩位因此著手進一步加以研究。換言之，弗萊明對這一科學問題作了澈底的診斷，但是未制定出解決這一治病的問題。制定出解決方法，並且採取行動，開始大量生產盤尼西林藥品的是別人（C. J. Margerison著，尉騰蛟譯，1989：67）。

診斷的程序，通常可分爲五個階段：診斷準備階段、深入調查階段、研究改善階段、編寫診斷報告階段和指導實施階段（**圖11-9**）。

企業人力合理化診斷報告目錄

章次	綱要	節次	綱要
第一章	緒論	第一節	前言
		第二節	研究主題
		第三節	人力評估文獻探討
第二章	研究理念、原則、方法及步驟	第一節	研究理念
		第二節	研究進行原則
		第三節	研究方法
		第四節	研究步驟
第三章	管理控制幅度分析	第一節	前言
		第二節	概念說明
		第三節	問卷設計
		第四節	具體產出結果
		第五節	結果分析及相關建議
		第六節	本辦法對人力配置設定標準之影響
第四章	作業流程分析	第一節	概要分析
		第二節	作業流程改善方法與實施作業案例
		第三節	問題發現與改善事項
		第四節	建議事項
第五章	合理化人力配置	第一節	綜合診療部
		第二節	影像醫學部
		第三節	藥劑部
第六章	人力需求數量化推估模式配置	第一節	產出資料說明
		第二節	原始資料的收集與轉換
		第三節	類神經網路預測
第七章	與其他標竿醫療院所人力配置對照比較		
第八章	本研究計畫綜合問題與討論		
第九章	結語		
附　件	本研究計畫使用之相關表單		

資料來源：某大教學醫院「合理人員配置委託研究計畫期末報告」；製表：丁志達。

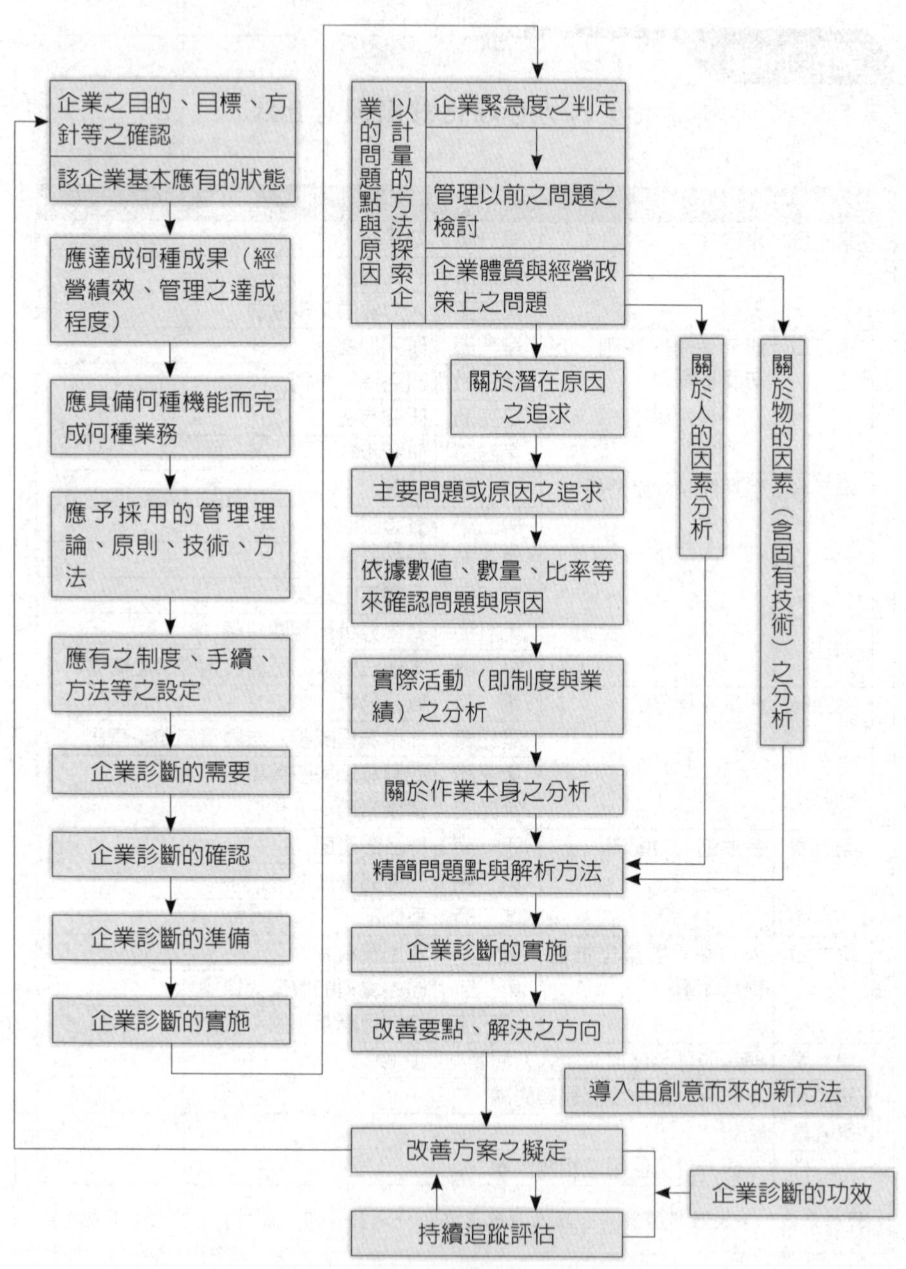

圖11-9　企業診斷及改善之程序圖

資料來源：萬心澄編著（1976）。《企業經營自行診斷實務》。編者自印，頁32。

診斷工作完成後應立即由專案召集人主持編寫報告，報告內容對從企業取得的資料應嚴守機密。診斷報告應按診斷項目逐項編寫結論，並提出綜合建議。結論與建議應力求簡單、扼要、具體。診斷報告應包括接受診斷企業（部門）所遭遇之困難，及其本身缺點和改進意見綜合陳述，對該企業所提之改進或發展計畫之審查意見。

附錄11-2　人力資源管理制度建立專案結案建議（報告）

項目	NO	問題發現	建議
一、經營理念、策略與目標	(一)經營理念	貴公司業已將企業文化與核心價值見諸文字，且透過宣導及標示傳達到員工日常工作中。但根據訪談瞭解，貴公司整體核心信念（價值）：「安全第一、服務至上」、「訓練踏實、技術專精」、「堅守崗位、善盡職責」，以及「團結和諧、忠誠合作」的內涵，仍與基層員工頗有距離，形成脫節，員工認為已成教條。因而未能在員工行為上有所導引。	1.經營理念、企業文化是讓員工知道自己服務公司的未來發展與在企業內服務需要共同遵守的職業倫理規範，形成「休戚與共」的企業主與工作人員「夥伴」關係，而不是「勞」、「資」從屬關係。 2.企業文化與核心信念（價值）原均已存在，但如加以文字性建立，不應全然從上而下，而亦可從下而上互為激盪，透過此種激盪方可形成共識，信念（價值）使員工有認同感。 3.貴公司員工對公司的文化與核心信念（價值）如欲深植人心，似可組成「文化推行小組」成員研究進一步採取推廣及宣導方式，諸如從下各階層舉辦演講，舉辦徵文比賽、選拔具代表性員工接受表揚、定期討論執行效果等。 4.八項核心信念（價值）應與公司制度及作為相結合，否則難以影響員工行為。 5.經營理念建立應透過公司大型會議及文件、工作規則等加以宣示。
	(二)使命與遠景	貴公司目前並無使命與遠景，且在訪談中無人能具體說出貴公司之使命與遠景為何。	1.企業使命及遠景，為企業存在的理由，以及為了完成此一使命可實現的夢想。貴公司除應以專業及謹慎態度予以建立，並以文字表達外，似可訂定完成此一願景的確切時間，如五年，或十年，以及訂定完成此一願景的具體完成目標與策略。 2.企業使命與願景雖為自我激勵與追求的夢想，但亦應與員工共同分享。因此，除在訂

項目	NO	問題發現	建議
			定時盡可能讓各級具代表性員工參與外，亦應經由各項培訓機會廣為宣導，以便形成「生命共同體」的認知。
	(三)策略與目標	貴公司僅在「員工手冊」中訂有概念性長期目標，但對年度目標及策略未見規劃，如年度目標及策略，一旦訂定後應明確作定時或定期因內外在環境及市場的改變作修訂。	1.貴公司進行其目標與戰略規劃時宜先由具有戰略規劃專業背景員工進行內外在環境及相關資源、優劣勢、機會與威脅分析，並擬定可行性方案，在經由高層領導的參與形成共識，如此較具可用性。 2.此等目標確定後，經由各部門級單位依瀑布式溝通方式決定此等部門功能性策略、目標、工作計畫及KPI（關鍵績效指標），形成垂直整合效果。 3.由於內外在環境及市場改變，可訂定每一季對此等目標及工作計畫進行必要的討論及修訂，以確定其適用性與適時性。
二、組織與編制	(一)組織架構	大部分受訪者均認為貴公司組織架構未能與公司經營目標與戰略相結合。顧問審視組織圖，發現甚多需要檢討及改進之處。	1.企業組織體系為達成其目標與戰略而建構，如目標與戰略改變時，組織架構自應隨之改變；因此組織架構的改變自有其當然性與必要性。 2.由於資訊發達、管理者與員工素質的提高、溝通媒介的便利，以及成本考量，企業管轄幅度可增至8-10位直接下屬，如此，不獨可達成上述效果，亦可漸次使組織功能扁平。但如管轄幅度太廣則可能督導與輔導欠周，或高層管理者力有未及。 3.因貴公司目前尚缺周延之目標及策略規劃，本公司業已依據貴公司既有之「目標」、「業務」、「信念」及訪談之結果提出貴公司之組織架構及部門職掌，以作為貴公司未來功能及運作之機制。
	(二)組織編制	人員精簡，未能專才專用。	1.合理的精簡人力，是現代企業面對多變的經營環境採取的一種權變管理，精兵主義下可減少冗員的存在。 2.採用人員精簡的企業，在職員工要學會多種職能，因而公司對企業內的員工要提供多職能的培訓工作，才能從專才專用到多才多用。 3.建議落實證照補貼方案。

項目	NO	問題發現	建議
三、人力資源	(一)人力資源功能的發揮	目前，貴公司人力資源功能隸屬於行政處之下，以貴公司既有之功能及產品，此一組織型態並無不可。再就個別訪談及對人力資源管理制度瞭解，顧問及受訪者大都對人力資源功能的發揮認為有很大改善空間。大都認為定位不明確，以及與教育訓練功能未能接合，缺乏綜效。	人力資源為二十一世紀企業關鍵競爭優勢，人力資源部功能是否真正發揮與企業生存與發展息息相關。目前人力資源部員工使命感及求好心十分強烈，且自我期許與自我檢討誠意頗令顧問動容。顧問建議： 1.對全體現任人力資源相關之專職員工，進行現代人力資源管理培訓，以強化其專業度及充分瞭解人力資源管理體系與功能。 2.依人力資源管理體系，及本調查報告的發現與建議視其緊急與必要性擬訂年度工作計畫。 3.對各級領導及管理人員實施「非人力資源管理者的人力資源管理」培訓，形成「所有管理者都是人力資源管理者」的新理念。 4.每年請外界專業人員定期稽核人力資源部功能發揮程度，並作必要的輔導。 5.建議將整體性員工教育訓練功能隸屬於行政部（人力資源），以求整合。
	(二)人力資源理念與策略	貴公司目前尚無人力資源管理理念及策略，且甚多高階主管亦無此一認知。人力資源管理理念與策略，為任何企業人力資源管理制度的訂定、年度工作計畫的基本方針；如無此項理念與策略，人力資源部則難有系統性、一致性、專業性的規劃與作為。	1.設立「人力資源管理促進小組」，針對公司經營理念、文化與核心價值、目標與策略、產品、人員組成進行瞭解及確認，其次與高階領導討論並歸納，然後形成貴公司人力資源管理理念及功能性戰略，以作為人力資源部未來功能性努力方向及追求目標；使未來人力資源各項作業均有其理念的一致性。 2.貴公司人力資源管理理念應為概念性申述，相應的管理策略規劃則為具體而行的指導方針。
	(三)人力資源規劃	根據人力資源管理制度的瞭解及個別訪談，瞭解貴公司目前尚無具體人力資源規劃。依據貴公司未來3-5年的願景與經營目標，確切規劃人力	1.對具有永續經營理念的貴公司而言，人力資源規劃應屬必要的人力資源功能。 2.人力資源規劃應與人力需求、核心職位及核心人才的建立、接班人計畫、內外部徵聘計畫、員工崗位輪調計畫，及員工培育計畫相結合。 3.人力規劃可保持3-5年的時間長度，每季修訂

項目	NO	問題發現	建議
		資源需求，以使人力資源配合貴公司目標的達成。	一次，並維持連續四季（Rolling 4），第二年以後則以年為規劃時間單位。
	(四)薪資福利制度	貴公司目前之薪資體系並非依「對組織貢獻度及員工工作績效」而制定，致部分員工薪資高者，事少；薪資低者，事多。薪資之調整與員工工作績效影響不大，致不足以形成激勵效果。 除「員工手冊」中規定有關一般性之員工福利，諸如交通費、伙食費、子女獎學金、福利委員會外，對年度員工福利活動之規劃及福利項目之制定仍未見具體呈現。	1.薪資制度為員工薪酬體系的一項，其他為員工福利與獎金，三者相加為企業勞動成本。前二者為固定成本，後者應為變動成本，應依公司、部門或員工目標或工作計畫的達成而支付。 2.薪資制度的建立除應具有專業度外，更應具嚴謹度，因其對員工激勵士氣、組織認同、工作績效均具有強烈的影響及衝擊。 3.薪資制度的制定依：(a)工作對公司的相對貢獻度（工作評價）；(b)員工年度工作績效（員工績效評估）；(c)薪資市場價位（薪資調查）三個關鍵要素而制定。 4.貴公司薪資制度僅有條文及薪資表，員工對制度甚多負面反應，宜檢視修訂，以強化其公平性及合理性。 5.工作說明書為人力資源核心工具，在建立前宜先決定工作說明書之目的，然後再設計其內容。貴公司目前有不同檔，諸如ISO及各項標準作業流程，並無綜合性工作說明書。工作說明書已有電腦系統可放置於網路，隨時修訂、更新，以確使其適用性。 6.對核心人才建立合理而公平激勵體系，以為貴公司永續經營留置核心人才。 7.員工福利為培養員工組織認同與向心力之重要誘因，宜參考「職工福利金條例」擬定員工年度福利預算、項目、活動，供其形成周延性年度計畫，並請員工派員參與。 8.俟本專案完成後，建議貴公司維持工作評價機制，以便對工作變動或新增工作職位，繼續維持合理之評價及薪資公平性。

項目	NO	問題發現	建議
	(五)績效評估制度	貴公司並無專業性績效評估制度，且員工對績效考核制度頗為期待。因無此項制度，故在「績效考核制度」建立上，主管自難以未曾參與，亦未接受為何、如何執行績效評估訓練，如建立員工績效考核制度，恐難對員工績效作公平性及專業性評核。	1.績效評估（考核）為塑造企業重視績效文化的一項重要管理工具，其評估制度的內涵及評估因素（factors）均因其經營理念、文化、產品、人員組成的不同而應有其差異。 2.貴公司如欲建立績效評估制度應重視下述各點： (1)以各處、分公司派專業主管為成員，由前述「人力資源管理促進小組」選定其自有的評估因素及對評估因素依其重要性加權。 (2)應使公司目標、部門目標、個人目標相結合，依此論功行賞。 (3)就關鍵績效指標（KPI）而言，亦重視財務指針，亦重視管理指針。 (4)制度建立後，應向員工溝通，對各級主管做培訓，使其知道為何要建立績效評估制度、員工及主管如何執行及配合此一制度、此一制度對公司及員工有什麼好處。 (5)績效評估制度要與薪資制度、員工發展與培訓、職能開發及工作說明書相結合。 (6)員工績效評估已有線上規劃與執行系統運作十分方便。
四、管理領導	(一)管理風格	人治色彩重，人治高過法治。	1.法治與人治必須兼顧，考量的程序是「法、理、情」而不是「情、理、法」。 2.依規章行事，如規章不符現況，則應修改規章。
		溝通多屬是上對下的指示，基層對高階意見少會有所回應。	建立多層次員工意見反應管道，如定期在職員工面談（random interview）、年度員工滿意度調查、設立提案制度等。
		工安事件的預防。	1.工安事件會造成客戶對公司服務品質與人員素質的質疑及不信任感。如果有多家競爭行業強奪這塊市場的話，工安事故發生的頻率與嚴重性高於同業，可能就有客戶流失的威脅。因而「零工安事件」應視為貴公司的「金字招牌」。 2.安衛處是負責工安的權責單位，有效建立工安防範體系以及加強督導各相關主管確實落實，才能達到「事先預防勝於善後的妥善處理」。 3.工安訓練需經常、不斷地同時針對新舊員工施行。

項目	NO	問題發現	建議
五、人才培育與發展	(一)教育訓練	就整體而言，公司並未建有教育訓練體系、結構、需求、專業計畫、執行評估，以及運用教育訓練資訊，致雖有教育培訓活動，但頗缺教育培訓成效，更未與人力資源規劃與運用相結合。	1.員工培訓應依公司人力資源規劃需求、員工職涯發展、接班人計畫、核心職位與核心人才，及員工晉升體系，而確定其需求。目前貴公司並無此等人力資源管理功能。建議依緊急性及必要性，漸次予以建立或規劃。 2.培訓體系及架構為員工培育的源頭，從此源頭再依前項的需求規劃年度培訓計畫，使培訓自能： (1)與公司（策略與產品）需求、工作需求、員工需求相結合。 (2)與目前崗位職能相結合。 (3)與員工未來發展相結合。 (4)建立職能體系，作為教育訓練與員工培育的需求。 3.對管理人員之培訓，除強化知能外，亦能培養共識，宜儘早規劃實施。 4.培訓除規劃外，仍應進行執行培訓績效的評估，以及對培訓的結果與培訓資訊的運用進行定期研討，以避免培訓資源之浪費。 5.訂定每年以產業額0.2%或薪資額2%作為培訓預算。 6.就現有組織架構及部門職掌而言，教育訓練隸屬於安衛處，本公司顧問建議將此功能與行政處（人力資源）相結合，以能發揮綜效。
		未能落實現場訓練只經短期簡單訓練即直接調任現場作業。	去年工安事件○○件，事後相關單位也確實檢討事故造成原因與防範措施，但基本上是要落實基層工作人員標準、正確操作方法外，負責訓練單位要更應將歷年來公司內部與國內外同性質的公司所發生的工安事件的案例編撰教材，秉持「前車覆後車鑑」的教訓，定期教導工作人員。
		欠缺適合擔任內部講師的人選。	1.公司培養內部講師的優點，是可以清楚知道公司需要傳授哪些現階段及未來公司經營需要的智能給特定的員工，可以用「共同語言與思維模式」來傳授給學員。 2.培養內部講師需要訂定擔任講師的誘因辦法，才能鼓勵講師傳授其擁有的技能於有關的同仁。

項目	NO	問題發現	建議
	(二)前程發展計畫	輪調制度有待進一步完善。	1.貴公司目前有實施輪調制度，但部分員工反映主管想要調動誰，即可調動，欠缺遵守輪調的遊戲規則。 2.輪調制度是培植接班人、讓員工學習多職能工作的制度，由於職務相互間輪調的關係，可促進輪調人員在跟原工作單位協調事務時，較易達成共識。 3.輪調制度與職涯規劃掛鉤，員工對公司的忠誠度與向心力有絕對的關連，因而公開、公正落實輪調制度，是每位主管需要遵守的。 4.建議規劃各層級之職涯發展計畫。
		招募、晉升的管道人治色彩濃厚。	1.招募方式採用內部介紹或對外招募各有其優缺點，重點是用人單位主管要會遴選人以及承辦招募單位要公開職缺，讓願意為公司推薦「賢才」的員工有機會幫公司這個忙。 2.晉升是要考慮到職缺、適當的專職能力、歷年的工作表現以及有管理的能力，才能達到「適才適所」，落實晉升制度要與績效考核掛鉤。
		經由訪談及文件瞭解，目前並無「員工晉升辦法」，亦無晉升公平與合理性機制，目前員工晉升大多仍以定性為主，致形成主管價值判斷，對「能力」是否勝任亦未透過人才評鑑工具具體加以評估，及公平合理機制之運作，使優秀人才出頭。	1.員工晉升辦法之目的應在配合貴公司人力資源規劃及功能的需求，使優秀員工能在公司內成長，楚材不致晉用。 2.此一辦法中除應規範成立「員工晉升委員會」外，更應透過人才評鑑各項工具、培訓，與職涯規劃相結合。 3.依據公司文化、價值觀以及績效管理制度，設定客觀、合理、公平的晉升評核標準，消除員工對於升遷制度的困惑。透過協助員工建立個人發展目標及職涯規劃，促進其工作積極性的同時，真正實現個人與企業的共同發展。
		無主管的培育歷練制度，使得有主管潛力的人才，無法擴大其視野及發揮、運用其能力，影響同仁未來朝向管理職之發展。	建議貴公司在未來的組織架構體系下，將訓練單位的職責，歸屬到「行政處」負責員工培訓規劃及執行單位，使訓練、升遷、調職、考核在依各人力資源體系下靈活運用，達到「人盡其才」。

資料來源：某服務業「人力資源管理制度建立專案結案報告」。精策管理顧問公司，頁35-46。

經營管理顧問師

從歷史觀點，企業所憑以生存和競爭的條件，最早是土地和人力，再則爲資本和生產設備，更高層次則爲管理和知識。凡是關注商業界動態的人，都已經非常熟悉「知識管理」（組織學習、產生知識、傳播知識）這個概念，而顧問公司提供的服務就是屬於高層次的「生產因素」，也就是如何運用知識管理來建立長期的競爭優勢的行業。

一、顧問的定義

根據美國最早、且規模最大的顧問管理工程師協會（Association of Consulting Management Engineers, ACME）對「企業顧問」工作所下的定義是：「一群經過特殊訓練及有經驗的人們，爲了協助企業當局解決其問題，並改進其營運措施而提供的群策群力（organized effort）。其方法是以專精知識、技巧與事實的系統性分析爲基礎，而做出客觀的判斷。」

這裡所謂的「群策群力」，主要包括下列三種服務：

1.對客戶現有的情況及計畫，提供「目標評估」（objective appraisal）的服務。
2.提供客戶特定的管理技術知識（specialized technical know-how）。
3.協助客戶完成預定的計畫（project assistance）。

二、經營管理顧問功能與任務

經營管理顧問工作的主要功能，是在於接受企業機構之委託，診斷其經營上問題之癥結所在，針對現狀及未來發展需要，研擬改善對策之方案並協助實施，以求改善企業體質，提高經營效能。顧問其任務是教導客戶面對目前的困難，並提供解決方案。根據〈顧問業的知識管理和競爭生態〉作者·薩弗利（Miklos Sarvary）的界定，顧問的角色屬於「技術專家」（technology broker），亦即融合各領域知識，以提供綜合性的知識

給其他領域的客戶。

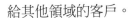

國際管理顧問組織委員會（International Council of Management Consulting Institutes, ICMCI）對「管理顧問」乙職的定義是：「管理顧問是對客戶在經營管理上，提供管理流程上獨立之建議與協助。」故舉凡公司策略、資訊科技、作業管理、人力資源或會計、未來企業發展所面臨到的問題，都可以是顧問業者涉入的領域（**表11-5**）。

表11-5　管理顧問師進行診斷工作的步驟

步驟	說明
初步調查	．瞭解企業當局之真正委託動機及意向 ．檢討委託解決之問題點 ．觀察企業內部之氣氛 ．瞭解一般管理系統 ．研究是否能勝任是項委託 ．估計綜合診斷所需時間及費用，據以提出綜合診斷方案
綜合診斷	．瞭解該企業的健康狀態 ．該企業的性質 ．檢查企業內各任務部門之機能 ．研究應採取之對策 ．發掘真正的問題點 ．擬定顧問工作方案
顧問活動	．根據綜合診斷報告與企業當局協議確定改善目標 ．確定顧問方案之內容 ．使企業內有關工作人員瞭解該項顧問工作之意義及目的，以資配合 ．改進工作小組之組成 ．企業內各部門現狀之深入分析 ．配合改善工作之教育訓練措施 ．改善方案之擬定 ．改善方案之檢討 ．改善方案之決定及核准 ．改善方案之實施 ．實施後之查核及報告

資料來源：丁志達（2011）。〈中國生產力中心經營管理顧問師訓練講座：經營管理顧問師的職責〉。中國生產力中心編印。

三、經營管理顧問師的種類

經營管理顧問師的種類有下列三種：

1.綜合管理顧問師：對企業內各種管理上的問題做綜合性的診斷，發掘問題所在，而加以有系統之分析研究，提出改善方案及解決對策。

2.經營顧問師：擔任企業經營當局之經營顧問工作，對於經營上重要決策事項提供諮詢服務。

3.專門管理顧問師：專對企業經營個別管理範圍，如人力資源管理、生產流程、財務、銷售等項目做專門且深入之指導工作。

一個好的顧問，不單是提供客戶的診斷意見，更重要的是提供策略與決斷，就像醫生，不會拿一堆藥給病人選擇，而是直接對症下藥，藥到病除。

結　語

企業組織和生物一樣，都會經歷生命週期。企業在不同的生命階段，要面對不同的生存問題。在邁向新生命階段時，更要面臨轉型的問題。企業在生命過程中，可能自己學會處理這些問題，也可能罹患成長併發症，需要借助外在專家的協助。

企業至少在診斷初期，需要借助外部顧問來激發必要的衝勁，指出變革的方向，並承受短期間組織體所產生的負面反作用力。而對產品成熟期的企業而言，他們不只需要忠告，更需要強而有力的診療，藉助外部的企管顧問是一個選項。

第十二章

國際人力資源管理

- 全球化人資策略
- 培訓與發展
- 報酬規劃
- 回任管理
- 外籍勞工管理
- 結　語

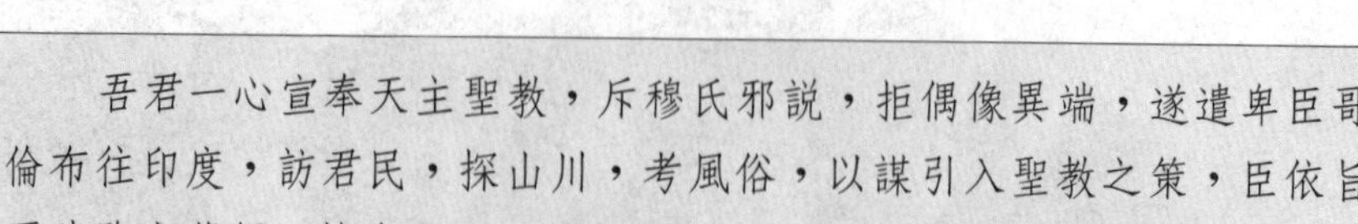

> 吾君一心宣奉天主聖教，斥穆氏邪說，拒偶像異端，遂遣卑臣哥倫布往印度，訪君民，探山川，考風俗，以謀引入聖教之策，臣依旨不踏路上舊徑，捨東取西，蓋知未有何人嘗西航而至印度也。
>
> ——哥倫布（Cristoforo Colombo）1942年航海日記

被譽爲當代趨勢大師的約翰·奈思比（John Naisbitt）在《大趨勢》（*Megatrends*）乙書中曾這樣告誡美國人：「我們應該記住兩件最重要的事情。第一，昨天已經過去了；第二，我們現在必須適應這個各國互相依賴的世界。」當全球化的洶湧浪潮不斷襲來時，面對企業國際化的經營趨勢，人力資源管理也正面臨前所未有的挑戰，此時人力資源管理人員需要瞭解他國員工的心理需求、工作價值觀、對領導管理的想法、員工關係與勞動參與的相關法令等，方能規劃合適的全球化（globalization）的人力資源管理制度。

全球化人資策略

國際公司（international company），是指在另一國家（地區）建立一個或數個營運據點，而在許多不同國家（地區）建立營運據點時即成爲跨國企業（multinational corporation），並試圖利用不同地區中較低的製造和運送成本。

根據聯合國貿易和發展會議（United Nations Conference on Trade and Development, UNCTAD）公布的「2009世界投資報告」統計資料顯示，目前，全世界共有約八萬二千家跨國公司，其國外子公司共計八十一萬家。這些公司在世界經濟中發揮主要作用，且作用愈來愈大；2008年的全球雇員人數達到七千七百萬人，超過德國勞動力總數的兩倍。湯瑪斯·佛里曼（Thomas L. Friedman）在其所著《世界是平的》（*The World Is Flat*）的書中提及，全球劃分爲三個全球化：國家全球化、企業全球化以及個人全球化。因此，在企業全球化布局之下，人力資源負責人應以能適應全球

範例12-1

喬山健康科技公司（目標管理與獎勵）

喬山健康科技公司以中小企業出身但成功地從代工生產發展到為客戶提供設計、製造代工的服務（Original Design Manufacturing, ODM）的企業。1996年在美國併購TREK的健身器材部門的主要經營團隊及模具存貨，進而於威斯康辛州麥迪遜市（Wisconsin-Madison）創立VISION品牌。

要管理組織龐大的多國企業，除了布局策略之外，喬山健康科技成功的關鍵在於能夠落實目標管理，但背後仰賴的卻是嚴密的績效稽核與高額獎勵制度。在稽核制度設計上，全球各據點採取利潤中心制，以平衡計分卡系統進行目標管理，區分願景、文化、中長期目標、客户、流程、營收、利潤、毛利率、費用、庫存、應收帳款、新產品發展及品質等評比項目，各項關鍵績效指標（Key Performance Indicator, KPI）數據每天回報台灣，總管理處則會每季進行全球稽核，以真正落實管理制度。

在獎勵制度方面，喬山健康科技的管理原則是重賞重罰，獎勵的條件是經營團隊可獲得利潤15%的高額獎金及股票認購權，但相對的表現不佳時，就可能遭到解僱。

資料來源：經濟部投資業務處（2004）。〈三大品牌包夾市場——喬山健康科技〉。《台商海外投資經驗彙編》。經濟部出版，頁116-123。

化發展之個人爲主要招募對象，同時對人力市場的關注也不應於單一區域爲限，而應將眼光放在全球，以人才所在地代替有形地理疆界，方能替公司延攬到國際優秀人才。在國際企業裡，不同文化背景的人員可能需要一起工作，如何能發揮有效的團隊合作協調、減少人際之間的衝突，亦爲重點之一。

範例12-2

年興紡織公司（勞資關係）

年興紡織公司於1986年創立於苗栗縣後龍鎮，原先以生產牛仔褲為主，後來才垂直整合至下游成衣部分，並成為名牌牛仔褲專業代工廠。1990年前往賴索托（Lesotho）投資，1993年赴尼加拉瓜（The Republic of Nicaragua）設廠。

尼加拉瓜當地勞工樂天知命，習慣在密閉工廠做規律的生產作業，於是年興紡織採用按件計酬，搭配「全勤」獎金和「車工生產競賽」獎金的高薪政策吸引他們加入並降低流動率，實施成效良好，可是這樣的制度搬到賴索托執行就面臨困難。在賴索托要採行的是，達到生產目標給予團體獎金的作法，因為賴索托的女性多半將薪水全數交給丈夫，若以現金額外發給績效獎金，對一般女工來說則是一筆額外的零用金，激勵效果相當強，這顯示不同區域文化背景，應採取不同的策略，才能奏效。

針對管理幹部，由於語言隔閡，需要透過翻譯和當地勞工進行溝通，難免發生誤解。尼加拉瓜員工自尊心很強，遇有犯錯雖會認錯，但卻不願意道歉，同時偷竊情形嚴重，員工上下班必須搜身檢查，這些都是異國文化的管理經驗。

年興紡織在尼加拉瓜曾經發生開除勞工而引起衝突爭議的事件，當時適逢尼加拉瓜大選年，因此政黨趁勢介入，加上背後有美國人權組織與成衣業者支持而擴大事端。最後因年興紡織開除員工的整個過程，都按照當地政府規定並完成法律程序申請，以及經過公開審判通過，事件才終告平息（經濟部投資業務處，2004：132-129）。

年興紡織從這次經驗中學到寶貴的教訓，改用同理心與開放的態度為勞資關係的良性發展奠定基礎。在事件平息之後，年興紡織經過多年的制度建立與加強溝通，不僅尊重當地勞工的結社權和協商權，更主動與國際勞工組織建立溝通管道，打開大門讓勞工團體參觀工廠，並使公司的工作環境及勞工福利資訊透明化。迄今已沒有再發生重大勞資糾紛，反而提供當地諸多工作機會與回饋當地社會的友善舉動而樹立良好企業形象（林宜諄，2008：118-119）。

資料來源：作者整理。

一、人力資源運用策略

企業全球化的策略規劃中，必然會考慮到人力資源的運用策略，包括：人員的招募（實施國際化人力需求分析，設定目標職位及培訓目標人員）、調動（工作輪調制度的配合）與培訓（培育計畫執行）等項（**表12-1**）。

二、招聘與徵選人員

招聘合適的人並將其安排在合適的崗位上，使其發揮作用是任何組織用人的一大目標。跨國公司的海外子公司的人員來源有三個渠道：母國人員（高層管理）、所在國及其他國人員（中層管理）和所在國人員（基層管理）。

三、招募策略型態

跨國企業人員配備的國籍政策決定方法有：母國中心法、多國中心法、全球中心法和區域中心法四種模式。每一種方法都反映出企業總部高層管理者的國際經營的管理理念（**表12-2**）。

表12-1　全球化組織能力評估

□成為一個成功的全球競爭者需要哪些獨特技能與觀點？ □目前的管理團隊有多少比例的人員具備全球化能力？ □有多少比例的人能感受全球市場及產品的微妙變化？ □有多少比例的人能適切地反應全球廣大顧客需求而使公司獲利？ □有多少比例的人無懼於全球性事務？ □有多少比例的人能夠自在地和重要的外國客戶進行交談？ □有多少比例的人瞭解並能解釋全世界主要的文化與信仰差異？以及這些差異如何對公司產品與服務市場造成影響？ □公司的全球組織如何分享資訊？ □何種獎勵制度能鼓勵員工調職海外及和海外分公司人員分享構想？ □如何使員工在沒有調職海外的機會下也能獲取全球化經驗？ □公司應如何建立兼具全球化思考與地區性回應能力的心智？

資料來源：戴維・尤瑞奇（Dave Ulrich）著，李芳齡譯（2002）。《人力資源最佳實務》。商周出版，頁7-8。製表：丁志達。

表12-2　母公司的人力資源策略型態

企業之各層面	母公司之領導方法			
	母國中心型	多國中心型	區域中心型	全球中心型
組織的複雜度	母公司複雜，子公司單純。	不定，因公司或各當地國而異。	高度的區域獨立性。	相當複雜，而且高度的全球獨立性。
授權和決策權	母公司總部最高。	母公司總部相對下降。	地區總部具高度權限或地區子公司間具高度協力合作。	母公司和全世界之子公司相互合作，並駕齊驅。
考評和控制	母公司之標準適用於所有人員。	隨各當地國而定。	隨地區而定。	標準既適用全球而又參酌當地國特色。
獎懲和激動	母公司具高權限，子公司權限低。	因公司不同變化幅度相當大，有些子公司具高度權限，有的則低。	以區域目標之達成程度來衡量，通常在該區域內有較高權限。	對於達成企業之全球目標或該國特有之目標，均予以獎賞。
溝通管道	由母公司提供子公司大量的命令、指示。	母公司和子公司間，及子公司彼此間少有溝通之需求。	母公司總部和子公司間接觸少，但地區總部和該區子公司間聯繫多。	母公司和全球子公司及各子公司間保持雙向密切聯繫。
國籍的鑑別	企業主之國籍。	當地國之國籍。	地區公司。	真正的全球化，但認同各國之利益。
生涯安排（晉用、安置、發展）	母國之人員可發展到全球各地之主要職位。	當地國之人員可以升遷到該國之主要職位。	全球各地任何優秀人員均可被拔擢到世界各地之主要職位。	

資料來源：D. A. Heenan and H. V. Perlmutter (1979). *Multinational Organization Development, Reading*. MA: Addison-Wesley, pp. 18-19.／引自：黃英忠、吳復新、趙必孝合著。《人力資源管理》（第二版）。國立空中大學發行，頁244。

(一)母國中心法（ethnocentric staffing）

策略性的決策主要由總公司決定，所有海外子公司少有自主權。此外，所有子公司的重要職位由母公司來派遣，並負責管理地主國人員。例如：在大陸投資的日本樂天（Rakuten）和東芝（TOSHIBA）都採取了母

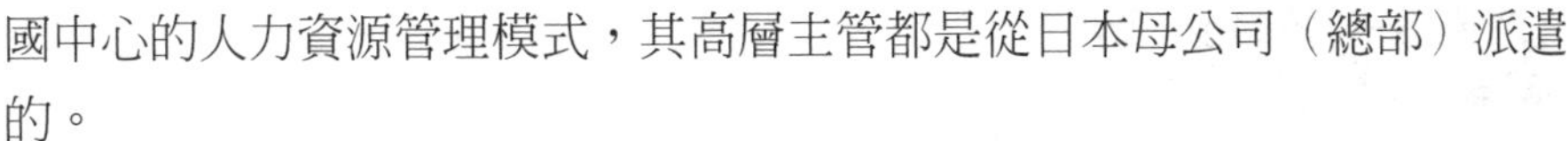

國中心的人力資源管理模式，其高層主管都是從日本母公司（總部）派遣的。

(二)多國中心法（polycentric staffing）

海外子公司擁有決策自主權，子公司重要職位由地主國人員來指派，但很少升遷到總公司的職位。總部職務通常由母國人員來擔任。例如：聯合利華公司（Unilever）在高層主管設置上，遵循當地子公司本地的人力資源管理習慣，公司主要僱用或選拔當地人作為高層管理人員，公司60%的高層人員是由當地人來擔任的。不過聯合利華認為，為了更好地貫徹公司的發展策略和管理模式，子公司的總裁應由母國管理者承擔，當地管理人員不應染指這一層次的管理職位，所以當地的總裁還是由歐洲人來擔任。

(三)全球中心法（geocentric staffing）

僱用方式不考慮國籍，只考慮其能力或是全球性的整合策略。例如可口可樂公司（The Coca-Cola Company）的全球中心模式是在世界範圍內招聘和選拔員工，滿足當地對高層人員的需求，同時在全球範圍內培養和配備人才。可口可樂將人力資源管理的重點放在協調全球目標與當地反應能力上，將文化差異轉化為企業經營的機會，使用不同國家的高層人員來提高企業的創造力和靈活性，並為有潛力的管理人員提供成長的機會（趙必孝，2000：211）。

(四)區域中心法（regiocentric staffing）

這是為反應地區性策略和國際企業結構。區域經理很少升遷到總部的職位，但在區域內子公司領導人可在特定區域間跨國調動，並擁有相當程度的自主權和決定權。例如：2000年3月，法國一家跨國食品公司的達能集團（Danone）收購了樂百氏公司（廣東省中山市一家著名的食品飲料生產企業）54.2%的股份，新收購的樂百氏公司在中國設置的高層職位遵循原來的母國模式，按照地區配備，從整個東亞地區（香港、台灣、馬來西亞、新加坡、印度）的人員組成，中國子公司的高層人員也可以在整個東亞地區來任職（關麗丹、陳慧，2006）。

範例12-3

阿爾卡特電信組織圖

董事會
區域負責人

董事長
Serge Tchuruk
副董事長
Jozef Cornu
執行副總裁
Pierre Le Roux

執行委員會
產品事業體系負責人

區域總裁

- 第一區域　Miguel Canalejo
- 第二區域　Pierre Le Roux
- 第三區域　Peter Landsberg
- 第四區域　Gerard Dega
- 第五區域　Domenico Ferraro
- 第六區域　Julien de Wilde
- 第七區域　Ron Spithill
- 第八區域　David Orr
- 第九區域　Robert Mao

幕僚單位

- 企業發展
  - ·市場暨企業發展 Dominique de Boisseson
  - ·系統設計暨整合 Christian Tournier
  - ·運輸自動化 James Sanders
- 財務　Benoit Tellier
  - ·財務控制 Danicel Castellan
- 法務　Stephan Guerin
- 人力資源暨公關 Caroline Mille
  - ·公共關係 Rossella Daverio
- 採購　Jean-Marc Pornet
- 資訊系統　Johan Danneels
- 研究發展　Peter Radley
- 軟體發展　To be advised

產品事業體系總裁

- 網路系統
  - ·交換系統 Oilvier Baujard(E10) Raymond Polle(S12)
  - ·傳輸系統 Bruno Piacentini
  - ·接入系統 Miguel Gordillo
  - ·寬頻系統 Krish Prabhu
- 商用系統 Jacques Dunogue
- 行動通訊 Alain Bravo Etienne Fouques
- 無線、太空暨國防 Jean-Claude Husson Christian Pinon
- 零組件 Jorg Sellner

資料來源：阿爾卡特（Alcatel）電信集團。

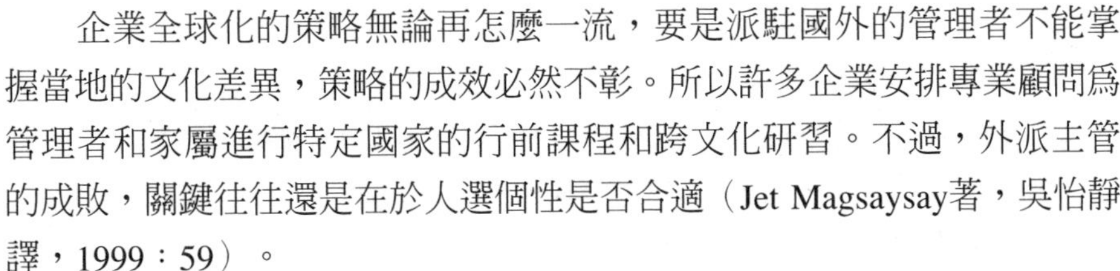

企業全球化的策略無論再怎麼一流，要是派駐國外的管理者不能掌握當地的文化差異，策略的成效必然不彰。所以許多企業安排專業顧問爲管理者和家屬進行特定國家的行前課程和跨文化研習。不過，外派主管的成敗，關鍵往往還是在於人選個性是否合適（Jet Magsaysay著，吳怡靜譯，1999：59）。

培訓與發展

人才國際化是一家企業全球化是否成功的重要關鍵。例如飛利浦（Philips）外派遴選幹部的條件必須具備：專業技術、生意眼光、心胸開闊、親和力、溝通技巧，及對當地社會發展有充分瞭解的人。

附錄12-1　外派人員甄選重點項目

動機

- 瞭解員工希望被列入外派可能人選的理由及程度。
- 判斷員工赴海外任職意願的強弱（可就個人先前旅遊經驗、語言訓練、閱讀偏好、外國友人聯繫狀況作爲判準指標）。
- 瞭解員工是否對海外工作具正確且務實的概念。
- 瞭解員工配偶對外派工作的基本態度。

健康

- 瞭解員工及同行家屬是否患有任何可能影響工作表現的疾病。
- 瞭解員工身心健康狀態（沒有可預見的重大疾病）。

語言能力

- 瞭解員工學習新語言的潛能高低。
- 瞭解員工目前語言（及口語表達）能力狀況。
- 瞭解員工配偶是否有在當地生活所需的基本語言程度。

家庭因素

- 瞭解員工家庭過去在國內遷移（搬至不同城市或地域）次數。
- 瞭解員工家庭曾因此面對的困難。
- 最後一次遷移距今時間。
- 員工配偶對這次外派有何期待？
- 員工子女數及年齡。
- 員工家庭凝聚力是否曾因離婚（或可能離婚）、親人過世等事件而受影響？
- 員工所有未成年子女是否都將隨行？
- 員工祖父母的健康、生活與住宿狀況，以及每年探視員工家庭的次數。
- 該員工是否可能產生特殊適應上的問題？
- 家中每位成員對員工接受海外工作態度如何？
- 員工家中是否有人需要接受特殊教育？

機靈度及自發性

- 員工個性是否獨立？員工是否具決策判斷並貫徹決策的能力？
- 員工是否具有同步處理多項思考的聰明才智？
- 在任何艱難情勢下（例如不友善的同事、低品質設備等障礙與限制），員工是否擁有達成目標並完成任務的潛能？
- 員工是否能在權責不明的情況下，順利完成外派任務？
- 員工是否有能力向當地主管及同事說明組織目標及理念？
- 員工是否具克服處理各項難題的自律性及自信心？
- 員工是否能在不受監管的情況下，順利完成工作？
- 員工是否能在缺乏尋常溝通及行政支援的異國環境下，順利完成工作？

適應力

- 員工是否具有敏銳感受他人情緒、接受不同意見、與他人互助合作、必要時願意妥協的人格特質？
- 員工面對陌生環境的反應爲何？該員工是否能努力瞭解接納異己？

- 員工是否具備文化敏銳度（能察覺並歸納不同文化差異）？
- 員工是否瞭解根植於母國文化的價值信念？
- 員工如何面對他人批評？
- 員工是否瞭解本國政治體制？
- 員工是否能與外派國同事相處融洽？
- 員工碰到問題時是否容易心生不耐？
- 員工是否具備情緒穩定性；員工遭遇挫折後，是否能很快復原？

職涯規劃

- 員工是否將這次外派視爲另一次短暫海外出差？
- 這次外派是否符合員工個人及組織對其所作的職涯發展規劃？
- 員工的職涯發展規劃是否務實？
- 員工對公司的基本態度爲何？
- 員工是否曾有（或很可能有）任何人際互動問題？

財務狀況

- 員工目前是否有任何足以影響外派工作執行的財務問題（例如是否正繳交房屋貸款、子女教育費用或汽車貸款）？
- 員工外派是否將不利個人及家庭財務狀況？員工是否會因接受外派承受更多財務壓力？

資料來源：*Multinational People Management*, pp. 55-57, by D. M. Noer／引自：Raymond A. Noe, John R. Hollenbeck, Barry Gerhart, Patrick M. Wright著，周瑛琪編譯（2007）。《人力資源管理》（*Human Resource Management Gaining a Competitive Advantage*, 5e）。美商麥格羅．希爾出版，頁504。

一、跨文化訓練

跨文化訓練（cross-cultural training）長久以來已被視爲增進駐外人員有效進行跨文化互動的利器。駐外人員在地主國所面臨的是不同的文化、不同的社會結構、不同的語言、不同的法令、不同的價值系統，以及不同族群的工作夥伴，因而成功的駐外人員必須要能敏感察覺派駐地區的特性，還要能瞭解、共事並管理不同文化的人。

聯合利華公司董事長麥可・安格斯（Michael Angus）曾說：「要升到我們公司的高級主管職位，一定要曾被派至兩個國家工作，還需要會說另一種語言。」因而，跨文化訓練之主要內容有：

1.特定國家訓練：包括外派國之地理、政治、社會、經濟、食衣住行，以及資深人員之經驗分享等。
2.文化與認知：包括文化的差異、文化與價值觀等。
3.文化與溝通：包括溝通模式、非語言溝通（例如肢體語言與對時間的觀念），以及文化對溝通之影響。
4.異文化調適：包括工作與生活調適的歷程、個人的情緒管理、派外者家人的適應。
5.文化差異與衝突：包括衝突的發生、衝突之處理與協調。

文化模擬進階課程，以情境模擬訓練及實際文化互動爲主，讓受訓者應用所學於實例之中（張婥雯，2009：140）。

二、生涯發展

企業爲了進行國際化，加速開拓海外市場，國際化人才的取得，可以透過每年舉辦一次的員工能力開發面談中徵詢員工個人派外工作的意向。對於有意願外派的員工，在考慮其職務執行能力、個人生涯發展、家庭狀況、健康狀況等評估後，列爲重點培育人員。

通常高階主管可以安排密集語言訓練及海外進修或觀摩，以提升全球化的管理視野，挑戰跨國界的管理；中階主管，除了語言訓練、跨文化訓練外，職務輪調、專業或管理的知能的強化、海外分支單位的實習等，都是訓練的重點（李隆盛、黃同圳，2000：387）。

駐外生涯規劃，對駐外人員的工作績效、留任意願、工作態度與地主國人民的互動關係有顯著的相關。假若員工感受到組織可提供晉升機會、具發展性的任務與生涯發展相關資訊，其將更有意願擔任駐外工作，並相信駐外工作對其生涯發展具有正面影響（黃英忠、吳復新、趙必孝著，200：249）（**圖12-1**）。

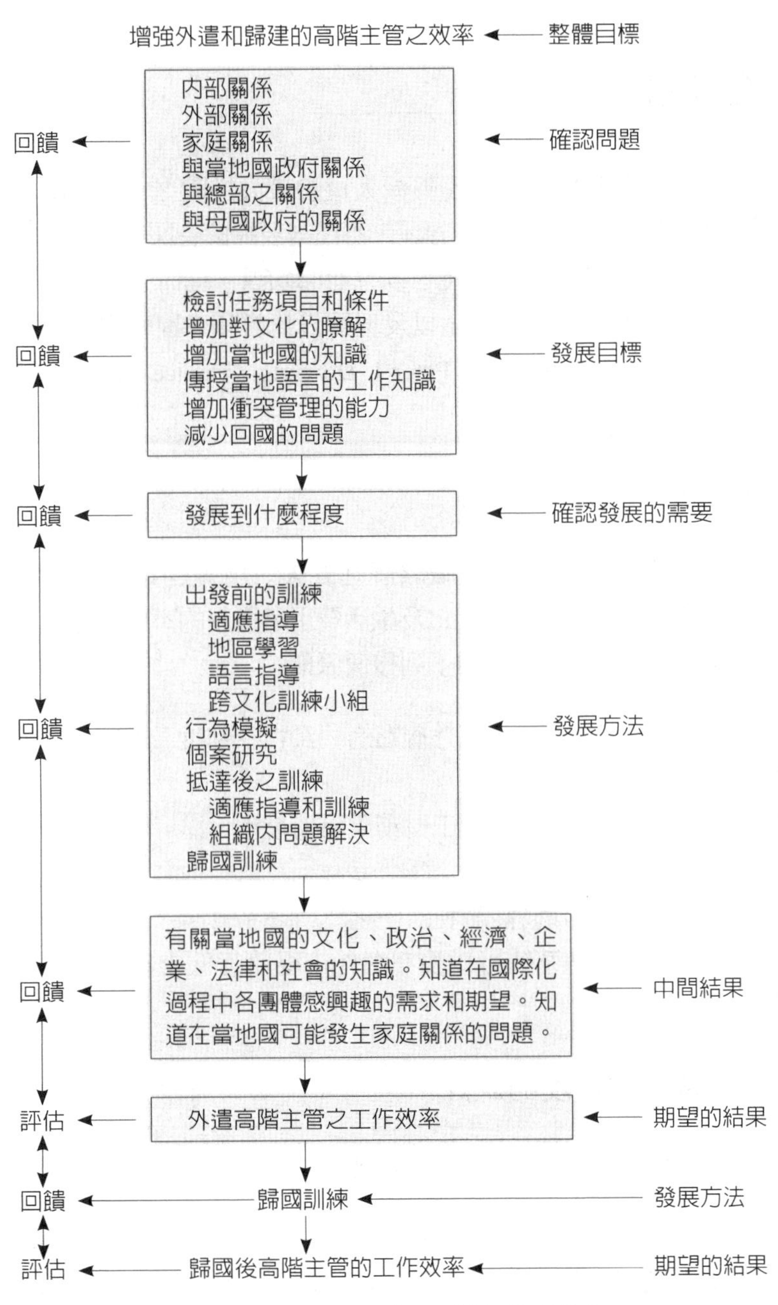

圖12-1　駐外人員訓練發展模式

資料來源：李隆盛、黃同圳（2000）。《人力資源發展》。師大書苑，頁382。

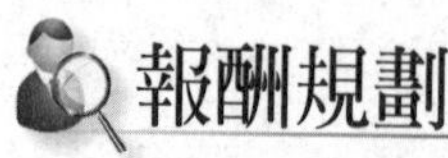

報酬規劃

規劃駐外人員薪酬給付是管理外派人員的最大挑戰之一。國際企業對薪酬（薪資與福利）進行成功的管理，不僅需要瞭解有關地區的聘用和稅收法律、習俗、環境和聘用實踐等多方面的知識，同時還需要熟悉匯率波動和通貨膨脹對薪酬的影響，以及理解爲什麼和什麼時候應該提供特殊的津貼及哪種津貼（趙曙明、Peter J. Dowling、Denice E. Welch著，2001：150）。

一、報酬系統考慮原則

適當的薪資與福利，表示組織瞭解駐外人員所做的犧牲（離鄉背井）與承擔風險（面對不熟悉的文化及生活費用所引發的不確定感）。因而，發展國際性報酬系統必須考慮下列幾個原則：

1.國際性報酬系統要能提升海外據點的利益和鼓勵員工意願派遣至海外工作。
2.設計良好的報酬系統，使員工財務風險極小化，盡可能使員工與其家人感到愉悅。
3.派外人員回任母公司時能順利回任。
4.健全的國際性報酬系統可以使在海外市場執行低成本與差異化策略。

二、駐外人員報酬制度的設計

對國際企業而言，以下三個原則有助於建立國際報酬制度：

1.地主國水平法（the going rate approach）：它強調國際企業派駐人員的基本薪資應與地主國的薪資結構連結。國際企業必須從當地薪資調查中取得資訊，以作爲決定僱用當地人員、同國籍派駐人員或

是各國派駐人員的薪資給付參考標準。

2.母國概念（home-country concept）：它指出派外人員國內報酬之部分應隨著母公司的報酬結構變動情形而調整，一方面可使派外人員的權益不會因派外而受到影響，另一方面則有助減輕日後回任時的衝擊。

3.平衡表法（balance sheet approach）：此一方法的目的是使得派外人員在國外擁有與母國相同的購買力（purchasing power），並且提供另外的激勵性津貼（incentive and premium）（趙必孝，2000：478-479）。

三、待遇結構

派駐人員的待遇制度，其基本策略是在國內原領的基本待遇照給付外，增加一些津貼與福利，以有效激勵員工赴海外工作，其內容包含以下數項：

1.基本薪資（base salary）：派外人員的本薪應該與其在國內服務時所領的本薪一致。因為，本薪通常是計算海外津貼的基準，這一部分若管理得當，員工一旦由海外回國任職時，就很容易可以銜接在國內工作的薪資支付制度。

2.艱困加給（hardship allowance）：此項加給目的，是為補償員工在艱困之地區（例如嚴寒、酷暑、深山峻嶺、荒僻沙漠、探測冒險等）工作的危險而給付的津貼。一般而言，給付標準為基本工資的10%-25%。

3.海外工作津貼（inducement/oversea premium）：它是激勵員工赴海外（外地）工作的最重要因素。它係依據各企業體的性質、派駐的地理區域、海外任期的長短的不同而有所差異。一個企業的海外投資經驗或歷史越長者，企業付給員工的海外工作津貼金額就越小，反之則高。

4.生活津貼（cost of living allowance）：在駐外人員領取的整體薪酬配套中，生活津貼所占的比例最高，而且藉由多種方式的津貼，以補貼由於駐外地區之間的生活水平的差異所提供派外人員激勵性的獎酬誘因，較常見的津貼有房屋津貼（housing allowance）、搬家津貼（relocation allowance）、購車津貼（purchasing car allowance）及攜眷依親津貼等。

5.子女教育補助（education allowance）：此項補助通常是採取全額補助，但一般企業只補助到子女高中畢業時爲止。

6.所得稅支付補貼（tax reimbursement payment）：此項補貼的基本考慮是稅負公平，其目的是希望派到海外的工作人員不會因赴海外工作高收入而需多繳付個人所得稅的補貼。

7.生涯發展協助方案：有些企業對派外工作人員會提供生涯發展協助方案。透過此方案的執行，可以確保任何外派人員在期滿返國時，都有適當的職位安排。

8.探親休假：員工遠赴海外工作，每年給予適當的返國（鄉）探親假的確是有必要的。歐美企業每年給外派人員一次探親假，假期在三至四週，往返機票由公司支付。大陸台商企業，一般每二個月給外派人員返台探親假，給假一週，或二個半月返台探親假一次，給假十天。

9.福利：駐派外人員的福利項目通常有醫療、社會福利保險、退職金計畫等（宋志勇，2009：4-9）。

回任管理

在自由化、全球化的浪潮下，企業無國界的經營型態，已經成爲必然的趨勢。雖然絕大多數的跨國公司相信回任人才能擴展公司的國際視野，增強全球競爭力，但美國學者曾經對七百五十多家公司進行的研究卻發現，這些跨國公司最嚴重的問題之一，就是派外人員中有25%的人在完成外派任務一年內，離開了母公司，離職率是非派外人員的兩倍。派外人員的離職，將影響企業對人力資源的有效利用，造成嚴重的人力資源損失，同時這種行爲還傳遞給準備派外的員工一種消極信號，影響他們接受派外的積極性，增大了組織選拔派外人員的難度；另外，如果回任人員離職後轉向競爭對手企業，更會給企業造成不可估量的損失。

一、全球遷調趨勢報告

駐外人員的回任管理要比遴選外派人員時來得困難，但回任的管理卻常被忽視。美國學者曾對七百五十多家公司進行的研究發現，這些公司最嚴重的問題之一，就是派外人員中有25%的人在完成派外任務一年內離開了母公司，離職率是非派外人員的兩倍。一份題爲「2006年全球遷調趨勢報告」（Global Relcocation Trends Report）的統計數據也顯示，派外員工回任的失敗率相當高，有21%的外派者在外派任務期間即離職；23%的回任者在回任當年隨即離職；有20%在回任後的一至二年內離開公司。另有調查發現，4%的回任人員在回國後一年內不希望留在原本的公司繼續工作，42%愼重考慮回任後離開公司，甚至有26%的人積極地尋找新的工作機會。因爲有如此高的離職率，所以外派人員的回任管理是值得加以重視的課題（皇甫梅鳳，2010：26）。

二、回任的定義與意義

回任（repatriation），係指外派人員完成海外派遣任務，重新返回母國總部就職而言。通常駐外人員回任時會面臨諸多問題，諸如：文化衝擊、所得的減少生活形態的改變等。回任者會擔心母公司沒有空缺而被安排到不符合個人資歷與需求的職位（**表12-3**）。

一般而言，組織對外派人員的職涯前程管理越重視，外派人員回任意願會越高。爲了降低外派人員回任後的工作不滿足，跨國企業應有清楚的回任管理制度，明示外派人員返國後的職位安排保障（宋志勇，2009：24-25）。

表12-3 回任人員最在意的事項

事項	關注比例
職業生涯／就業	63%
改變生活習慣	59%
目前的工作績效	58%
與同事的關係	55%
被組織內有影響力的人評估工作	49%
適應國內的生活	48%
回國後公司的支持	47%
家庭生活受到不利的影響	26%
居住條件	18%
與主管的關係	17%

資料來源：皇甫梅鳳（2010）。〈破解派外員工回任難題〉。《人力資源》，總第326期（2010/12），頁26。

外籍勞工管理

我國自1991年開放六大行業中十五職種引進外籍勞工，接著在1992年5月《就業服務法》立法通過實施。《就業服務法》第五章「外國人之聘僱與管理」涉及二十一條條文及七條相關罰則，占該法三分之一篇幅，外國人（外籍勞工）聘僱與管理的合法性，就突顯出它的重要性。

目前政府外勞政策，係以「運用外國勞動力，促進本國人就業，提升國家競爭力」爲方針，並以「國民待遇」爲基本原則，保障外國人工作及基本權益。

一、外籍勞工工作類別

目前政府開放可以申請外籍勞工工作類別有：

(一)重大公共工程建設

爲鼓勵民間業者投資及因應經濟社會發展需要，專案核定經中央目的事業主管機關認定之民間機構投資重大經建工程，及政府機關或公營事

業機構發包興建之重要建設工程，得聘僱外籍營造工。

(二)重要生產行業

為促進國人就業、協助企業人力需求及有效分配外勞員額為目標，開放製造業特定製程「辛苦（Kitsui）、危險（Kiken）、骯髒（Kitanai）」行業申請外勞。依產業上下游關連、缺工、企業規模及競業基礎區分3K（係指屬異常溫度作業、粉塵作業、有毒氣體作業、有機溶劑作業、化學處理、非自動化作業及其他特定製程之工作）行業外勞核配比率10%、15%、20%、25%、35%之五級制及自由貿易港區製造業者40%，及按實際僱用人數及外勞核配比率核給外勞名額，並定期查核雇主僱用本國勞工及外籍勞工人數。

(三)家庭幫傭

基於當前社會發展需要，家中有三歲以下三胞胎以上之多胞胎者，及申請點數達十六點以上者可申請外籍家庭幫傭；另為鼓勵外商來台投資，外商來台投資金額或公司上年度在台營業額達一定數額之外籍總經理或外籍主管級以上人員；或該等人員上年度在台繳納綜合所得稅之工作薪資達一定數額以上者，得專案申請外籍幫傭。

(四)家庭看護工

為因應長期服務資源仍不足以滿足民眾照顧需求，採補充性原則引進外籍看護工，受照顧者經醫療專業團隊評估認定需全日二十四小時照顧，或持特定身心障礙手冊重度等級，並經長期照顧中心推介本國照顧服務員無法提供適當照顧服務者，得向勞工委員會申請外籍看護工。

(五)外籍船員

為顧及當前漁業發展之需要，開放取得漁業執照之動力漁船船主申請聘僱外國人從事海洋漁撈工作並以普通船員為限，其可聘僱之人數不得超過漁業執照規定之船員人數扣除船員出海最低員額或動力小船應配置員額之人數（行政院勞工委員會職業訓練局網站）。

二、外籍勞工管理

「外勞引進不難，難在管理」，這句話已然成為外勞管理人員時常自我警惕之語。下列這幾項外勞管理要領值得參考。

1.在工作規定上，能事前與外勞做好溝通。
2.處理外勞事務時，能秉持凡事公平原則。
3.恪遵《就業服務法》的規定。
4.不應以其國別、種族、膚色、語言、宗教等因素而予以歧視待遇。
5.在生活上善加照顧，公司安排伙食，應以外勞之飲食喜好、口味為主要考量。

範例12-4

東南亞各國風俗民情

	語言	宗教	食物	節慶	特性	注意事項
菲律賓	菲律賓方言、英語	天主教（每週日做禮拜）	主食為米飯，但不喜歡吃稀飯，口味較輕淡偏酸，習慣用湯匙或手來進食。	4月的復活節；5月最後一個禮拜天是菲律賓的聖十字架節；12月聖誕節。	個性活潑自主性高，因社會較為進步，因此較快熟悉電器的操作，重視承諾。	早上吃稀飯可能會被菲籍勞工視為不吉祥，因為稀飯在菲律賓傳統是家中有人過世才吃的。
印尼	印尼方言	回教（星期五為回教禮拜，虔誠者每天會膜拜阿拉）	大部分不吃豬肉，口味偏辣，雇主未進食前，不會先行用食，在印尼可用手抓東西吃，回教國家，不喝酒。	開齋節──相當於印尼的新年。 虔誠回教每年齋戒月（約為國曆12月到1月份）。齋戒月時從日出後到日落前都不能喝水或吃東西，但基本上不會影響工作。	個性樸實、服從度高。 印尼政府積極鼓勵仲介公司提供訓練，因此有的印尼籍外勞來台灣前就已學過簡單中文以及家務訓練。	認為左手是不潔的，待人接物需用右手。

	語言	宗教	食物	節慶	特性	注意事項
越南	越南話、法語	以佛教為主，北越則有不少的人信仰天主教	米飯為主食不吃剩菜，口味偏辣。	與台灣相似，例如農曆新年、端午節及中秋等三節。	個性較為強硬，民情較為溫和、節儉；母系社會，女性較任勞任怨。氣候、宗教、文化與我們較為相近。	儘量不要摸外勞的頭部，或用手指著外勞的臉，這對他們來說是不禮貌的行為。儘量避免談論有關越南政治等話題。
泰國	泰語	佛教	口味偏辣偏重。	潑水節（4/13-4/16）為泰國的新年。	體力較佳；華人在泰國歷史較為悠久，因此部分習慣相同，思想單純，心地善良。	頭部被認為是精靈所在的重要部位，儘量不要觸及他人的頭部，不用紅筆簽名；認為左手是不潔的，腳掌也被認為是不潔的，不可用腳踢門，或翹腳，或把腳底對人。

資料來源：台北縣政府勞工局編印（2010）。《外勞管理法令指南》，頁55-56。

6.在宿舍管理及相關規定上，應給予適度尊重。

7.杜絕僱用非法外籍勞工，保障國人就業權益。

8.協助外勞克服在台各項身心適應問題。

9.替具有相同國籍的外勞建立一套制度。

10.經常舉辦促進外勞與本國勞工互相瞭解的活動。

11.創造和諧的工作環境（氣氛）。

12.讓外勞瞭解其對我國風俗習慣的認識。

13.不能忽視公司中少數外勞團體的活動，給他（她）們權利及義務。

14.多花點時間跟外勞相處，以進一步瞭解他（她）們。

15.跟外勞相處時，留意你（妳）的肢體語言，以免造成誤會。

16.找出存在外勞團體之間的問題，切勿視若無睹。

17.幫助外勞學說國語。

18.把相同國籍的外勞集中在一起工作，讓他們互相幫助對方，瞭解工作流程。

19.加強外勞對我國法律的認識。

20.給他們表達意見的機會。

21.公司應有能充當溝通橋樑的翻譯人員。

突發事件往往無法預料，危機管理就顯得重要，一旦有緊急事件發生時，便可迅速做出反應（**表12-4**）。

表12-4　仲介引進外籍勞工提供的服務內容

服務項目	細項分類
一、辦理外籍勞工引進手續	·與期望引進外籍勞工企業溝通和簽訂合約 ·聯繫當地就業服務中心，研擬求才登記內容，辦理求才登記 ·刊登求才廣告 ·備妥申請證件，函送勞委會職訓局 ·辦理法院、國外勞工廳檢驗事宜
二、辦理外籍勞工招募及引進	·聯絡國外代理公司招募員工 ·安排雇主選工 ·協助備妥外籍勞工相關資料，辦理護照及簽證 ·舉辦外籍勞工行前講習
三、辦理外籍勞工入境程序	·訂購機票、安排機位、抵台接機 ·安排外籍勞工赴指定醫院辦理體檢 ·安排外勞至當地入出國及移民機關辦理外僑居留證及指紋卡 ·提供外籍勞工試用 ·提供雇主四十天的試用期，若因工種不符合，可依約辭退 ·若試用不合格，可提供替換人員，並協助雇主辦理不試用勞工的遣返手續
四、外籍勞工聘僱期滿協助辦理返國手續	·協助雇主聯絡國外代理公司有關外籍勞工返國事宜 ·協助外勞至入出國及移民機關辦理出境手續並安排機場接送 ·協助雇主交返國之外籍勞工清冊送有關單位
五、協助辦理外籍勞工展延手續	·函送相關證件申請展延 ·送勞委會申請核准（安排外籍勞工至醫院辦理體檢）
六、辦理外籍勞工工資所得匯回事宜	

（續）表12-4　仲介引進外籍勞工提供的服務內容

服務項目	細項分類
七、協助外籍勞工管理、管理制度建立、各式管理檔及表格之提供	・安排外籍勞工於入國後三日內及工作滿六、十八、三十個月至醫院體檢一次 ・提供有關外籍勞工稅務、娛樂、海外聯誼等資料 ・協助製作外勞管理所需證件及表格
八、配合執行生活管理工作	・提供書報、雜誌等文康物品 ・定期至外勞工作場所瞭解實際狀況 ・協助雇主發掘問題及解決問題 ・辦理外籍勞工康樂活動及有關慶典活動
九、協助通報、處理重大事件，包括協助查緝行蹤不明之外籍勞工	
十、提供語言翻譯服務，調解勞資糾紛	

資料來源：馬財專、朱致慧（2009）。〈直接聘僱、自行引進與仲介引進外籍勞工考量因素之探討〉。《就業安全半年刊》，第8卷，第2期（2009/12），頁123。

三、外勞管理法令

外勞來台工作，無論在語言、文化、法令等方面，都具有挑戰性與適應性的難點，因而容易造成了引進外勞的負面問題，例如外勞的逃逸，不僅影響本國人就業，也形成了社會的隱憂；而雇主因不諳外勞管理的相關法規而違法，或與外勞相處溝通不良而發生不當對待的行爲，仲介業未善盡責任或對外勞休閒娛樂活動漠不關心，也容易衍生出種種的爭議問題（**圖12-2**）。

在「事前預防重於事後處分」的觀念下，企業爲避免觸法，應不可不知下列幾項重要的法令規定。

1.雇主經許可引進或接續聘僱外勞時，應在其入國或接續聘僱後三日內檢附「外國人入國通報單」、「外國人名冊」、「外國人生活照顧服務計畫書」及「外國人入國工作費用及工資切結書」，以臨櫃或者郵寄辦理通知當地勞工局，申請核發證明書。

2.外勞入國後三日內、十八個月及三十個月之日前後三十日內，雇主應安排其至指定醫院接受定期健康檢查。

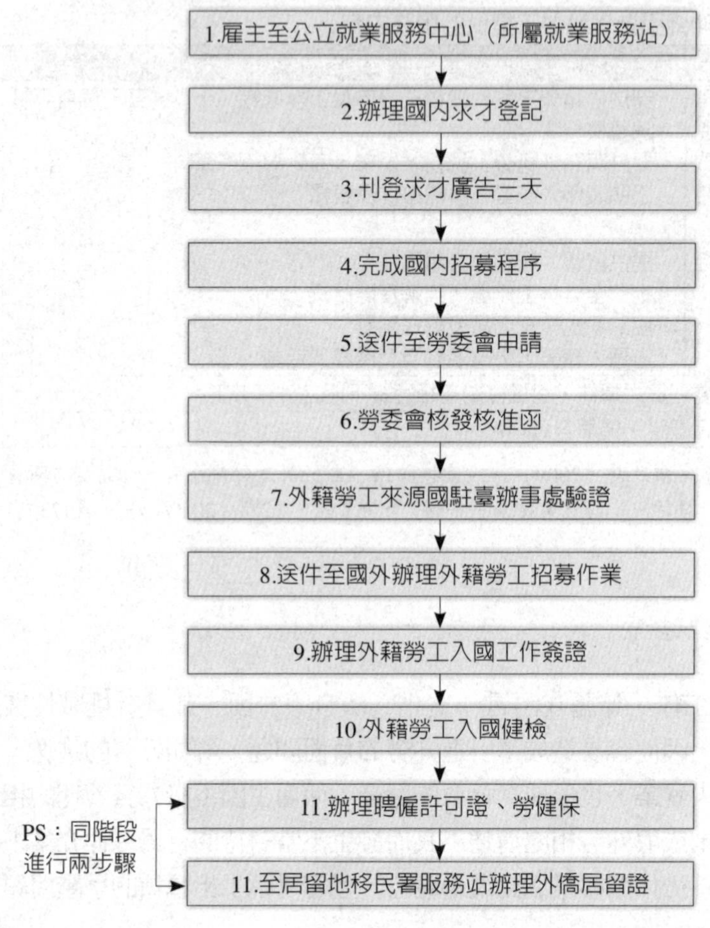

圖12-2　（事業單位）雇主聘僱外籍勞工流程圖

資料來源：台北縣政府勞工局（2010）。《外勞管理法令指南》，頁46。

3.企業聘僱外勞，須經行政院勞工委員會許可，否則會被處以新台幣十五萬元以上七十五萬元以下之罰鍰。

4.聘僱外勞資格及聘僱許可期限應依《就業服務法》第46條及第52條規定辦法。

5.外勞在其「外僑居留證」核發後三天內，必須辦理全民健康保險，並自受僱日生效。

6.雇主發放薪資時，應全額並直接給付外勞。給付方式以現金爲原則，透過轉帳給付薪水的雇主，除須提供薪資明細外，不得扣留外籍勞工存摺及提款卡，也不可將薪資交由仲介業者代爲轉發外勞。

7.除全民健康保險費、勞工保險費、膳宿費及所得稅四項法定代扣項目外，雇主不得從外籍勞工薪資中扣繳任何仲介相關費用，違者最重會被處以新台幣三十萬罰鍰，並取消雇主招募與聘僱許可。

8.外勞和雇主若要提前終止契約，由勞資雙方合意結束勞雇關係，並且無發生勞資及財務糾紛，須在外勞預定離境前十四天將申請文件送至縣市政府勞工局辦理驗證。若雇主未取得驗證文件，將無法提出重新招募或申請遞補外勞（台北縣政府勞工局，2010：45-67）（**表12-5**）。

表12-5　外籍勞工引進與管理措施的法規規定

重點議題	相關法規	內容
仲介	私立就業服務機構許可及管理辦法	配合就業服務業多元化，提升私立就業服務機構從業人員專業知識及倫理道德
入境申請	就業服務法及其相關子法	蒐集、分析與應用就業市場相關資訊
健康檢查	受聘僱外國人健康檢查管理辦法	加強外籍勞工衛生防疫
聘僱許可（效力）	雇主聘僱外國人許可及管理辦法	避免妨礙國人之就業機會及勞動條件
定型化勞動契約控制	勞動基準法及其相關子法	簽訂之勞動契約依勞動基準法及其相關子法有關定期契約之規定辦理
人身權益保障	外籍勞工臨時安置作業要點	作為辦理因雇主非法僱用及任意遣返外籍勞工庇護收容之依據
勞動權益保障（勞動契約權益、勞動爭議、安全衛生、性別平等）	勞動基準法、就業服務法、勞資爭議處理法、勞工安全衛生法、性別工作平等法	保障雇主聘僱及外籍勞工工作之權益
社會保障權益（社會保險）	勞工保險條例、全民健康保險條例、勞工退休金條例	保障外籍勞工生活、健康、促進社會安全

（續）表12-5　外籍勞工引進與管理措施的法規規定

重點議題	相關法規	內容
地方治安機構管理（安全）	獎勵檢舉及查緝非法外勞獎勵金核發作業要點	入出國及移民署、警政署及海巡署等單位，加強查緝非法外籍勞工及防範外籍勞工犯罪
勞動與社會保障	就業安定基金收支保管及運用辦法	補助直轄市及縣（市）政府辦理有關促進國民就業、訓練及外國人在中華民國境內工作管理事項

資料來源：馬財專、朱致慧（2009）。〈直接聘僱、自行引進與仲介引進外籍勞工考量因素之探討〉。《就業安全半年刊》，第8卷，第2期（2009/12），頁122。

企業能以「人本」（同理心）思想來關心、照顧、尊重外勞，畢竟外勞是遠離家園，單身來台工作的一群「弱勢族群」，其付出、壓力與辛苦自然不在話下，企業唯有如此作法，即可創造與外勞和諧相處的雙贏目標。

結　語

面對國際競爭日益激烈的環境，人力資源的重要性乃是不可忽視的。彼得·杜拉克認爲，國際企業經營管理，基本上就是一個把政治上、文化上的多樣性結合起來而進行統一管理的問題。面對企業在跨國經營中所受多重文化的挑戰，減少由文化磨擦而帶來的交易成本，必須把公司的營運放在全球的視野中，構建企業的跨文化管理戰略，從而實現企業跨國經營的成功（趙曙明、Peter J. Dowling、Denice E. Welch著，2001：16）。

第十三章

向標竿企業學習

- 佛樂多萊氏公司（願景領導）
- 中鼎工程公司（人才培育創新）
- 中租迪和公司（人才供應鏈）
- 台灣水泥公司（擁抱改變）
- 英業達集團（人才學院體系）
- 和泰汽車公司（人力資源策略）
- 戰國策集團（寵愛女性員工的企業文化）
- 結　語

> 只有那些瘋狂到以為自己可以改變世界的人，才能改變這個世界。
> ——蘋果「不同凡想」廣告（1997）

面對市場環境呈現幾何級數驟變的今天，如何帶動企業突破並超越目前的成長階段，已成爲二十一世紀經營者最具挑戰性的要務。鑑於競爭策略無法爲企業創造該有的競爭優勢，全球各大小企業開始省思與重整內部組織。在許多企業爭相施行的一種追求完美、止於至善的自我改革運動之際，下列幾家企業所實施的人力資源管理策略與創新的一些作法，值得向這些典範企業借鏡與學習（Michael J. Spendolini著，呂錦珍譯，1996：1）。

佛樂多萊氏公司（願景領導）

全球最大的洋芋片（零食）製造商佛樂多萊氏公司（Frito-Lay International, FLI），自1994年以來，爲因應急速的擴張與競爭環境的激烈改變，並確保其在品質、價值、服務的競爭優勢，使佛樂多萊氏的產品成爲消費者及顧客的第一選擇品牌。爲了達成這樣的使命，佛樂多萊氏發展了一套願景管理（vision management）模式，並落實到執行層面的策略規劃（strategy plan）（中、長期計畫）與年度營運計畫（annual operating plan）（短期計畫），以提供旗下各子公司作爲經營管理的依據。

一、願景管理

在佛樂多萊氏的願景管理模式裡，它包括了：

(一)願景（vision）

佛樂多萊氏很清楚的宣示了公司追求的願景是：「成爲世界上最受歡迎的休閒零嘴公司」。

(二)主要的策略目標（core strategy）

爲了追求預期願景的實現，佛樂多萊氏整合了核心優勢，很明確界

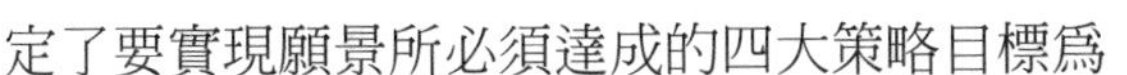

定了要實現願景所必須達成的四大策略目標為：

1.在全球化產品的基礎下，運用科技及低成本的營運以創造競爭優勢，並擴大佛樂多萊氏的規模。
2.創造傑出的品牌，並運用創新以獲取明確的市場優勢。
3.發展獨特的作業方式，以做到最佳的顧客服務及無所不在的配銷系統。
4.迅速進入新興市場。

(三)作業準則（operating imperative）

為達成必要的策略目標，佛樂多萊氏要求所屬各地經營團隊的管理作業系統及行動計畫之設計必須遵循下列的作業準則：

1.提供無懈可擊的品質保證。
2.創造令人振奮的產品訊息。
3.贏得每位顧客。
4.掌握全球化的趨勢。
5.精益求精。

(四)階段性的成果目標（goals）

在佛樂多萊氏的願景管理模式裡，設定了階段性的成果目標作為衡量成功的指標。例如：在成本及生產力的表現上，為業界的佼佼者。

(五)作業系統（operating system）

為了確保階段性成果目標的達成，佛樂多萊氏根據作業準則發展了一系列支持成果目標達成的管理模式及作業系統。這些作業系統概括了產、銷、人、發、財各個不同功能別的日常業務流程，及支援改善的各種專業。這些作業系統同時都訂有明確的績效指標（performance indicators），以作為日常作業的跟催與績效衡量標準。例如：為了要提供無懈可擊的品質（unbeatable quality），以達成確保競爭優勢的策略目標，佛樂多萊氏發展了一套確保品質水準的作業系統。

二、策略規劃

策略規劃，乃是實現佛樂多萊氏願景的三至五年之階段性策略計畫，用以整合公司整體資源，並確認該階段之策略目標，及欲達成營運成果目標的成功關鍵因素，以作爲此階段的資源分配之依據，以及形成團隊經營的共識。例如：佛樂多萊氏自1994年以後，爲因應競爭環境的瞬息萬變，乃調整其策略目標爲「滿足顧客需求」，透過標竿學習（benchmarking）確保品質、價值、服務的競爭優勢，使佛樂多萊氏的產品成爲消費者及顧客在選購休閒零嘴時的第一選擇。

三、年度營運計畫

年度營運計畫通常在每年8至9月間開會，決定次年度的營收、獲利等營運目標，並做成支援營運目標達成的策略，及各項執行方案的計畫。它主要偏重於年度的執行計畫，同時爲了確保年度營運目標的達成，因此計畫都做得很細膩而嚴謹；從大環境的主要經濟指標推估、產業趨勢分析、公司本身及主要競爭者分析，及成本降低的贏的競爭策略，到發展各品牌別、通路別策略，並做成方案的執行計畫、預算分配，及設定其營收與獲利目標，甚至品質與產率的提升方案、成本降低方案、資本支出等都包括在內。

願景、策略規劃與年度營運計畫，建構了佛樂多萊氏一個長、中、短期有系統又嚴謹的計畫，用於整合公司資源發揮綜效（synergy），並確保公司上下努力方向的一致性，形成全員經營共識，以追求願景的實現（林俊良，2002：30-33）。

中鼎工程公司（人才培育創新）

中鼎工程公司創立於西元1979年，總部設立於台北市，爲台灣最大也是唯一自工程規劃、設計、採購、製造、建造施工、監督到試車操作都能勝任的一貫性統包工程公司，素以承攬全球重大工程聞名。目前於全球共設立二十多家子公司，集團員工總數達5,800人。

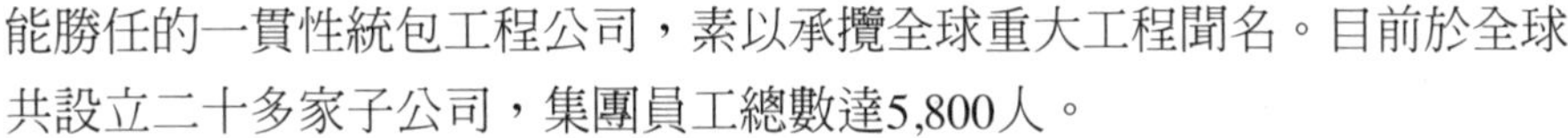

一、願景與經營理念

中鼎工程人力資源發展，是以實現公司願景「成爲世界級工程與科技服務團隊」爲方向，並以持續落實「專業、誠信、團隊、創新」的經營理念，建構出三大人才發展需求，分別是「核心能力提升」、「傳承發展延續」與「創新運用擴散」爲主軸，驅動公司往「高成長」、「集團化」、「國際化」的策略目標邁進（**圖13-1**）。

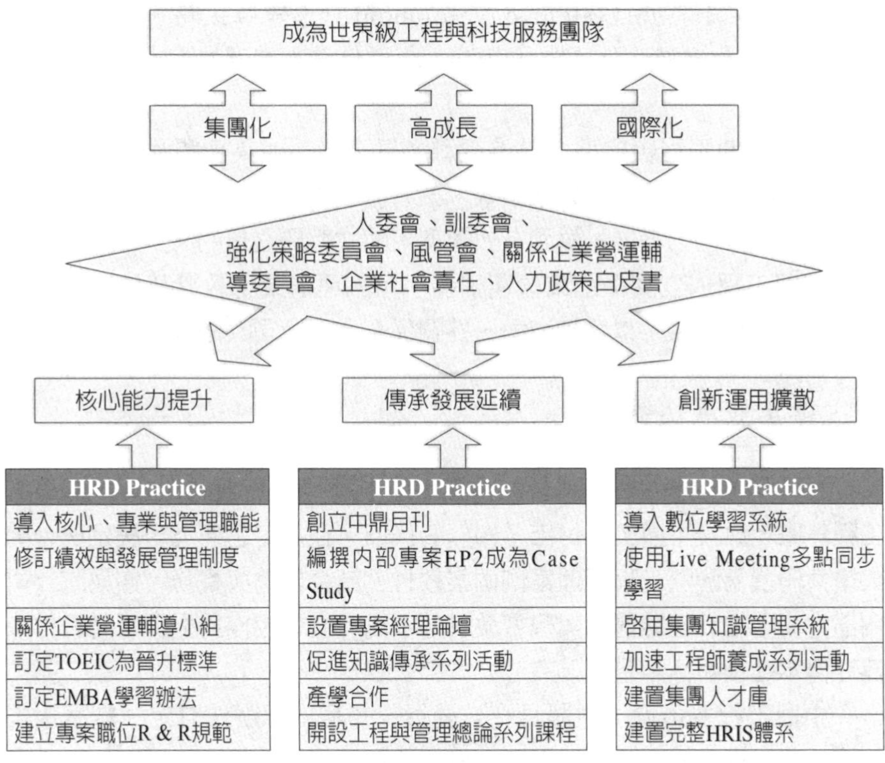

圖13-1　中鼎人資願景與策略示意圖

資料來源：行政院勞委會（2010）。《迎接挑戰贏在創新：第六屆國家人力創新獎案例專刊》。行政院勞工委員會出版，頁23。

二、核心能力提升

2004年，中鼎工程導入職能體系，建立專屬於中鼎的核心職能，以及各工作領域之關鍵職能，包括六項核心職能（專業學習、品質管理、誠信正直、團隊精神、客戶服務、創新求變）、六項管理職能（思維能力、變局能力、工作管理、工作態度、人際互動、調適能力），以及二十六種工作領域之一百五十六項關鍵職能，確立後續人力資源相關管理活動的基礎。

2010年，中鼎工程修訂核心職能為「Global C. T. C. I.」作為核心幹部遴選標準，包括全球思維（global perspective）、客戶導向（customer focus）、人才發展（talent development）、變革致勝（change for excellence）及協調整合（integration），並作為未來潛力人才個人發展的重要依據。

隨著中鼎工程組織型態日益複雜，每人幾乎兼具部門及專案角色的情況下，首創部門績效、專案績效、潛力發展之「三維評核法」，兼顧員工工作績效與潛力發展，達到有效管理矩陣式組織之目的。

中鼎工程成立關係企業營運輔導小組，建構業務教導及檢查機制，快速複製成功經驗，以達到海內、外關係企業與公司共同成長的目標。

三、傳承發展延續

2007年，中鼎工程承接位在中東地區卡達（State of Qatar）的國際級工程專案，最後中鼎工程付出了慘痛的代價，在痛定思痛下，決定與台灣大學共同撰寫國際工程管理案例個案教材，結合理論與實務，作為該公司內部中高階主管經驗傳承與學習教材外，更提供學校作為上課研討教材，建立傳承延續新標竿學習。

中鼎工程並透過《中鼎月刊》發行、知識傳承辦法訂定、結案報告論壇分享、專案經理論壇舉辦等，以塑造該公司經驗傳承氣氛。

範例13-1

工作因素與職能

因素	職能
思維能力	·創新求變　·市場敏感　·策略思考　·目標設定 ·計畫組織　·問題解決　·分析判斷　·邏輯推理
變局能力	·團隊領導　·應變反應　·危機處理
工作管理	·時間管理　·工作效率
工作態度	·專業學習　·主動積極　·工作熱忱　·吃苦耐勞 ·負責任　·品質管理　·遵守規定　·誠信正直
人際互動	·客戶服務　·團隊精神　·溝通協調　·人際關係
調適能力	·情緒穩定　·壓力承受　·心理健康
其他	·測謊功能設計（不列入分析）

資料來源：《中鼎月刊》，第302期（2004. Sept.），頁5。

四、創新運用擴散

中鼎工程創新挑戰全球同步學習不斷線、連結鼎學院全球訓練系統（global training system）線上會議系統、中鼎集團知識庫（knowledge base）等創新工具，讓學員多點同步學習無時差，以確保在世界各地工作的員工皆能與總公司共同向上、持續向前。同時，運用三維計算機圖形（3 Dimensions Computer Graphics, 3D）、四維計算機圖形（4 Dimensions Computer Graphics, 4D）創新視覺化的工具，於工程設計教學，縮短員工學習週期。以中鼎工程養成一位可獨當一面的管線設計工程師為例，過去平均約需五年的時間，但開始引進「三維計算機圖形」設計軟體教學後，不但縮短工程師養成時間至平均兩年，更降低設計出錯率，有效增強專案人力。

由於中鼎工程高階主管及人力資源部門清楚有效的分工，結合專業與人資功能的優勢，並借重外界教學及專業資源，完整規劃、建置並執行人力培育相關制度，足為業界借鏡，因而榮獲第六屆（2010年）國家人力創新獎（行政院勞委會，2010：10-11、22-31）。

中租迪和公司（人才供應鏈）

成立於1977年的中租迪和公司，居台灣租賃業產業市場龍頭地位，以業務行銷能力、審查風險控管能力、快速複製核心競爭力的能力見長。總公司在台北市內湖區，並在全台主要工、商縣市成立營業服務據點。為因應組織發展需求，中租迪和視人力資源單位為公司策略夥伴，各事業群皆有其專屬人力資源發展團隊，協助企業經營績效的提升。

範例13-2

中租迪和的經營理念與願景

類別	說明	
使命	客戶成功的夥伴、經濟發展的推手。	
願景	成為亞太地區卓越的財務金融公司。	
核心價值	價值	1.以前瞻的思維、彈性的服務、高效的作業，提供滿足客戶的需求。 2.敏捷的速效，對威脅與機會迅速做出反應。
	成長	1.謀求客戶、員工及股東持續最大利益的成長。 2.專注於核心能力，有技巧地管理風險。 3.創造學習環境，促進員工自我成長。
	誠信	1.信任尊重的企業文化。 2.溝通互助的團隊合作。 3.充滿熱忱的服務態度。
	紀律	1.秉持超越目標的企圖，不斷自我要求。 2.經常以不滿足現況而持續改變，積極地促進效率與品質提升。 3.維持高道德標準，上下一體謹守遵行。

資料來源：行政院勞工委員會職業訓練局（2011/08）。《創新人才 精彩100：第七屆國家人力創新獎得獎專輯——中租迪和股份有限公司》。行政院勞工委員會出版，頁16。

一、人才培訓計畫

中租迪和的人力資源部門的功能定位是：高階主管重要的幕僚群之一。在教育訓練規劃方面，採用結構化且漸進式的設計，從新進人員進入公司開始，就會接受一系列系統化的訓練活動，各職系與職級也有不同的訓練與發展規劃，每個員工可享有多元且豐富的訓練資源，以成為擁有多元職能的專業人員。

在訓練課程規劃方面，分為核心職能訓練（訓練對象是全體員工）、管理職能訓練（對象是管理職主管）、專業職能訓練（對象是不同職位的員工）三大類，因此不同職稱、職位的人，均可以接受完整的職能訓練（**圖13-2**）。

接班人計畫

麻省理工學院派訓計畫

人才發展中心

海外工作培訓EMBA補助計畫
專業證照、外部專業訓練　補助計畫

工作輪調實施計畫

個人發展計畫（Individual Development Plan）

業審雙修專業養成計畫　微企業務尖兵養成計畫　客服人員專業訓練
法務人員專業訓練　車輛人員專業訓練

新進同仁通識訓練

圖13-2　中租迪和訓練架構圖

資料來源：中租迪和公司／引自：《創新人才精彩100：第七屆國家人力創新獎案例專刊》，行政院勞工委員會出版（2011/12），頁20。

二、業審雙修制度

「業審雙修」養成計畫，是培養員工具備業務推廣與風險管理雙專長業審雙修制度，是建構一個具有業務跟審查專業能力的新人基礎培訓機制。它緊密連結員工的選、訓、用、晉、留，除了提升人力資源的品質外，更能有效降低公司營運的信用成本。

新進人員入職後，要先接受四個月以上的學習，包括線上e-learning課程、傳統實體課程、定期測驗機制、在職訓練等完整且多元化的混合式學習模式（Blended Learning）。在審查部門（一個月期間）與業務單位（三個月期間）實習時，公司會指派一名輔導員協助新人上手。

擁有業審雙修專業資格，使業務人員面對客戶時多了一份因瞭解專業而帶來的信心；審查人員則因爲明白業務同仁的辛勞，而能以協同的精神跨部門合作，如此一來，不但提升人力資源的品質，更有效降低內部溝通成本。

業審雙修制度，讓兩個相互衝突的部門互相瞭解，提升留任率及輪調，足以發揮人才績效，符合職涯發展管理（行政院勞工委員會編輯小組，2011：16-27）。

三、人力資源管理的特色

中租迪和自創業以來，一直將員工視爲公司最寶貴的資產，人力資源制度也都朝此方向設計，與員工建立長期合作的夥件關係。

(一)薪資福利制度

提供具市場競爭力的薪資，並視公司整體營運與個人績效表現來發放獎金，以具體落實獎酬與績效高度連結。同時，公司每年至少拿出一千萬元來購買公司股票，用來獎勵當年度表現優秀的員工，並幫助員工提早進行退休理財規劃，實施員工持股信託方案。

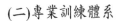

(二)專業訓練體系

完善的訓練體系，透過系統化的培訓，以保持高素質的人力資源。專業訓練計畫包括：新進同仁通識訓練、業審雙修養成訓練、客服人員專業訓練、法務人員專業訓練、海外工作培訓、接班人訓練、麻省理工學院派訓計畫等；員工進修方面，提供EMBA進修補助、每年外部訓練補助、語言進修補助和專業執照補助。

(三)績效考核制度

依職位屬性設計不同的工作績效評估方式，業務團隊以關鍵績效指標（KPI）進行工作成果評估，透過客觀的數量化評估指標，瞭解業務人員整年的工作績效表現。幕僚團隊則使用目標管理（Management By Objective, MBO）做爲考核工具，定期檢視各工作項目的達成狀況，致力於創造客觀透明的績效考核制度，以提供員工公平競爭的工作環境。

(四)培養多能工的完整輪調制度

中租迪和一直相當強調員工工作輪調的必要性，致力培養同時具備專業深度與廣度的多能工。因此很多基層主管同時具備業務推廣及幕僚規劃的工作資歷。近年，業務面作業流程改造後，授信及徵信工作已專業分工，各自朝專業領域深耕發展，但公司也更積極進行企業金融授信業務人員與審查徵信人員（風險管理人員）的輪調機制，建構業務團隊員工雙軌並行的職涯路徑（104人力銀行，〈中租控股　中租迪和股份有限公司〉）。

從1991年起，中租迪和成立專責人力資源單位，藉由人才的培訓，不斷複製競爭優勢，提升員工生產力，創造出更優異的績效表現，其人才創新培訓與創新作爲，在2011年榮獲第七屆「國家人力創新獎」事業機構（大型）團體獎的殊榮。

台灣水泥公司（擁抱改變）

台灣水泥公司成立於1950年，係一家政府公營事業移轉民營之企業，總部設立於台北市。主要經營業務爲有關水泥及水泥製品之生產及運銷、有關水泥原料及水泥製品原料之開採製造運銷、附屬礦石之開採經銷、經營有關水泥工業及附屬事業。近年來更積極投資大陸設廠，努力開拓中國大陸地區市場，目前已成爲大陸華南地區第一大水泥公司。

一、組織變革

2003年，辜成允接任這家已經有五十年歷史的台泥董事長，也開始了大規模的企業變革。變革剛開始，很多人——包括金融單位——都聯合起來反對變革。但變革後，受到了肯定和回饋，業績也起來了，股價也起來了，很多人才認爲當時如果不那樣做，不會有今天的業績（2002年，台泥賺兩億元，每股盈餘0.2元；2011年每股股利分配2元）。

二、三階段變革

台泥是一家老企業，有很沉重的歷史包袱，龐大的組織編制拖垮了效益，所以變革選擇在第一時間採取紀律（執行力）優先的改革方式，在紀律不鬆弛的情況之下給予激勵，讓組織更具活力，這才是贏的策略。在這樣的模式之下，台泥分成三個階段的變革歷程：

第一階段是鷹式管理，所有重點都專注於提升組織紀律，在最短時間內使台泥的業績更優異。以前沒有規定的，現在都加以規定，以前沒有授權就可以做的事情，現在統統不能做，任何人如果有乖離的話，一定追到該負責的人身上。如果是對公司有不必要成本的增加或是業績的損失，則一定要懲處。

第二階段是擁抱改變，熱情學習。

第三階段是要能創造台泥的新榮耀，以及全新的競爭模式，這個新的競爭模式就是台泥的藍海策略。

範例13-3

資料來源：台灣水泥公司網站（http://www.taiwancement.com/#Recruiting_5_3）。

三、企業再造的誤區

組織再造失敗的風險相當高。失敗往往來自於一些言之成理、似是而非的陷阱中。從台泥變革的經驗裡，可歸納出企業再造的四大陷阱：

陷阱一：很多主管擔心企業再造的風險太高，於是採取分階段進行，企圖降低風險，例如先找顧問或幾個外聘的高手來試試看，如果成效優異的話才全面展開。

陷阱二：很多人辯稱原有的團隊並不那麼差，應該給現有員工機會，原班人馬也可以完成再造工程。

陷阱三：也會有些老員工認為，改革可以不必那麼極端、那麼令人痛苦，難道不能夠以循序漸進的方式，讓良幣驅逐劣幣嗎？

陷阱四：很多阻力認為，企業再造會影響士氣，一旦士氣不振，業績也會隨之下滑。

這些陷阱都言之成理，但後來才發現，之前的善意，反而被一般同仁做了完全相反的解讀，變成「不必變」的理由：

同事解讀一：公司尚未完全決定是否要改革，外人根本不懂我們，先觀望一陣子再說。

同事解讀二：不用急，還有時間慢慢來，還輪不到我。

在現實嚴峻的挑戰之下，變革團隊就得面臨兩種痛苦的抉擇：

抉擇1：承認再造失敗，劣幣驅逐了良幣，管理團隊失去了信用，因為公司承諾要變革，卻沒有做到。

抉擇2：要不就是割袍斷義，跟那些資歷很久、一起拚過江山的老員工說對不起了。

不管結果如何，這些員工會反過頭來埋怨公司，沒有在第一時間就清楚表達變革的決心。

四、企業再造失敗的主因

辜成允認爲，造成企業再造失敗的主因，歸納起來有：

1.沒有贏的策略。如果領導人根本不知道爲什麼再造，就不要輕易開始，到最後得罪一群人，也沒得到任何贏的契機。

2.不願意掃除路障，就會被管理階層勒索。有些管理階層是做官的、不是做事的。這些人利用基層同仁和決策階層之間的資訊落差來互相恐嚇。例如，用業績來勒索決策階層，恐嚇改革士氣會低落、業績會下滑，看你還敢不敢改，這是最容易妥協的地方，也是最大的

陷阱。

3.找錯時間點，找到一個正確的時間點，再造就更能營造出很多備受肯定的小里程碑，變革也才能被內、外部所接受。

4.沒有建立足夠的急迫感、沒有創造出有利的變革領導團隊，都會導致失敗。但企業最容易犯的毛病，是沒有建立鼓勵再造的配套人力資源制度。公司最重要的再造原動力，不是新血，而是資深老員工。其實組織內存在很多有抱負的一群人，但往往因爲環境不適合出頭而被埋沒。決策者怎麼讓這群人覺得出頭是值得的，就非常重要。

範例13-4

台泥人力資源管理制度

類別	說明
薪酬策略	·具市場競爭性的薪資水準 ·具公平與激勵的績效獎金辦法 ·多元化福利制度 ·具完備法令退休辦法
獎金制度	提供優渥的績效獎金，將公司整體營運獲利與員工個人績效表現掛鉤，回饋績效表現卓越的同仁
完善福利	·健康關懷：健檢／醫療補助／分娩補助 ·生活關懷：旅遊補助／儲蓄陪存金／台泥學舍／結婚、生育賀禮、退休、喪葬慰問金 ·學習關懷：學習補助／子女教育獎學金 ·眷屬關懷：眷屬醫療補助／眷屬喪葬費補助 ·節慶關懷：勞動節／春節／端午節／中秋節禮券 ·保險關懷：勞健保／團體保險
人才發展策略	重視員工的培訓，透過一系列目標導向的專業及管理，及為員工個人量身訂做職涯發展，培育水泥專業人才，使公司在水泥產業中，持續保有具競爭力的專業
儲備幹部計畫	儲備幹部計畫，企業接班人速成班與未來經營團隊核心成員在完成十五或二十個月之學習後，則可成為管理幹部植入輪調機制（Rotation Program），養成全方位之水泥專業人才

資料來源：台灣水泥公司網站（http://www.taiwancement.com/#Recruiting_5_2）。

五、企業再造成功的關鍵

企業再造成功之關鍵，辜成允認爲有下列四項重要成功的關鍵因素：

第一關鍵在於最高主管親自主導和絕對的堅持。不這樣做就一定會失敗，因爲最高主管拿不到第一線的資料，沒有辦法知道基層的想法，永遠是管理階層的肉票。

第二個成功關鍵是，企業再造要一次到位、要杜絕疑惑，更要講求深度與廣度。到一定的程度後，更需要塑造新文化，如何塑造，就要靠考績、獎金與升遷。

第三關鍵在於舊同仁的態度覺醒，更是成功的最大原動力，內升精英，讓貢獻大的人出頭；外聘新血，共同組成變革核心團隊，以啓動人力資源的良性循環。

第四關鍵是需要有一個大案子，讓所有人都能夠參與，重新創造新的文化，並累積里程碑，持續性地執行。

六、績效與獎金掛鉤

2003年，台泥開始採取正常曲線的考績評等，改變最大的是績效獎金的分配基數。以前特優最多拿到九個月的績效獎金，當年調整後提升到十八個月，整整增加了一倍。以往績效獎金實際發放的比例中，甲等的比例占94%、優等僅占3.4%，調整後，優等獎金占51.9%。透過評等的方式，鼓勵員工往前走，讓付出多的人得到實質的獎勵。

辜成允董事長語重心長說：「變革不能爲了再造而再造，再造造過頭了，反而會砸鍋。執行力決定成敗，只要相信所做的都是爲了公司的最大利益，就能堅持下去。」（辜成允主講，洪綾襄整理，2006）

英業達集團（人才學院體系）

英業達公司自1975年成立以來，即以「創新、品質、虛心、力行」爲經營理念，投入電子產品的生產製造，從研發、設計、生產到配送及技術支援，均是以顧客需求爲導向，是全球最大的伺服器製造商與筆記型電腦代工廠（大陸生產基地在上海）。

一、人才學院體系

英業達一向注重人才與教育訓練的重要性，爲員工提供良好的培訓機會一直是公司內部管理重點工作。英業達人才學院體系重點在於提供學習內容、學習資源和學習管道，主要包括：文化發展、職能推進（應知應會，專業技能）、接班人培養和競爭力發展四個方面的學習。

(一)文化發展培訓（組織文化與環境學習）

主要培訓內容包括新進人員講習會、主管幹部月會（主要內容爲公司方針指導及專題報告、管理宣導等）兩種形式。目的是瞭解英業達的工作環境、制度規章、品質政策、資訊系統使用和組織認知等，使新人認識並適應公司基本規章制度與管理環境。

新人試用期滿之後，人力資源管理部門會透過郵件或電話方式，定期對新人培訓效果及適應公司環境、文化狀況進行跟蹤，以期達到融合理念目標與共同價值，促進員工對企業歸屬感與榮譽心之目標。

(二)職能推進培訓（管理與操作技能培訓）

主要是專業技能訓練，覆蓋了公司從作業員到高層主管的所有人員。同時講授關於管理、人力資源、品質改善、語言、溝通、績效考核等各個層面知識和技能。專業技能培訓，主要針對各部門工作所需專業技能和專業知識進行分門別類的培訓。培訓部門引導和督促各部門內部兼職培訓負責人，在部門內有計畫開展各種形式的培訓活動，並爲其提供相應的培訓資源。

範例13-5

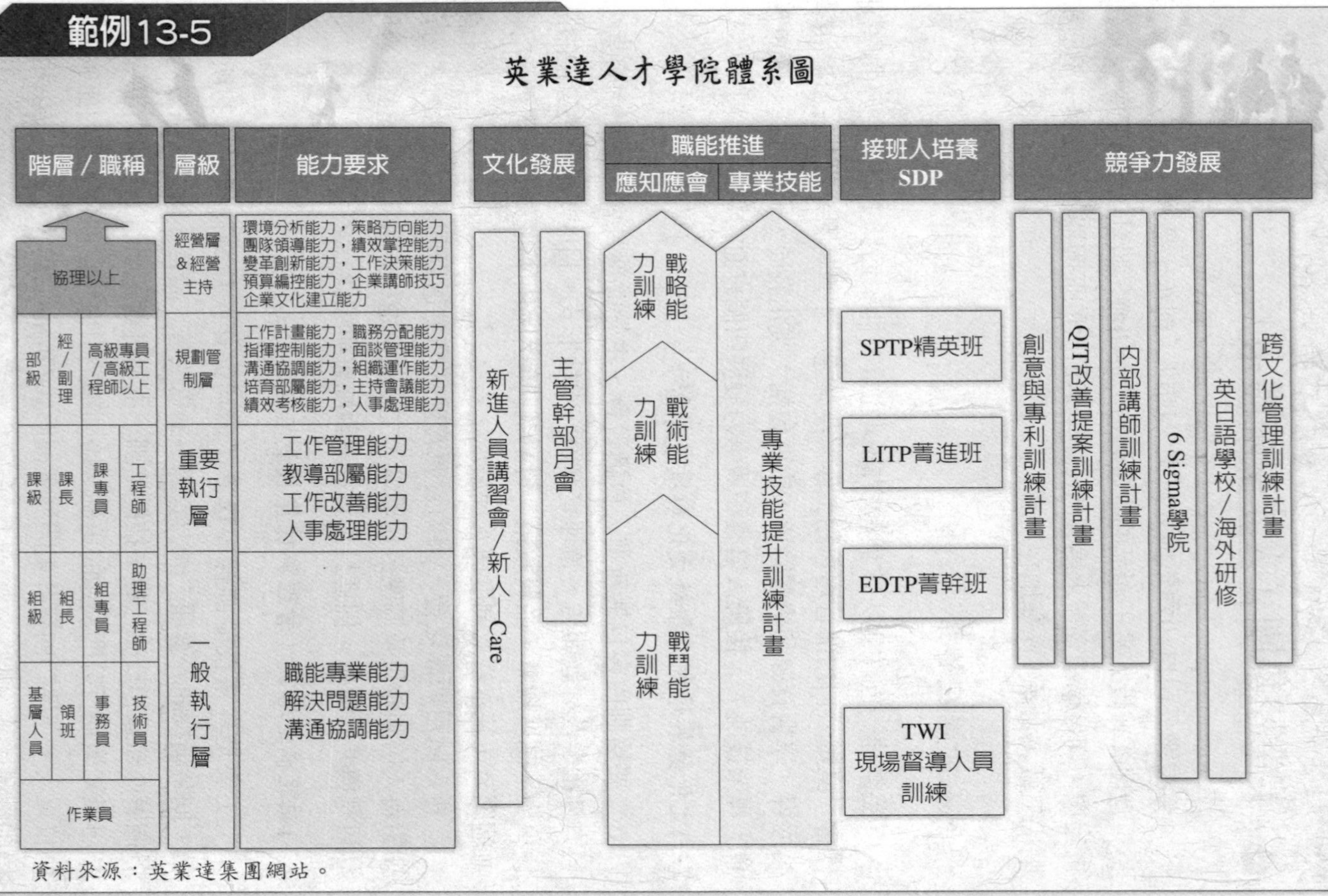
英業達人才學院體系圖
階層／職稱
層級
能力要求
文化發展
職能推進
應知應會
專業技能
接班人培養 SDP
競爭力發展
協理以上
部級
經／副理
高級專員／高級工程師以上
課級
課長
課專員
工程師
組級
組長
組專員
助理工程師
基層人員
領班
事務員
技術員
作業員
經營層&經營主持
規劃管制層
重要執行層
一般執行層
環境分析能力，策略方向能力
團隊領導能力，績效掌控能力
變革創新能力，工作決策能力
預算編控能力，企業講師技巧
企業文化建立能力
工作計畫能力，職務分配能力
指揮控制能力，面談管理能力
溝通協調能力，組織運作能力
培育部屬能力，主持會議能力
績效考核能力，人事處理能力
工作管理能力
教導部屬能力
工作改善能力
人事處理能力
職能專業能力
解決問題能力
溝通協調能力
新進人員講習會／新人—Care
主管幹部月會
戰略能力訓練
戰術能力訓練
戰鬥能力訓練
專業技能提升訓練計畫
SPTP精英班
LITP菁進班
EDTP菁幹班
TWI 現場督導人員訓練
創意與專利訓練計畫
QIT改善提案訓練計畫
內部講師訓練計畫
6 Sigma學院
英日語學校／海外研修
跨文化管理訓練計畫
資料來源：英業達集團網站。

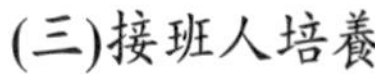

(三)接班人培養

主要針對儲備主管人員進行培訓，結合公司未來策略發展需要，培養適合公司企業文化和價值觀的國際化管理人才，包括：儲備課長訓練、儲備部主管訓練。培訓週期分別爲一年和二年。透過培訓，使其具備晉升主管的基本資格，兼具主管工作所需各項才能和知識。

(四)競爭力發展規劃

競爭力發展規劃，包括：提升員工英、日語溝通能力之英日語能力培育（英日語學校）；六個標準差（6 Sigma）訓練計畫，在培養具備六個標準差觀念，並能運用其分析與操作手法的黑帶（black belt）和綠帶（green belt）人才；培養具備創意發明、專利申請與應用能力人才之智權與專利訓練計畫；培養具有跨部門工作改善，以及專案推展能力的品質改善小組（quality improvement team）的改善提案訓練計畫，以及培養國際化跨文化管理人員之跨文化管理訓練計畫等。

二、前程規劃

依據公司的經營發展、職位種類與特點等進行崗位序列設置（主管職、管理職、技術職、生產職等），以打開員工職業發展通道；把員工職業生涯規劃列爲部門工作的策略組成部分，以協調員工個人的職業生涯目標與企業發展願景，以此來組建更有凝聚力的職工隊伍，更有效地調動員工的積極性和創造性；依據員工的實際情況做相應的能力分析和評估，以規劃員工的發展方向和發展計畫。

三、崗位輪換制度

公司在幾種不同職能領域中爲員工作出一系列的工作任務安排，或者在某個職能領域或部門中爲其提供在各種不同崗位之間流動的機會。

範例13-6

英業達階層別職能發展體系圖

一般同仁	基層主管 （接班種子幹部）	中階主管 （全球化接枝幹部）	高階主管 （處級／廠區主管培育）
職能專業能力 解決問題能力 溝通協調能力	工作管理能力 教導部屬能力 工作改善能力 人事處理能力	工作計畫能力 職務分配能力 指揮控制能力 面談管理能力 溝通協調能力 組織運作能力 培育部屬能力 主持會議能力 績效考核能力 人事處理能力	環境分析能力 策略方向能力 團隊領導能力 績效掌控能力 變革創新能力 工作決策能力 預算編控能力 企業講師技巧 企業文化建立
知識工作推動／工作教導 工作改善／工作品質 工作環境／成本教育	產品知識教育 職能專業訓練 品質／成本教育	管理才能／員工發展 全面品質／管理教育 人力發展	經營管理發展策略 團隊領導效能管理 內部專業講師指導
戰鬥能力		戰術能力	戰略能力
前程規劃、人際關係 禮儀應對、工作態度 語言進修、績效提升 工作倫理、開會方法 溝通協調、電腦應用	人際溝通、工作倫理 現場問題解決 團隊塑造、督導職能 品質意識、工作規劃 勞動法令、自主管理	承上啟下職責功能、領導、授權 簡報技巧、會議管理、談判 面談技巧、目標管理與績效考核 部屬輔導與激勵、溝通協調 財務分析、成本控制、計畫與控制 方針管理、壓力管理、時間管理	經營計畫、策略規劃 趨勢分析、危機管理 決策品質、組織變革管理 預算編制與管理、利潤中心制度 財務報表應用、企業文化塑造

資料來源：英業達集團網站。

四、晉升制度

以績效與職能爲導向，工作能力、態度及經驗爲依據，建立員工晉升管理辦法，本著公平、公正、公開的原則，規範員工的晉升基本資格條件，確保人才基本素質，暢通合理晉升管道，使員工能夠人盡其才、才盡其用，並激勵員工自主發揮積極性和創造性，進而提高員工整體績效。

五、績效管理體系

策略導向的績效管理，電子化的考核系統，將公司與部門、員工個人目標緊密地聯繫在一起。一方面員工可以透過網路遞交工作報告，主管也可以從網上對員工工作紀錄進行即時查核，同時評估打分過程、比例分配等，電子化大大提高了考核流程效率。績效管理過程的每一次循環都將使企業、組織或員工邁上一個新的台階，有所提高，有所創新，有所前進。

英業達對績效管理的策略導入主要包括：分解企業戰略目標及建立績效契約、從企業文化理念與共同價值發展出行爲與職能期望，提煉關鍵績效指標（KPI）、根據關鍵績效指標與職能行爲表現編制業績考評與行爲考評標準等。

英業達根據評估的評價源不同，將績效評價方式分爲兩類：一種爲傳統考核，即由直接上級作爲評價源對所屬員工進行考核；一種是行爲層面360度全方位考核，即由上級、內部顧客、下級對其分別進行考核。員工的績效考核結果是決定其變動獎金、晉升、調薪的重要參考，即是差異化獎酬策略的主要依據。

六、多元化的薪酬給付制度

英業達爲回饋員工的付出與打拚，提供完善與多元化的薪酬給付，落實照顧員工之心意。以大陸廠而言，提供下列的獎酬事項：

1.薪資獎金（依營運狀況與個人績效調整薪資）。

2.鼓勵員工提案改善公司產品與技術（審核後核發獎金以資鼓勵）。
3.每年提撥盈餘作爲員工紅利、年終獎金。
4.業餘生活（大型歲末聯誼會、中秋晚會等）。
5.各項康樂活動（各類體育競賽、攝影賽、卡拉OK比賽等）。
6.提供各類活動場所（體育運動場所、娛樂場所等）。
7.提供上下班交通班車。
8.提供免費工作餐、免費宵夜餐點等。
9.提供員工宿舍。
10.提供各種內外部培訓機會、海外培訓與工作機會。
11.公司醫務室提供就診服務。
12.公司爲員工繳納社會保險及補充保險、住房公積金等。
13.員工因結婚、生育、死亡等，可申領輔助金。
14.凡當月生日者由公司發給生日禮物或禮券給予祝福。
15.每逢春節、中秋節、勞動節，發給節日禮物或禮券（英業達集團網站）。

「創新、品質、虛心、力行」一直是英業達信守不移的經營理念，也是公司追求完美的最大動力。隨著該公司規模的擴大，這股動力將與日俱增。全體員工以「明日科技的開拓者」自許，共創英業達更璀璨的未來。

和泰汽車公司（人力資源策略）

和泰汽車公司於1947年創立，初期以貿易爲主要業務，隨後陸續取得豐田（TOYOTA）、日野汽車（HINO）及橫濱輪胎（YOKOHAMA）等世界知名汽車品牌代理權迄今。創業以來不斷的強化身爲汽車銷售服務業的核心價值──「提供超越顧客期望的服務」而努力。

一、願景與經營理念

2011年，和泰汽車提出以「跳脫框架，凌駕夢想」爲願景，自許以專業的精神，持續不斷提供超越顧客期待的創新服務，提供高品質商品而發展出下列三項經營理念：

第一，專業（professional）：專業精神、累積經驗，投入高品質、高效率的服務。努力不懈地執著於專業。

第二，創新（innovate）：苟日新、日日新地不斷創新。以旺盛活力突破經營領域，提升經營效率。

第三，超越（excel）：以超越自我、超越現狀、超越同業的精神，作最大的挑戰，勇往直前。

自2007年起，和泰汽車著手推動「和泰心文化」，並作爲企業之核心價值：

1.顧客滿意：提供超越內部、外部顧客滿意的服務。
2.持續改善：追根究柢，沒有最好，只有更好。
3.危機意識：做最壞的打算，做最好的準備。
4.勇於挑戰：積極主動，挑戰高峰，展現成果。
5.正直誠信：行事正派、信守承諾、誠實面對眞相。
6.謙沖低調：秉持初學者心態，廣納意見，持續學習（和泰汽車公司網站）。

二、人力資源策略

和泰汽車的人力資源策略，係以企業文化爲出發點，分別透過與外部環境分析，擬定出合適的策略及目標，積極在「選」、「育」、「用」及「留」等各項人才培育作法上力求創新與改善。

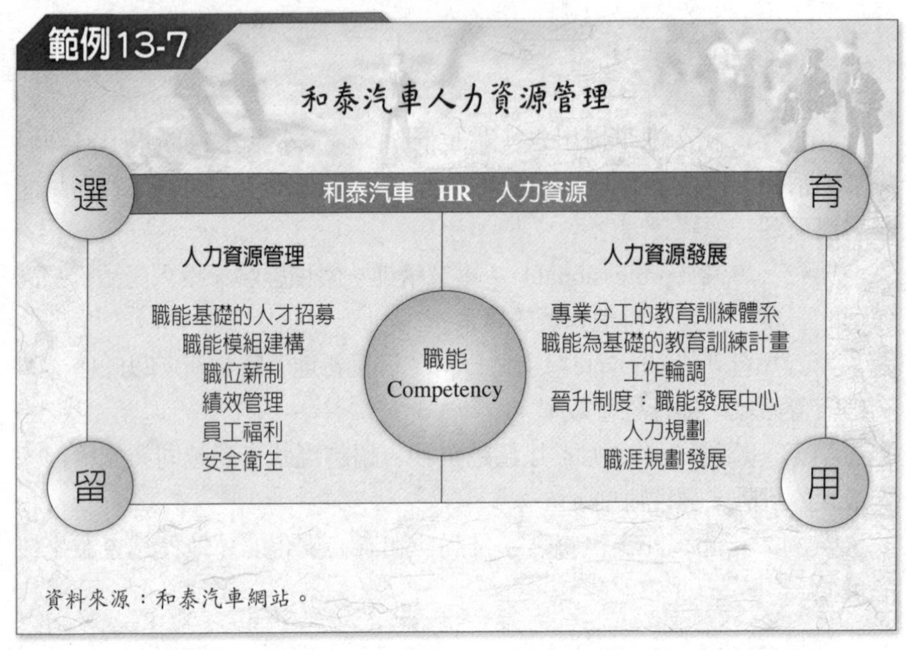

在內部員工方面，係以「培育全方位人才」作爲中長期人力資源目標，展開一系列創新培育作法。

1.改變以往新進人員新生訓練就在公司內部埋頭苦幹的作法，安排新進人員到經銷商實習，透過與客戶互動的過程，實地掌握汽車市場的趨勢。
2.規劃公司全體員工接受問題分析與解決（Toyota business practice）訓練，強化全員問題解決的意識，以持續改善工作流程。
3.導入績效發展計畫，以確認每位員工的績效表現，瞭解訓練的成果。同時主管也可以透過此系統掌握部屬工作質與量，適時給予協助與建議。
4.提供員工外派其他國家機構，培育具備國際觀的人才。
5.導入職能發展中心，透過分析、演說等各種活動的設計與執行，觀察具有升遷資格的候選人是否具備公司所要求的職能，也作爲留才的參考依據。

和泰汽車對於下游經銷商，規劃了一套人才培育機制。

1.協助經銷商導入人資整合系統，除了一般人資管理功能外，更加強教育訓練的行政管理功能，以呈現完整的學習記錄，並追蹤學習成效。

2.推動生活形態（life style）的課程，安排經銷商負責凌志（LEXUS）汽車的銷售專員學習打高爾夫球、美食養生及品酒等課程，可以瞭解金字塔頂端客戶的生活形態，增加與客戶互動的話題，進而增進新車銷售成交的機會。

3.創新培育工具，提升管理及學習成效。開發TQE（Toyota quality experience）銷售管理看板，讓經銷商營業所主管可以利用看板來瞭解每位業務代表與客戶的商談過程與結果，並給予部屬具體的建議與回饋；另外也透過豐田模擬遊戲，讓學員瞭解及時制度（just in time）在物流作業的各項應用。

4.改善道場及零件識別館，以及TPS（Toyota production system）教育館等體驗式教學設施，將服務廠眞實的環境與設施複製至訓練中心，讓學員在模擬眞實的環境下接受訓練，藉此發揮最佳的訓練效益。

和泰汽車秉持豐田模式（TOYOTA WAY）中持續改善、人性尊嚴的精神，不斷地投入大量資金在人才培育，以促使員工、經銷商的人員都能不斷精進與公司共同成長，因而榮獲第四屆（2008）人力創新獎的榮銜（行政院勞工委員會，2008：18-28）。

戰國策集團（寵愛女性員工的企業文化）

戰國策集團成立於2001年，爲台灣虛擬主機服務業領導品牌。自2010年1月起，戰國策走向集團化布局，公司開始導入責任中心制度，增強成長的營收動力，為日後永續發展奠定基礎。

戰國策以「捍衛企業資訊安全，創造優質資訊服務」為使命，期許與客戶邁向美好未來。同時秉持「以顧客為師，以人文為本；以科技為首，以共榮為鑰」的品牌精神，為客戶提供多元化及尊榮的滿意服務，以實現戰國策集團成為最值得客戶信賴的全台灣最大的企業資訊委外服務公司的美好願景。

一、教育訓練制度

戰國策對員工教育訓練的投入有：

1.提供完善的教育訓練計畫：主管訓練（每年100小時以上），一般員工訓練（每年80小時以上）。
2.任職滿一年：員工進修費用補助（依員工提供相關進修課程費用，由公司提供部分比例補助）。

範例13-8

戰國策儲備幹部培訓計畫特色

特色	內容
優渥的獎金制度	經培訓一年後，達到業績目標同仁（業務群），個人年收入可達50萬-100萬元。
嚴格的領導訓練	公司規劃及安排超過190小時以上的儲備幹部教育訓練，以及「儲備幹部」兩天一夜挑戰卓越訓練營。
多元的輪調機會	戰國策集團業務群包括六大事業部，使得儲備幹部具有多元的學習與歷練機會。
精英的培育制度	公司採精英培育策略，提供儲備幹部豐富的資源，以及創造許多的機會，使儲備幹部能培養良好的同儕情誼及革命情感。

資料來源：戰國策網站（http://women.nss.com.tw/women_ma.php）。

3.全額補助考取進階認證系統工程師（Red Hat Certified Engineer, RHCE）；思科認證網路專員（Cisco Certified Network Associate, CCNA）；微軟認證系統工程師（Microsoft Certified System Engineer, MCSE）證照之費用（不含補習費用）。

二、各類獎金制度

戰國策提供各項優厚的獎金制度，讓績效卓越的員工可獲得下列優渥的獎勵：

1.每月全勤獎金。
2.服務優良獎金。
3.每月銷售達成獎金。
4.每月模範同仁獎金。
5.旅遊補助金（需任職滿二年）。
6.英語補助金（需任職滿二年）。
7.每月讀書心得撰寫優良同仁表揚獎金。
8.端午／中秋／年終禮金（依個人績效表現及公司實際經營狀況發放獎金）。
9.年度最佳員工獎（獲獎者下年度的公司會議室以模範同仁英文姓名命名，作爲榮譽獎勵及戰國策104徵才網站曝光）。
10.提供年度最佳貢獻獎／最佳新人獎／最佳服務獎／最佳績效獎／最佳學習獎／最佳業績獎／最佳主管獎／年度最佳改善提案獎。

三、員工生日福利

每位員工在生日當月贈送生日禮金、生日餐會與生日禮品。

四、獎勵制度

戰國策的員工獎勵項目包括：

1.結婚禮金／生育禮金。

2.免費供應飲料、咖啡、點心、泡麵。

3.久任同仁獎勵計畫：任職滿三年的同仁當月公司致贈獎金一萬元以表貢獻、公司設計及印刷專屬紀念海報、文宣（direct mail advertising）、獎牌；任職滿五年的員工，當月致贈久任獎金月薪兩個月及紀念獎牌。

4.員工介紹同仁獎勵金（一般職務3,000元，業務職10,000元，管理職30,000元，但需任職滿六個月方能領取獎金）。

五、心靈智慧提升讀書會

每月購買好書贈閱員工；每月讀書心得分享；每月高層管理人員工商管理碩士（Executive Master of Business Administration, EMBA）讀書會；主管級讀書會。

六、休閒及娛樂類

迎新餐會；年終尾牙；每年員工旅遊；員工休息圖書室；中秋節烤肉活動；休息點心時間（break time）；員工福利委員會組織，籌劃各項員工福利活動；員工休息室提供免費任天堂wii遊戲機及卡拉OK設備（日語：カラオケ，原寫法爲からオケ或空オケ）；員工聚餐。

七、休假制度

支薪病假；週休二日；男性同仁陪產假三天；優於勞基法的年假制度；情緒假（爲提高員工上班士氣，每月有支薪三小時外出情緒假）；女性員工支薪育嬰假、支薪生理假（當日支付全薪，每月以一日爲原則）；離職面試假（當日支付全薪，以一日爲原則）。

八、業務部福利制度

優渥的業績獎金；提供筆記型電腦（Note Book）；交通費補助金；

LV包（Louis Vuitton）獎勵；提供行動電話通話費補助金；業務群國外獎勵旅遊：招待張惠妹世界巡迴演唱會（VIP特區席）、招待莎拉布萊曼（Sarah Brightman）眞愛傳奇世界巡迴演唱會（VIP特區席）、招待奢華體驗峇里島獎勵之旅、招待東京跨年獎勵之旅、招待長灘島獎勵之旅、招待上海世博獎勵之旅、招待泰國普吉島獎勵之旅、招待法國巴黎獎勵之旅。

九、女性員工專屬福利

戰國策非常體貼及疼愛女性工作者，自許是一家台灣最寵愛女性員工的公司。

1.名貴GUCCI、LV包業務獎勵。
2.圖書室提供女性相關專屬書籍。
3.免費安排OL職場彩妝課程。
4.五分之四的管理階層主管都爲女性。
5.非常歡迎二度就業職業婦女。
6.年度優秀女性同仁製作個人專屬婚紗代言影片及婚紗照。
7.免費提供中將湯、化妝品、絲襪、衛生棉給女性同仁使用。
8.女性同仁享有支薪育嬰假、支薪生理假、結婚禮金、生育禮金。
9.女性同仁會於西洋及七夕情人節，收到公司贈送的玫瑰花、巧克力、情人節禮物、情人節晚餐及旅遊。
10.招待西洋情人節遊艇之旅（猛男秀）；招待七夕情人節麗星遊輪歡樂海洋假期（二天一夜）等（戰國策集團網站）。

戰國策集團秉持「以人文爲本」精神，建立授權管理基礎的企業文化，以集團中心豐富資源爲後盾，展開宏觀集團規模，回饋員工。

結　語

標竿學習一直是企業追求卓越的不二法門。全錄（Xerox）公司前首席執行長大衛・柯恩斯（David T. Kearns）認為：「每當我們進步時，競爭者同時也會進步，而每當我們表現好時，顧客的期望也會跟著提高；所以，不管我們有多好，我們都必須更好！」學習是一段永無止境的過程，要更好，就一定要不斷地向標竿企業學習，百尺竿頭，更進一步（Michael J. Spendolini著，呂錦珍譯，1996：9）。

常用辭彙

· **360度績效評量**（360 degree performance appraisal）

它的績效評量信息來源，大都來自於企業內外部不同的組織層面人員，從統計學角度看，其績效評量結果較客觀公正。

A

· **缺勤率**（absenteeism rate）

它指在特定期間內員工缺勤天數占所有工作天數的比率。

· **雙梯階晉升路徑**（a dual career ladder）

它是二十世紀五〇年代中期，美國一些企業爲了給組織中的專業技術人員提供與管理人員平等的地位、報酬和更多的職業生涯路徑系統的激勵機制。雙梯激勵的關鍵就在於形成兩條平行的職業生涯路徑，一條是管理職業生涯路徑，即管理梯階（managerial ladder），一條是技術職業生涯路徑，即技術梯階（technical ladder）。

· **顧問**（adviser）

它是一個職稱，對某些範圍知識有專家程度的認識，他們可以提供諮商服務。

· **評核**（appraisal）

它係指對人員在過去一段時間內之工作表現或完成某一任務後，所做的貢獻度評估，並對其所具有的潛在發展能力做一判斷，以瞭解其將來在執行業務之適應性及前瞻性，作爲調整薪資及考慮升遷、培育、獎懲或作業正確度之依據。

· **性向測驗**（aptitude test）

它係用來測量受測者在哪一方面的職業性向較強，可以提供極佳的「適才適所」的參考效用。

· **授權**（authorization）

它係指主管將職權或職責授給某位部屬負擔，並責令其負責管理性或事務性工作。

B

· **平衡計分卡**（balanced scorecard）

它係指企業多面向量化指標系統與載體，提供管理者從內部顧客和外部顧客、員工和股東的觀點來檢視公司績效的指標。

· **標竿學習**（bench-marking）

它係指一項有系統、持續性的評估過程，透過不斷地將組織流程與全球企業領導者相比較，以獲得協助改善營運績效的資訊。

· **典範實務**（best practices）

在知識管理盛行後，其可供參考、學習及流傳的特質，有其「典範傳承」的意義。

· **業務流程外包**（Business Process Outsourcing, BPO）

它係指服務外包提供商向客戶提供特定服務業務的全面解決方案，以幫助客戶減少或消除在該業務方面的費用和管理成本，從而使客戶將全部精力集中於核心能力的一種服務提供方式。

· **業務流程再造**（business process reengineering）

它係指企業對其所從事的最關鍵與最基本的管理工作及作業程序進行重新設計和構建的過程，這個再造過程通常是爲了使企業在成本、品質和服務等方面的績效取得大幅度改進。

C

· **潛能**（capability）

它大都是個人後天努力的成果。

· **前程發展**（career development）

它係指基於員工個人職業前程與企業組織目標達成的原則下，相互結合，彼此互惠，不斷地進步與發展，以實現其理想的過程。

· **職涯管理**（career management）

它係指企業如何協助員工去瞭解他們自己對職業生涯之期盼，發展職業生涯所需的技能。

· **行為準則**（code of conduct）

它係指企業經營理念中對企業及員工進行總體約束的標準原則，它不同於企業的行爲規範那麼全面、周密、細緻，而是原則性的一個標準。

· **團體協商**（collective bargaining）

它係指一個或多數僱主或僱主團體與一個或多個勞工團體間，爲達成有關勞動條件或僱傭條件協議的一種協商。

· **薪酬（資）委員會**（compensation committee）

它係指董事會按照股東大會決議設立的專門工作機構，主要負責制定公司董事及經理人員的考核標準並進行考核；負責制定、審查公司董事及經理人員的薪酬政策與方案，對董事會負責。

· **職能**（competency）

它係指工作上所需的技術與知識、工作動機與個人特質所表現出來的行爲。

· **職能模型**（competency model）

它是一套能力指標系統。若將高績效者的能力要素與行動特性，經過分析與類型化而且予以具體模型化，則所得的職能模型，可以運用在人力資源管理中的招募遴選、人力配置、教育訓練、能力開發、績效考核等領域。

· **競爭優勢**（competitive advantage）

根據麥可・波特（Michael E. Porter）的競爭優勢模型，競爭性戰略採取攻擊性或防守型行動，爲企業謀求在行業內的防禦地位，從而成功應對各種競爭力量，並爲企業贏得超額投資回報。

· **競爭力**（competitiveness）

它指企業有形、無形的資源，決定了企業致勝的關鍵，在產業中維持或增加市場占有率的能力。

· **競爭策略**（competitive strategy）

它就是企業創造別人無可取代的地位。

· **核心職能**（core competence）

這是由哈默爾（Gary Hamel）和普哈拉（C. K. Prahalad）所提倡的概念，是企業在經營策略上區分自己或其他公司的重要競爭能力（流程、組織、系統等）。

· **企業文化**（corporate culture）

它是一個組織由其價值觀、信念、儀式、符號、處事方式等組成的其特有的文化形象。

· **企業大學**（corporate university）

它是指由企業出資，以企業高級管理人員、一流的商學院教授及專業培訓師爲師資，透過實戰模擬、案例研討、互動教學等實效性教育手段，以培養企業內部中、高級管理人才和企業供銷合作者爲目的，滿足人們終身學習需要的一種新型教育、培訓體系。

· **成本**（cost）

它泛指組織內部所有的經濟資源，包括財力、人力、物力，並以貨幣單位來表示。

· **成本—收益分析**（cost benefit analysis）

它係指以貨幣單位爲基礎對投入與產出進行估算和衡量的方法。

D

· **資料**（date）

它係指建立資訊的原始資料，包含未經解讀的人、時、事、物。

· **人力資源需求預測**（demand forecasting of human resources）

它係指根據企業的發展規劃和企業的內外條件，選擇適當的預測技術，對人力資源需求的數量、質量和結構進行預測。

· **降職**（demotion）

它係指人員調換職位後，調降其原有的薪資、地位或權力。

· **直接成本**（direct cost）

它係指直接用於生產過程的各項費用。某一時期（如一年）的直接成本總額隨產量的變化而變化，且隨產量的增加大體上成正比增加，故直接成本又稱爲可變成本。

· **文宣**（Direct Mail Advertising, DM）

文宣直譯爲「直接郵寄廣告」，即透過郵寄、贈送等形式，將宣傳品送給消費者。

· **平均成本法**（Dollar Cost Averaging, DCA）

它係指投資者定期以相同金額投資於一個項目，由於不是做一次的投資買賣，全期平均購入價會因應市況的上下落差而自動調節、平均化。

· **企業瘦身**（downsizing）

它係指爲了增加組織的競爭優勢而有計畫地設計裁員（資遣）人數。

E

· **教育**（education）

它係指個人一般知識、思辨能力（think critically）之學習，包括專門知識、技能及生活環境的適應力，培養期間較長，內容較廣泛。

- **效能**（effectiveness）
  它係指部門成果對組織整體目標的貢獻。
- **效率**（efficiency）
  它係指投入與產出之間的關係。
- **營運效率**（efficient operation）
  它係指相同的商業活動可以較低的成本推出。
- **電子化學習**（e-learning）
  它係指透過外部網路或公司內部網路來指導與傳達訓練。
- **員工協助方案**（Employee Assistance Programs, EAPs）
  它係指一種由公司資助的計畫，用來協助員工的個人問題，諸如酗酒、吸毒、沮喪、焦慮、財務問題及其他精神病或醫療的問題。
- **員工持股計畫**（Employee Stock Ownership Plans, ESOPs）
  它係指企業爲了吸引、保留和激勵公司員工，透過讓員工持有股票，使員工享有剩餘索取權的利益分享機制和擁有經營決策權的參與機制。
- **授權賦能**（empowerment）
  它係指鼓勵主管給予員工決策權和行動權，讓員工負責自己的工作責任及組織績效。
- **企業**（enterprise）
  它係指增加價值和創造財富的組織。
- **企業資源**（enterprise resource）
  它係指企業在向社會提供產品或服務的過程中所擁有、控制，或可以利用的、能夠幫助實現企業經營目標的各種生產要素的集合。
- **高級管理人員工商管理碩士**（Executive Master of Business Administration, EMBA）
  它是指商業界普遍認爲是晉升管理階層的一塊墊腳石。
- **離職面談**（exit interviews）
  它係指員工主動提出離職申請或企業爲通知員工被解僱，主管與員工進行的談話。
- **外派人員**（expatriate）
  它係指暫時在國外工作的員工。
- **期望理論**（expectancy theory）
  它係指人類行爲動機的強弱，取決於個體的期望程度，而期望高低是由獎酬吸引力、績效與獎酬的連結性、努力與績效的連結性等三項因素所決定。

· **顯性成本**（explicit cost）

它係指計入帳內的、看得見的實際支出，例如支付的生產費用、工資費用、市場行銷費用等，因而它是有形的成本。

· **顯性知識**（explicit knowledge）

它係指可以文件化、標準化、系統化的知識，因此顯性的知識可以自知識庫中直接複製與進行獨立的學習。

F

· **彈性福利**（flexible benefits）

它係指由企業設定一定福利額度，然後由員工按照自己需要選擇所喜好的福利項目。

· **邊緣福利**（fringe benefits）

它係指員工由於被聘僱及在組織中的職位而獲得的報酬。

G

· **申訴**（grievance）

它係指來自員工對企業組織內部有關事項（管理政策或團體協約的執行）感到不公正或不平時而表示出來的任何不滿。

H

· **月暈效應**（halo effect）

它是一種以偏概全的主觀心理臆測，是在人際交往中對一個人進行評價時，往往因對他的某一方面特徵掩蓋了其他特徵，從而造成人際認知的障礙，就像我們看到的月亮大小，不是實際上月亮的大小，而是包含月亮的暈光。

· **組織扁平化**（horizontal organization）

它係指透過破除公司自上而下的垂直高聳的結構，減少管理層次，增加管理幅度，裁減冗員來建立一種緊密的橫向組織，達到使組織變得靈活、敏捷、富有柔性、創造性的目的。

· **人力資產**（human asset）

它係指企業在一定時期內擁有或控制的、能以貨幣計量的、爲企業帶來未來經濟利益的勞動力資源。

· **人力資本**（human capital）
它即是把人力資源視爲一種資產，如同對於廠房或其他資產一樣的看法，因爲人力資源對於企業的成長占有重要地位，尤其在知識經濟時代，人力資本的概念更受到企業界的認同。

· **人力資源會計**（human resources accounting）
它係指對組織的人力資源成本與價值進行計量和報告的一種會計程序和方法。

· **人力資源成本**（human resources costs）
它係指組織爲取得或重置人力資源而發生的成本，包括人力資源的取得成本（歷史成本）和人力資源的重置成本。

· **人力資源資訊系統**（Human Resources Information System, HRIS）
它係指用來獲取、儲存、操作、分析、更正，以及散播與公司人力資源有關資訊的系統。

· **人力資源管理**（human resources management）
它係指爲提供及統合組織內人力資源所設計的活動。

· **人力資源規劃**（Human Resource Planning, HRP）
它係指一個決定組織人力資源需求，並確保組織能適時適所地安排適量合格人員的過程。

· **人力資源政策**（human resources policy）
它係指企業爲了實現目標而制定的有關人力資源的獲取、開發、報償和維護的政策規定。

· **人力資源計分卡**（human resource scorecard）
它係指使用定量與定性參考標準的組合，來評估績效的一種衡量與控制系統。

· **人力資源策略性管理**（human resources strategy management）
它係指如何營造組織「贏」的環境，例如提高員工士氣、認同感，讓員工感到在此企業工作是一種驕傲，且能主動帶頭思考組織的走勢，以進行變革管理，其從事的是較爲主動性（proactive）的人力資源工作。

I

· **獎勵**（incentives）
它係指基本薪資或薪俸外所提供的報酬，通常直接與績效相關。

· **間接成本**（indirect cost）

它係指不與生產過程直接發生關係、服務於生產過程的各項費用。某一時期內間接成本的總額基本上是常數，故間接成本又稱爲固定成本。主要包括固定資產折舊成本、管理費用、行銷費用等。

· **資訊**（information）

它係指經過解讀的資料並符合主管需要的訊息。

· **無形資產**（intangible assets）

它係指由特定主體所擁有，無一定型態，不具實體，但可構成競爭優勢或對生產經營發揮作用的非貨幣性資產，如知識產權、人力資源、企業文化等都可以算是無形資產。

· **智慧資本**（intellectual capital）

它係指由員工所提供出來的創造力、生產力和服務。

· **智商**（Intelligence Quotient, IQ）

它係指根據一項智力測驗的成績得到的評分，具體表示在同一測驗中與標準組成成績相比個人所得的成績。

· **國際公司**（international company）

它指的是具全球性且爲多國籍的企業。

J

· **工作分析**（job analysis）

它是描述與記錄工作行爲與工作內容的過程。

· **工作說明**（job description）

它是對工作的任務及責任的說明，包括工作目的、任務或職責、權利、隸屬關係、工作條件等內容。

· **工作設計**（job design）

它是決定或創造工作特質與品質的程序。

· **工作擴大化**（job enlargement）

它是把工作水平式地擴張，亦即讓一個工作有更多同一性質等級的任務。

· **工作豐富化**（job enrichment）

它係指將工作垂直式地擴張，亦即讓員工有更多的責任與自主權。

· **職位評價**（job evaluation）

它係指系統性地決定組織中每項工作與其他工作的價值關係。

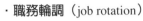

- **職務輪調**（job rotation）
  它係指員工每隔一段特定時間就換另外一項工作。
- **工作滿意度**（job satisfaction）
  它係指當工作完成或認可工作所帶來的價值時的知覺感受。
- **工作規範**（job specification）
  它包括完成該項工作所需求的員工的智力條件、身體條件、經驗、知識、技能、責任程度，以及其他特殊職能的說明清單。
- **及時制度**（just in time）
  它是一種倉儲的管理戰略，它的方法是減少無謂的物料及貨物的倉庫成本及空置時間，目標是改善資本成本及收入回報率。

K

- **卡拉OK**（Karaoke，**日語：カラオケ，原寫法為からオケ或空オケ**）
  它是一種源自於日本的娛樂性質歌唱活動，通常是在播放預錄在錄影帶之類儲存媒介上、沒有主唱人聲的音樂伴奏同時，在電視螢幕上同步播放有著節拍提示的歌詞，然後由參與者邊看著歌詞邊持麥克風唱歌。
- **過勞死**（karoshi）
  過勞死並非醫學上的診斷名詞，顧名思義爲因爲疲勞過度而猝死。創造此名詞的日本醫學權威Tetsunojo Uehata把它定義爲有害心理健康的持續工作，打亂工作者的正常工作和生活節奏，從而導致體內疲勞積蓄及長期勞累過度，高血壓舊病加劇，再伴以動脈硬化，最終衰竭而死。
- **關鍵績效指標**（Key Performance Indicator, KPI）
  它是透過對組織內部流程的輸入端、輸出端的關鍵參數進行設置、取樣、計算、分析，衡量流程績效的一種目標式量化管理指標，是把企業的戰略目標分解爲可操作的工作目標的工具，是企業績效管理的基礎。
- **知識管理**（knowledge management）
  它在於使組織成員分享所創造的知識並加以運用，以提升組織競爭力並創造利潤。

- **學習型組織**（learning organization）
  它係指因應環境變化，藉由持續性的自我革新而繼續發展的組織。

M

· **目標管理**（Management by Objective, MBO）
它係指一種參與的、民主的、自我控制的管理制度，也是一種把個人需求與組織目標結合起來的管理制度，包括為員工所要做的工作建立清楚且準確定義的目標敘述。

· **參與式管理**（management by participation）
它係指在不同程度上讓員工和下屬參加組織的決策過程及各級管理工作。

· **矩陣圖法**（matrix diagram）
它係指從多維問題的事件中，找出成對的因素，排列成矩陣圖，然後根據矩陣圖來分析問題，確定關鍵點的方法。

· **使命宣言**（mission statement）
它係指一個組織的意圖（目的）和存在原因（宗旨）。

· **激勵**（motivation）
它係指一種激發員工在追求某種既定目標時的願意程度，進而提高其工作績效與工作滿足感之歷程。

· **跨國公司**（Multinational Corporation, MNC）
它係指企業在多個國家或地區有業務，並在不同的國家或地區設有辦事處、工廠或分公司，通常還有一個總部用來協調全球的管理工作。

N

· **常模**（norm）
它是心理測驗編著者在編制測驗時，利用所編好的測驗對母群體做取樣後的施測，以建立足以推估母群體分布情況的基本資料（參考指標）。

O

· **離岸外包**（offshore outsourcing）
它係指外包商與其供應商來自不同國家，外包工作跨國完成。

· **組織診斷**（organization diagnosis）
它係指在對組織的文化、結構以及環境等的綜合考核與評估的基礎上，確定是否需要變革的活動。

· **外包**（outsourcing）
它係指組織委由其他廠商提供組織營運必要的服務。

P

· **帕列托法則**（Pareto Principle）
它又稱80/20法則。最早由義大利經濟學者帕列托（Vilfredo Pareto）發現，此法則指在眾多現象中，80%的結果取決於20%的原因，而這一法則在很多方面被廣泛的應用。

· **績效付薪**（Pay for Performance, PFP）
它係指薪資給予的多寡跟績效表現及能力相結合的給薪方式。

· **盤尼西林**（Penicillin）
又稱青黴素，它是指分子中含有青黴烷，能破壞細菌的細胞壁，並在細菌細胞的繁殖期起殺菌作用的一類抗生素。

· **績效**（performance）
它係指爲了達成組織整體目標，構成組織各事業體、部門或個人所必須達成業務上的成果。

· **績效評估**（performance appraisal）
它是一套衡量員工工作表現的程序，用來評估員工在特定期間內的表現，時間通常是半年或一年。

· **績效管理**（performance management）
它是一套有系統的管理活動過程，包括衡量、考核員工對組織的產出與貢獻，以作爲獎酬的標準，並依據組織未來的需求，對員工進行工作輔導改進、訓練發展，以協助個人達到目標所需之幫助。

· **人事行政**（personnel administration）
它係指從事勞保、健保、退休金提撥（提繳）、加班費計算、請假登記等最基本例行的行政工作，屬反應式（reflective）的人力資源工作。

· **人事異動**（personnel adjustment）
它係指人員與職務做正確的調整，其目的在激勵人員、提高士氣、增進效率、培養人才、促進團結。

· **人事管理**（personnel management）
它係指從事所謂人才的選育用留工作，是計畫、組織、指揮、協調、資訊和控制等一系列管理工作的總稱。屬於被動式（reactive）的人力資源工作。

· **配置**（placement）
它係指被錄用人員分配到工作單位開始工作。一般常經過試用、職前訓練及考核，通過後才開始正式任用。

· **晉升**（promotion）
它係指人員服務一定年限後，經考核成績優異者，提高職務，使取得較高之待遇、地位或權力。

Q

· **定性資料**（qualitative data）
它係指一些文本、採訪、觀察記錄、學習日記、社會現象的描述等非數字材料。

· **定量資料**（quantitative data）
它係指以數字形式表現出來的研究資料。

· **工作生活品質**（quality of working life）
它係指企業應重視人員的滿意，甚至是增進組織全體人員的繁榮幸福，主要範疇包括：身心靈發展、工作環境（安全與衛生）、生涯發展（教育與訓練）、決策參與（適才所適）、工作保障與福利、資訊分享（公開管理）。

R

· **招募**（recruitment）
它係指爲吸引具有工作能力及工作意願的適當人員，激發他們前來應徵的過程。

· **回任**（repatriation）
它係指當國外的派遣工作結束後，居住在國外的員工離開該國，回到母公司工作。

· **再造**（reengineering）
它係指重新思索公司的根本，以激進的方式重新規劃，由根本改善成本、品質、服務及效率等層面。

· **信度**（reliability）
它係指衡量工具的正確性或是精確性，亦指測驗分數未受測量誤差影響的程度；或是測驗結果的穩定性、一致性、可靠性、可信賴的程度。一份準確且高信度的衡量工具不會因爲測量時間、地點、天氣、受試者當時的心情等外

在條件影響測驗結果。

S

- **甄選**（selection）
  它係指在被應徵人員中挑選適合職位規範的人員，一般使用方法是報名表，資料審查、面試、測驗、調查背景等。
- **六個標準差**（6 sigma）
  σ是希臘文的字母，是用來衡量一個總數裡標準誤差的統計單位。一般企業的瑕疵率大約是3到4個標準差，以4個標準差而言，相當於每一百萬個機會裡，有6,210次誤差。如果企業不斷追求品質改進，達到6個標準差的程度，績效就幾近於完美地達成顧客要求，在一百萬個機會裡，只找得出3.4個瑕疵品。
- **任用**（staffing）
  簡單的說，即是「選、用、育、留」，它指有關人員之派定於組織結構中之各角色，包括招募、甄選、配置、訓練、考核、人員異動、薪資、福利、勞資關係、人員之生涯規劃及人事制度之活用等。
- **利害關係人**（stakeholder）
  它係指在一個組織中會影響組織目標或被組織影響的團體或個人。
- **標準作業程序**（Standard Operating Procedure, SOP）
  它係指在有限時間與資源內，爲了執行複雜的日常事務所設計的內部程序。
- **股票認購權**（stock options）
  它係指給予員工在某一固定價格下購買股票的機會。
- **策略性人力資源管理**（Strategic Human Resource Management, SHRM）
  它係指定位於在支援企業的戰略中人力資源管理的作用和職能，即爲企業能夠實現目標所進行和所採取的一系列有計畫、具有戰略性意義的人力資源部署和管理行爲。
- **策略**（strategy）
  它係指與競爭者採取不同的商業模式，或是以不同的方式從事類似的商業模式，以滿足企業的整體目標的方法和手段。
- **策略地圖**（strategy map）
  它係指達成特定價值主張之行動方針路徑圖。
- **策略規劃**（strategy planning）
  它係指藉由定義公司的使命、目標、外部機會和威脅、內部的優勢和劣勢，擬定達成目標的方法或手段的過程。

· **結構資本**（structure capital）

它係指企業的組織內的無形資產，包括企業管理當局的領導力、戰略和文化、組織規則和程序、管理制度與措施、資料庫和資訊技術的應用程度、品牌形象等等。

· **接班人計畫**（succession planning）

它係指企業確定和持續追蹤關鍵崗位的高潛能人才，並對這些高潛能人才進行開發的過程。

· **沉沒資本**（sunk cost）

它係指在經濟學中，把付出了並且不能收回的成本稱之為沉沒資本。

· **人力資源供給預測**（supply forecasting of human resources）

它是人力資源規劃中的核心內容，是預測在某一未來時期，組織內部所能供應的（或經有培訓可能補充的）及外部勞動力市場所提供的一定數量、品質和素質的人員，以滿足企業為達成目標而產生的人員需求。

· **SWOT分析**

它是在企業管理理論中相當有名的策略性規劃，主要是針對企業內部優勢（strengths）與劣勢（weaknesses），以及外部環境的機會（opportunities）與威脅（threats）來進行分析。

· **綜效**（synergy）

它係指將兩個或多個不同的事業、活動或過程結合在一起所創造出來的整體價值會大於結合前個別價值之和的概念。例如：兩家公司合併組成一家新公司，如果新公司的生產力及價值超過這兩家公司個別生產力及價值之總和，則合併具有「綜效」存在。

T

· **隱性知識**（tacit knowledge）

它係指比較複雜，無法用文字描述的經驗式知識，不容易文件化與標準化的獨特性知識，以及必須經由人際互動才能產生共識的組織知識。

· **戰術**（tactics）

它係指指導和進行戰鬥的方法，主要包括：基本原則以及戰鬥部署、協同動作、戰鬥指揮、戰鬥行動、戰鬥保障、後勤保障和技術保障。

· **人才管理**（talent management）

它係指一系列的組織流程設計，來吸引、管理、發展與留住關鍵人才，主要

功能包括職能管理、人才評量與接班人計畫等。

· **經營理念**（theory of business）
它係指企業經營者應有之基本信念，亦即經營者以其崇高之人生觀和道德觀作為基礎所賴以建立之一套健全之思想體系，不能違反法律政策、倫理道德。

· **彼得魔咒**（The Peter Principle）
它指出每個有能力的員工，最後都會升遷到他們能力無法勝任的職務。

· **訓練**（training）
它係指在提高人員執行職務所必要的知識、技能及態度，或培養其解決問題之能力。

· **調任**（transfer）
它係指人員在組織內的平行調動，即調換職位而不影響原有之薪給或職位等。

U

· **不當勞動行為**（unfair labor practices）
它係指雇主意圖破壞或弱化工會活動所採取的不公平行為，因此多數工業民主國家都以立法方式建立不當勞動行為禁止的制度或相關規範，以防範雇主用不正當之手段干擾勞資關係發展，以保護勞工或工會合法權益。

· **工會**（union）
它的原意是指基於共同利益而自發組織的社會團體。這個共同利益團體諸如為同一雇主工作的員工，在某一產業領域的個人爭取合理的勞動條件。工會組織成立的主要意圖，可以與雇主集體談判薪資、工作時限和工作條件等。

V

· **效度**（validity）
它係指測驗本身是否眞正測量到它所要測量的結果。效度越高的測驗越能測到它所要測量的心理狀態。效度的數值為0至0.1之間，數值越高表示效度越高。

· **願景**（vision）
它係指雇主對企業前景和發展方向一個高度概括的描述，它由企業核心理念（核心價值觀、核心目的）和對未來的展望（未來十至二十年的遠大目標和對目標的生動描述）構成。

W

· **工資**（wage）

它係指勞工因工作而獲得之報酬，包括工資、薪金及按計時、計日、計月、計件以現金或實物等方式給付之獎金、津貼及其他任何名義之經常性給與均屬之。

· **智慧**（wisdom）

它是一種人類心智上的特殊能力，它能夠快速而且深度瞭解事物、人心、事件、狀況，擁有能夠以思考分析、通達情理或尋求眞理的能力，它和智力、聰明不同，智慧更重視人生哲學上的能力。

參考文獻

〈人力資源管理診斷調查〉。西三角人力資源網，網址：http://www.21hr.net/html/renlidiaocha/qitaHRdiaochawenzhang/20071221/1170.html。

〈郭博士談人力資源管理診斷〉。5A精英諮詢網，網站：http://info.zx5a.com/glzs/2007-8/15/131917967.shtml。

104人力銀行。〈中租控股　中租迪和股份有限公司〉。網址http://www.104.com.tw/jobbank/custjob/index.php?r=cust&j=384a436d5e5c3e2330423b1d1d1d1d5f24437323189j56&jobsource=insurance。

3Com創辦人麥特卡福（Bob Metcalf）／引自：曾淯菁譯。〈無師自通MBA〉。《大師輕鬆讀》，第91期（2004/08/19-08/25），頁21。

C. J. Margerison著，尉騰蛟譯（1989）。《管理問題的解決方法》。中華企業管理發展中心出版，頁67。

Christopher A. Bartlett、Sumantra Choshal著，呂錦珍譯（1999）。《替你讀經典：亂世求勝篇》。天下雜誌出版，頁181。

Dave Ulrich著，李芳齡譯（2002）。《人力資源最佳實務》。商周出版，頁83-96、134。

David Hutchens著，劉兆岩譯（2006）。《旅鼠的困境：與目標共處，以願景領導》，天下遠見出版，頁74。

George Taucher著，吳怡靜譯（1994）。〈企業如何預防成功症候群〉。《天下雜誌》（1994/12）。

Jack Welch、Suzy Welch著，羅耀宗譯（2005）。《致勝：威爾許給經理人的二十個建言》。天下遠見出版，頁4、33-35、144。

Jet Magsaysay著，吳怡靜譯（1995）。〈改變世界的十五大管理趨勢〉，《天下雜誌》，第172期（1995/09），頁90。

Jet Magsaysay著，吳怡靜譯（1999）。《替你讀經典：亂世求勝篇——改變世界的十五大管理趨勢》。天下雜誌出版，頁43、59。

Ken Blanchard著，蔡卓芬、李靜瑤、吳亞穎譯（2008）。《願景領導》

（*Leading at a Higher Level*）。培生教育出版，頁52-54。

Louis V. Gerstner Jr.著，羅耀宗譯（2003）。《誰說大象不會跳舞：葛斯納親撰IBM成功關鍵》。時報文化出版，頁92。

Lloyd L. Byars、Leslie W. Rue、黃同圳著（2008）。《人力資源管理：全球思維本土觀點》。美商麥格羅．希爾出版，頁393。

Michael F. Corbett著，杜雯蓉譯（2006）。《委外革命：全世界都是你的生產力！》（*The Outsourcing Revolution*）。經濟新潮社出版，頁37。

Michael Hammer、James Champy著，李田樹譯。〈重組流程，再造企業〉，《大師輕鬆讀》，總第135期（2005/07/07-07/13），頁23-25。

Michael J. Spendolini著，呂錦珍譯（1996）。《標竿學習——向企業典範借鏡》。天下雜誌出版，序：〈沈洪炳：一個標竿學習成功的案例〉，頁9。

Michael J. Spendolini著，呂錦珍譯（1996）。《標竿學習——向企業典範借鏡》。天下雜誌出版，序：〈管康彥：超越顛峰的管理〉，頁1。

Peter F. Drucker、Joseph A. Maciariello著，胡瑋珊、張元嘉、張玉文譯（2005）。《每日遇見杜拉克》。天下下遠見出版，頁136。

Rainer Strack、Jens Baier、Anders Fahlander著。〈人資未來學〉。《哈佛商業評論》（全球繁體中文版）（2008/02），頁130-141。

Richard Bayer著，蘇玉櫻譯（2000）。〈有尊嚴的終止勞資關係〉。《EMBA世界經理文摘》，第172期，頁111。

Robert S. Kaplan、David P. Norton著（2003），高翠霜譯（2009）。〈活用平衡計分卡〉。《哈佛商業評論》，新版第35期（2009/07），頁126。

Terrence Deal、Allan A. Kennedy著，黃宏義譯（1991）。《企業文化》（*Corporate Cultures*）。長河出版，頁180-190。

Terrence Deal等著，鄭傑光譯（1992）。《企業文化：成功的次級文化》。桂冠圖書出版，頁4-20。

William Bridges著，張美惠譯（1995）。《新工作潮》。時報出版，頁21。

丁惠民（2003）。〈新經濟時代中企業人力的運作與管理模式——人力資源管理的變遷〉。《電子化企業經理人報告》（*ARC Business Intelligence*），第47期（2003/07），頁15。

人力資源會計（Human Resources Accounting），MBAlib網址：http://wiki.mbalib.com/zh-tw/%E4%BA%BA%E5%8A%9B%E8%B5%84%E6%BA%90%E4%BC%9A%E8%AE%A1。

中山大學企業管理學系著（2005）。《管理學：整合觀點與創新觀點》。前程企管出版，頁254-255。

中華人力資源管理協會編撰（2000）。《員工協助方案》。行政院勞工委員會出版，頁1-16。

天下雜誌編著（2000）。《他們怎麼贏的：標竿企業風雲錄》。天下雜誌出版，頁91。

尤正高（2009）。〈企業績效管理制度之成效與因素探討〉。國立中央大學人力資源管理研究所碩士論文，頁11、12。

王中屏。〈企管研修篇偏MTP簡介（六）〉。中華工程月刊發行，頁50。

王忠宗（2008）。《企業診斷實務：企業趨吉避凶之寶典》。日正企管顧問出版，頁2。

王盈勛（2006）。〈策略大師司徒達賢談策略的真相〉。《經理人月刊》，總第21期（2006/08），頁35。

司徒達賢（2005）。《管理學的新世界》。天下遠見出版，頁421-422。

台中榮民總醫院提案制度作業要點（草案），網址：www3.vghtc.gov.tw。

台北縣政府勞工局（2010）、《外勞管理法令指南》。台北縣政府勞工局編印，頁45-67。

台灣IBM公司許朱勝總經理．天下標竿領袖論壇系列。《石油月刊》，第631期。

台灣省政府勞工處編印（1993/08）。〈如何建立員工申訴制度〉，頁12-14。

伊藤肇著，周君銓編譯（1981）。《聖賢經營理念》，大世紀企管出版，頁268-269。

行政院勞工委員會（2008）。〈和泰汽車公司——奏收人才培育　創新多元碩果〉。《人資創新　擁抱全球》。行政院勞工委員會出版，頁18-28。

行政院勞工委員會編印。〈快樂勞動 企業成功：員工協助方案〉文宣資料。

行政院勞工委員會編輯小組（2011/12）。《創新人才精彩100：第七屆國家人力創新獎案例專刊》。行政院勞工委員會出版，頁16-27。

行政院勞工委員會職業訓練局，網站：http://www.evta.gov.tw/topicsite/content.asp?mfunc_id=89&func_id=89&type_id=0&cata_id=0&site_id=5&id=22007&mcata_id=675&SearchDataValue=。

行政院勞委會（2010）。《迎接挑戰贏在創新：第六屆國家人力創新獎案例專刊》。行政院勞工委員會出版，頁10-11、22-31。

何永福、楊國安著（1995）。《人力資源策略管理》。三民書局出版，頁41-43、68。

何春盛（2010）。〈以願景領導，跨越企業成長障礙〉。《人力資源》，總第315期（2010/01），頁43。

何春盛（2010）。〈輪調制度的六大原因〉。《企業管理》，總第347期（2010/07），頁72-73。

克特洪（Werner Ketelhonn）撰，姜雪影譯（1999）。《替你讀經典：亂世求勝篇》，天下雜誌出版，頁211-212。

吳昭德。〈簡述接班人計畫〉。網址：http://blog.udn.com/peterwuhannspree/609285。

吳紅梅（2010）。〈防控人力資源倫理風險〉。《人力資源》，總第320期（2010/06），頁22-25。

吳韻儀（2003）。〈績效評估的難題：為什麼360度評量不公平？〉。《快樂工作人雜誌》（2003/02），頁112-114。

呂玉娟（2010）。〈策略規劃引領競爭力御風而上〉。《能力雜誌》（2010/02），頁20-21、24-25。

呂淑春主編（2005）。《破解人力資源風險》。中國紡織出版社，頁1-13。

宋志勇（2009）。〈人力資源管理措施對大陸台商外派人員組織承諾及離職傾向影響之研究〉。國立中央大學人力資源管理研究所碩士論文，頁4-9、24-25。

李宜萍（2008）。〈HR Big Change：新人資時代來臨！〉。《管理雜誌》，第410期（2008/08），頁78。

李宜萍（2008）。〈感動人心的文化力：CQ力量大〉。《管理雜誌》，第411

期（2008/09），頁33-34。

李建輝（2010）。〈中鼎人力資源資訊系統（HRIS）〉。《中鼎月刊》，第370期（2010/05），頁34-35。

李隆盛、黃同圳（2000）。《人力資源發展》。師大書苑，頁387。

李誠主編（2001）。《高科技產業人力資源管理》。天下遠見出版，頁302。

李漢雄（1999）。〈策略‧權變‧人性：人力資源管理與企業經營策略的結合〉。《工商時報》（1999/12/01，經營知識版）。

李漢雄（2000）。《人力資源策略管理》（*Strategic Management of Human Resources*）。揚智文化出版，頁402。

李學澄、苗德荃（2005）。〈三個關鍵焦點：徵聘與留才為何不再奏效？〉。《管理雜誌》，第374期，頁60。

和泰汽車公司網站：http://pressroom.hotaimotor.com.tw/public/public.asp?no=6&selno=32。

周勇、鄧濤（2003）。〈最佳雇主的致勝秘訣〉。《人力資源》（2003/08），頁34。

周瑛琪（2010）。〈專業人才價值評估模型〉。《能力雜誌》，總第651期（2010/05），頁34、36。

林士和（2000）。〈績效評估與績效管理的流程與步驟〉。《能力雜誌》，總第537期（2000/11），頁118-120。

林文政（2008）。〈總體獎酬的運用——比加薪更重要的事〉。《管理雜誌》，第405期（2008/03），頁88-90。

林文政（2010）。〈未來5年最迫切的人資實務〉。《經理人月刊》，總第69期（2010/08），頁28。

林宜諄（2008）。《企業社會責任入門手冊》。天下遠見出版，頁118-119。

林俊良（2002）。〈讓願景的美夢成真！願景管理與執行計畫〉。《統一企業》（2002年9月號），頁30-33。

林貞美（2000）。〈eHR：提高人力資源管理效率〉。《經濟日報》（2000/07/28，副刊企管）。

林桂碧。〈台灣地區企業員工協助方案的現況與展望〉。網站：http://www.

sanyofund.org.tw/upimg/dn200812485045.doc。
阿云（2000）。《成功老闆100術》。漢欣文化，頁214-215。
姜惠琳（2011）。〈沒有穩定這回事！〉。《財訊雙週刊》，第366期（2011/02/17-03/02），頁28。
皇甫梅鳳（2010）。〈破解派外員工回任難題〉。《人力資源》，總第326期（2010/1），頁26。
段兆德（2009）。〈EAP，讓被裁員工平靜而體會地離開〉。《HR經理人》，總第294期（2009/02下半月），頁30-33。
段磊（2009）。〈基於流程的工作分析〉。《人力資源》，總第301期（2009/06上半月），頁40。
胡文豐（2007）。〈提早培養接班人〉。《產業雜誌》，第447期（2007/06），頁51-52。
胡麗紅（2006）。〈戰略導向的人力資源規劃〉。《人力資源》，總第221期（2006/02 上半月），頁43。
英業達集團網站：http://www.inventec.com.tw/simplified/job_a01.htm。
徐秀燕（2009）。〈研發環境中策略性人力資源發展理念與實施之探討——以學習型組織為例〉。《訓練與研發》，總第7號（2009/12），頁79-80。
徐明天（2007）。《郭台銘與富士康》。中信出版社出版，頁244-245。
徐芳瑜（2008）。〈人力資源管理制度與組織績效之關連性探討——以人力資源涉入組織規劃程度為調節變項〉。國立中央大學人力資源管理研究所碩士班在職專班碩士論文，頁11。
袁明仁（2008）。〈藉人力盤點發掘優質人力〉。《大陸台商簡訊》，第192期（2008/12/15）。
高珮萱（2009）。〈員工派遣工作的認知與其職業生涯〉。國立中央大學人力資源管理研究所碩士論文，頁II。
常昭鳴、共好知識編輯群編著（2010）。《PMR企業人力資源再造實戰兵法》。臉譜出版，頁272。
張文賢（2001）。《人力資源會計制度設計》。立信會計出版，頁94-101。
張西超（2003）。〈員工幫助計畫（EAP）：提高企業績效的有效途徑〉。

《經濟界》，第3期，頁58-59。

張志偉著（1999）。《Amazon.com：亞馬遜網路書店發跡傳奇》。商周出版，頁140-141。

張俊。〈企業文化在於「做」不在於「說」〉。《企業管理》（2010/03）。

張玲娟，〈人才管理——企業基業常青的基石〉，惠悅觀點（2004/08），網址：http://www.watsonwyatt.com/asia-pacific/taiwan/news/pressrelease/2004_07_01.asp。

張書瑋（2010）。〈人力資本，衡量才能管理〉。《會計研究月刊》，總第297期（2010/08），頁64-68。

張壹鳳（2010）。〈快樂勞工 企業成功——淺談員工協助方案〉。《北縣勞工99年12月冬季號》，頁10。

張曉通。〈經貿博覽之十二：小議外包（Outsourcing）〉。網址：http://wss.mofcom.gov.cn/aarticle/a/200411/20041100298885.html。

張寶誠（2010）。〈學習地圖與知識管理〉。《能力雜誌》，總第654期（2010/08），頁10。

張媁雯（2009）。〈國際人才之跨文化能力及其學習方案〉。《人文與社會科學簡訊》，10卷，4期，頁140。

戚永紅、寶貢敏（2003）。〈知識管理：該念、架框與問題〉。《經濟管理．新經濟》（2003年第12期），頁5。

莊文傑（1999）。〈如何運用核心能力創造企業競爭優勢〉。台商大陸經貿問題研習會講義（1999/02），台灣區製傘工業同業公會編印，頁7。

許文俊（2007）。〈激勵創意 豐田要員工帶腦袋上班〉。《經濟日報》（2007/02/11，C5版）。

陳文銘（2003）。〈淺談平衡計分卡〉。《一銀月刊》，第517期（2003/07），頁2-5。

陳京民、韓松編著（2006）。《人力資源規劃》。上海交通大學出版部出版，頁1、14。

陳俍任（2010）。〈女機師脫衣 華航：機師退訓 損失上千萬〉。《聯合報》（2010/08/21，A3版）。

陳珮馨（2007）。〈平衡計分卡：從衡量機制到變革武器〉。《經濟日報．企管副刊》（2007/07/12，A18版）。
彭漣漪（1999）。〈「勞務外包」精鍊企業競爭力？〉。《天下雜誌》（1999/03/01），頁156。
曾元立（2010）。〈人力資源的演進〉。《中鼎月刊》，第370期（2010/05），頁12。
辜成允主講，洪綾襄整理（2006）。〈要變革要有隨時離開的打算〉。《遠見雜誌》，第239期（2006年5月號）。
黃光國（2000）。《王者之道》。樂學書局印行，頁114-119。
黃坤祥（1995）。〈企業申訴處理制度的建立與務實作法之探討〉。《中國勞工》，第947期（1995/08/01），頁7。
黃英忠、吳復新、趙必孝著（2008）。《人力資源管理》。國立空中大學發行，頁16、249。
黃福瑞（2006）。《傑出產品經理實戰手冊》。梅霖文化出版，頁25。
黃麗秋（2010）。〈珍珠戰爭誰能勝出 建置人才儀表板提升即戰力〉。《能力雜誌》，第651期（2010/05），頁25-26。
廈康寧（2011）。〈中階主管下一步：接班四部曲〉。《能力雜誌》，總第663期（2011/05），頁75。
經濟部投資業務處（2004）。〈種子部隊散播效率的種子——年興紡織〉。《台商海外投資經驗彙編》。經濟部出版，頁129-132。
葛玉輝主編（2006）。《人力資源管理》。清華大學出版，頁95-96。
詹中原（2007）。〈組織變革與組織因應之道〉。《變革管理：組織的成功密碼》。國立中正紀念堂管理處出版，頁16-17。
詹中原。〈中共公務員制度研究（之二）——激勵制度〉。「國政研究報告」（2003/05/30），網站：http://old.npf.org.tw/PUBLICATION/CL/092/CL-R-092-022.htm。
詹廖明義（2009）。〈醫院人力資源的風險管理〉。網址：http://blog.udn.com/ptsafetyrm/2990192。
達威（1999）。〈提升績效不一定要裁員：美國企業的省思與日本的例子〉。

《經濟日報》（1999/01/12，39版）。

寧致遠（2001）。〈評量企業的學習與成長：平衡計分卡的觀點〉。《管理雜誌》，第324期（2001/06），頁95。

聞見思（1979）。〈譯記三則〉。《中央日報》（1979/08/13，第10版）。

趙久惠（1999）。〈離職員工竊取X檔案時有所聞：帶槍投靠考驗公司智權管理〉。電子時報（1999/04/24-4/26）。

趙必孝（2000）。《國際化管理：人力資源觀點》。華泰文化事業出版，頁211、478-479。

趙成意（2001）。《企業內部規章制定實務》。中華企業管理發展中心出版，頁1-2。

趙曙明、Peter J. Dowling、Denice E. Welch著（2001）。《跨國公司人力資源管理》。中國人民大學出版社，頁16、150。

劉茂財（2001）。〈繼承與創新：企業文化建設的幾個問題〉。《歷史月刊》（2001/09），頁32。

劉常勇。〈知識管理的策略〉，網址http://cm.nsysu.edu.tw/~cyliu/files/edu21.doc。

編輯部（1997）。〈新世紀新企業的經營目標〉。《EMBA世界經理文摘》，第135期（1997/11），頁8-9。

編輯部（2002）。〈管理是什麼？〉。《EMBA世界經理文摘》，第191期（2002/07），頁98、100。

編輯部（2003）。〈如何降低員工離職率〉。《EMBA世界經理文摘》，第199期（2003年3月），頁131。

編輯部（2010）。〈7大升遷密碼大公開——花旗銀行：常敲老闆的門，才能準時跟老闆同站下車〉。《快樂工作人雜誌》，總第116期（2010/05），頁118。

編輯群（2008）。〈破解老闆的評分標準：掌握職場的關鍵細節〉。《經理人月刊》（2008/06），頁68。

諸承明（1997）。〈跨越時空，追求卓越：二十一世紀人力資源管理新趨勢〉。《管理雜誌》，第277期，頁96。

鄭君仲（2006）。〈策略規劃四步驟〉。《經理人月刊》，總第21期（2006/08），頁37。

鄧敏、郭宏湘（2003）。〈人力資本沉沒風險〉。《人力資源》（2003年第6期），頁27。

黎宇恆（2011）。〈社會責任風險誰買單〉。《人力資源》，總第330期（2011/04），頁34-37。

戰國策集團網站：http://women.nss.com.tw/womengift.php。

戴銘昇（2011）。〈薪資報酬委員會之組織與職權：兼評我國證券交易法2010年增訂之第14條之6〉。《證交資料》，第585期（2011/01/15出版），頁31-32、34。

聯工刊論。〈正視員工投機性格造成企業負面效應〉。《聯工月刊》，第259期（2011/06/30），2版。

謝鄭忠（2010）。〈迎接下一個十年的挑戰——Yes, We Can：中鼎人力資源部門的蛻變〉。《中鼎月刊》，第370期（2010/05），頁14-15。

簡明仁（1998/06）。〈改善經營體質——談企業的塑身運動〉。《大衆電腦月刊》（*FIC INFORMATION*），頁2-3。

關麗丹、陳慧（2006）。〈各大跨國企業的人力資源管理模式〉。《中外管理雜誌》，網址：http://www.chinahrd.net/case/info/56077。